制 革 化 学

单志华 陈 慧 编

科 学 出 版 社

北 京

内 容 简 介

“制革化学”是一级学科“轻工技术与工程”中二级学科“皮革化学与工程”的专业平台课程。本书根据大量的现代制革理论研究，总结30余年的“制革化学”课堂教学及科研内容，结合现代化学理论与实践知识编写而成。本书共9章，包括界面化学与助剂、溶液的物理化学性质、渗入与溶出平衡、鞣前皮胶原、渗透与结合、鞣剂与鞣制、鞣制协同效应、坯革整理化学、皮革中常见有害物质。为了便于工科课堂教学，本书对制革加工的目标与方法进行提炼，将大量的实践及科研数据以图表的形式进行表达。

本书可作为高等学校皮革化学与工程专业的研究生教学用书，也可作为从事制革工业高级专业人员的参考用书。

图书在版编目（CIP）数据

制革化学 / 单志华，陈慧编. —北京：科学出版社，2019.2

ISBN 978-7-03-060507-8

Ⅰ. ①制… Ⅱ. ①单… ②陈… Ⅲ. ①制革化学—研究生—教材 Ⅳ. ①TS513

中国版本图书馆CIP数据核字（2019）第020835号

责任编辑：赵晓霞 / 责任校对：杨　赛
责任印制：张　伟 / 封面设计：迷底书装

科学出版社 出版
北京东黄城根北街16号
邮政编码：100717
http://www.sciencep.com

北京九州迅驰传媒文化有限公司 印刷

科学出版社发行　各地新华书店经销

*

2019年2月第　一　版　开本：720 × 1000　1/16
2019年2月第一次印刷　印张：17 1/2
字数：333 000

定价：89.00元

（如有印装质量问题，我社负责调换）

前　言

自 1885 年发明铬鞣制革，1893 年至 20 世纪初，铬鞣法生产从起步达到成熟稳定，必要的设备趋于完善，制革工业在全世界范围迅速发展。1909 年，英、日、意等国在我国开办规模化制革企业，铬鞣法被引入。当时的制革科学与技术已成为世界最热门的研究领域之一。德、英、法、美、日、意、荷、丹、捷、印、瑞士、瑞典等国的名牌院校都拥有制革专业教学与研究。20 世纪 20 年代初，我国燕京大学也设立了制革系。大量制革工业科技成果为多行业多学科领域的交叉、贯通及发展做出了重要贡献。

由于制革工业与社会发展供需的稳定，制革科学与技术随之缓步半个多世纪。20 世纪 70 年代，欧洲各国的环保法规相继执行；1989 年，联合国环境规划署首次提出了清洁生产的概念；1994 年 3 月，中国政府讨论通过了《中国 21 世纪议程——中国 21 世纪人口、环境与发展白皮书》。这使制革工业陷入囧境，100 年的铬鞣制革迈过了鼎盛期。同时，可持续发展使各行业在世界范围内重组，也敦促了制革行业进入清洁化改造的轨道。

然而，拥有 5000 多年发展历史、重技巧轻理论、重传承轻学识的传统制革工业，一朝面临改造，作为师者猛然觉得学然后知不足，教然后知困；作为工者虽微变却无所措手足。因此，只有依赖现代迅速发展的材料科学技术，对制革过程的原理加深认识，才能尽快知其所以然，继而促成鼎新革故的跨越。

受四川大学研究生院资助，在“制革化学与工艺学”本科课程教学及“制革化学”硕士、博士课程教学的基础上，编者对近年来大量的科技研究成果进行整理、释义，将本书作为轻工技术与工程一级学科及相关二级学科的研究生专业核心课程教材。希望本书能给读者提供一种学科理论与技术成果的有益表达，为研究生对制革工艺的深度理解、创新开发提供参考。

除皮革表面修饰化学外，本书描述了制革过程主要的化学物理现象。本书共分 9 章，第 1 章至第 8 章由单志华编写，其中第 4 章第 4.1 节和第 6 章第 6.2 节部分内容参考张廷有的《鞣制化学》；第 9 章由陈慧编写。全书由单志华和陈慧校稿。

制革化学涉及的学科领域面广，编者的认知水平有限，初次编写研究生教材难免有些疏漏，因此书中内容表达不足之处在所难免，期望专家和读者批评指正，以便再版时修改。

编　者

于四川大学皮革化学与工程教育部重点实验室

2017 年 11 月 9 日

目　　录

第 1 章　界面化学与助剂

1.1　表面张力与材料

相的界面广泛存在于自然界中，人眼所见的只是部分宏观的界面。界面是有一定厚度（几个或几十个分子厚）的二度平面，许多复杂的物理化学过程在界面上发生。两相接触面有气液、气固、液液、液固四种类型，这些接触面统称为界面（interface），当有气相参与时，又称为表面（surface）。

界面化学是一门既古老又年轻的学科。19 世纪，Laplace 和 Young 创立了表面张力、毛细现象和润湿现象的理论基础，如今这些理论仍有重要的地位。界面化学源于胶体化学，当大块物体变成小粒时，表面积迅速增加，$1cm^3$ 固体分散为胶体，表面积可以超过 $60m^2$，面积大量增加使物质的理化性能发生极大变化。为研究这些变化的重要性及特殊性，界面化学从胶体化学中分离出来。随着工业发展，它在界面化学中又形成一个重要分支，该分支称为表面活性剂化学。

1.1.1　液体的表面

1. 表面张力与表面能

物体具有内聚功，能使其体积收缩而面积缩小的能量称为表面过剩自由能，用 ΔG 表示。表达这种表面收缩能量的单位是 N/m。ΔG 可用下式表示：

$$\Delta G = \gamma \cdot \Delta A$$

式中，ΔA 表示物体表面积的变化，m^2；γ 表示表面张力，是在恒温恒压下，物质的量不变时，物体增加单位表面积时体系自由能的增量，N/m。γ 可用下式表示：

$$\gamma = \left(\frac{\partial G}{\partial A} \right)_{P,T,n}$$

当宽度为 l，γ 可以通过需要伸缩为 l 时的力获得

$$F = 2\gamma \cdot l$$

物质种类不同，γ 可以有大的差别。各类液体的 γ 分布在 10^{-1}～10^3mN/m，最低值是温度为 1K 时液氦的 γ，为 0.365mN/m，最高值是 1550℃时液氦的 γ，为 1880mN/m，全氟烷烃在 25℃时的 γ 低于 10mN/m。按照物质分类，γ 有以下基本规律：液体金属 γ 最大，$\gamma > 10^2$ mN/m；水 γ 次之，$\gamma = 72$mN/m；相对分子质量相同的有机物：$\gamma_{极性物} > \gamma_{非极性物}$；$\gamma_{芳共轭} > \gamma_{饱和烃}$；$\gamma_{大分子} > \gamma_{小分子}$。

体系的温度和压力与 γ 存在特定的关系。通常，温度升高使分子内能增加，则 γ 降低；而外压升高使表面气体增溶，γ 也降低，因此常有以下表达：

$$\mathrm{d}\gamma / \mathrm{d}T < 0 \quad 及 \quad \mathrm{d}\gamma / \mathrm{d}P < 0$$

事实上，体系的温度和特征与γ没有确切的关系。可用一种经验式表达一定温度范围内温度与液体γ的关系，如下式：

$$\gamma = \gamma_0 + aT + bT^2 + cT^3 + \cdots$$

式中，a、b、c…表示小于 0 的常数；T表示温度，℃。例如，水在 10～60℃时，表面张力为

$$\gamma = 75.796 - 0.145T - 0.00024T^2$$

体系特征与液体γ的关系需要根据特定物质进行考察。液体的γ降低可以由气体增溶引起，也可以由存在的化学反应引起。

2. 表面张力的微观解释

液体内部每个分子受力均匀，合力为 0，可自由运动；表面分子所受内部力有 van der Waals 力、氢键等。液体内部分子迁至表面需要做功（表面受力不均），出现表面自由能。

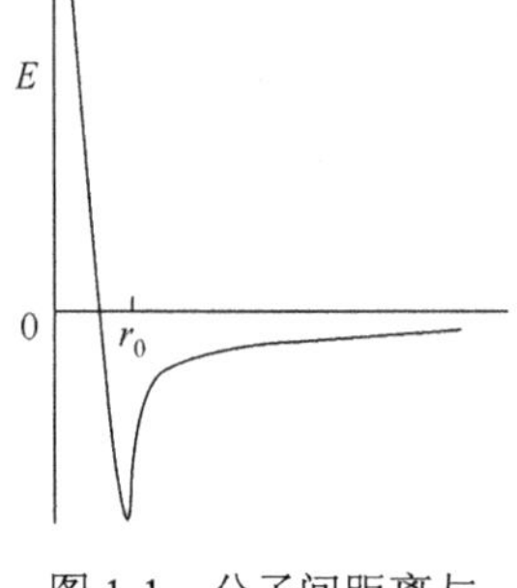

图 1-1　分子间距离与分子势能的关系

距离的解释：分子势能随分子间距离变化，最低间距为r_0，距离远近均增加势能，距离近排斥，距离远吸引，见图 1-1。表面分子间距大则吸引，使分子沿表面方向收缩。

3. 液面的曲率与表面张力

1）Laplace 方程

水珠受压（气泡凹球）见图 1-2。外压力、内聚力和平衡力的关系如下所示：

$$P_{收} = P_{凹} - P_{外}$$

式中，$P_{外}$表示外压力；$P_{收}$表示内聚力；$P_{凹}$表示平衡力，单位均为 N/m^2。

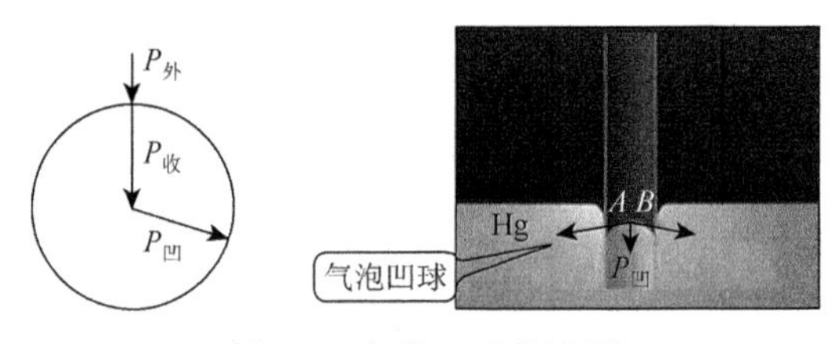

图 1-2　气泡凹球的液面

水珠受压（气泡凸球）见图 1-3。外压力、内聚力和平衡力的关系如下所示：

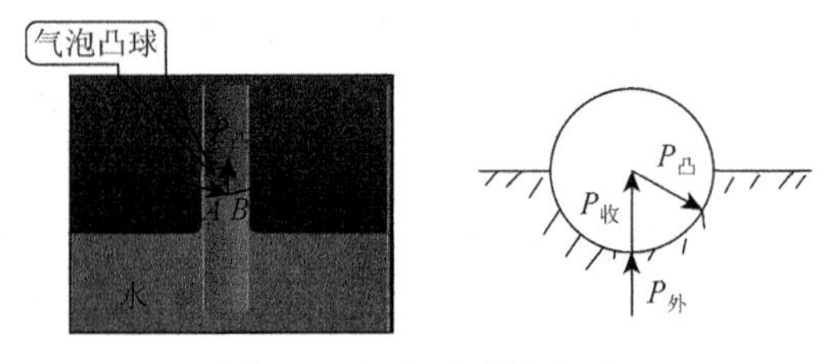

图 1-3　气泡凸球的液面

$$P_{凸} = P_{外} + P_{收}$$

外力做功，使珠体发生微小的体积变化（dV）和面积变化（dA），平衡时表面势能：

$$du = (P_{外} - P_{凸})dV + \gamma dA = 0$$

$$P_{凸} - P_{外} = \gamma dA / dV$$

对球体而言，有

$$dA / dV = 8\pi R dR / (4\pi R^2 dR) = 2 / R$$

式中，R 表示球体半径。由此可得

$$\Delta P = P_{凸} - P_{外} = 2\gamma / R$$

由上式可以发现：①凸液面的 R 为正值时，当 R 减小，ΔP 升高，方向向液内；②凹液面的 R 为负值时，当 R 减小，ΔP 升高，方向向液外；③平衡液面时，$\Delta P = 0$。

对曲面而言，曲面半径为 R_1、R_2，设面积变化（微量）为

$$x \to x + dx$$

$$y \to y + dy$$

$$z \to z + dz$$

面积变化需做功为 $\Delta Pxydz$，做功分析如图 1-4 所示，则有

$$\Delta Pxydz = \gamma dxy = \gamma(xdy + ydx) \quad (1\text{-}1)$$

$$(\Delta P dV) \quad (\gamma dA)$$

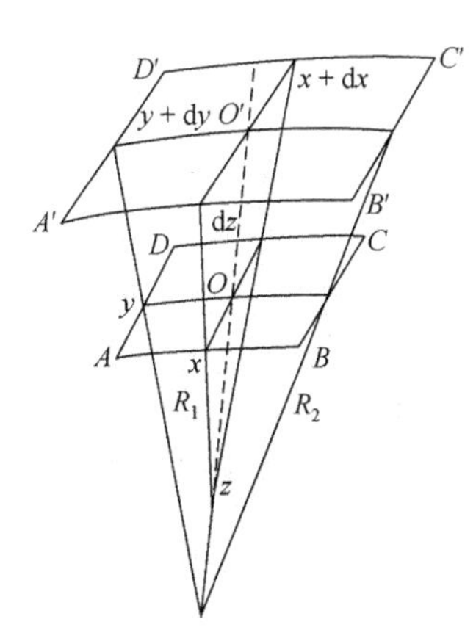

图 1-4　弯曲液面变化做功分析

根据相似三角形定义：

$$\frac{x + dx}{R_1 + dz} = \frac{x}{R_1} = \frac{dx}{dz} \qquad dx = \frac{xdz}{R_1} \qquad dy = \frac{ydz}{R_2}$$

代入式（1-1），得到

$$\Delta Pxydz = \gamma(xdy + ydx) = \gamma\left(\frac{xydz}{R_2} + \frac{xydz}{R_1}\right)$$

$$\Delta P = \gamma(1 / R_1 + 1 / R_2)$$

这就是 Laplace 方程。方程中的 $(1 / R_1 + 1 / R_2)$ 表示曲面的曲率。

2）毛细现象

（1）毛细管中液面升降。

毛细现象是在毛细力作用下流体发生流动的现象，这种现象是由液面的曲率差造成的（从 Laplace 方程可知），如图 1-5 所示。

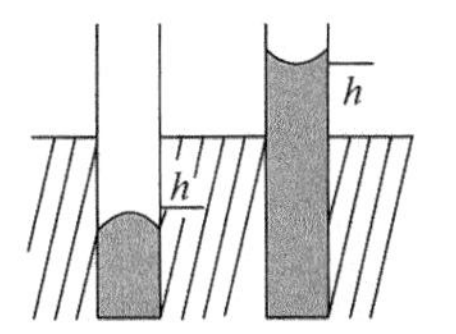

图 1-5　毛细管中的液面上升与下降

前已述及 $P_{收} = P_{凹} - P_{外}$，凹面压力低使液面降低，可以采用下式计算：

$$\Delta O = \frac{2\gamma}{R} = \rho gh$$

$$h = \frac{2\gamma}{\rho gh}$$

式中，ρ 表示液体密度，kg/m^3；R 表示毛细管曲率半径，m；g 表示重力加速度，m/s^2；

γ 表示表面张力，N/m；h 表示液面上升或下降高度，m。当毛细管半径为 r，曲率半径为 R，则有 $R = r/\cos\theta$，其中 θ 为润湿角。代入上式得到

$$h = \frac{2\gamma\cos\theta}{\rho g r}$$

由此可知，当 $\cos\theta > 0$，液面上升；当 $\cos\theta < 0$，则液面下降。

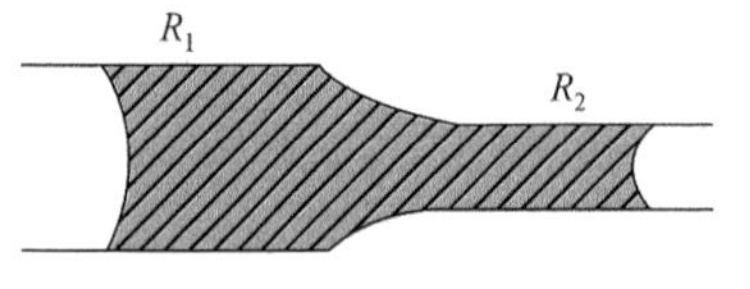

图 1-6 不同曲率的毛细管

（2）其他毛细现象。

一堆粉、一堆砂、一束纤维、两片平板、一片插入水中的玻璃都能产生毛细现象。事实上，能够产生毛细现象的关键是连续液体的液面具有不同曲率。在制革工艺中，当水的重力不计时，水或加脂剂在胶原纤维中流动、润湿、渗透、吸收直接与毛细现象有关。如果毛细管中出现连续液有两个曲率的现象，如图 1-6 所示，哪种情况流向粗管，哪种情况流向细管呢？根据下式进行分析：

$$\begin{aligned}\Delta P &= 2\gamma(1/R_1 - 1/R_2) \\ &= \frac{2\gamma\cos\theta_1}{R_1} - \frac{2\gamma\cos\theta_2}{R_2}\end{aligned}$$

4. Kelvin 公式

1）公式导出

一定温度下液体有一定的饱和蒸气压，当液体以液滴（半径为 r）或水平液面形式存在时，两者的蒸气压有何区别？

设恒温下将 1mol 水平液体转变成半径为 r 的小液滴，且摩尔体积不随压力而变，则自由能为

$$\Delta G = V_{\mathrm{L}} \cdot \Delta P = V_{\mathrm{L}} \cdot \frac{2\gamma}{r}$$

式中，V_{L} 表示摩尔体积。此时两种状态下的势差为

$$\Delta G = \mu_{气} - \mu_{液}$$

根据气-液平衡 $\mu_{液} = \mu_{气}$，以及液体的化学势与其饱和蒸气压的关系，设 $P_{凹}$ 为小液滴表面饱和蒸气压，P_0 为水平液面饱和蒸气压，得到下列公式：

$$\mu_{气} = \mu_0 + RT\ln P_{凹}$$

$$\mu_{液} = \mu_0 + RT\ln P_0$$

$$\Delta G = RT\ln(P_{凹}/P_0)$$

又有
$$V_{\mathrm{L}} = M/\rho$$

式中，M 表示液体的摩尔质量；ρ 表示液体密度。则有

$$RT\ln\frac{P_{凹}}{P_0} = \frac{2\gamma M}{\rho r}$$

这就是 Kelvin 公式。其中，$\Delta P = P_{凹} - P_0$，当 $\Delta P / P_0$ 很小时，有

$$\frac{P_{凹}}{P_0} = 1 + \frac{\Delta P}{P_0}$$

$$\frac{\Delta P}{P_0} = \frac{2\gamma M}{RT\rho r}$$

2）Kelvin 公式的应用

（1）人工降雨。在过饱和水雾中掺入 AgI 大粒核造成压差，水雾迅速凝成水滴。

（2）水的沸腾。初形成溶入空气的水泡，内蒸气压小、外压大，易被压抑；一旦过热，受外部因素影响，如温度变化、机械搅拌，易促使小泡合并，生成大泡，浮出液面；若加入沸石，制造较多的小泡，营造大泡机会，使泡离开液内，及时减压、减能，防止暴沸。

（3）毛细蒸发。在凹面毛细管内，$P_0 > P_{凹}$，即凹面蒸气压小于水平面蒸气压。当毛细半径 r 减小，ΔP 升高，蒸发能力加强。如果 P_0 为大气压，则毛细收缩力加强，出现毛细凝结能力增强的情况，见图 1-7。

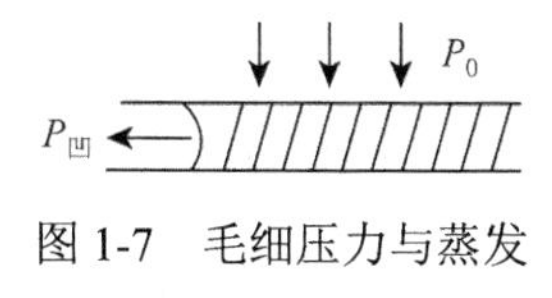

图 1-7　毛细压力与蒸发

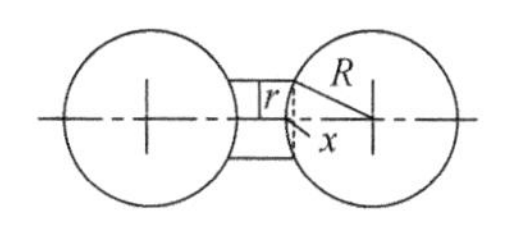

图 1-8　粒子间液体的毛细作用

（4）粒子聚（黏）合。两光滑并无电荷作用关系的粒子相接近时，粒子间的液体出现曲面，见图 1-8。通过几何关系得到：

$$r = x^2 / 2R$$

根据 Laplace 方程，两侧流体有压差 $\Delta P \approx \gamma / r$，即毛细凝结液相压力比周围大气压力低。已知连接两球的面积为 πx^2，则施加于粒子使其黏附在一起的力取决于粒子大小及表面张力（R，γ），即

$$f = (\gamma / r)(\pi x^2) = 2\pi R\gamma$$

式中，f 单位为 N；r、x 单位为 m。

5. 表面压

将细线连成一圈放在水面上，滴一滴油酸在圈内，圈立即张紧成圆，这种油膜对线所施的力称为表面压（$P_{面}$）。

$$\Delta P_{面} = \gamma_0 - \gamma$$

式中，γ_0 表示水的单位表面能；γ 表示油酸的单位表面能；$\Delta P_{面}$ 的意义是膜对单位长度浮物所施的力，其值为水的表面张力 γ_0 被膜降低的值。

【例 1-1】 设 $\Delta P = 50\text{mN/m}$，浮物长度为 1m，膜厚为 1nm。浮物在该厚度上单位面积受力为

$$\frac{50\text{mN}}{1\text{m} \times 10^{-9}\text{m}} = 5 \times 10^{10}\,\text{mN/m}^2 = 5 \times 10^7\,\text{Pa} \approx 50\text{MPa}$$

其中，在 25～100℃时，水的表面张力 $\gamma_0 = 70～25\text{mN/m}$。

1.1.2 溶液的表面活性

水溶液的表面张力及活性与溶质存在极大的相关性。

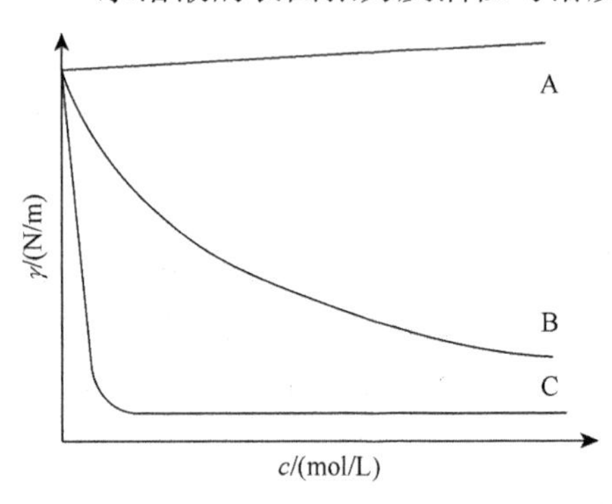

图 1-9 三类溶液浓度与表面张力的关系

1. 溶液的表面张力

溶液是由两种及两种以上的分子组成。力场较弱的溶剂分子聚集于溶液表面，使表面张力降低。这种能显著降低表面张力的溶质称为表面活性剂。影响表面张力的物质可分为 A、B、C 三类，如图 1-9 所示。

A 类：随液体浓度增大，表面张力增大，如一些无机盐及有机物的溶液（$NaCl$、Na_2SO_4、KOH、NH_4Cl、KNO_3、蔗糖等）。

对单个离子而言，有 $Li^+ > Na^+ > K^+ > Rb^+ > Cs^+ > F^- > Cl^- > Br^- > I^-$。

B 类：随溶液浓度增大，表面张力降低，如醇、酸、醛、酮、醚、酯、胺等。

C 类：此类物质在低浓度时，表面张力急剧下降，达到最低点。C 类物质包括 8 个碳以上的有机酸盐、季铵盐、烷基磺酸、苯磺酸盐。

2. Trauble 规则

稀的水溶液中溶质的表面活性可用 $(\gamma_0 - \gamma)/c$ 值来衡量，每增加一个—CH_2—，表面活性剂的浓度值约增加 3 倍，见表 1-1。

表 1-1 一些溶液与表面活性关系

溶质	乙酸	丙酸	丁酸	异戊酸
$(\gamma_0 - \gamma)/c$	250	730	2150	6000

3. 混合溶液表面张力等温线

当两种以上溶液混合时，表面能 ΔG 出现下列情况：

（1）直线上升（两种成分性能相似）。

（2）负偏差，两种成分表面张力差很大。

（3）正偏差，有极大值，然后下降。

混合溶液表面张力的计算：

$$\gamma = \gamma_1 x_1 + \gamma_2 x_2 + k x_2 + k' x_2^2$$

式中，x 表示各物质的摩尔分数；k、k'表示两组作用参数。在理想情况下，k、k'为 0，纯态时有 γ^0，则有

$$\gamma = \gamma_1^0 + (\gamma_2^0 - \gamma_1^0)x_2$$

4. 溶液表面过剩与 Gibbs 公式

通过“刮皮实验”及“气泡分析”发现溶液表面含表面活性剂的量高，这种表面富集的现象称为吸附，这种表面与内部的浓度差称为表面过剩。

如何计算表面活性剂的吸附量？可通过热力学方法，如 Gibbs 划面法及 Guggenheim 相界面法。

1）Gibbs 划面法

表面相指与体相浓度不同的表面层（n 分子厚），其溶质数量为 n^σ，即体系中“总量–两相溶质”，公式为

$$n^\sigma = n - (n^\alpha + n^\beta) \quad (1\text{-}2)$$

n^α 与 n^β 指在 σ 相中溶质过剩量，若用面积（A）除，可表示为

$$\Gamma = \frac{n^\sigma}{A} \quad (1\text{-}3)$$

式中，Γ 表示单位表面上超过体相的溶质数量，称为表面过剩，也称表面浓度、表面吸附。若 β 为气相，则 n^α 远大于 n^β，有 $n^\sigma = n - n^\alpha$，则

$$\Gamma = (n - n^\alpha) / A$$

由上式可知，Γ 值与分界面位置有关，确定位置后，Γ 才有意义。某一层面上表面过剩为 0（$\Gamma = 0$），根据式（1-2）可得

$$U^\sigma = U - (U^\alpha + U^\beta)$$

$$S^\sigma = S - (S^\alpha + S^\beta)$$

$$G^\sigma = G - (G^\alpha + G^\beta)$$

由于 $\Gamma = 0$ 的分界面是唯一的，即 U^σ、S^σ、G^σ 都已确定。体系 U^σ 微量变化：

$$\begin{aligned} \mathrm{d}U &= \mathrm{d}Q - \mathrm{d}W = T\mathrm{d}S - P\mathrm{d}V + \sum_i \mu_i \mathrm{d}n_i^\sigma \\ \mathrm{d}U^\sigma &= T\mathrm{d}S^\sigma + \gamma \mathrm{d}A + \sum_i \mu_i \mathrm{d}n_i^\sigma \end{aligned} \quad (1\text{-}4)$$

式中，用 $\gamma\mathrm{d}A$ 代替 $-P\mathrm{d}V$（$P\mathrm{d}V$ 表示体系对环境做功，$\gamma\mathrm{d}A$ 表示环境对体系做功）。当 T、γ、μ_i 固定（恒温恒浓），对式（1-4）进行积分，得到

$$U^\sigma = TS^\sigma + \gamma A + \sum_i \mu_i n_i^\sigma \quad (1\text{-}5)$$

对式（1-5）进行微分，得到

$$\mathrm{d}U^\sigma = T\mathrm{d}S^\sigma + S^\sigma \mathrm{d}T - \gamma \mathrm{d}A + A\mathrm{d}\gamma + \sum_i \mu_i \mathrm{d}n_i^\sigma + \sum_i n_i^\sigma \mathrm{d}\mu_i \quad (1\text{-}6)$$

比较式（1-4）与式（1-6）得到

$$S^\sigma \mathrm{d}T + A\mathrm{d}\gamma + \sum_i n_i^\sigma \mathrm{d}\mu_i = 0 \quad (1\text{-}7)$$

若恒温，再用 A 除式（1-7），可得

$$-\mathrm{d}\gamma = \sum_i \Gamma_i \mathrm{d}\mu_i \tag{1-8}$$

式中，Γ_i 表示 i 组分表面过剩。

对双组分溶质而言，有

$$-\mathrm{d}\gamma = \Gamma_1 \mathrm{d}\mu_1 + \Gamma_2 \mathrm{d}\mu_2$$

μ_1 表示溶剂，设在分界面上 $\Gamma_1 = 0$，有

$$-\mathrm{d}\gamma = \Gamma_2^{(1)} \mathrm{d}\mu_2$$

式中，$\Gamma_2^{(1)}$ 表示在界面 $\Gamma_1 = 0$ 处溶质表面过剩。溶液在恒温条件下，有

$$\mathrm{d}\mu_i = RT\mathrm{d}(\ln a_i)$$

式中，a_i 表示溶质的活度。将 $\mathrm{d}\mu_i$ 代入式（1-8）：

$$\Gamma_2^{(1)} = -\frac{1}{RT}\frac{\mathrm{d}\gamma}{\mathrm{d}(\ln a_2)}$$

当溶液很稀时，$a_2 \approx c$，此时有

$$\Gamma_2^{(1)} = -\frac{1}{RT}\frac{\mathrm{d}\gamma}{\mathrm{d}(\ln c)} = -\frac{c_2}{RT}\frac{\mathrm{d}\gamma}{\mathrm{d}c}$$

由上式可知，当 $\mathrm{d}\gamma/\mathrm{d}c<0$，即溶液的 γ 随溶质浓度的增加而下降，$\Gamma>0$，即表面层溶质浓度大于溶液内部，这种现象称为正吸附。式中，$\Gamma_2^{(1)}$ 表示溶质的 Gibbs 吸附量，即溶剂表面过剩为 0 时溶质表面过剩，单位是 $\mathrm{mol/m^2}$。

Gibbs 公式是热力学的结果，也可用于液液、固液、固气界面。

2）低浓度时的吸附情况

从 Trauble 规则可知，当 c 很小时，有 $\gamma_0 - \gamma = Bc$，将其代入 Gibbs 公式，在低浓度时，$\Gamma_2^{(1)}$ - c 为一条直线：

$$\Gamma_2^{(1)} = -\frac{c_2}{RT}\left(\frac{\mathrm{d}\gamma}{\mathrm{d}c_2}\right) = \frac{B}{RT}c_2$$

3）溶液表面的吸附

非离子型表面活性剂在溶液表面的吸附量直接利用 Gibbs 公式求得

$$\Gamma = -\frac{1}{RT}\left[\frac{\mathrm{d}\gamma}{\mathrm{d}(\ln c)}\right]_T = -\frac{1}{2.303RT}\left[\frac{\mathrm{d}\gamma}{\mathrm{d}(\lg c)}\right]_T$$

式中，R 表示摩尔气体常量，8.314J/(mol·K)；Γ 表示吸附量，$\mathrm{mol/m^2}$。

【例 1-2】 25℃时，浓度为 1×10^{-5}mol/L 的表面活性剂水溶液，$\mathrm{d}\gamma / \mathrm{d}(\lg c) = -13.3$，则非离子型表面活性剂在溶液中吸附量计算如下：

$$\Gamma = -[1/(2.303\times8.314\times10^7\times298)]\times(-13.3) = 2.33\times10^{-10}(\mathrm{mol/m^2})$$

【例 1-3】 溶液中表面活性离子为 $\mathrm{R^-}$，反离子为 $\mathrm{M^+}$，溶液中存在 $\mathrm{OH^-}$、$\mathrm{H^+}$。Gibbs 公式为

$$-\mathrm{d}\gamma = \sum \Gamma_i \mathrm{d}\mu_i = \Gamma_{\mathrm{R^-}}\mathrm{d}\mu_{\mathrm{R^-}} + \Gamma_{\mathrm{M^+}}\mathrm{d}\mu_{\mathrm{M^+}} + \Gamma_{\mathrm{H^+}}\mathrm{d}\mu_{\mathrm{H^+}} + \Gamma_{\mathrm{OH^-}}\mathrm{d}\mu_{\mathrm{OH^-}}$$

中性条件下，最后两项略去，根据电中性原则，前两项相同，则

$$-\mathrm{d}\gamma = 2\Gamma_{\mathrm{R^-}}\mathrm{d}\mu_{\mathrm{R^-}}$$

$$\Gamma = -\frac{1}{2\times 2.303RT}\frac{\mathrm{d}\gamma}{\mathrm{d}(\lg a)}$$

式中，a表示表面活性剂在溶液中的活度。

4）混合表面活性剂溶液的吸附

当表面活性剂浓度很小时，$a \approx c$，混合表面活性剂溶液的吸附量根据Gibbs公式计算：

$$-\mathrm{d}\mu = \sum \Gamma_i \mathrm{d}\mu_i$$

$$\mathrm{d}\mu_i = RT\mathrm{d}(\ln a_i)$$

（1）总吸附量测定：改变各溶剂的比例，对总$\mathrm{d}\gamma / \mathrm{d}(\lg c)$作图，$c$为总浓度。

（2）单组分吸附量测定：改变一种浓度，测出$\mathrm{d}\gamma / \mathrm{d}(\lg c_i)$。

5. 固液的表面吸附

凡能降低固液表面张力的物质都可发生吸附。γ降低越多，吸附量越多。由于固液之间界面张力无法直接测定，Gibbs公式应用受限。实验往往根据特定环境条件进行讨论分析，因此各种规律都来自经验总结。

溶液表面的吸附都为放热过程，因此吸附量随温度的上升而下降。根据分子间作用原理，极性吸附剂吸附极性物，而当溶质的溶解度较小时更易通过吸附发生作用。1861年，德国人Schonbein采用过量吸附剂吸附分离多组分物质。1906年，俄国人Ubet创建了色谱法，采用$CaCO_3$对叶绿素进行分离。

1）吸附等温关系与吸附等温线意义

吸附等温关系是指在一定温度下溶质分子在两相界面上进行的吸附过程，当溶液系统达到平衡时，溶质分子在两相中浓度之间的关系。吸附等温线是吸附量、吸附强度、吸附状态等宏观状态的表达。吸附等温线是以吸附量为压力的函数，表达式如下：

$$V = f(x)_{T,\text{气},\text{固}}$$

式中，x表示P的函数；V表示状态方程，也是过程方程；T表示温度；气、固表示物质状态。

吸附等温线意义为在恒定温度下，对应一定的吸附质压力，固体表面上只能存在一定量的气体吸附。通过测定一系列相对压力下相应的吸附量，可得到吸附等温线。通过吸附等温线可以对吸附现象以及固体的表面与孔进行研究，也可以研究表面与孔的性质，计算比表面积与孔径分布。

2）6种吸附等温线

（1）Ⅰ型等温线：Langmuir等温线。

Langmuir 单层可逆吸附过程是窄孔吸附过程。对于微孔来说，这是体积充填的结果，吸附容量受孔体积控制。图1-10中，转折点对应吸附剂的小孔完全被凝聚液充满。微孔硅胶、沸石、碳分子筛等出现Ⅰ型等温线。在接近饱和蒸气压时，由于微粒之间存在缝隙，会发生类似于大孔的吸附，Ⅰ型等温线迅速上升。

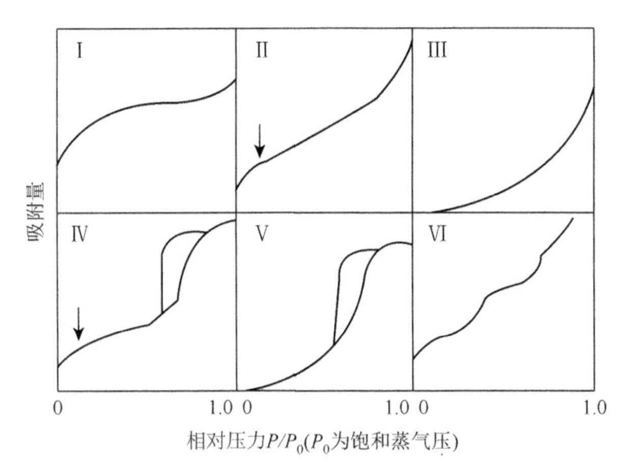

图 1-10　吸附等温线

（2）Ⅱ型等温线：S 形等温线。

S 形等温线是发生在非多孔性固体表面或大孔固体上自由的单一多层可逆吸附过程。在低 P/P_0 处有拐点，它表示单分子层的饱和吸附量，相当于单分子层吸附的完成。随着相对压力的增加，开始形成第二层分子层，在饱和蒸气压时，吸附层数无限大。这种类型的等温线常出现在吸附剂孔径大于 20nm 的情况中。吸附剂的固体孔径尺寸无上限。在低 P/P_0 区，S 形等温线凸向上或凸向下，这反映了吸附质与吸附剂相互作用的强或弱。

（3）Ⅲ型等温线：在整个压力范围内呈凹形。

在憎液性表面存在多分子层或发生固体和吸附质的相互吸附作用小于吸附质之间的相互作用时，呈现Ⅲ型等温线。例如，水蒸气在石墨表面吸附；在经过憎水处理的非多孔性金属氧化物上的吸附。在低压区吸附质的吸附量少，表明吸附剂和吸附质之间的作用力相对弱。相对压力越高，吸附量越多，表现为有孔充填。

（4）Ⅳ型等温线：具有转折、突变及吸附滞后（adsorption hysteresis）。

低 P/P_0 区曲线凸向上，与Ⅱ型等温线类似。在较高 P/P_0 区，吸附质发生毛细管凝聚，等温线迅速上升。当所有孔均发生凝聚后，吸附只在面积远小于内表面的外表面上发生，曲线平坦。P/P_0 达某点时，在大孔上吸附，曲线上升。

由于发生毛细管凝聚，在较高 P/P_0 区内可观察到滞后现象，即在脱附时得到的等温线与吸附时得到的等温线不重合，脱附等温线在吸附等温线的上方，产生吸附滞后，呈现滞后环。这种吸附滞后现象与孔的形状及其大小有关，因此通过分析吸脱附等温线能知道孔的大小及其分布。

（5）Ⅴ型等温线：无转折，有突变及吸附滞后。

Ⅴ型等温线在更高相对压力下存在一个拐点。等温线来源于微孔和介孔固体上弱的气固相互作用，微孔材料的水蒸气吸附常见此类型。

（6）Ⅵ型等温线：台阶状吸附。

Ⅵ型等温线的台阶形状来源于均匀非孔表面的依次多层吸附。

3）建立吸附状态方程

建立状态方程的两条途径：①动力学途径，即吸附速度与脱附速度相等；②统计热力学推导。

确定吸附特征：物理吸附——分子间引力，无选择性；随压力升高，吸附增加；随温度升高，吸附减少。化学吸附——原子间有电子转移，生成化学键，有选择性；随温度升高，吸附增加；放热接近化学反应热。

6. Langmuir 吸附方程

1916 年，Langmuir 导出了单分子层吸附的状态方程：

$$脱附速度 = k_1\theta$$

$$吸附速度 = k_2P(1-\theta)$$

式中，θ 表示被吸收固体的表面积；P 表示压力。

若脱附速度与吸附速度相等，则

$$k_1\theta = k_2P(1-\theta)$$

$$\theta = \Gamma/\Gamma_\infty$$

$$\Gamma/\Gamma_\infty = k_2P/(k_1 + k_2P)$$

1.1.3　表面活性剂溶液

表面活性剂溶液的性质已成为当今研究热点之一，表面活性剂对当今高新技术发展起了重要作用，它成为软物质（soft matter）的重要组成部分。表面活性剂溶于水后破坏了水自身的氢键，亲水基团及疏水基团在水中分散，使熵增加，进而推进分散，故表面活性剂的溶解是熵驱动过程。

1. 表面活性剂结构特征与类型

1）表面活性剂结构特征

表面活性剂是一种具有两亲基团的分子（amphiphilic molecule）。其分子分两部分，分别为亲油基团（lipophilic group）和亲水基团（hydrophilic group），如肥皂（脂肪酸盐）。亲油基团（疏水基团）包括各种非极性、弱极性基团。亲水基团包括各种强极性基团。

但并非具有两性基团的分子均为表面活性剂。最简单的例子是具有两亲结构的甲酸、乙酸、丙酸和丁酸，它们具有表面活性，但不是表面活性剂。对直链烷基而言，表面活性剂要求其具有 8 个碳以上的结构。

2）表面活性剂结构类型

按应用功能分类，表面活性剂有乳化剂、洗涤剂、起泡剂、润湿剂、分散剂、铺展剂、渗透剂、加溶剂等。

按溶解特性分类，表面活性剂有水溶性、油溶性、水油两性。

按亲水基团类型分类，表面活性剂有：

（1）阴离子型（anionic）：羧酸盐（RCOOM）、磺酸盐（RSO_3M）、硫酸酯盐（$ROSO_3M$）、磷酸酯盐（$ROPO_3M$）等。

（2）阳离子型（cationic）：季铵盐（$RN^+R'_3A$）、烷基吡啶盐（$RC_5H_5N^+A^-$）、铵盐（$R_nNH^+A^-$）等。

（3）两性型（amphoteric）：氨基丙酸（$CH_3N^+H_2CH_2COO^-$）、咪唑啉类、甜菜碱[$RN^+(CH_2)CH_2COO^-$]、醇醚硫酸[$R(C_2H_4O)_nSO_4^-$]、牛磺酸[$RN^+(CH_2)CH_2SO_3^-$]等。

（4）非离子型（nonionic）：氮氧化物（RNO）、聚氧乙烯类化合物[$RO(C_2H_4O)_nH$]、多元醇（蔗糖、山梨醇甘油）、亚砜类化合物（RSOR′）。

按疏水基团类型分类，表面活性剂有：

（1）碳氢表面活性剂：脂肪酸（C_{12}～C_{18}）、石蜡（C_{10}～C_{20}）、烯烃（C_{10}～C_{20}）。

（2）烷基苯，其中烷基碳数为C_8～C_{12}。

（3）醇（C_8～C_{12}）。

（4）烷基酚（C_8～C_{12}）。

（5）聚氧丙烯：环氧丙烷低聚物。

（6）氟表面活性剂：氟取代的电解脂肪酸、四氟乙烯聚合物。

（7）硅表面活性剂：二甲硅烷聚合物。

2. 表面活性剂溶液特性

表面活性剂水溶液有 3 个特性：①表面特性；②溶液特性；③溶解度特性及溶油特性。本节讨论表面特性及溶液特性。

表面活性剂水溶液的一个重要特性是存在临界胶束（团）浓度（critical micelle concentration，CMC）。从 CMC 这一浓度起，分子排满水表面并开始向液体内部分散，以疏水基团为内核，形成胶束，导致溶液中质点大小数量突变，从而引起一些理化性质的突变。

表面活性剂的溶解度是另一个重要特性。浊点（cloud point）是非离子型表面活性剂在升温时开始不溶的温度。对此类现象的解释是非离子型表面活性剂依赖其聚氧乙烯（EO）与水形成氢键溶于水，升高温度易使氢键破坏。一些非离子型表面活性剂的浊点如表 1-2 所示。

表 1-2　一些非离子型表面活性剂的浊点

非离子型表面活性剂	浊点/℃	非离子型表面活性剂	浊点/℃
$C_{12}H_{25}(EO)_3OH$	25	$C_{12}H_{21}(EO)_6OH$	60
$C_{12}H_{25}(EO)_6OH$	52	$C_8H_{17}(EO)_6OH$	68

当温度升至某一值时，离子型表面活性剂的溶解度陡升，该温度称为 Krafft 点。对这一点没有良好解释，推测是由亲水基团随温度升高解离度增加引起的。

1）表面活性剂溶液的 CMC

这里是指 CMC 的最小值，即表面活性剂溶液的 γ 与 c 之间的关系，如图 1-11 所示，其关系可用 Gibbs 公式（吸附式）表示。

$$\Gamma = -\frac{1}{RT}\frac{\mathrm{d}\gamma}{\mathrm{d}(\ln c)}$$

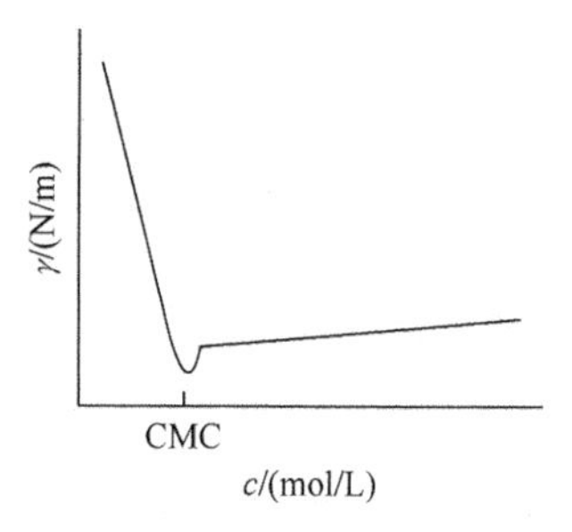

图 1-11　表面活性剂 γ 与 c 的关系

实际测试中CMC的解释是表面活性剂中含有疏水杂质，当浓度达到 CMC 后，胶束产生，杂质立即溶入胶束中，使 γ 突然升高。

2）影响 CMC 的因素

相同表面活性剂的胶束尺寸大小与分子聚集数直接相关。室温下，离子胶束的聚集数为 20～300；非离子胶束的聚集数为 40～1000；表面活性剂疏水基团质量越大，CMC 值越低，聚集数越大。

（1）分子结构因素。

烷基硫酸钠的烷基碳数为 8、10、12、14，胶束的聚集数（n）为 28、41、54、80。1950 年，Klevens 将烷基链中的碳数、n 与 CMC 之间关系（表 1-3）总结为经验公式：

$$\lg\mathrm{CMC} = A - B_n$$

式中，A 表示与极性基团相关的常数；B 表示常数，与 n 值相关，不同系列表面活性剂 B 值相近。

表 1-3　Klevens 参数

参数	烷基羧酸钾	烷基硫酸酯钠	烷基氯化铵
A	1.74	1.42	1.79
B	0.29	0.295	0.296

烷基链长与极性基团的数量及特征对 CMC 均有影响：①烷基链长增加，CMC 值下降（80℃）。例如，十二烷基硫酸钠的 CMC 值为 0.017mol/L，己基苯磺酸钠的 CMC 值为 0.037mol/L。②引入双键使 CMC 值上升（45℃）。例如，硬脂酸的 CMC 值为 4.5×10^{-4}mol/L，油酸钾的 CMC 值为 1.2×10^{-3}mol/L。③烷烃中氢被氟取代后 CMC 值下降。例如，辛酸钾的 CMC 值为 0.39mol/L，全氟辛酸钾的 CMC 值为 0.029mol/L。④疏水链支化使 CMC 值上升。例如，十四烷基硫酸钠 CMC 值为 2.4×10^{-3}mol/L，1-二庚基硫酸钠 CMC 值为 9.7×10^{-3}mol/L。⑤亲水基团增多使 CMC 值上升。例如，碳数分别为 9、11、13、15、17 的脂肪酸钾的 CMC 值分别为 0.15mol/L、0.028mol/L、0.007mol/L、0.002mol/L、0.001mol/L，引入第二羧基后脂肪酸钾的 CMC 值分别改变为 0.350mol/L、0.130mol/L、0.048mol/L、0.017mol/L、0.0063mol/L。⑥同烷基中 EO 连接阴离子亲水基团后使 CMC 值降低 1～2 个数量级。⑦阳离子型 N 上取代基多(碱性强)，CMC 值上升。例如，氯化十二烷基胺的 CMC 值为 1.28×10^{-2}mol/L，氯化十二烷基三

甲基铵的 CMC 值为 2.0×10^{-2}mol/L。⑧与阳离子型相配的阴离子对 CMC 有影响。例如，Cl^-、Br^-、I^-使 CMC 值依次上升（极性低，解离弱）。

（2）电解质因素。

在表面活性剂溶液中加入无机电解质，直接影响 CMC 和胶束的体积及溶解度。1995 年，Shinoda 提出了关于电解质浓度与 CMC 的关系公式：

$$\lg\mathrm{CMC} = -n_i k \lg c_i + A$$

式中，c_i 表示电解质浓度；n_i 表示表面活性剂电荷；k、A 表示常数。

对于阳离子型表面活性剂而言，反离子浓度增加，CMC 值降低，非离子型作用不明显。

（3）极性物的影响。

少量的有机极性物，如醇、胺、酸等，加入溶液中会改变表面活性剂 CMC 值：①中等长度非极性有机物分子加入，因其水溶性差，加速胶束形成，CMC 值降低。②低相对分子质量极性物，如尿素、甲酰胺、乙二醇、1, 4-二氧六环等，有强水溶性，能与水强烈作用破坏水结构，使表面活性剂不易形成胶束，CMC 上升，也使表面活性剂溶解度提高。③低相对分子质量的醇兼有①、②两者特征，少量加入时性质与①同，大量加入时性质与②同（甲醇为代表）。④强极性物，如果糖、木糖、山梨糖醇、肌醇，加入表面活性剂溶液中会使 CMC 值降低，即使有高浓尿素存在，CMC 仍降低。

（4）温度的影响。

主要针对非离子型表面活性剂的浊点，温度升高和溶解度下降，CMC 值均降低。

3. 表面活性剂的混合

实际应用中，表面活性剂多数是混合使用，当两种或两种以上表面活性剂混合后，溶液的许多性质并非是两种或多种同量的简单平均。

1）同系混合物

表面活性剂的混合有以下几种方式：亲水基团、疏水基团的电性与结构均不同；亲水基团、疏水基团电性相同，结构不同；非离子疏水基团相同，EO 大小不同。

当两种表面活性剂以物质的量比为 1∶1 混合后，溶液的表面张力更接近表面活性高者，这是由竞争吸附引起的，活性高，吸附多。从热力学角度可以导出两组分在溶液或胶束中的化学势方程：

$$\mu_1 = \mu_1^0 + RT\ln\mathrm{CMC}_T\, x_1$$

$$\mu_1^{\mathrm{m}} = \mu_1^{\mathrm{m}0} + RT\ln x_1^{\mathrm{m}}$$

$$\mu_2 = \mu_2^0 + RT\ln\mathrm{CMC}_T\, x_2$$

$$\mu_2^{\mathrm{m}} = \mu_2^{\mathrm{m}0} + RT\ln x_2^{\mathrm{m}}$$

其中，$\mathrm{CMC}_T = \mathrm{CMC}_1 + \mathrm{CMC}_2$，$x_1$、$x_2$ 和 x_1^{m}、x_2^{m} 分别为组分 1、组分 2 在混合物和混合胶束中的摩尔分数。当溶液与胶束相平衡时，$\mu_1 = \mu_1^{\mathrm{m}}, \mu_2 = \mu_2^{\mathrm{m}}$，则

$$\mu_1^{\mathrm{m}0} - \mu_1^0 = RT\ln\mathrm{CMC}_T x_1 / x_1^{\mathrm{m}} \tag{1-9}$$

$$\mu_2^{\mathrm{m}0} - \mu_2^0 = RT\ln\mathrm{CMC}_T x_2 / x_2^{\mathrm{m}} \tag{1-10}$$

根据单一组分胶束溶液的平衡关系：

$$\mu_1^{m0} - \mu_1^0 = RT\ln \mathrm{CMC}_1^0 \quad (1\text{-}11)$$

$$\mu_2^{m0} - \mu_2^0 = RT\ln \mathrm{CMC}_2^0 \quad (1\text{-}12)$$

将式（1-9）与式（1-11）、式（1-10）与式（1-12）分别合并可得

$$x_1^m = \frac{\mathrm{CMC}_T x_1}{\mathrm{CMC}_1^0} \qquad x_2^m = \frac{\mathrm{CMC}_T x_2}{\mathrm{CMC}_2^0}$$

其中，$x_1^m + x_2^m = 1$，则

$$\frac{1}{\mathrm{CMC}_T} = \frac{x_1}{\mathrm{CMC}_1^0} + \frac{x_2}{\mathrm{CMC}_2^0} \quad (1\text{-}13)$$

式（1-13）表示两组分混合后总 CMC_T 与组分比例之间的关系，说明两种混合的优势。

2）离子型与非离子型混合

非离子型表面活性剂加入离子型溶液后，减弱了极性亲水基团之间电荷的作用，有以下几种情况出现：

（1）使胶束更易生成：表现为 CMC 值降低（比任何一种都低），这种作用称为增效作用（synergism），有混合极小值。

（2）无增效作用：混合后 CMC 值介于两者之间，无极小值。溶液浊点提高，非离子型表面活性剂溶液因阴离子型表面活性剂的加入，发生离子化，使非离子型表面活性剂溶液的浊点提高。原因是混合胶束带电，不易形成非离子型表面活性剂相。

3）阳离子型与阴离子型混合

一定条件下，阴、阳离子型表面活性剂混合能产生极大增效。例如，溴化辛基三甲基铵[$C_8H_{17}N(CH_3)_3Br$]与辛基硫酸钠（$C_8H_{17}SO_4Na$）以物质的量比 1∶1 混合后，$\mathrm{CMC}_T = 1.5\times10^{-2}$mol/L，较两种物质单独存在的 CMC 值分别降低 17 倍和 10 倍；混合 $\gamma_{\mathrm{CMC}_T} = 23$mN/m，两种物质单独存在时 γ_{CMC_T} 分别为 39mN/m 和 41mN/m。可见，阴、阳离子型表面活性剂混合物降低了溶液的表面张力，有很好的应用前景，如起泡剂、稳定剂、乳化剂等。

基本原因：阴、阳离子间作用，使复合物极性下降。

混合弱点：溶解度小，不恰当的环境条件及物质特性易出现配伍禁忌。

解决方法：必要时增大两者极性或加入第三组分增溶。

1.2　表面活性剂及其基本特征

一种液体通过稳定剂作用稳定地分散在水中，该溶液称为水乳液。被分散相称为内相，又称为不连续相。分散介质称为外相，又称为连续相。

油与水的混合物有两种类型：O/W 型及 W/O 型。

简易判断方法：①溶液中加入少量油溶性染料，乳液被染，可以判断为 W/O 型；②将溶液滴在浸有 20% $CoCl_2$ 的滤纸上，溶液展开显红色，为 O/W 型，溶液不展开且显蓝色，为 W/O 型；③电导分析，O/W 型为良导体。

1.2.1　乳液的基本性能

1. 相体积理论

Ostwald 的几何观点：相同半径的球最密堆积体积（ϕ）应占总体积的 74.02%，当分散相体积分数>74%，乳液珠被破坏变形，即 26%<ϕ<74%时，可能有 O/W 型及 W/O 型存在；ϕ<26%或ϕ>74%时，只有一种类型存在。但是实际中，ϕ>74%时，仍有乳液不变形的情况，如石蜡油-水乳液中油的ϕ约为 99%，体系仍为 O/W 型。其原因在于：①乳液珠大小不等，使ϕ>0.74；②乳液珠可变形，增加了堆积密度。

1）Bancroft 规则

1913 年，Bancroft 研究发现，油相与水相有两个界面张力，$\gamma_{水} > \gamma_{油}$ 形成 W/O 型乳液，反之为 O/W 型乳液；乳化剂对某相溶解度大（亲和力大），该相成为外相。

碱金属皂为水溶性，形成 O/W 型乳液；2 价、3 价的金属皂是油溶的，形成 W/O 型乳液；易润湿的固体是很好的 O/W 型乳液的乳化剂（如黏土、SiO_2-金属氧化物粉）；石墨、炭黑是 W/O 型乳液的乳化剂。

2）Davies 规则

1957 年，Davies 研究发现，当油、水混合振荡后，如果水滴的聚集速度大于油滴，则形成 O/W 型乳液，反之形成 W/O 型乳液；两者聚集速度相近，则体积大的为外相。这种现象称为聚集速度规则。

2. 乳液的稳定与破坏的因素

1）乳液的破坏

乳液是不稳定体系。乳液珠聚集，体系界面缩小，体系 $\Delta G \leqslant 0$，为自发过程。当乳液受到环境物理化学作用时，产生分层或油、水分离，体系出现乳液两个成分的分别聚集，甚至絮凝。

煤油与水的界面张力在 40N/m 以上，加入表面活性剂，界面张力降低为小于 1N/m，体系稳定。但界面大，总能量大，仍不稳定。

2）影响因素

（1）界面张力差。油与水两相界面张力差太大，引起不稳定。例如，石蜡油与水的界面张力差为 41mN/m，混合后互相分离；油酸钠（油酸）/水界面张力差为 7.2mN/m，混合后体系稳定。但是，这并非唯一因素。例如，戊醇与水的界面张力差很小，不形成乳液；明胶表面活性不高，并与水的界面张力差较大，但可成为良好的乳化剂。

（2）界面膜的强度。乳液珠由于运动不停碰撞，碰撞中界面膜破裂则将形成大珠，使体系自由能降低。因此，界面膜的机械强度是决定稳定因素之一。与界面膜强度相关的因素有：乳化剂数量少，强度低；乳化剂分子中有支链，排列松散，强度低；混合乳化剂，如表面活性剂中加入少量脂肪醇、脂肪酸、胺等极性物导致极性过度，强度降低。

如果表面活性剂与极性物定向结合或混合紧密排列形成“复合物”，增加界面膜强度，则增加乳液稳定性。

（3）导致界面膜机械强度降低的其他因素有：电解质浓度高，促使聚合；溶液黏度小，絮凝速度快；相体积超过一定值使乳液变形；温度较高，非离子型表面活性剂接近浊点；反电荷材料多，破坏乳化剂分子亲水性、离子电荷（如加 H^+）。

（4）增加界面电荷。界面电荷密度大，界面膜分子排列紧密，强度大，增加乳液稳定性。

（5）黏度影响。体系黏度增大，分散液相运动速度慢，可以增加乳液稳定性。

1.2.2　表面活性剂分类特征

1. 阴离子型

1）羧酸盐类（皂类）

（1）脂肪酸盐：pH＜7，不稳定；除碱金属盐溶于水外，碱土金属盐与过渡金属盐均不溶于水。

（2）合成脂肪酸盐（单羧酸与多羧酸）：用氨水、醇胺中和，干燥后挥发，亲水性增强。

（3）天然植物酸盐：松香酸盐有较好的润湿力。

2）磺酸盐类

（1）烷基苯磺酸盐：如十二烷基苯磺酸钠，抗硬水，耐酸碱，生物降解较好（支链多的不易降解）。

（2）烷基萘磺酸盐：分散剂“拉开粉”。

（3）烷基磺酸盐：水中溶解度低，抗硬水能力稍差，价高。琥珀酸酯磺酸钠是性能良好的表面活性剂，可溶于水及油（可用作干洗剂）。

（4）石油磺酸盐：烷烃、烷基苯、烷基萘混合磺化物，相对分子质量是 400～600，多为油溶性（用于切削、农药），价廉。

3）硫酸酯盐类

（1）高级醇盐：用高级醇制备的硫酸酯盐，当碳数大于 14 时不易溶于水。而制成的聚氧乙烯醚硫酸钠［$RO(C_2H_4O)_nSO_3Na$］有较好的分散和起泡能力，抗盐好，去垢（钙皂）好。R 可以是直链，也可以是芳族结构。

（2）天然羧基脂肪酸或不饱和脂肪酸盐：用天然羧基脂肪酸或不饱和脂肪酸制备的表面活性剂通常是制革低泡型加脂剂的主要材料，基本结构有 $RCH(OH)R'COONa$、$RCH{=}HCR'COONa$、$RCH(OSO)_3^- R'COONa$。

4）磷酸酯盐类（单酯与双酯）

（1）高级脂肪醇磷酸盐：用磷酸直接与脂肪醇结合，基本结构有 $ROPO_3Na$ 和 $(RO)_2PO_2Na$。

（2）高级脂肪醇聚乙二醇磷酸盐：用磷酸与聚乙二醇脂肪醇结合，基本结构有 $R{-}(OCH_2CH_2O)_nPO_3Na$。

2. 阳离子型

季铵盐不受 pH 变化的影响，杀菌能力强，洗涤性差，价高。仲胺盐、伯胺盐受 pH 影响，H 的离去多少影响离子所带正电荷的强弱，当胺被游离出时成为非离子型。阳离子基本结构有

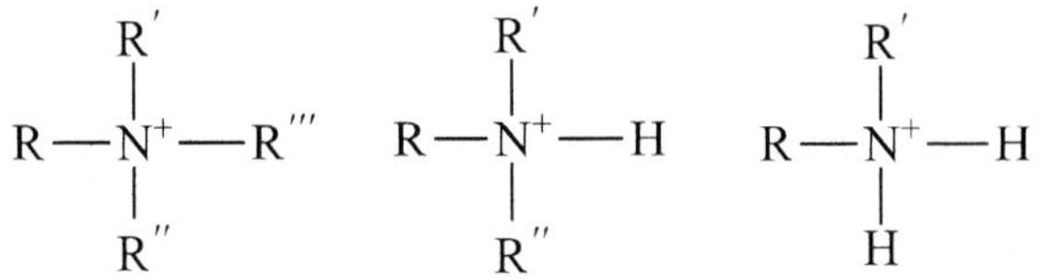

$$R-\overset{\overset{R'}{|}}{\underset{\underset{R''}{|}}{N^+}}-R''' \qquad R-\overset{\overset{R'}{|}}{\underset{\underset{R''}{|}}{N^+}}-H \qquad R-\overset{\overset{R'}{|}}{\underset{\underset{H}{|}}{N^+}}-H$$

3. 非离子型

非离子型表面活性剂的开发和应用始于 20 世纪 60 年代，且发展迅速。非离子型表面活性剂的亲水基团为：①聚氧乙烯基；②多醇（甘油、蔗糖、葡萄糖、山梨醇）。根据连接的疏水基团或亲水基团不同，各种产品与应用性能被研究。

1）脂肪醇聚氧乙烯醚

基本结构：

$$RO\!\left(C_2H_4O\right)_n H$$

其中，疏水段 R 为不饱和醇时，脂肪醇聚氧乙烯醚流动性好；R 为饱和醇时，润滑性好；R 为蓖麻醇时，乳化性好。

基本性能：水溶性好，易降解，稳定性高，润湿性好。

2）脂肪酸聚氧乙烯酯

基本结构：

$$R\overset{\overset{O}{\|}}{C}O\!\left(C_2H_4O\right)_n H$$

其中，疏水段 R 为油酸、硬脂酸时，脂肪酸聚氧乙烯酯易水解，去泡性差，乳化性好。

3）烷基苯酚聚氧乙烯醚

基本结构：

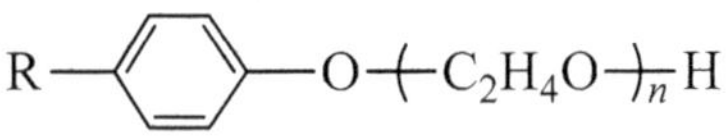

$$R-C_6H_4-O\!\left(C_2H_4O\right)_n H$$

其中，疏水段 R 为 C_8～C_9 时，烷基苯酚聚氧乙烯醚化学稳定性好（耐强酸、碱、氧化剂），不易降解；亲水段中 $n<8$ 时，分子溶于油；$n=8$～10 时，分子溶于水，润湿、去污好，γ 最低；$n>10$ 时，润湿下降，γ 升高，用于强电解质体系。

4）聚氧乙烯烷基胺

基本结构：

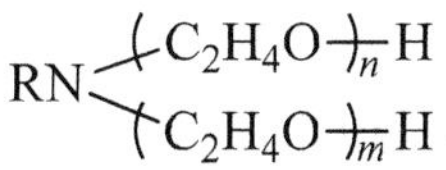

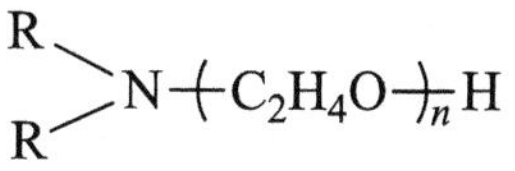

$$RN\begin{cases}(C_2H_4O)_nH\\(C_2H_4O)_mH\end{cases} \qquad \begin{matrix}R\\R\end{matrix}\!>\!N(C_2H_4O)_nH$$

亲水段结构中，n、m 较小时，分子不溶于水或不溶于酸性水；n、m 较大时，分子溶于水。

基本性能：聚氧乙烯烷基胺具有阳离子及非离子两重性，有杀菌作用；可与阴离子物质共用，可作为抗静电剂、匀染剂、防蚀剂，是脂肪酸、胺的良好乳化剂。

5）聚氧乙烯烷醇酰胺

基本结构：

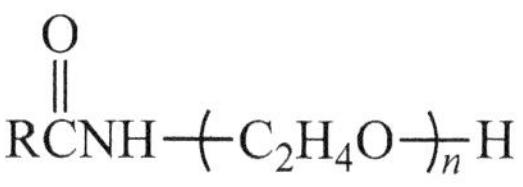

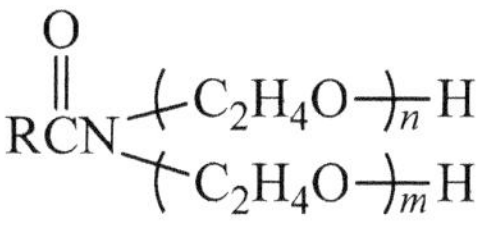

$$R\overset{O}{\overset{\|}{C}}NH(C_2H_4O)_nH \qquad R\overset{O}{\overset{\|}{C}}N\begin{cases}(C_2H_4O)_nH\\(C_2H_4O)_mH\end{cases}$$

基本性能：聚氧乙烯烷醇酰胺具有较强的去泡及稳泡作用，可用作干洗皂。n、m 为1时为烷醇酰胺，不溶于水，需要过量醇胺进行复合。

6）多元醇型

基本结构：

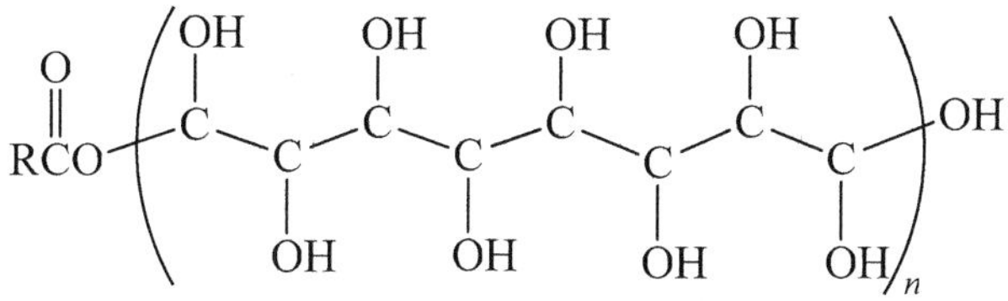

$$R\overset{O}{\overset{\|}{C}}O\left(\underset{}{\overset{OH}{\overset{|}{C}}}-\underset{\underset{OH}{|}}{C}-\overset{OH}{\overset{|}{C}}-\underset{\underset{OH}{|}}{C}-\overset{OH}{\overset{|}{C}}-\underset{\underset{OH}{|}}{C}-\overset{OH}{\overset{|}{C}}-\underset{\underset{OH}{|}}{C}\right)_nOH$$

（1）脂肪酸甘油酯：主要有脂肪酸单甘油酯和脂肪酸二甘油酯。

基本性能：脂肪酸甘油酯不溶于水，在水、热、酸、碱及酶等作用下易水解成甘油和脂肪酸，亲水亲油平衡（HLB）值为3～4，表面活性弱，主要用作W/O型乳液的辅助乳化剂。

（2）蔗糖脂肪酸酯，又称为蔗糖酯，是蔗糖和脂肪酸反应生成的一大类化合物。根据脂肪酸取代数不同分为单酯、二酯、三酯及多酯。

基本性能：蔗糖脂肪酸酯溶于丙二醇、乙醇，但不溶于水和油；在酸、碱及酶等作用下易水解成蔗糖和脂肪酸，HLB值为5～13，表面活性弱，主要用作O/W型乳液的乳化剂、分散剂。

（3）脱水山梨醇脂肪酸酯——司盘类（Spans）。脱水山梨醇脂肪酸酯是由山梨糖醇及其单酐和二酐与各种脂肪酸形成的司盘混合物，各种司盘见表1-4。

基本性能：司盘的HLB值为1.8～3.8。因其亲油性较强，一般用作低泡型W/O乳剂的乳化剂。产品无毒易降解，是环境友好材料。

表1-4　脂肪酸品种和数量不同的司盘

司盘品种	Span-20	Span-40	Span-60	Span-65	Span-80	Span-85
脂肪酸	单月桂酸	单棕榈酸	单硬脂酸	三硬脂酸	单油酸	三油酸

（4）聚山梨酯——吐温类（Tweens）。

聚氧乙烯脱水山梨醇脂肪酸酯是由脱水山梨醇脂肪酸酯与环氧乙烷形成的吐温亲水性化合物，各种吐温见表1-5。

表1-5　脂肪酸品种和数量不同的吐温

吐温品种	Tween-20	Tween-40	Tween-60	Tween-65	Tween-80	Tween-85
脂肪酸	单月桂酸	单棕榈酸	单硬脂酸	三硬脂酸	单油酸	三油酸

基本性能：吐温类亲水性较司盘类大大增加，为水溶性表面活性剂，一般用作W/O乳剂的乳化剂，还可用作增溶剂、分散剂和润湿剂。产品无毒易降解，是环境友好材料。

7）聚氧烯烃整体共聚类

基本结构：

$$HO\left(C_2H_4O\right)_a\left(C_3H_6O\right)_b H \qquad HO\left(C_2H_4O\right)_a\left(C_3H_6O\right)_b\left(C_2H_4O\right)_c H$$

基本性能：该类物质溶于水及有机溶剂，相对分子质量与性能见表1-6。

表1-6　聚氧烯烃整体共聚类表面活性剂的相对分子质量与性能

相对分子质量	润湿性	起泡性	洗涤性
小	好	差	差
中	较好	较好	较好
大	不好	好	差

4. 两性型表面活性剂

表面活性剂分子在溶液中可以显示两种不同的电性，可分为阴阳两性型、阴非型、阳非型，本节以阴阳两性型表面活性剂为例进行讨论。阴阳两性型表面活性剂基本结构（以两种类型的结构示意）：

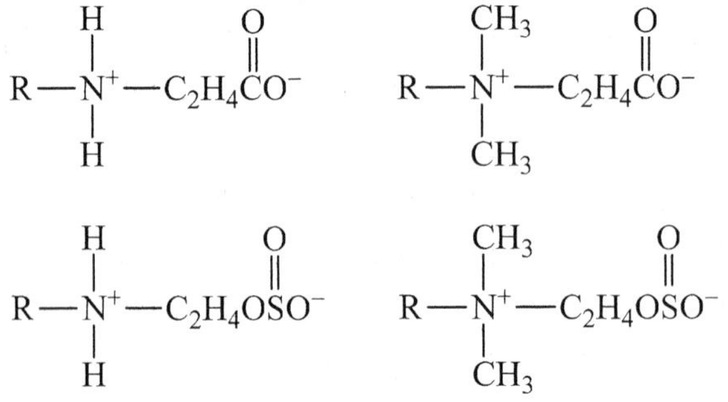

$$R-\overset{H}{\underset{H}{\overset{|}{\underset{|}{N^+}}}}-C_2H_4\overset{O}{\overset{\|}{C}}O^- \qquad R-\overset{CH_3}{\underset{CH_3}{\overset{|}{\underset{|}{N^+}}}}-C_2H_4\overset{O}{\overset{\|}{C}}O^-$$

$$R-\overset{H}{\underset{H}{\overset{|}{\underset{|}{N^+}}}}-C_2H_4O\overset{O}{\overset{\|}{S}}O^- \qquad R-\overset{CH_3}{\underset{CH_3}{\overset{|}{\underset{|}{N^+}}}}-C_2H_4O\overset{O}{\overset{\|}{S}}O^-$$

基本用途：阴阳两性型表面活性剂作为杀菌剂、防蚀剂、分散剂、柔软剂、抗静电剂使用。

电荷变化：理论上，阴阳两性型表面活性剂均有等电点（pI）。但是，在水溶液中阴阳两性型表面活性剂的电荷或等电点可以通过溶液的pH控制，而pH的高低受控于分子中N原子结合的H原子数量和阴离子基团。

5. 其他表面活性剂

1）氟表面活性剂

基本结构：

$$C_nF_{2n+1}COOH \qquad C_nF_{2n+1}SO_3H$$

基本功能：氟表面活性剂耐温，耐酸、碱、氯化物；碳氟链憎水、憎油，抗水、抗油作用强；使水γ降至1.2×10^{-2}N/m。一般含C—H的表面活性剂γ最低为3×10^{-2}N/m，矿物油γ约为1.8×10^{-2}N/m，常温水γ约为7.0×10^{-2}N/m。

2）硅表面活性剂

基本结构：

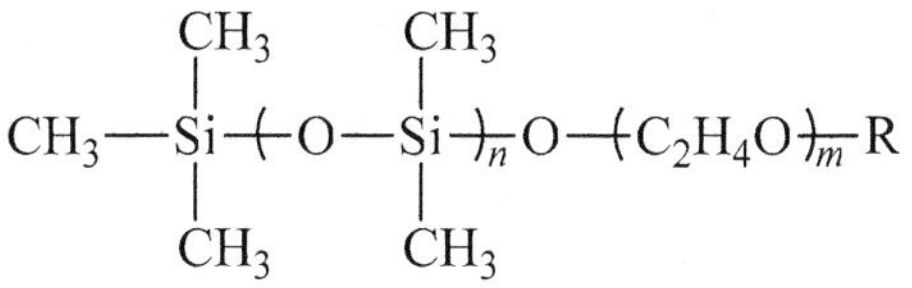

$$CH_3—\underset{CH_3}{\overset{CH_3}{Si}}\!\left(O—\underset{CH_3}{\overset{CH_3}{Si}}\right)_{n}O\!\left(C_2H_4O\right)_{m}R \qquad \text{结构 I}$$

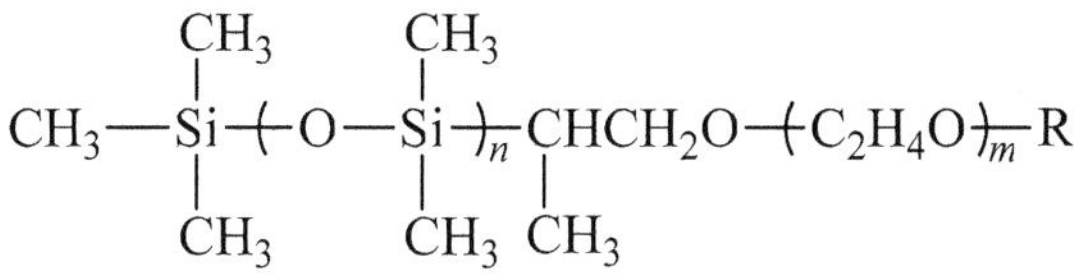

$$CH_3—\underset{CH_3}{\overset{CH_3}{Si}}\!\left(O—\underset{CH_3}{\overset{CH_3}{Si}}\right)_{n}\underset{CH_3}{CH}CH_2O\!\left(C_2H_4O\right)_{m}R \qquad \text{结构 II}$$

基本功能：硅表面活性剂有很高的表面活性，使水溶液γ降至2×10^{-2}N/m。其中，结构Ⅰ中醚键易水解，结构Ⅱ稳定。

3）高分子表面活性剂

凡是高相对分子质量的水溶性物质都有保护胶体的性质，如蛋白质多肽、聚丙烯酸树脂、木素磺酸盐等。

1.3　界面张力的物理化学作用

1.3.1　增溶作用

增溶（solubilization）又称为加溶，与乳化不同（乳化是热力学不稳定体系），增溶是一种特殊的溶解不溶物的方式。

1. 增溶的特点

（1）蒸气压下降：由下式可知，当被增溶物蒸气压（P）降低时，μ降低，发生增溶作用，体系稳定性升高。

$$\mu = \mu^0 + RT\ln P$$

（2）增溶平衡：增溶是一个可逆平衡过程，无论采用什么方法进行增溶，增溶平衡后结果是一样的。

（3）溶剂的依数性：真溶液中加入溶质使溶剂的依数性出现很大变化（冰点下降、沸点上升、渗透压改变等）。与真溶液不同，增溶对溶液依数性影响较小，但溶液的电导率、光散射性、黏度、沉降、X 射线衍射和吸收波谱有变化。

（4）CMC 与增溶：在 CMC 形成后增溶作用明显，即通过乳化剂的乳胶粒产生增溶，这证明被增溶物不是单分子分散，而是多分子集聚。X 射线衍射证实，增溶后胶束直径增大，胶束的体积、形状、数量发生变化。

2. 影响增溶的因素

表面活性剂相同时，影响增溶功能的因素有很多，根据环境情况决定，主要影响因素如下：

（1）表面活性剂结构：随着亲油基团长度增加，非离子型聚氧乙烯链的增溶能力增加。在水溶液中根据 CMC 特征增溶顺序是：非离子型＞阳离子型＞阴离子型。

（2）被增溶物：极性物易增溶；芳香族比脂肪族易增溶；支链物比直链物易增溶。

（3）电解质：离子型表面活性剂中加入无机盐使 CMC 降低；非离子型表面活性剂中加入中性电解质，增溶提升（主要是胶束聚集数增加）。

（4）温度：温度升高，离子型表面活性剂的胶束直径略减小，增溶能力增强；非离子型表面活性剂有一个增溶极大值，在极大值前，温度升高，增溶提升（CMC 下降）。事实上，温度升高，被增溶物可溶性也增加。

1.3.2 润湿作用

水是最常见的取代气体的液体，一般把能增强水或水溶液取代固体表面空气能力的物质称为润湿剂。润湿过程是表面或界面作用过程，指固体表面上的气体被液体取代，或一种液体被另一种液体所取代。润湿是固体表面结构与性质，以及固、液两相分子间相互作用等微观特性的宏观表现。根据热力学观点，恒温恒压下，$\Delta G<0$ 表面可润湿。润湿过程分三类。

1. 沾湿

沾湿现象见图 1-12。在雾化作用下，首先进行的是沾湿。制革的涂饰过程初期就是一种沾湿作用。当接触面积为单位面积时，体系的自由能降低为

$$-\Delta G=\gamma_{sg}+\gamma_{lg}-\gamma_{sl}=w_a$$

式中，w_a 表示黏附功，是黏附过程中体系对外所做的最大功（也是将固、液分开所做的最小功）。如果将气固 γ_{sg} 换成气液 γ_{lg}，则

$$w_c=\gamma_{lg}+\gamma_{lg}-0=2\gamma_{lg}$$

式中，w_c 表示内聚功，反映液体间结合的牢度，根据热力学第二定律，在恒温恒压下，w_a、$w_c>0$，反应为自发过程。

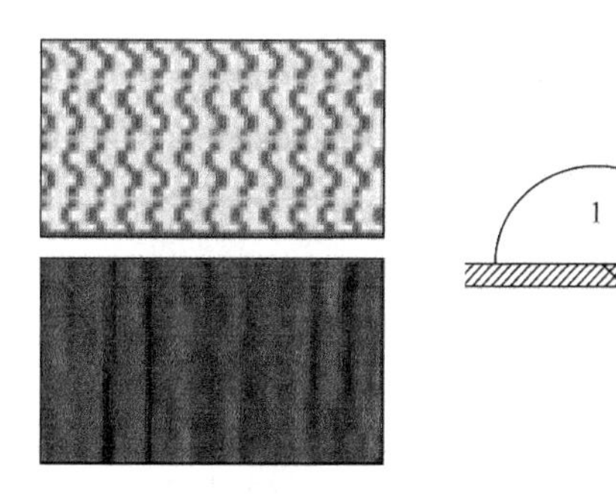

图 1-12　沾湿现象

2. 浸湿

浸湿又称为浸润，由固气界面转变至固液界面，液体表面积不变，见图 1-13，过程的自由能降低为

$$-\Delta G = \gamma_{sg} - \gamma_{sl} = w_i$$

式中，w_i 表示浸润功，反映液体在固体表面上取代气体的能力，在铺展作用中只考虑张力，不考虑面积，则（$\gamma_{sg} - \gamma_{sl}$）是对抗液体表面收缩的能力而产生的铺展力，又称为黏附张力，用 A 表示（$\gamma_{sg} - \gamma_{sl}$）。$w_i > 0$ 是浸湿条件，也是固液分子间作用放出的热量（润湿热），与固体表面亲水程度有关，亲水差，w_i 值小。

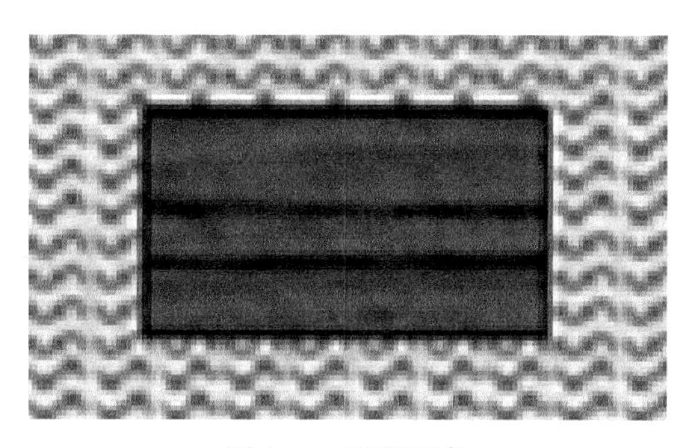

图 1-13　浸润现象

3. 铺展

铺展又称为展开，将一种气-液在另一种液-固上铺展分为三种情况：①不能铺展（也称为自憎）；②展开成薄膜；③展开成单个分子膜。铺展现象见图 1-14。当铺展为单位面积时，体系自由能降低为

$$-\Delta G = \gamma_{sg} - (\gamma_{sl} + \gamma_{lg}) = s$$

式中，s 表示铺展系数，在恒温恒压下，$s \geqslant 0$，气-液可自动展开。将黏附功及内聚功的式子代入上式得

$$s = \gamma_{sg} - \gamma_{sl} + \gamma_{lg} - 2\gamma_{lg} = w_a - w_c$$

当 $s \geqslant 0$、$w_a \geqslant w_c$，即固液黏附功大于液体内聚功时，液体可自行铺展于固体表面。应用黏附张力概念，得到

$$s = \gamma_{sg} - \gamma_{sl} - \gamma_{lg} = A - \gamma_{lg}$$

当 $s \geqslant 0$、$A \geqslant \gamma_{lg}$，即固液黏附张力大于液体表面张力时，液体可发生铺展。

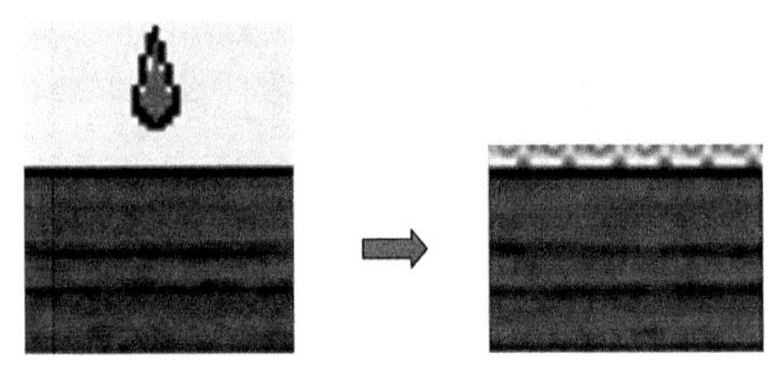

图 1-14　铺展现象

依据界面能量的变化，润湿有三种情况：

沾湿　$$w_a = \gamma_{sg} - \gamma_{sl} + \gamma_{lg} \geqslant 0$$

浸湿　$$w_i = \gamma_{sg} - \gamma_{sl} \geqslant 0$$

铺展　$$s = \gamma_{sg} - \gamma_{sl} - \gamma_{lg} \geqslant 0$$

从以上三式可知：

（1）$w_a > w_i > s$，若 $s \geqslant 0$，则 w_a、$w_i > 0$，可见铺展系数为最低标准。

（2）对沾湿而言，γ_{lg} 大有利；对铺展而言，γ_{lg} 小有利；对浸湿而言，与 γ_{lg} 大小无关。液体表面张力对三种过程贡献不同。

1.3.3　浸润作用

1. Young 方程

γ 与接触角（θ）的关系：

$$\gamma_{sg} - \gamma_{sl} = \gamma_{lg} \cos\theta$$

该式是 T. Young 在 1805 年提出的，又称为 Young 方程，是气-固-液三相交界处三个界面能力平衡的结果。

设液滴在平衡条件下扩大固液界面面积为 dA，则界面的功增值约为

$$dA \cdot \cos(\theta - d\theta) \cdot \gamma_{lg}$$

dθ 忽略不计，体系自由能为

$$\Delta G = \gamma_{sg} dA - \gamma_{sl} dA - \gamma_{lg} dA \cdot \cos\theta$$

润湿平衡时得到润湿方程：

$$\gamma_{sg} dA - \gamma_{sl} dA - \gamma_{lg} dA \cdot \cos\theta = 0$$

$$\gamma_{sg} - \gamma_{sl} = \gamma_{lg} \cos\theta$$

根据润湿方程可得到下列各式：

沾湿　$$w_a = \gamma_{sg} - \gamma_{sl} + \gamma_{lg} = \gamma_{lg}(1 + \cos\theta)$$

浸湿　$$w_i = \gamma_{sg} - \gamma_{sl} = \gamma_{lg} \cos\theta$$

铺展　$$s = \gamma_{sg} - \gamma_{lg} - \gamma_{sl} = \gamma_{lg}(\cos\theta - 1)$$

从以上 3 个方程可看出，润湿角可决定润湿能否进行，因此有如下要求：

沾湿　　$\theta \leqslant 180°$

浸湿　　$\theta \leqslant 90°$

铺展　　$\theta \leqslant 0°$

2. Wenzel 方程

物体表面与接触角也存在着对应关系。设固液界面扩展后测量前进角为 θ_A；固液界面缩小后测量后退角为 θ_R，见图 1-15。通常将 $\theta_A > \theta_R$ 的情况称为接触角滞后。

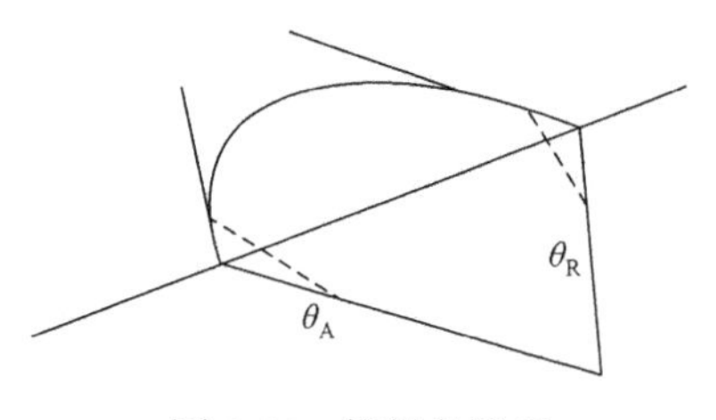

图 1-15　接触角滞后

Harkins 进行实验并总结：在平的、干净的、均匀的、不变形的理想固体表面上，液体形成的平衡接触角只有一个值，即 $\theta_A = \theta_R$。如果板面平滑度和均匀度降低，$\theta_A > \theta_R$，形成粗糙表面的润湿。

设几何面粗化后具有较大的真实表面积。真实表面积与表观表面积之比为 K（粗糙因子）。K 值增大，表面粗糙程度增加。用 Wenzel 润湿方程（又称为温哲方程）表示：

$$K(\gamma_{sg} - \gamma_{sl}) = \gamma_{lg} \cos\theta'$$

式中，θ'表示粗糙表面上的接触角。与平滑时接触角 θ 相比：

$$K = \cos\theta' / \cos\theta$$

上式表明，粗糙表面 $\cos\theta'$的绝对值总比平滑表面大。当 $\theta > 90°$，表面粗化使接触角变大，粗化使可润湿作用下降；当 $\theta < 90°$，粗化使接触角变小，表面可润湿，粗化使润湿作用增强。部分复鞣剂复鞣坯革的表面自由能（γ）、表面粗糙程度（θ）、黏附功（w_a）测定值见表 1-7。

表 1-7　部分复鞣剂复鞣后的表面特征

复鞣剂复鞣	γ /(mN/m)	θ/(°)	w_a/(MJ/m²)
无复鞣（对照样）	45.3	62	103.8
丙烯酸树脂	53.2	49	93.3
苯酚萘甲醛缩合物	43.3	33	76.0
苯酚甲醛缩合物	31.6	46	102.7
密胺树脂	39.8	29	90.9
戊二醛	39.3	35	90.9
苯乙烯马来树脂	40.0	43	99.2
砜缩合物	35.4	40	96.9
噁唑烷	39.2	45	103.9

注：参比物为水、二甲基亚砜（DMSO）、十六烷烃。

3. 接触角与表面因素

其他表面因素也能够引起接触角变化，包括：①表面对液体亲和力不同，接触角可以不同；θ_A 反映亲和力弱的固体表面性质，θ_R 反映亲和力强的性质；②表面不流动性引起 θ_A 与 θ_R 的差异；③表面出现吸附、结合，接触角变化；④液体黏度及温度影响接触角。

制革过程中，一些材料作用坯革后，坯革具有不同的表面亲水性，对后续材料的吸收或表面涂饰的效果均有不同的响应，见表 1-8，可通过 Bally 实验可以了解。

表 1-8　鞣革作用后坯革的亲水性

材料	透水时间/h	2h 吸水率/%
酚醛树脂	1.5	18.0
丙烯酸树脂（中高分子）	4～5	＜15.0
丙烯酸树脂（低分子）	3.0	＜18.0
丙烯腈树脂	6.0	7.6
丙烯酰胺树脂	0.7	55.0
三/双聚氰胺树脂	6.0	6.6
苯乙烯-马来酸树脂	6.0	7.2
噁唑烷/醛	2.1	12.0
栲胶	5.0	15.0
不饱和脂肪酸与马来酸共聚物	＞6.0	7.7
烷烃/合成蜡/油脂	＞6.0	6.5
长链脂肪醇的磷酸酯	＞6.0	8.8
空白（根据数值考察偏离铬鞣特征）	4.0	15.0

4. 表面的润湿特征

根据 Young 方程可知，表面能高的固体比表面能低的固体更易被润湿。高能表面固体包括金属及其氧化物、硫化物、无机盐等高极性物。低能表面固体包括有机物、高聚物及非极性物。

如果将液体在固体上 θ 接近于 0 时的张力定义为临界表面张力，用 γ_c 表示，则当液体的 $\gamma > \gamma_c$ 时，不能铺展，即被润湿物的表面 γ_c 降低，可润湿性下降。因此，高能表面的固体易吸附与其表面电性相反的表面活性离子，形成亲油基朝向水或空气中的定向单分子层，变成低能表面，反而不易润湿。一些常见物质的 γ_c 见表 1-9。

表 1-9　一些常见物质的临界表面张力

物质	γ_c /(mN/m)	物质	γ_c /(mN/m)
水（液）	74	聚氨酯膜	33
乙醇（液）	23	皮胶原	＞70
丙酮（液）	24	聚合羟基硅	24
正庚醇（液）	22	全氟树脂	11

5. “向上”和“向下”润湿性

向上润湿表示下层被上层的可润湿性；向下润湿表示润湿底层的性能。皮革涂饰中，底层与中层要求良好“向上”和“向下”的可润湿性，保证“承上启下”的涂饰效果。而上层或顶层却需要良好的“向下”的可润湿性，抵抗“向上”的可润湿性。

不同的表面活性剂对“向上”“向下”有不同的响应。例如，十二烷基硫酸钠有良好的“向下”性，但“向上”性不良，使皮革再被其他液体铺展困难。这种润湿性与表面活性剂和结合物的 γ_c 相关，因此复合物的表面结构是重要的影响因素。实验表明，单个亲水基的表面活性剂有良好“向下”性，不良的“向上”性；多个聚氧乙烯基有良好的“向上”性。

6. 动态润湿

无外力作用时，液体在固体表面的铺展称为自铺展；外力下液体相对固体运动而铺展称为强制铺展。强制铺展具有以下特点：

（1）静态接触角：液体相对固体运动速度增大，前进角增加，后退角减小，如图 1-16 所示。

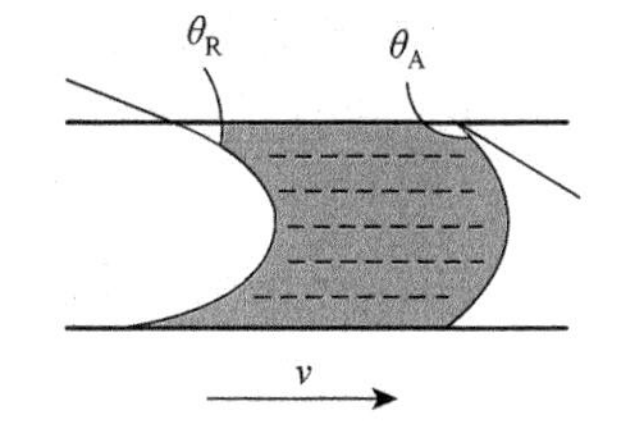

图 1-16　强制铺展的润湿角

（2）将前进角与速度作图表明：当速度很小时，前进角不受影响；速度增加，前进角增大；当速度达到一定值时，前进角稳定，趋于最大值。

（3）前进角最大值：它与润湿剂结构、浓度、外界条件有关。

（4）润湿临界速度：在保证液体对固体良好润湿条件下，润湿允许最大界面速度。相同条件下，润湿剂浓度增加，临界速度增大；否则随着速度增大，润湿效果降低。

7. 毛细管的润湿

1）圆柱形毛细管的润湿

设毛细管直径均匀，由于液面的弯曲面与空气间存在压力，导致毛细管中液体上升。其实形成毛细作用不需要密封管，只要两根纤维相互靠得足够近，就能形成毛细现象，使液体润湿纤维。

当 $\theta=0$ 时：

$$\Delta P=\frac{2\gamma_{\mathrm{lg}}}{r}$$

当 $\theta\neq 0$ 时：

$$\Delta P=\frac{2\gamma_{\mathrm{lg}}\cos\theta}{r} \quad 或 \quad \Delta P=\frac{2(\gamma_{\mathrm{sg}}-\gamma_{\mathrm{sl}})}{r}$$

式中，r 表示毛细管直径。

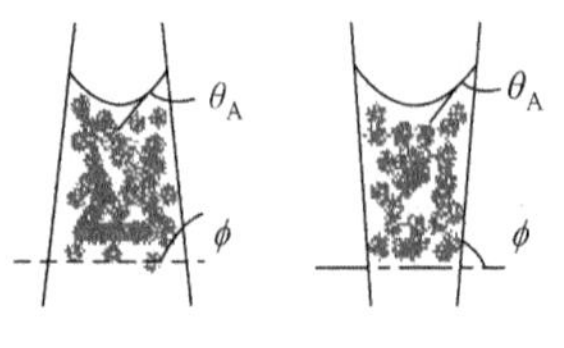

图 1-17　锥形毛细作用

2）圆锥形毛细管的润湿

在三维胶原组织构造中，由纤维束构成的毛细管，各种形态均有存在，如壁渐细或渐粗大形毛细管，见图 1-17。当锥管为上小下大时，有

$$\Delta P=\frac{2\gamma_{\mathrm{lg}}\sin(\theta_{\mathrm{A}}+\phi)}{r}$$

当锥管为上大下小时，有

$$\Delta P=\frac{2\gamma_{\mathrm{lg}}\sin(\theta_{\mathrm{A}}-\phi)}{r}$$

式中，θ_{A} 表示前进角；ϕ 表示纤维束锥角。

为促进润湿，应使 θ 降低。由上述两个公式可知，润湿能否发生取决于（$\theta_{\mathrm{A}}+\phi$）及（$\theta_{\mathrm{A}}-\phi$）是使 $\Delta P>0$ 还是 $\Delta P<0$。根据上述公式可以发现：纤维束锥角上小下大时，（$\theta_{\mathrm{A}}+\phi$）$<180°$，可以发生润湿；纤维束锥角上大下小时，（$\theta_{\mathrm{A}}-\phi$）$<0°$，才能使 $\Delta P>0$，否则润湿受阻。

3）不规则形状毛细管的润湿

在一束纤维之间，存在更多的是形状不规则的圆柱形毛细管，见图 1-18。设半径为 r，纤维距离相等并平行，若毛细管与液面垂直，则使溶液流入管内的压力 ΔP 为

$$\Delta P=\frac{\gamma_{\mathrm{lg}}}{r\cos\theta_{\mathrm{A}}+[(r+d)^2+r^2\sin^2\theta_{\mathrm{A}}]^{1/2}}$$

式中，d 表示 1/2 纤维间距；分母表示弯曲面的曲率半径。由上式可得，当 r、d、θ_{A} 减小或降低时，润湿性增加。

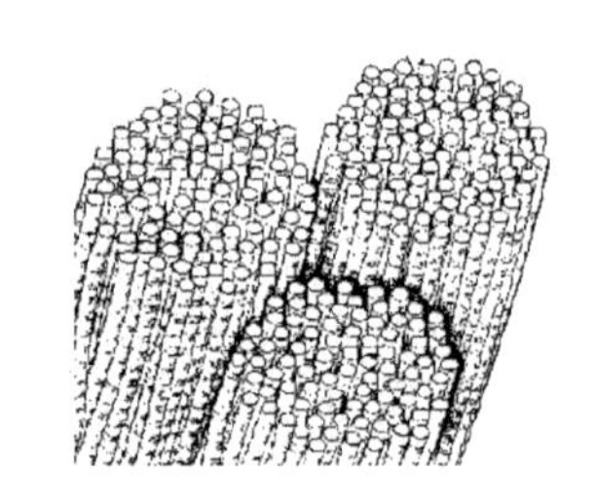
图 1-18　不规则形状毛细管来源

8. 毛细中的空气

当干态的坯革进入水中润湿或干燥时，气泡的溢出是必需的过程，需要除去所有内部的空气。设有一气泡在毛细管中，两边受力相等，见图 1-19。若加入润湿剂，在一端改变 θ，使两边产生压差，气泡就会移动。根据下式：

P

图 1-19　毛细中的空气

$$\Delta P=\frac{\gamma\cos\theta}{r}$$

随着加入表面活性剂一端的 γ 降低，θ 减小更有利于另一端 ΔP 升高。若表面活性剂选用不良，则适得其反。

9. 润湿速度

从热力学角度分析，表面活性剂的 γ 可以决定物体被润湿的能力，而实践中，动力学润湿速度也决定着润湿的结果。

1921 年，Washburn 用几根纤维构成毛细管与水平液接触进行实验，研究发现液体进入毛细管速度为

$$\frac{\mathrm{d}s}{\mathrm{d}t}=\frac{\gamma \cdot r \cdot \cos\theta}{\eta s}$$

式中，s 表示液体进入毛细管的距离；η 表示液体黏度；r 表示 1/2 的纤维间隙（计量半径）。设 γ 、r、θ、η 为常数，积分上式得

$$s^2=\frac{\gamma \cdot r \cdot \cos\theta}{2\eta}\cdot t$$

对蛋白质纤维而言，使用上述公式计算将造成一定误差。因为当水进入后，纤维发生膨胀，毛细直径发生改变。

1）分子结构影响润湿

防止润湿又称为防水或拒水，已是当前皮革纺织的常见特征。防水被认为是不透水蒸气、阻止汗液中水分蒸发；拒水被认为是在无外压条件下可透水蒸气而不透水。从表面物理化学角度出发，物质表面的分子结构与 γ 影响润湿因素可以根据接触角关系计算：

$$\gamma_{\mathrm{sg}}=\gamma_{\mathrm{sl}}+\gamma_{\mathrm{lg}}\cos\theta$$

若液体（或水）的表面张力不变，要使 γ_{sg} 降低或使 γ_{sl} 增加，较好的方法是使固体表面的 γ_{c} 降低。

从表 1-10 中可见，采用特殊表面处理形成特殊的分子膜，如用 F 代替 H，则 γ_{c} 下降较多。油在 20℃时的 γ_{lg} 为 26～35mN/m，不能润湿氟化物，采用氟化物作为固体表面，既拒水又拒油。

表 1-10　固体表面分子结构与 γ_{c}

结构	γ_{c} /(mN/m)	
	F	H
—CX_3	6	22～24
—CH_2—	18	31

2）液体的流动影响润湿

随着液体的流动速度增大，θ_{R} 减小，强迫形成水膜或新的表面。

3）表观特征与结构影响润湿

由下式可知：

$$\Delta P = \frac{2\gamma_{lg}\cos\theta_A}{r} = \frac{2(\gamma_{sg} - \gamma_{sl})}{r}$$

当毛细管半径 r 较小，θ_A 和 γ_{sl} 大，增加表面粗糙程度和表面气泡量，均能使润湿难度增大。

10. 压力润湿

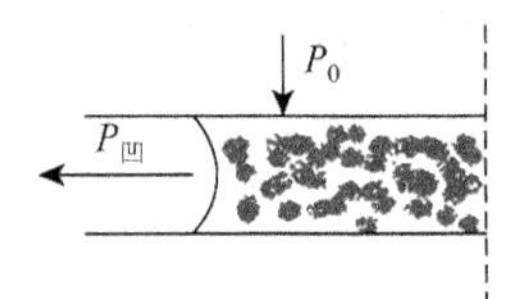

图 1-20　压力润湿

如前所述，表面张力是温度和压力相互作用的合力。温度变化可以改变物体表面张力，同样，在恒温条件下增大压力，表面张力会减小。2002 年，Hebach 的研究表明，将压力从 1bar（1bar = 10^5Pa）增大到 100bar，表面张力会减半。仅当压力增至 100bar 以上时，对表面张力影响不大。压力润湿示意图见图 1-20。

对于机械加压而言，同时降低皮革及液体的表面张力，几乎不影响毛细作用。机械的负压吸收超过了表面张力的作用，此时机械作用不能解释毛细润湿作用。然而，外压 P_0 增大，毛细管产生收缩和凝结，获得毛细管周边纤维结合。当这种结合能能够抵抗毛细扩展的释放能时，结合就会增加。因此，当低表面张力材料替换高表面张力材料时，采用机械作用进行压力润湿是十分重要的，这正是工艺所需要的。

11. 起泡与消泡

泡沫是以气体为分散相的体系，分散介质可以是固体或液体。气泡的产生主要有以下几种情况：

（1）流动液体动态（横向流动、水流跌落、波浪回卷）将表面吸附气体带入液体内，入水后气体脱附并聚集形成气泡。

（2）水流内部或固体表面含有未溶解的空气与蒸气的微小气泡或气穴（所谓的气核），当水流中压力降低至蒸气压或温度升到沸点时，气核膨胀长大。

（3）水中因发生化学或物理作用产生不溶气体而聚集形成气泡。

1）泡沫不稳定机制

泡沫是热力学不稳定体系，泡沫的液膜排液及泡内气体扩散都将导致泡沫的破坏。

（1）液膜受力排液。泡沫的存在依赖油膜，但当气液两相密度差大时，重力作用使其产生排液、变薄、破坏，见图 1-21。在气液交界处，由于界面 1 与界面 2 处的曲率差和表面张力差（Laplace 定理）而产生压力差，膜内液流向界面 3 处，膜变薄，破坏。

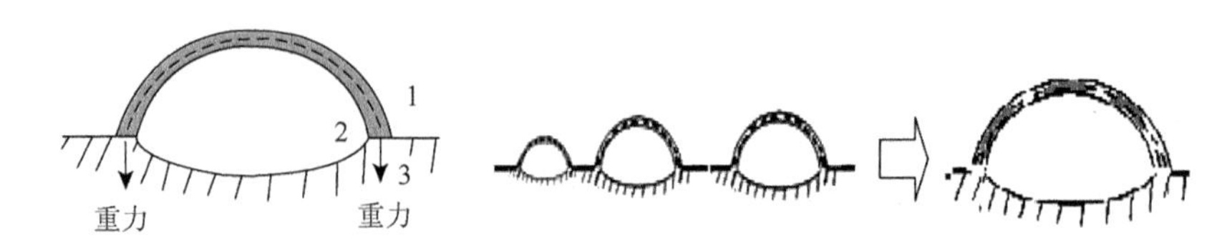

图 1-21　泡沫的重力、合并及老化破坏

（2）气体的扩散。气泡大小不同，小泡内压力大于大泡，使气体扩散入大泡，小泡消失，大泡长大、老化、破坏。

2）泡沫的稳定

泡沫的产生及稳定与液体表面张力降低有关，但这并非所有情况下的决定因素。例如，低表面张力的有机纯溶液不起泡；表面活性不高的蛋白质溶液有稳定的泡。因此，泡沫稳定还受其他因素控制或协同。以下 3 个因素可以认为是影响泡沫产生后是否稳定的因素：

（1）液膜具有较好的黏度与弹性。泡膜不易因外界的扰动而破坏，这些性质也阻止了重力排液及泡内气体的扩散。

（2）Marangoni 效应。泡沫体系扰动，液膜变薄、拉长，界面上吸附分子浓度下降，变形区 $\gamma_A > \gamma_B$，这使 B 处溶液流向 A 处，A 处重新变厚、“修复”，见图 1-22。若表面活性剂浓度较高（大于 CMC 值），表面张力不引起大的变化，这种泡的稳定性也无法增强。

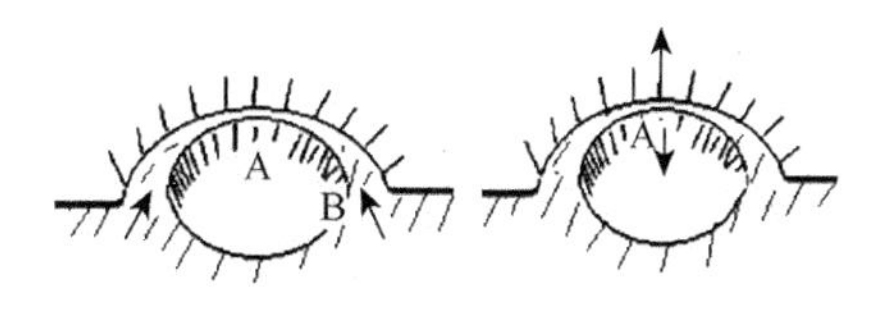

图 1-22　泡沫的稳定机制

（3）泡膜内电荷使泡稳定。泡膜排液过程使两膜间液体减少，两膜接近产生排斥，最终将阻止排液，使厚度保持稳定。

根据起泡与稳泡特点，常见的起泡剂有十二碳酸钠、十四烷基硫酸钠、十四烷基苯磺酸钠等。常见的稳泡剂（起到提高黏度，增加泡沫厚度、强度的作用）有明胶、C_{12}～C_{16} 的脂肪醇、聚丙烯酰胺、脂肪醇酰胺等。

3）泡沫的破坏

根据起泡及稳泡原理进行相反作用获得消泡效果，如加入消泡剂。使泡沫破坏的原理如下：

（1）加入使液膜局部表面张力大幅度降低又不起泡的有机物，如乙醚、硅油、异戊醇等。

（2）加入降低液膜表面黏度和削弱膜的抗扰动及抗排液能力的有机物，如磷酸三丁酯、低分子醇类等。

（3）加入降低膜弹性和电荷特征的材料，如非离子型润湿剂（弱极性、扩散快）。

（4）替换泡膜成分，替换成分本身链短，不能形成坚固的泡膜，而易产生裂口，使泡内气体外泄，导致泡破，如 C_5～C_6 醇或醚类、磷酸三丁酯、硅酮等。

4）泡沫的抑制

抑泡与消泡有相同的机理。泡沫的抑制是使气体无法或极少被液面吸附（铺展）、进入液体内产生泡沫；瞬时消除液内微泡，抑制泡沫聚集或尺寸的增加。泡沫抑制的原理：降低液体外表面张力，减少动态润湿时对空气的吸附；提高液体离子强度（加电解质），减少空气在液内停留时间；降低液内溶剂溶解速度；消除气核；防止化学反应产生气泡。泡沫抑制方法：超声处理；加入微泡吸附材料；掺入低表面张力的气体也是加速排泡、抑制微泡扩大的抑泡措施。

12. 去污作用

去污是一个复杂的过程，与表面活性剂的渗透、乳化、分散、增溶及起泡等因素有关，也与污物或黏着物的来源及成分有关。对动物皮制革而言，除利用化学、生物化学反应除去无用物外，物理作用去污也十分重要，如去除皮/革内外表面的外源黏着物、自身内源的油脂、蛋白质残余、多聚糖等。这些物质存在于胶原纤维束的表面及组织凹陷内，有固态的及液态的。去污作用机理主要有以下几个方面。

1）游离机理

在去除油污的过程中，固体与油污的界面（s_{so}）缩小，而固体与溶液界面（s_{sl}）增大，油污与溶液的界面（s_{lo}）增大，最后使油污离开固体，当各个界面张力达到平衡时有

$$\gamma_{sl} = \gamma_{so} + \gamma_{lo} \cos\theta$$

式中，θ 表示油污在固体上的润角。

在空气中，底物与水溶液、油污的黏附功分别为

$$w_{sl} = \gamma_{sg} + \gamma_{lg} - \gamma_{sl}$$

$$w_{so} = \gamma_{sg} + \gamma_{og} - \gamma_{so}$$

两式相减：

$$(w_{sl} - \gamma_{lg}) - (w_{so} - \gamma_{og}) = \gamma_{so} - \gamma_{sl} = \gamma_{lo} \cos\theta_1$$

式中，$\theta_1 = 180° - \theta$。若黏附张力用 A 表示，油滴被水溶液完全取代，θ_1 趋近于 0，则

$$A_{sl} - A_{so} \geqslant \gamma_{lo}$$

当单位面积的油污被水溶液完全取代时，所需做功：

$$w = A_{sl} - A_{so} - \gamma_{lo} = \gamma_{so} - \gamma_{sl} - \gamma_{lo}$$

因此，降低 γ_{sl} 及 γ_{lo} 的物质有助于去污，同时要求这种物质能吸附在“固体-溶液”和“油（脂肪）-溶液”的界面上，将油或脂肪从固体上剥离，分散成为油滴，形成 O/W 乳液；如果固体不能溶解，则被分散在溶液中。

2）增加悬浮

形成的乳液要稳定，不能被破坏使污物重新沉积于固体上。为此，可添加污垢悬浮剂，防止污物再沉积，通常这类悬乳剂是羧甲基纤维素或甲基纤维素，代替底物吸收污物。

3）改变表面极性和形态

天然或一些加工物都有或大或小的极性。极性纤维不存在去污困难，但当其沾污非极性或弱极性的杂质，去污变得困难。加入一些具有极性的物质，增加底物极性是必要的，当然要求它与油污有相同的极性并与底物进行结合竞争。纤维表面的不均匀性影响表面活性剂的铺展，导致去污效果下降时，要求加强用量。

4）改变表面电位

当坯革浸入水后，因水合作用使负离子解离而形成负电扩散（污物带负电），加入

负电性表面活性剂吸附于坯革表面使其表面负电位升高，有助于分散后的稳定。因此，简单的多价阴离子将有助于去污。

5）提高增溶能力

要提高污物的增溶能力，可选用非离子型表面活性剂，尽管它对纤维的结合力不佳，但其具有极小的 CMC 值，能使脂类物很好地被增溶在胶束内。

6）增加助洗剂

水溶液中的 Ca(Ⅱ)、Mg(Ⅱ)不仅影响一些阴离子表面活性剂的溶解，也影响分离后污物中脂肪酸类的分散。加入 Na_2CO_3、Na_2SO_4、Na_3PO_4、Na_2SiO_3 等有以下几个方面的作用：①调整洗涤去污后溶液的 pH；②螯合 Ca(Ⅱ)、Mg(Ⅱ)离子；③降低 CMC 值；④抑制纤维的膨胀；⑤增加或保持表面负电性。

7）其他条件的改变

①pH：除阳离子型表面活性剂外，非离子型表面活性剂对 pH 影响不大，但较高 pH（碱性范围内）可以增加脂肪酸类污物的乳化和溶解。②温度：温度升高，污物可被熔化、溶解，有利于去污。值得注意的是，升温使离子型表面活性剂 CMC 值升高，使非离子型表面活性剂 CMC 值降低。③机械作用：机械作用有利于表面活性剂在憎水物上强迫润湿，也有利于污物的分离分散。

1.3.4　降低摩擦作用

1. 减少纤维间摩擦

表面活性剂能增强纤维间滑动，宏观上表现为纤维组织的柔软性。在强极性的纤维之间，如果保持极性结合，减小必要的相互滑动性，会使纤维在宏观上表现出硬，甚至脆。经摩擦受力纤维间会产生静电、游离基，造成新的互相排斥，导致纤维不规则分离、疏松。

实践证明，非极性链碳数大于 16 的表面活性剂才能在纤维表面形成薄膜，使两个摩擦表面分开，降低纤维间摩擦。油脂分子对纤维的分离能力及自身之间黏结程度如何在宏观上影响纤维组织的感官及物理力学性能，可以从两个方面进行考虑：

（1）对表面活性剂而言，弱极性或非极性烷烃对皮/革纤维表面不产生润湿作用，不能结合成膜，只能调节其他疏水端的黏度或协助分离纤维，单独作用不能明显降低摩擦系数，尤其是短链烷烃。含不饱和疏水段的表面活性剂与弱极性区纤维表面有一定的结合或吸附，可形成较好的铺展膜，有效降低摩擦，但纤维不能完全分离。

（2）对皮/革纤维表面而言，中和或复鞣后电性弱的纤维表面使用含饱和疏水段的表面活性剂更有效。否则，纤维表面使用含不饱和疏水段的表面活性剂更有效。

总之，皮/革纤维要求在深层次纤维表面形成油脂薄膜才能保证良好的纤维分离（显示丰满）、润滑（显示柔软）。

根据非离子型表面活性剂作为润滑剂的应用发现，其疏水端采用聚氧乙烯脂肪酸和聚氧乙烯脂肪醇能良好地降低摩擦系数，而聚氧乙烯脂肪酰胺的效果较差。就亲水基而言，聚氧乙烯基团数增长时，摩擦系数增加，分离能力下降。非离子型表面活性剂作用后的纤维受动态影响较小。

阴离子型表面活性剂对纤维的润湿或润滑，随运动速度提高，表面电荷聚集增加，纤维的摩擦力增加；随温度升高，电荷转移速度增加，摩擦力降低。

2. 润湿纤维的其他作用

加入脂肪类表面活性剂可改善成革手感，如柔软性，这缘于纤维间摩擦力的降低。除此之外，脂肪类表面活性剂还对坯革/皮革的其他性能有影响：

（1）易改善平整操作作用，防止纤维不理想结合，消除皱痕。

（2）使纤维易形成定向集中受力，提高坯革/皮革的撕裂强度。

（3）降低革纤维的γ，使其不易被污染或被水润湿。

（4）离子型表面活性剂与反离子作用，能增厚润滑膜，降低纤维间摩擦，但也会导致纤维松弛。

第 2 章　溶液的物理化学性质

2.1　胶体溶液的物理化学性质

在皮革制造的水处理过程中，油脂、鞣剂、复鞣剂、填充剂、蛋白质、多肽、多聚糖、染料、助剂的溶液或乳液无不与胶体溶液的行为相关。胶体溶液的物理化学性质是制革化学中理论与实践的重要知识组成。

2.1.1　胶体质点电荷

1. *电动现象*

1803 年，俄国科学家 Peucc 将两支玻管插入黏土中，再接上电板发现，黏土粒子向正极运动——电泳；若黏土固定，液体水向负极运动——电渗（毛细管、多孔瓷片也能产生相同现象）。1861 年，Quincke 发现压力使液体通过毛细管或多孔塞，液体流动产生电压——流动电势（反电渗）。1800 年，Dorn 发现反电泳，粉末在流体介质中下沉时，在介质内产生电势差——沉降电势。

上述现象都称为电动现象，将其归纳为：因电而动（电泳与电渗），因动生电（流动电势与沉降电势）。在自然界中，固液、液液、液气、固气中都存在电动现象。

2. *质点表面电荷*

溶液中溶质的质点表面电荷来自：

（1）解离。蛋白质及多肽中—NH_3^+、—COO^-。

（2）吸附。AgI 可吸附 I^-及 Ag^+。溶液中加入 $AgNO_3$，则胶体带正电；加入 KI，则胶体带负电。其中，I^-及 Ag^+为决定电势离子；NH_3^+与 K^+为不相干离子。由于 Ag^+的水合能力大于 I^-，使 AgI 溶胶的等电点约为 5.5。

（3）亲和力。由亲电子能力决定，溶液中同时存在的物质，介电常数（ε）大则带正电。例如，玻璃（$\varepsilon = 5$～6）、水（$\varepsilon = 81$）带负电；苯（$\varepsilon = 2$）带正电。

2.1.2　质点的双电层模型

胶体溶液的一些基本概念：质点与介质整体显现电中性；质点周围的介质中存在反离子。因此有：

$$\text{质点表面电荷 + 反离子} \longrightarrow \text{形成双电层}$$

$$\text{带电质点的表面电势–液体内部电势差} \longrightarrow \text{表面电势}$$

表面电势取决于“决定电势离子”的浓度。

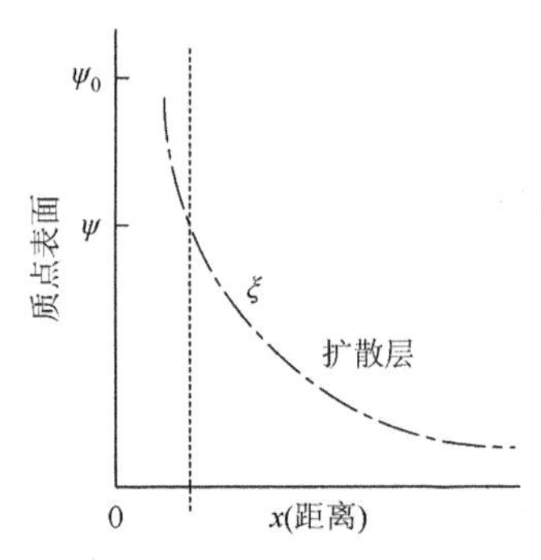

图 2-1　质点表面电势

在电动过程中，液体中质点的运动产生边界处表面电势 ψ_0 与液体内部的电势差——动电电势或电动势 ξ，见图 2-1。

质点运动时，固体结合溶剂化层一起运动，固液两相发生相对运动，边界并不在质点表面，离开一定距离，相对于 ξ 的 ψ 与 ψ_0 不等，变化规律不同。

1. 平板电容器模型

1879 年，Helmholtz 提出两层间距离很小（约为离子半径）时，表面电势 ψ 和表面电荷 σ 的关系与电容的情形相同。

$$\sigma = \frac{\varepsilon\psi}{x} \tag{2-1}$$

式中，x 表示两层间距离；ε 表示介质介电常数。这种平板电容器模型不能解释动电现象。固定双电层是电中性的，不会产生电势差。

2. 扩散双电层模型

Gouy 和 Chapman 分别在 1910 年和 1913 年提出了扩散双电层模型。静电引力使反离子趋向表面，热扩散使反离子趋于均匀分布，最终形成平衡，动电电势 ξ 与表面电势 ψ 不同，由此解释了较多的实验现象。

1947 年，Stern 与 Grahane 对 Gouy-Chapman 扩散双电层模型进行了改进，加入了离子大小、水合作用等因素，解释了如何定量解释双电层内电荷与电势的分布。公式推导过程如下：

（1）质点表面是无限大的平面，表面电荷分布均匀。

（2）扩散层内的反离子服从 Boltzmann 分布点电荷。

（3）溶剂的介电常数相同。

（4）只有一种电荷电解质，正负价为 z。

1）质点表面电荷分布

平板质点的表面电势为 ψ_0，溶液中距表面 x 处的电势为 ψ，电荷量 e，溶液本体内的离子数为 n_0，根据 Boltzmann 分布定律，该处正、负离子浓度应为

$$n_+ = n_0 \exp(-ze\psi / KT) \qquad n_- = n_0 \exp(ze\psi / KT) \tag{2-2}$$

扩散层内任意一点的电荷密度：

$$\rho = ze(n_+ - n_-) = -2n_0 ze \cdot \sin h(ze\psi / KT) \tag{2-3}$$

2）质点表面电势分布

根据 Poisson 方程，空间电场中电荷密度与电势 ψ 之间关系：

$$\nabla^2\psi = -\frac{\rho}{\varepsilon} \tag{2-4}$$

对平板质点而言，若只考虑沿 x 方向，则有

$$\frac{d^2\psi}{dx^2}=-\frac{\rho}{\varepsilon} \tag{2-5}$$

将式（2-3）代入式（2-5），得到

$$\frac{d^2\psi}{dx^2}=\frac{2n_0 ze}{\varepsilon}\cdot \sin h(ze\psi / KT) \tag{2-6}$$

设表面电势很小，且 $x\rightarrow\infty$和$\psi\rightarrow 0$，则有

$$\frac{d^2\psi}{dx^2}=\frac{2n_0 z^2 e^2}{\varepsilon KT}\cdot\psi=\kappa^2\psi \tag{2-7}$$

$$\kappa=\left(\frac{2n_0 z^2 e^2}{\varepsilon KT}\right)^{\frac{1}{2}} \tag{2-8}$$

式（2-6）解为

$$\psi=\psi_0 e^{-\kappa x} \tag{2-9}$$

当质点为球形，半径为 a 时，则在 r 处有

$$\psi=\psi_0\cdot\frac{a}{r}e^{-\kappa(r-a)} \tag{2-10}$$

式（2-10）表明，扩散层内的电势随距离指数下降，下降快慢由 κ 决定。质点的表面电荷至扩散层的总电荷密度 σ 计算公式为

$$\sigma=-\int_0^{\infty}\rho dx \tag{2-11}$$

将式（2-5）代入式（2-7），再代入（2-11）式，当适当边界表面电势很低时：

$$\psi=\psi_{(x=0)} \qquad \sigma=\sigma_{(x=0)}$$

求得解为

$$\sigma=\varepsilon\kappa\psi_0 \tag{2-12}$$

与平板电容器的电荷与电势（$\sigma=\frac{\varepsilon\psi}{\delta}$）对比可见，$\kappa^{-1}$ 相当于电容器的板距，称为双电层的厚度。从式（2-8）可知，当电解质浓度 n_0 增加，电荷电价 z 增大，双电层变薄，电势随距离下降更快。这就区别了 ξ 与表面电势。

事实上，当 ψ_0 较高时，也可由式（2-7）求解，结果：

$$\psi^1=\psi_0^1 e^{-\kappa x} \tag{2-13}$$

式中，ψ^1 表示 ψ 的复杂函数，仍然能说明 ξ 与表面电势的差别（关系）。实验中 ξ 对离子浓度及电荷数十分敏感，证实了 Gouy-Chapman 扩散双电层模型理论的真实性。

3. 双电层的 Stern 模型

尽管 Gouy-Chapman 扩散双电层模型理论有一定的实用性，但也有一些不足之处：

（1）按 Boltzmann 分布，0.1mol/L 的 1 价电解质，质点表面电势可达 200mV，计算出该处的反离子浓度达 240mol/L，这是不可能的。

（2）公式中没有明确ξ的物理意义，因为ξ随离子浓度增加而减小，且总是等量，但实际情况有时会相反。

1924年，Stern提出了一种模型，其基本原理有：

（1）离子有一定大小，离子中心与质点表面距离不能小于离子半径。

（2）离子与质点表面除静电作用外，还有van der Waals作用。

（3）Stern模型将扩散层分为固定吸附层及Stern层，固定吸附层的吸附使表面电势ψ_0降至ψ；除离子外，Stern层中一些溶剂分子也与质点表面紧密结合，使ξ比ψ更低一些。由于ξ较ψ_0低得多，当高价或大数量的反离子被吸附时，会出现反号的ξ。

制革中铬鞣坯革的复鞣染整往往借助坯革的阳离子电荷性质进行描述，相关性质包括渗透、结合。当阴离子大分子树脂复鞣后，质点表面与近溶液中的表面电势ψ_0和动电电势ξ反转，这时"铬鞣坯革带正电"的描述就失去意义。尽管革内纤维表面的电荷仍处于正电性的状态，也难以接受后续阴离子的吸附或渗透。

4. 流动电势

用压力将液体挤过毛细管或多孔塞，液体将扩散层中的反离子带走，这种电荷的传送构成了流动电流，同时在毛细管两端形成了流动电势。根据Poiseuille方程和扩散双电层理论，得到

$$E_s = \frac{\varepsilon\xi}{\eta} \cdot \frac{P}{\lambda} \tag{2-14}$$

式中，E_s表示流动电势；ε表示介电常数；ξ表示动电电势；η表示黏度；λ表示液体电导率。由式可见，流动电势与施加压力、液体的介电常数、动电电势成正比，与黏度、液体电导率成反比，而与毛细管尺寸无关。由此可知，当坯革内部材料确定后，要获得良好的库仑作用力，充入足够的水，降低革内的黏度是提高渗透与结合的良好措施。

2.1.3　电解质的聚沉作用

1. 老化

缔合体（胶体）的老化是常遇到的事。在分散体系中，每一颗粒大小都不一样，但每一颗粒都被饱和溶液所包围。

设有大小两粒颗粒，大粒周围的饱和浓度为c_2，小的为c_1，且$c_1 > c_2$。溶质有从c_1扩散入c_2的能量，因此c_2变为饱和浓度，c_1变为不饱和浓度。结果浓度小的颗粒溶解，大颗粒变大出现沉淀。这种依靠小质量溶解，使另一些质点长大的过程称为老化。老化是多分散体系的普遍现象。环境条件变化，老化速度会减缓或加速。例如，升温使扩散动力增加，老化加快。

2. 聚沉

外加试剂（或作用）使质点长大（甚至产生沉淀）的过程称为聚沉（coagulatinon）。

例如，外加电解质使质点聚沉析出。聚沉与老化有一定的区别，前者质点长大多来自于附聚体，质点初始本质独立，可用适当的方法去除聚沉条件，恢复分散，后者则不能。聚沉的特点：

（1）反离子：聚沉由反离子引起，反离子的价数升高，聚沉能力提高（静电作用为主，双电层的 Stern 层变薄，ψ 降低，保护电荷减少）。

（2）同价离子：聚沉能力与感胶离子序（lyotropic series）有关。

1 价正离子聚沉能力顺序：$H^+ > Cs^+ > Rb^+ > NH_4^+ > K^+ > Na^+ > Li^+$。

1 价负离子聚沉能力顺序：$F^- > IO_3^- > H_2PO_4^- > BrO_3^- > Cl^- > ClO_3^- > Br^- > I^- > CNS^-$。

离子的水合半径大，不易被质点吸附，聚沉能力下降。

（3）大分子与质点间会产生强的 van der Waals 力，使聚沉能力提高。

（4）相同电性，反离子或水层被吸附互沉。不同品种两者对反离子吸附不同，粒子的反离子极易被另一粒子吸附。

3. 不规则聚沉及互沉

溶胶在低浓度下稳定，较高浓度下沉聚，浓度再高又分散稳定，这种现象称为不规则聚沉，见图 2-2。

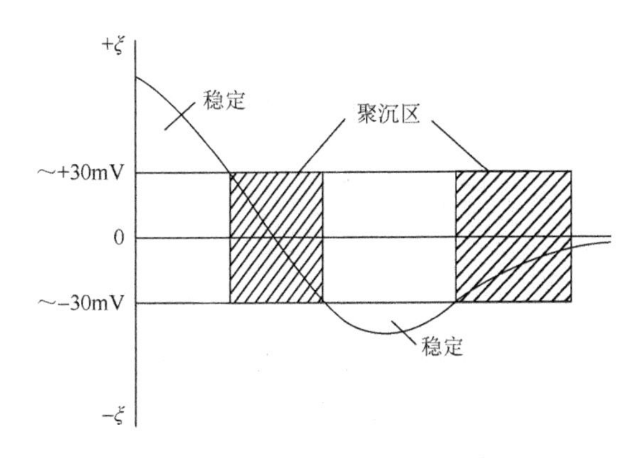

图 2-2　胶体浓度与不规则聚沉

不规则聚沉原因描述：反离子作用造成 ξ 变化，当温度升高，反离子作用增强，ξ 降至 $\xi_0 \approx 30\text{mV}$，聚沉出现；胶体浓度再升高，$\xi < -30\text{mV}$，胶体又带有足够的电荷，使分散稳定，这种胶体有临界电势 30mV，当 $|\xi| > \xi_0$ 时体系均可达到稳定。

4. 胶体稳定性的 DLVO 理论解释

胶体质点之间存在 van der Waals 吸引力，而质点在接近时又因双电层重叠产生斥力，胶体的稳定性就取决于吸引力与排斥力的相对大小。

20 世纪 40 年代，苏联学者与荷兰学者计算了吸引力与排斥力之间的关系，提出了 DLVO 理论，其内容为：

（1）质点间的 van der Waals 吸引力：偶极子之间相互作用均为吸引力，其大小与 $1/r^6$ 成比例。

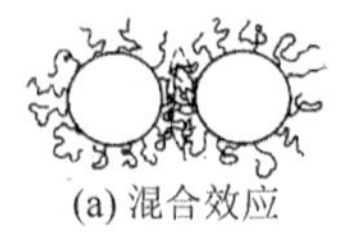
(a) 混合效应

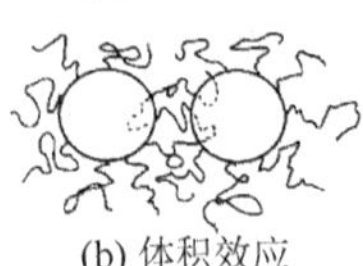
(b) 体积效应

图 2-3　粒子的体积效应

（2）双电层的排斥作用：①混合效应。根据 Langmuir 原理，当双电层重叠后，重叠处产生过剩离子，造成渗透压，而产生斥力，距离越近，渗透压力越大。②体积效应。吸附层不能重叠、受压，间隙中离子活度降低，熵变（ΔS）减小，当 $\Delta G>0$ 时，产生排斥。高分子胶粒之间的体积效应使构型熵降低。粒子的体积效应如图 2-3 所示。

5. 质点的物理聚沉

胶体的质点是大量分子的集合体，根据 Hamaker 假设，质点间的相互作用等于组成质点各分子相互作用的加和，对于半径为 a 的同一物质的两个球形质点，相互作用引力：

$$f_{引} = -\frac{Aa}{12x} \tag{2-15}$$

式中，A 表示 Hamaker 常数，是物质特征常数，值为 10～20J；x 表示两球间距离。而相互作用斥力：

$$f_{斥} = \frac{64n_0KT}{\kappa^2} \cdot \pi a\ \psi_0^2 e^{-\kappa x} \tag{2-16}$$

式中，ψ_0 表示表面电势。质点间总作用能：

$$f_{总} = f_{引} + f_{斥} \tag{2-17}$$

对 $f_{总}$ 与 x 关系（或作图）进行讨论：

（1）当 x 很小时，$f_{引}$ 增大，引力＞排斥，随着 x 增大，达到势垒。势垒增加，胶体趋于稳定，如果势垒下降，甚至为零，则胶体聚沉（$|f_{引}| > f_{斥}$）。

（2）当质点间距很近，$x \to 0$，由于电子间作用产生 Born 排斥能，使 $f_{总}$ 增加，故出现第一极小值。

（3）如果 κ 值增加（即增大电解质浓度或反离子价数），使 $f_{斥}$ 降低，势垒下降，易出现聚沉。

（4）在第二极小值处，质点表现出聚集，但由于质点间距较大，聚集体为松散结构，易被破坏或复原，表现出触变性。

将第一极小值处发生的聚沉称为聚沉；将第二极小值处发生的聚沉称为絮凝（flocculation）。

（5）当 a 很小时，第二极小值不明显，如 a＜300nm；当 a 较大时，第二极小值特点突出，对大分子胶体尤为明显。由此可见，大分子胶体易出现絮凝。当大分子树脂溶液或乳液分散不良，则絮凝性增强，将导致树脂吸收不良。

2.2　离子溶液的物理化学性质

2.2.1　活度与活度系数

电解质在溶液中参与化学平衡或发生某种反应的速度都与电解质的有效浓度有关，电解质有效浓度是决定自由能变化的参数。有效浓度不是一个简单正比于浓度的量，而是浓度（分析浓度）的复杂函数。

1. 电解质的活度和活度系数

设定纯物质的活度在 1atm（$1\text{atm} = 1.01325 \times 10^5\text{Pa}$）和任意温度时为 1。例如，纯水的浓度为 55.51mol/L（25℃）时，活度为 1；与饱和 NaCl 溶液平衡的 NaCl 结晶的活度为 1。

理想气体混合时，气体组分的活度为每个组分物质的量的分数，理想溶液同理（理想溶液：满足 Boyle 定律，$P = P^0 x$，任何分子间作用力相同，混合均匀）。因此，在一般溶液中：

$$a_j = m_j \times \gamma_j \tag{2-18}$$

式中，a_j 表示活度；m_j 表示溶液中溶质的浓度；γ_j 表示溶质的活度系数，是组分 j 对理想行为的偏离程度。影响偏离程度的因素：①受该组分影响；②受其他组分影响；③在电解质溶液中，主要受静电作用影响。

当组分 j 的浓度→0 时，该组分的 a_j→1。将这种状态称为基准态（reference state）。在 1atm 和任意温度下，该组分的理想行为称为标准态（实际上不存在这种状态）。实际测定中存在溶质活度为 1 的情况，但不能认为这种状态是标准态。例如，浓度为 1.734mol/L 的 KCl 溶液，25℃时活度系数为 0.577，则活度：

$$a_{\pm \text{KCl}}^2 = a_{\text{K}} \cdot a_{\text{Cl}} = m_{\text{KCl}}^2 \cdot \gamma_{\pm \text{KCl}}^2 = (1.734 \times 0.57)^2 = 1 \tag{2-19}$$

因为该浓度的溶液与无限稀释的溶液有不同的性质，溶质活度计算结果与标准态相同。

对电解质溶液而言，由于离子的活度与离子的总数相关，因此不能用热力学方法单独决定各离子的活度，故采用电解质的平均活度。

2. 平均活度

在电解质 MA 的溶液中，M、A 离子的化学势：

$$\mu_{\text{M}} = \mu_{\text{M}}^0 + RT \ln a_{\text{M}} = \mu_{\text{M}}^0 + RT \ln(m_{\text{M}} \gamma_{\text{M}}) \tag{2-20}$$

$$\mu_{\text{A}} = \mu_{\text{A}}^0 + RT \ln a_{\text{A}} = \mu_{\text{A}}^0 + RT \ln(m_{\text{A}} \gamma_{\text{A}}) \tag{2-21}$$

电解质 MA 的化学势：

$$\mu_{\text{MA}} = \mu_{\text{M}} + \mu_{\text{A}} = (\mu_{\text{M}}^0 + \mu_{\text{A}}^0) + RT \ln(a_{\text{M}} \cdot a_{\text{A}}) = \mu_{\text{MA}}^0 + RT \ln a_{\pm \text{MA}}^2 = \mu_{\text{MA}}^0 + RT \ln(m_{\text{MA}}^2 \cdot \gamma_{\pm \text{MA}}^2) \tag{2-22}$$

式中，$a_{\pm MA}$ 表示 MA 的平均活度；$\gamma_{\pm MA}$ 表示 MA 的平均活度系数，则

$$a_{\pm MA} = (a_+ \cdot a_-)^{1/2} \tag{2-23}$$

$$\gamma_{\pm MA} = (\gamma_+ \cdot \gamma_-)^{1/2} \tag{2-24}$$

当电解质为 M_bA_d 时，有

$$\mu_{M_bA_d} = \mu^0 + (b+d)RT\ln(a_M^b \cdot a_A^d) \tag{2-25}$$

活度系数随 m 的单位不同而变，如质量摩尔浓度（mol/kg）、体积摩尔浓度（mol/L）。

3. 活度系数

当浓度确定后，活度系数并非浓度的单一函数，可以从一些理论研究中得出（Debye 理论与 Huckel 理论）结果。

已知静电场内某一点（以离子作为原点）的坐标为（x, y, z）的电势 φ 及电荷密度 ρ 间的关系为

$$\nabla^2\varphi = \frac{\partial^2\varphi}{\partial x^2} + \frac{\partial^2\varphi}{\partial y^2} + \frac{\partial^2\varphi}{\partial z^2} = -\frac{4\pi}{\varepsilon}\cdot\rho \tag{2-26}$$

式中，ε 表示相对真空中的介电常数。用纯溶液的相对介电常数代替稀溶液相对介电常数，当没有外力时，改写成极坐标：

$$\frac{1}{r^2}\cdot\frac{d}{dr}\left(r^2\frac{d\varphi}{dr}\right) = -\frac{4\pi}{\varepsilon}\cdot\rho \tag{2-27}$$

假设电荷为 z_j 的 j 离子为极坐标的中心，在距离 a～∞的区间内总电量为 $-z_je$（设小于 a 时不能接近），即

$$\int_a^{\infty} 4\pi r^2\rho_j dr = -z_j e \tag{2-28}$$

式中，ρ_j 表示 j 离子为中心时，距离 r 的点电荷密度。

根据 Boltzmann 分布，得到一电荷为 z_j 的离子数在场内某一区域的分布：

$$n_i' = n_i \exp\left(\frac{z_j e\varphi_j}{KT}\right) \tag{2-29}$$

则电荷密度为

$$\rho_j = \sum_i n_i z_i e \exp\left(-\frac{z_i e\varphi_j}{KT}\right) \tag{2-30}$$

设 $-z_ie\varphi_j$ 远大于 KT（表示势能远大于运动热能，即低浓度下成立），只取级数展开的第 1 项（也可取 2 项），则

$$\rho_j = -\sum_i n_i z_i^2 e^2 \varphi_j / KT \tag{2-31}$$

将式（2-31）代入极坐标的微分式（2-27）：

$$\frac{1}{r^2}\cdot\frac{d}{dr^2}\left(r^2\frac{d\varphi_j}{dr}\right) = \frac{4\pi e^2}{\varepsilon KT}\sum_i n_i z_i^2\varphi_j = k^2\varphi_j \tag{2-32}$$

解微分方程，得到

$$\varphi_j = \frac{z_j e}{\varepsilon} \cdot \frac{e^{ka}}{1+ka} \cdot \frac{e^{-kr}}{r} \tag{2-33}$$

φ_j 包括两部分：①j 离子在 r 处产生的电势，由体系正负离子排列不均产生；②离子氛 φ_j^0，表示 j 离子周围的电势，故

$$\varphi_j^0 = \varphi_j - \frac{z_j e}{\varepsilon r} = \frac{z_j e}{\varepsilon r}\left(\frac{e^{ka} e^{-kr}}{1+ka} - 1\right) \tag{2-34}$$

当 $r = a$ 时，电势为

$$\varphi_j^0 = -\frac{z_j e}{\varepsilon} \cdot \frac{k}{1+ka} \tag{2-35}$$

则形成离子氛需要的自由能（离子氛形成的自由能）为

$$\Delta G = \int_0^{z_j e} \varphi_j^0 \mathrm{d}e = -\frac{z_j^2 e^2 k}{2\varepsilon(1+ka)} \tag{2-36}$$

式中，对应摩尔数应乘以 N；对应离子数，可用浓度代替，如浓度为 c_i mol/L，则

$$k^2 = \frac{4\pi e^2 N \sum_i c_i z_i^2}{1000\varepsilon KT} \tag{2-37}$$

1mol 离子的自由能为

$$\Delta G = RT \ln y_j = -\frac{z_j^2 e^2 N}{2\varepsilon} \cdot \frac{k}{1+ka} \tag{2-38}$$

在电解质溶液中，除 j 离子外，还包括反离子，这些离子的平均活度定义为

$$\lg y_{\pm} = \frac{1}{v}\sum_j v_j \lg y_j = 2.303\frac{1}{v} \cdot \frac{\sum v_j z_j^2 e^2}{2\varepsilon kT} \cdot \frac{k}{1+ka} = -\frac{A\sqrt{I}}{1+Ba\sqrt{I}} \tag{2-39}$$

设 I 为离子强度：

$$I = \frac{1}{v}\sum_i c_i z_i^2 \tag{2-40}$$

如果 I 小，则　$Ba\sqrt{I} \leqslant 1$

Debye-Huckel 极限公式：

$$\lg y_{\pm} = -A\sqrt{I} \tag{2-41}$$

式中，A、B 为常数：

$$A = |z_1 z_2|(\varepsilon T)^{-3/2} \times 1.826 \times 10^6$$
$$B = 50.29(\varepsilon T)^{-1/2} \times 10^8$$

若 a 的单位为 cm，则在 25℃水溶液中，阴、阳离子比例为 1∶1 电解质，$A = 0.0591$，$B = 0.3286$。

根据上述公式及实测情况，对常见电解质的活度系数特点表述如下：

（1）电解质在低浓度时，浓度升高，平均活度系数 y 降低。

（2）高价阳离子，如 M^{2+}，平均活度系数 y 有最小值，高价阴离子没有最小值（浓度升高，阳离子水合作用增强，阴离子水合作用减弱）。

（3）在 1∶1 电解质中，电解质的活度强弱顺序为 $Li^+ > Na^+ > K^+ > Rb^+ > Cs^+$，原因是离子核越小，水合作用越大，活度增加。

（4）Bjerrum 研究发现，在 1∶1 电解质中，当 $a > 3.5\times10^{-7}$mm 时，电解质完全解离；当 $a < 3.5\times10^{-7}$mm 时，离子形成离子对；Li^+、Na^+、K^+的卤化物在 $a > 3.5\times10^{-7}$mm 时，完全解离。

（5）当离子强度 $I < 0.005$mol/L 时，可以认为电解质完全解离。

平均活度系数符合 Debye-Huckel 极限公式，实际上可扩大 I 为 0.1mol/L。从该浓度起，当浓度升高时，根据式（2-39），应有

$$\lg y_I = -\frac{A\sqrt{I}}{1+Ba\sqrt{I}} + CI(\text{或} + DI^2)$$

式中，C、D 为系数。

Ringbem 对稀溶液的电解质提出了一种实用的分析方法，认为活度系数由离子电荷决定（实用分析中活度系数只要求小数点后一位即可）。将 H^+、M^+、L^-、M^{2+}、L^{2-}、M^{3+}、L^{3-}的活度系数用离子强度表示，可通过作图求出不同实验条件下的生成常数或解离常数。例如，HAc 的生成常数为 $k = 10^{4.76}$（$I = 0$），求 $I = 0.1$ 时，溶液中的 k，根据式计算：

$$\lg k_{(I=0.1)} = \lg k_{(I=0)} + \lg y_{H^+} + \lg y_{Ac^-} = 4.76 - 0.09 - 0.12 = 4.55$$

同理：

$$\lg k_{(I=0.5)} = 4.76 - 0.08 - 0.20 = 4.48$$

因为 $\lg k_{(I=0)}$ 与 $\lg k_{(I=x)}$ 之差为 $\lg(y_{ML})/(y_M \cdot y_L)$，其中，$y_{ML(I=0)}$ 可查出，所以 $y_{M(I=x)}$ 及 $y_{L(I=x)}$ 也可查出。

4. 混合电解质溶液的活度系数

在稀溶液中，离子的活度系数只取决于溶液的离子强度，与溶液中存在的其他电解质种类及浓度无关。在高浓度的电解质溶液中，离子的活度系数关系不再存在。对混合电解质溶液而言，电解质间相互影响。例如，HCl-NaCl 系统，NaCl 的活度系数随着 NaCl 比例减少增大，HCl 的活度系数随 HCl 比例的减小而减小，而两者单独存在时，浓度与活度关系相似。

确定活度的方法较多，要根据具体情况进行使用：

（1）蒸气压法——活度与逸度。

（2）溶解度法——饱和溶液溶度积。

（3）分配系数法——平衡两相活度比为常数。

（4）渗透压法——半透膜两边化学位相等。

（5）冰点下降法——冰点的两相化学位相等，变化温度与热容相关。

（6）电动势法——浓度与电动势关系。

（7）平均盐法——用同离子盐比较。

2.2.2　离子的水合

1. 水的性质

气态时，水以分子形式存在，偶极矩为 6.2×10^{30}m·C（C 表示库仑，m 表示米）。液态时，分子间通过强氢键结合。水在 4℃时，密度最大；25℃时，相对介电常数为 78.54，这是许多材料易溶于水的条件之一；25℃时，电导率为 $6\times10^{6}\Omega\cdot$m，尽管该值小，也证明有离子出现。

2. 水合氢离子

H^+是半径为 $10^{-11}\sim10^{-10}$m 的极小粒子，表面电荷密度高，故在溶液中不存在裸露的 H^+，而是以 H_3O^+形式存在。经分子轨道计算，H_3O^+为平面三角形，各顶点又与 3 个水分子以氢键结合，如 $H_9O_4^+$。5 个水分子的结构如图 2-4 所示。

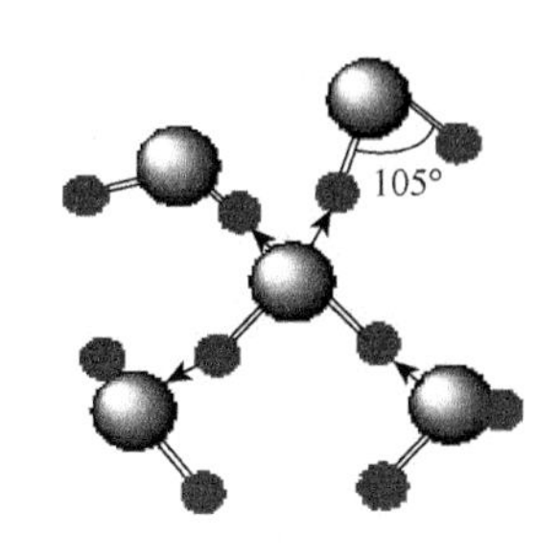

图 2-4　水分子聚合结构

水合氢离子的半径与 K^+相近，但电导却很大：

$$\lambda^0(H^+) = 349.8\text{cm}^2/(\Omega\cdot N)$$

$$\lambda^0(K^+) = 73.5\text{cm}^2/(\Omega\cdot N)$$

这种现象被认为是 Grotthus 机理所造成的，即质子跳跃（proton jump）机理，水合氢离子不动，只是质子转移：

```
    H          H                  H          H
    |          |                  |          |
H—O⁺—H·····O—H ——→ H—O·····H—O⁺—H
```

OH^-也具有较大的电导，$\lambda^0 = 198.3\Omega$，这可用质子跳跃机理解释：

```
H          H          H          H
|          |          |          |
O⁻·····H—O ——→ O—H·····O⁻
```

如此大的电导使酸碱滴定可用电导率滴定代替。

3. 电解质离子的水合

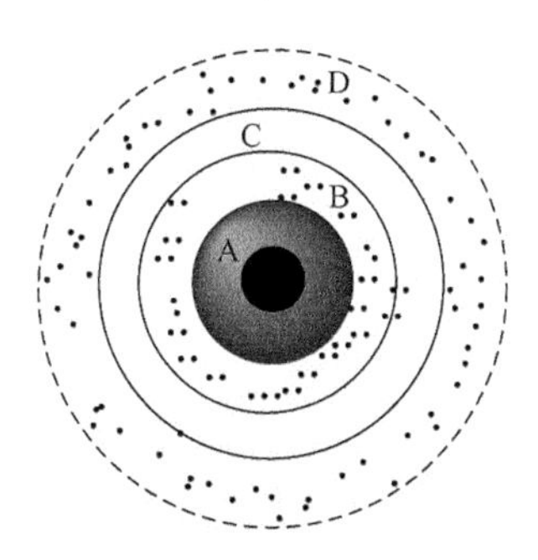

图 2-5　金属离子水合层

在水中，裸露的离子通过配位键或静电作用将水分子结合在周围的现象称为水合。水合可分一次水合与二次水合或更多次水合，见图 2-5。

（1）A 层：阳离子第一水化层，化学水化层；作用强，随离子同行，不具有溶解物质能力。

（2）B 层：阳离子第二水化层，物理水化层；通过静电作用或偶极-偶极相互作用在第一水化层外再结合；作用较弱，部分同行。

（3）C 层：无序层，断层，与本体水隔开层。

（4）D 层：本体水分子。

对有些金属离子而言，一次水合与二次水合在结合能量上差别不明显，这造成不同的测试方法得出不同的水合数值。根据配位化学可知，Co(Ⅱ)的水合数为 6，但热力学一些方法（活度、熵变、压缩系数等）测出为 14，即在八面体外还有 8 个水靠在八面体面上，形成二次水合。尤其在 Cr(Ⅲ)中，二次水合的键能较大，研究时要求在精确度方面或某些方法上给予考虑。

事实上，热力学研究往往不能确定单个离子的水合数，只能确定电解质的水合数。电解质的水合数应是阴、阳离子水合数之和。有时为了测定或表达某一单独离子的水合数，常进行假设：

（1）大的阴离子（Br^-、I^-等），水合数为零。

（2）以测定的平均水合数，或水合熵判别。例如，Li^+、F^-的水合熵相等，则两者水合数相等。但是，这些方法任意性大。

用核磁共振（NMR）方法可确定某一离子的水合数，如根据信号位移或加宽确定（弛豫）。这种方法测定的结果一般认为只是一次水合水的水合数，但特殊情况下有二次水合水的进入，如 Cr(Ⅲ)。

用 X 衍射可测出各离子周围的水合数，这种方法不论化学键强度是多少，只是按距离测算，当阴离子与阳离子的半径相差较大时，单种离子的水合数可分开计算。根据 X 衍射得出，1 价阳离子中 K^+的水合水与 K^+相距最远，I^-在阴离子中与水合水相距最远。

根据不同测定方法测出的电解质（离子）水合数见表 2-1。

表 2-1　常见电解质（离子）水合数

离子	电解质	NMR 法测得水合数	X 衍射法测得水合数
H^+	HNO_3	2.5	—
Na^+	$NaOH, NaNO_3$	3.5	4
K^+	KF, KI	3.0	4
Ca^{2+}	$CaCl_2, Ca(ClO_4)_2$	6.0	—
Al^{3+}	$AlCl_3, Al(ClO_4)_3$	5.7	—
Cr^{3+}	$Cr(ClO_4)_3$	7.0	—
Cl^-	LiCl	1.0	6
I^-	KI	1.0	6
OH^-	NaOH	0.5	—
NO_3^-	$HNO_3, NaNO_3$	0.5	—
ClO_4^-	$HClO_4, NaClO_4$	0.0	—

4. 水合与溶液黏度

水合作用可使溶液的黏度发生变化，Jones 与 Dole 的研究表明：

$$\eta=\eta^0(1+A\sqrt{c}+Bc)$$

式中，η^0 表示纯水黏度；c 表示溶质的浓度；A、B 表示溶质特性常数，A 与溶质的电荷类型有关，B 与溶质大小有关。

根据温度变化，通过上式可求出溶液活化能 $\Delta E_\eta^{\neq}$。根据活化能的测定结果，将离子分为 4 大类：

（1）Ⅰ类：$B>0$，$\Delta E_\eta^{\neq}>0$，$z/r_c>0.74$。式中，z 表示电荷；r_c 表示晶体中离子半径。在水溶液中能强烈水合的离子有 Li^+、Na^+、Be(Ⅱ)、Mg(Ⅱ)、Fe(Ⅱ)、Ce(Ⅲ)、F^-。

（2）Ⅱ类：$B>0$，$\Delta E_\eta^{\neq}<0$，$z/r_c=0.3\sim1.5$。该类离子与Ⅰ类相似，有 Ba^{2+}、OH^-、IO_3^-、SO_4^{2-}、$PtCl_6^{2-}$、$(CH_3)_4N^+$。

（3）Ⅲ类：$B<0$，$\Delta E_\eta^{\neq}<0$，$z/r_c=0.31\sim0.75$。该类离子有 NH_4^+、K^+、Rb^+、Cs^+、Cl^-、Br^-、I^-、PF_6^-、ClO_3^-、NO_3^-、ClO_4^-、IO_4^-。

（4）Ⅳ类：$B>0$，$\Delta E_\eta^{\neq}>0$，$z/r_c<0.25$。该类物质在晶体中的离子大小与溶液中的离子大小相同，有 $(C_2H_5)_4N^+$、$(n\text{-}C_3H_7)_4N^+$、$(n\text{-}C_4H_9)_4N^+$、$C(CH_2OH)_4$、$Pt(NH_3)_5Cl^{3+}$、$Fe(CN)_6^{4-}$。

总结：Ⅰ、Ⅱ、Ⅳ类离子的水分子在离子周围定向紧密排列，使液体黏度提升，被认为是结构形成离子；Ⅲ类离子在溶液中使黏度下降，称为结构破坏离子。然而，Ⅳ类并非与水结合，而是憎水，排斥使离子外的水更紧密，故又称为憎水结构形成离子。

Samoilov 认为，当溶液活化能 $\Delta E_\eta^{\neq}$ 比纯溶剂的更小时，离子周围的水分子比纯态时更易运动，故此现象称为“负水合”现象。当然，随温度升高，这种负水合都会因水分子运动至一定程度被破坏，它是相对的，即高温时离子均会成为结构形成离子而显正水合。

5. 离子水合的热力学参数

1）水合自由能

由离子发生水合引起的自由能变化称为水合自由能，用 ΔG_h^0 表示。

$$\Delta G_h^0=G_{aq}^0-G_{vac}^0+\Delta G_s^0 \tag{2-42}$$

式中，G_{aq}^0 表示 1mol 离子从真空中转移至无限稀释状态溶液中的自由能；G_{vac}^0 表示根据 van der Waals 半径计算，离子在真空中的自由能；ΔG_s^0 表示溶解所产生的非静电的自由能变化。

2）水合焓

离子进入水中与水分子作用产生的热称为水合焓，用 ΔH_s 表示。

$$\Delta H_s=-U+\Delta H_+^0+\Delta H_-^0 \tag{2-43}$$

式中，ΔH_+^0、ΔH_-^0 分别表示标准状态下阳离子与阴离子的水合焓；U 表示晶格能。

（1）U 可由晶体中离子间静电引力和斥力、van der Weels 力、零点能释放，再测出晶体的溶解热，即可得 $\Delta H_{+}^{0}+\Delta H_{-}^{0}$。

（2）Barnal 和 Fowler 认为，水合熵和离子半径成反比；假定晶体中半径相等的 K^{+}、F^{-}的水合焓相等。

（3）Latimer 和 Verwey 认为，阳离子的水合半径比具有相同离子半径的阴离子大得多，应将各离子水合焓分开考虑。

（4）Halliwell 和 Nyburg 以第一水合层厚度的水合离子体积为基础，计算出 H^{+}的水合焓为1091kJ / mol。

3）水合熵

离子进入水中与水分子作用后的熵变称为水合熵，用 ΔS_{aq}^{0} 表示。

$$\Delta S_{aq}^{0}=S_{s}^{0}-S_{g}^{0} \tag{2-44}$$

式中，S_{s}^{0} 表示溶液中离子的熵，可由溶液反应的电动势随温度的变化算出；S_{g}^{0} 表示气态离子熵，可由 Sucker-Tetrode 公式计算。研究表明，1 价阳离子水合熵 $\Delta S_{aq}(H_2O) < \Delta S_{aq}(H^{+})$；随着 1 价阳离子半径增大，水合熵降低。

4）金属离子的水合热

根据一次性水合平衡反应示意，水合热 $\Delta H_{总}$ 表示所有离子的水合焓。

$$M^{n+}L^{n-}\xrightarrow{\Delta H_1}M^{n+}+L^{n-}\xrightarrow{\Delta H_2}M^{n+}(H_2O)_x+L^{n-}(H_2O)_y$$

$$\Delta H_{总}=\Delta H_1+\Delta H_2$$

根据 $\Delta H_{总}$ 与阴、阳离子的加和关系，去除相应阴离子的 ΔH_2，可以获得阳离子 ΔH_1。常见的一些金属离子水合热见表 2-2。从表 2-2 可以看出，Al^{3+}、Cr^{3+}、Fe^{3+}的 ΔH 是接近的。

表 2-2 常见离子的水合热

离子	ΔH/(kJ/mol)(放热)	离子	ΔH/(kJ/mol)(放热)
Ca^{2+}	−1576	Cr^{3+}	−4376
Fe^{2+}	−1906	Fe^{3+}	−4351
Al^{3+}	−4636		

6. 水合阳离子的酸性

1）解离常数

+2、+3、+4 价水合阳离子在溶液中水解，放出质子，使溶液 pH 下降。

$$[M(OH_2)_x]^{n+}\rightleftharpoons[M(OH_2)_{x-1}(OH)]^{(n-1)+}+H^{+}$$

20 世纪 40 年代末，Sillen 开始研究水合离子解离的酸性性质，用两种方式表示解离常数：

$$K_1=\frac{[M(OH)^{(n-1)+}]}{[M^{n+}][OH^{-}]} \qquad K_1'=\frac{[M(OH)^{(n-1)+}][H_3O^{+}]}{[M^{n+}][H_2O]}$$

其实，K_1 与 K_1' 是有一定关系的，使用时多认定 K'：

$$\begin{aligned}\frac{K_1'}{K_1}&=\frac{[M(OH)^{(n-1)+}][H_3O^+][M^{n+}][OH^-]}{[M^{n+}][H_2O][M(OH)^{(n-1)+}]}\\&=\frac{[H_3O^+][OH^-]}{[H_2O]}=K_n\end{aligned}\tag{2-45}$$

类似地，K_n、K_n' 可表达为从水合阳离子上失去第 n 个质子的解离常数，若失去全部质子的解离常数为 K，则

$$K_n=\prod_{i=0}^{n}K_i$$

由此也可看出，各级解离常数之间的关系。

解离常数的测定：测定金属水合离子的解离常数 K 的方法有很多（40 多种），如光谱、核磁共振、电导率、电动势、动力学方法等。然而，要精确测定它是非常困难的。+2、+1 价阳离子的酸性极弱，难以测量。例如，Rb^+、Cs^+都难以测出酸性。+3、+4 价阳离子的酸性是明显的，但常常因聚合干扰需分别测定，如 Al(Ⅲ)、Cr(Ⅲ)、Fe(Ⅲ)，这种干扰不仅是结构上的差异，在时间上更难平衡。为此，专门针对某种离子的测定和计算方法一直是研究的热点。值得一提的是，一些相对解离常数有时对研究十分有用，但要注意特殊的环境影响。

2）解离常数的影响因素

（1）离子强度（I）。

解离常数随 I 变化，这种影响对高价（如 +3、+4 价）离子作用大，对低价离子作用小。对标准 K 的表示，有两种观点被讨论：①$I=0$ 时，pK 通过外推方法得到；②I 较大时，pK 是直接测得的，如 I = 3mol/L 时，$NaClO_4$ 的 pK 值可直接测定。因为，通常情况下随着 I 增加，pK 也上升。但是也有例外，尤其对低价离子而言。

（2）离子效应。

研究中为了使 I 保持基本恒定，必须加入某种盐，而盐会给 pK 带来影响，影响程度可用加入阳离子的活度衡量。例如，Li^+与 H^+的活度系数相近，两者活度与浓度变化相似，而 Na^+就有差异，见表 2-3。

表 2-3　溶液离子强度与 p*K* 值

pK	I（KCl）		I（NaCl）		I（$NaClO_4$）		I（$LiClO_4$）	
	2mol/L	3mol/L	2mol/L	3mol/L	2mol/L	3mol/L	2mol/L	3mol/L
pK（Pb^{2+}）	—	—	—	—	7.93	—	8.84	—
pK（Zn^{2+}）	9.02	9.14	9.25	9.55	9.26	—	—	—
pK（Tl^{2+}）	—	—	—	—	—	1.14	—	1.18

加入 Li^+与加入 Na^+对 K 影响不同，考虑活度系数，要保持恒定的 I，应选用 Li^+，但习惯上多用 Na^+。阴离子不同时，pK 同样也受影响。与阳离子相反，阴离子活度大，pK 降低。此外，pK 因阴离子的种类不同而不同。

3）常见水合阳离子的解离常数

金属离子的水合和解离与制革中胶原蛋白的理化性能直接相关。工艺中，Ca(Ⅱ)、Cr(Ⅲ)、Al(Ⅲ)等都是制革化学领域关注的离子。

阳离子与水水合后生成一种特殊的含氢酸，原因是阳性金属核的电场作用导致水合产物水解，产生解离常数。根据不同阳离子的结构获得以下规律：

（1）+4 价阳离子的酸性常常比 +3 价要强，+3 价比 +2 价强，+1 价最弱。

（2）阳离子半径影响解离，但其电荷影响更大。

（3）ⅡA 族阳离子从 Be(Ⅱ)到 Ba(Ⅱ)，酸性随半径增大而减弱。

（4）ⅢA 族水合阳离子的酸性可用软硬酸碱规则解释，软酸比大小类似的硬酸酸性强。

（5）几种特强酸性的水合阳离子显出强氧化性，如 Ag(Ⅱ)、Mn(Ⅲ)、Ce(Ⅳ)，它们靠吸电子而使水失去 H^+。

（6）配合物的几何结构、形状对配位水分子酸性有影响。

（7）水合阳离子的对称性及水合数影响酸性。

（8）对多级水解物的 pK_n 而言，$n>1$ 的情况普遍存在，但随 n 增大，pK 增大，通常 pK_1 与 pK_2 之间相差 1～2 个数量级。

部分常见阳离子的水合解离常数见表 2-4。

表 2-4　常见金属离子的 pK 值

阳离子	pK（$I=0$）	pK（$I>0$）	阳离子	pK（$I=0$）	pK（$I>0$）
Na^+	14.6	—	Ti^{4+}	—	−4.0
Mg^{2+}	11.4	12.2	Zr^{4+}	—	−0.7
Ca^{2+}	12.6	13.4	Cr^{3+}	3.8～4.0	3.8～4.4
Al^{3+}	5.0	4.3	Fe^{3+}	2.5～3.1	—
La^{3+}	—	8.3			

4）水、配体配合物（混配）的 pK 规律

配体进入内层后，使内层的空间、电荷发生变化，结果是使配合物解离或者说配合物的酸性产生变化。这些变化与配体的关系可以通过以下几个方面考虑：

（1）配体的碱性。碱性与吸收质子有关，碱性强，与正电荷抵消多，配合物 pK 小。

（2）配体配位能力。螯合物比单基配体有更大的配合力，使配合物 pK 更大。这是由桥接部分以及环内的诱导效应和场效应的影响引起的溶剂化作用的差别造成的，但对大环影响小。

（3）配位水分子数。水分子少，解离可能性下降，配合物 pK 增大。

（4）立体形态。立体形态为八面体时，顺式、反式之间没有明显差别；立体形态为正方平面型时，反式水解离使配合物 pK 减小，配性增强。

7. 水解焓、熵和体积计算解离常数

从水合阳离子上解离一个质子的 ΔH 可用量热法直接测量，也可根据解离常数 K 与温度关系来推算：

$$\frac{\alpha \ln K_1}{\alpha\left(\frac{1}{T}\right)} = -\frac{\Delta H_1}{R} \tag{2-46}$$

若 ΔH_1 已知，ΔS 即可用 ΔH 及 ΔG 计算：

$$\Delta G = \Delta H - T\Delta S - \ln K \tag{2-47}$$

从水合阳离子上解离一个质子的体积变化可根据酸性解离常数 K 随压力的变化关系来计算：

$$\frac{\alpha \ln K_1}{\alpha P} = -\frac{\Delta V}{RT} \tag{2-48}$$

与水合阳离子的酸性解离常数表达一样，这种活化参数还有 ΔH、$\Delta H'$、ΔS、$\Delta S'$ 等，如

$$M_{aq}^{n+} + OH^- = [MOH]^{(n-1)+} \qquad \Delta H$$

$$M_{aq}^{n+} + H_2O = [MOH]^{(n-1)+} + H_3O^+ \qquad \Delta H'$$

根据下列反应的两个常数 K_1、K_1'，按照式（2-47）进行相关计算得出 ΔH^*：

$$H_3O^+ + OH^- = 2H_2O$$

当 $I = 0$ 时，$\Delta H^* = -5.6\times10^4\ \text{J/mol}$；当 $I>0\sim3$（盐浓度为 0～3mol/L），K_1 有 420 J/ mol 的误差（0.75%），因此在 ΔH 与 $\Delta H'$ 核算中采用 $-5.6\times10^4\ \text{J/mol}$。同样，$\Delta S^*$ 为 $8.1\times10^4\ \text{J/(K·mol)}$。

一些常见离子的水合水解离热力学参数见表 2-5。当配体进入内层后，水分子减少，解离能力下降，导致 $\Delta H'$ 升高。

表 2-5　一些离子水合水解离热力学参数

离子	Ca^{2+}	Al^{3+}	Fe^{3+}	Cu^{2+}
$\Delta H'$ / ($\times10^3$ J/ mol)	−63	37.8	33.3～82.7	46.2～50.4

2.2.3　溶液中的交换反应

交换过程是物质变化过程的一种重要形式，是自然界无处不在的现象；在自然科学研究中，“交换”过程多以“转化”或“=”符号进行表达。在交换反应过程中发生的

物质结构及化学性质的变化，或不发生结构或化学性质的变化，两种表示形式见图 2-6。溶液中物质交换的方式有以下几类：

（1）质子之间交换。

（2）内界配体与本体配体的交换。

（3）多层配体交换。

（4）同电荷之间交换。

（5）非同类物交换。

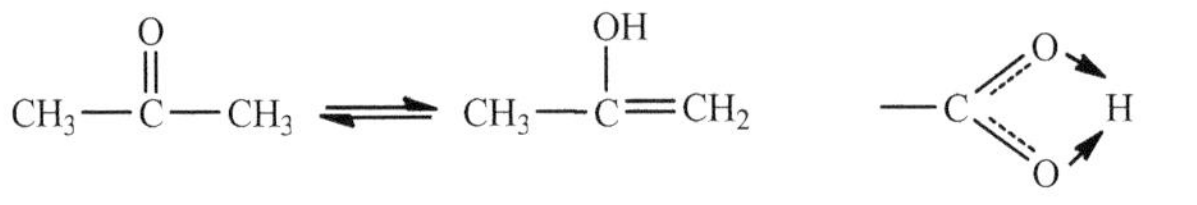

$$CH_3-\overset{O}{\overset{\|}{C}}-CH_3 \rightleftharpoons CH_3-\overset{OH}{\overset{|}{C}}=CH_2$$

结构性质变化的交换　　结构性质不变的交换

图 2-6　交换反应示意

1. 交换反应特征

本节讲配合物中配体在中心离子间的交换反应。这种交换反应与配合反应有极为相似的性质，但也有差别。

1）交换反应的特点

在配合物溶液中，溶剂分子在中心离子的配位层与本体之间进行交换的过程称为交换反应，这种交换反应是溶液中中心离子的基本反应。

交换反应在外界条件变化不大的条件下，与阳离子性质关系很大，25℃时 Ca(Ⅱ)的一级交换速率为 $10^{10}s^{-1}$（速率常数），而 Rh(Ⅲ)为 $10^{-7}s^{-1}$；对同一中心离子，交换反应与溶剂关系也很大，Fe(Ⅲ)在乙醇中的速率常数为 $2\times10^{4}s^{-1}$，在二甲基甲酰胺（DMF）中为 $40s^{-1}$。

2）研究交换反应的方法

研究交换反应动力学参数的方法有两种，包括同位素标记法及核磁共振法。

（1）同位素标记法。

配位水的交换可用 $H_2^{18}O$ 溶液，如在一定时间内将配合物沉淀或脱离本体后进行测定。该法适合那些交换速率慢的体系。

用同位素 ^{35}S 探索硫化物脱毛机理。Feairheller 用 $Na^{35}S$ 代替 NaS，通过同位素跟踪分析发现，^{35}S 在羊毛硫氨酸中占 40%，在磺基丙氨酸中占 20%，在胱氨酸中占 27%，证实了 β 消除机理的真实性。

（2）核磁共振法。

配合物中配位水分子与本体中分子的核有不同的环境，出现两个不同 δ 的峰。但随温度上升，交换速率提高，直至核磁共振频率无法分辨交换频率时，两峰合并，获得交换速率，见图 2-7。这种合并随温度上升，峰宽由宽变窄，可得到交换过程的活化参数 ΔH 及 ΔS。几个常见离子配位配体交换数据见表 2-6。

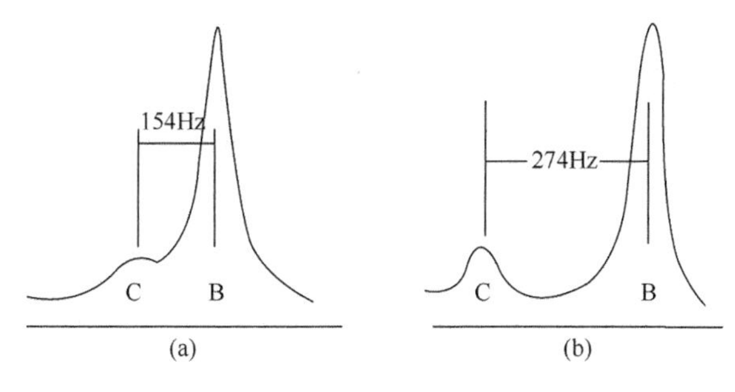

图 2-7　NMR 谱交换频率（速率）

表 2-6　离子配位配体交换的 ΔH 及 ΔS

离子	溶剂	lgk^*	$\Delta H/(\times 10^3 J/mol)$	$\Delta S/[\times 10^3 J/(K\cdot mol)]$
Al^{3+}	水	0.8	113.4	117.6
	甲醇	3.6	16.4	−121.8
Cr^{3+}	水	−6.3	109.2	0
Fe^{3+}	水	3.5	37.4	−54.6

*. k 表示反应的速率常数。

2. 配合物交换反应机理

金属配合物亲核取代反应属于溶剂的交换反应与配合物生成反应中的特例，具有相同的反应机理。

1）亲核取代反应

根据解离过程与缔合过程，或单分子 SN1 过程与双分子 SN2 过程，实际的反应机制可再细分为 4 种：

（1）D 机制。

D 机制又称为极限解离机制，反应中产生一种配位数减少的中间体，这种中间体存在时间足够长，以致能选择出可能进入的亲核物（或与解离基团复合），这种反应的速率常数（k）与配体浓度无关，见下式：

$$ML_6 \longrightarrow ML_5 + L$$
$$ML_5 \xrightarrow{L'} ML_5L'$$

当溶液配体都相同时，无须考虑该机制。当配体浓度低并与其他配体有竞争时，两者 k 与配体浓度的倒数关系呈直线。

（2）Id 机制。

Id 机制又称为解离交换机制，在反应过渡态中金属离子与解离基团的键长变长，但金属离子与加合基团没有作用，只是在外层（二层）产生缔合，一但解离基团离开，加合基团迅速代之，进入一级配位，见下式：

$$
\begin{array}{l}
ML_6 + L' \longrightarrow ML_6 L' \\
\qquad\qquad\quad \downarrow \leftarrow \text{决定速率} \\
\qquad\qquad\quad [L_5M\cdots L, L'] \\
\qquad\qquad\quad \downarrow \\
\qquad\qquad\quad ML_5L' + L
\end{array}
$$

（3）Ia 机制。

配体在一级配层与二级配层间存在交换，两层与中心离子均有明显作用。

（4）A 机制。

反应生成一种配位数增加的中间体：

$$ML_6 + L' \longrightarrow ML_6L' \longrightarrow ML_5L' + L$$

各种机制有时单独存在，有时几种共存，这与中心离子、配体、环境条件有关。Cr 的 SN2 反应机制 $k \approx 10^{-6} \sim 10^{-5}$mol/(L·s)。

2）机制的识别

（1）速率定律的确定。

一级速率常指单分子（解离）反应，二级速率则为双分子（缔合）反应。两者有一定的不同，但是在 D 机制和 Id 机制中都可给出二级速率。当配体浓度低时，k 也低，如果配体亲核力很小，k 则与配体浓度呈一级关系，总反应为二级，有时 Id 机制也服从二级速率定律。

（2）速率比较。

当各配体交换速率较其他配体配位速率低时，反应表现为亲核取代，如果速率都相同，则为解离反应。这对配合物的生成反应过程也是适用的，是有价值的。

（3）活化焓比较。

用反应的活化参数判断反应机制也是较好的方法，如用 $\Delta H^{\neq}$、$\Delta S^{\neq}$、$\Delta V^{\neq}$ 判断法。尽管交换活化焓 $\Delta H^{\neq}$ 不能单独用于判断反应机制，但有时通过比较相关中心离子的 $\Delta H^{\neq}$ 值可获得有价值信息。

例如，Al(III)与 Ga(III)附近水的交换 $\Delta H^{\neq}$ 分别为 1.1×10^5 J/ mol 和 2.6×10^5 J/ mol，如此大的差别证明两者交换机制是不同的。Al(III)的 $\Delta H^{\neq}$ 高，推测反应是按解离模式进行。Ga(III)的 $\Delta H^{\neq}$ 低，推测反应是按缔合模式进行。

（4）$\Delta S^{\neq}$ 判断法。

这种判断较有说服力，$\Delta S^{\neq} > 0$ 表示过渡态有较大自由度，即解离机制；$\Delta S^{\neq} < 0$ 时，反应为缔合机制。

例如，Al(III)附近水交换的 $\Delta S^{\neq} = 1.2\times10^2$ J/ (K·mol)，Ga(III)附近水交换的 $\Delta S^{\neq} = -92$ J/ (K·mol)。事实上，Ga(III)的半径大，易生成增加配位数的过渡态；Al(III)附近水交换的解离机制也可说明，其配合物生成也会如此。相关研究已证明，Al(III)与 SO_4^{2-} 生成配合物速率与 H_2O 交换速率为同一数量级。而 Ga(III)与 SO_4^{2-}、H_2O 配位明显以不同的速率生成配合物。

（5）$\Delta V^{\neq}$ 判断法。

现代测试技术表明，用活化体积 $\Delta V^{\neq}$ 测定反应机制为很好的方法，根据：

$$\left[\frac{\mathrm{d}(\ln k)}{\mathrm{d}P}\right]_T = \frac{\Delta V^{\neq}}{RT} \tag{2-49}$$

而 $\Delta V^{\neq} = \Delta V^{\neq}_{（过渡态）} \cdot \Delta V^{0}_{（始态）}$。$\Delta V^{\neq} > 0$ 表示过渡态的形成物处于膨胀状态这是一个解离过程；反之，体积收缩则为缔合过程。

例如，水合 Cr(III)离子 $[Cr(H_2O)_6]^{3+}$ 是一个稳定的离子，其 $\Delta V^{\neq} = (-9.3 \pm 0.3)\,\mathrm{cm^3/mol}$，这证明反应机制是缔合交换机制。此外，在 $[Cr(DMF)_6]^{3+}$ 及 $[Cr(DMSO)_6]^{3+}$ 体系中分别测得的 $\Delta V^{\neq}$ 为 $-6.3\,\mathrm{cm^3/mol}$ 及 $-11.3\,\mathrm{cm^3/mol}$，这为 Cr(III)进行缔合交换机制作出了答复，也为 Cr(III)配合物生成机制提供了信息。

测定 $\Delta V^{\neq}$ 来推测交换反应机制，也可得到一些有利的结构方面的信息，如以下物质的 $\Delta V^{\neq}$ 值所示：

$[Co(NH_3)_5(OH_2)]^{2+}$　$+1.2\,\mathrm{cm^3/mol}$

$[Cr(NH_3)_5(OH_2)]^{3+}$　$-5.8\,\mathrm{cm^3/mol}$

$[Rh(NH_3)_5(OH_2)]^{3+}$　$-4.1\,\mathrm{cm^3/mol}$

$[Ir(NH_3)_5(OH_2)]^{3+}$　$-3.2\,\mathrm{cm^3/mol}$

Cr(III)的离子半径与 Co(III)相近，但 Cr(III)在 t_{2g} 轨道上的电子密度（d^3）比 Co(III)的（d^3）更低，易受亲核配体的进攻，进行缔合机制。Rh(III)、Ir(III)有较大的半径，形成配位数大的配位过渡态也是可以理解的。

（6）其他几种判断法。

溶剂的交换反应很简单，但要确定其机制却比较难，原因是溶剂既是解离基团又是加合基团，能获得的变量信息并不多。尤其是溶剂的量大，反应级数不能靠溶剂来确定。

一种较好的方法是采用混合又互不作用的溶剂，以不同比例为准测定交换速率的变化。

通过改变离子强度可以确定反应机制是解离机制还是缔合机制（过渡态有电荷产生，反应受离子强度影响大）。

3）交换反应与阳离子关系

（1）sp 元素。

影响交换速率的因素多为电荷数和半径。+1 价与 +2 价的离子 Ca(Ⅱ)、Ba(Ⅱ)等交换速度极快，如果半径小，如 Mg(Ⅱ)、Be(Ⅱ)，反应速率可用核磁共振测出，3 价阳离子附近的水交换也能用核磁共振测定。

（2）过渡金属元素。

电荷是影响交换速率的因素之一。对 +2 价与 +3 价的相同离子而言，后者反应慢得多，如 Cr(Ⅱ)与 Cr(III)；不同离子也是电荷高，交换慢，如 Cr(III)（d^3）的水交换速率比 V(Ⅱ)（d^3）水交换速率慢十万倍。

晶体场稳定化能（CFSE）是过渡金属表征其交换速率的重要指标，CFSE 越高，过渡态失去能量越多，表现为交换速率越慢。d^3 离子 Cr(III)、Rh(III)有最慢的交换速率。

Jahn-Teller 畸变使两个距离较远的溶剂分子结合松散，易被二级配层或本体分子交换，使交换速率增加。

（3）镧系元素。

镧系元素具有较大的半径和较高的配位数，其电荷屏蔽能力强，配合水交换速率高，交换速率为$10^6 \sim 10^8 s^{-1}$。

4）交换反应与溶剂关系

对 + 2 价中心离子而言，配体的 Gutmann 给体数基本表征了配体与中心离子亲和性增加和交换速率降低的特性。但 + 3 价中心离子除给体数外，空间因素影响显得更重要。中心离子尺寸小，配体之间排斥大，这使一些配体始终处于解离状态。而较小的配体与交换速率之间无明显关系，因为亲和力与解离力几乎是相反的，进而抵消。

配体与阳离子之间以 σ 键为主时，配位水的交换速率增加。对 + 2 价阳离子而言，这种现象较为明显。这可解释为：当 σ 电子给予阳离子，使正电荷减少，减弱了阳离子与水的结合能力。

如果配体与金属离子间存在很强的 π 键，则金属正电荷有效性不变，其他配位水交换速率不变。配体将 σ 电子给予阳离子的给电子作用所引起的效应被金属离子将 π 电子给回配体的给电子作用所抵消。然而，配体的进入总使水交换速率增大，而且对位的水显示出更高的速率。

+ 3 价阳离子的水交换速率均较 + 2 价阳离子小，反位效应较明显，在$[Cr(III)(OH_2)_5X]^{2+}$中，反式激活的作用为$I^- > Br^- > Cl^- > NCS^- > H_2O$。

5）交换反应与配合物生成

由于交换本身包括了配合物的生成过程，因此通过研究交换反应机制可判断配合物生成的信息：

（1）解离机制。该机制与配体浓度关系小，离子形成多配体能力强，配体体积大小受限小。

（2）缔合机制。配体浓度、体积受限大，影响生成速率［Cr(III)配合物的生成特点］。

（3）配合物生成速率与水交换速率相当［Al(III)配合物的生成特点］。

（4）当配合物生成速率大于水交换速率时，反应机制可判断为缔合机制。

（5）Cr(III)水合物的形成缔合机制，当形成碱式配合物后，OH^-与 Cr(III)形成共价键，使静电作用下降，解离机制增强，这时溶液的电荷因素上升，这使得高碱度 Cr(III)液在浓电解质溶液中生成配合物速率迅速下降。

（6）配合物稳定性与水交换速率相关，Al(III)与 Re(III)的水交换速率大，从而配合物活性也增大。

配合物稳定性通常用稳定常数表示。根据交换平衡测定，常见配合物的稳定常数见表 2-7。

表 2-7 Cr(Ⅲ)、Al(Ⅲ)、Fe(Ⅲ)配合物表观稳定性

稳定常数	Cl^-	SO_4^{2-}	$CHOO^-$	Ac^-	Gly	Asp	$C_2O_4^{2-}$	OH^-	H_2O
$\lg k_{Cr}$	1.1	3.5	3.3	3.5	8.2	9.8	9.0	7.2	6.3
$\lg k_{Al}$	0.6	3.8	2.3	4.0	5.7	8.4	6.2	0.8	—
$\lg k_{Fe}$	1.3	3.6	3.5	3.8	9.7	11.4	11.0	7.9	3.5

3. 配合物的交换反应

1）Cr(Ⅲ)-H_2O 体系的 H^+交换反应

早在 20 世纪初，对 Cr(Ⅲ)离子水溶液的性质及其与氨基酸配位反应过程的研究就已开始。水合 Cr(Ⅲ)离子中配位水分子与本体自由水的交换反应已用同位素跟踪法测试过，其水分子在配合物中的寿命大于 10h。然而，用 NMR 法测定 ^1H 的弛豫时间（动静平衡时间）却可获得关于两种环境中水的质子氢解离交换过程的信息。设交换过程为以下三种情况：

$$[Cr(H_2O)_5H_3O]^{4+} \rightleftharpoons [Cr(H_2O)_6]^{3+}+H^+$$

$$[Cr(H_2O)_6]^{3+} \rightleftharpoons [Cr(H_2O)_5OH]^{2+}+H^+$$

$$[(H_2O)_5Cr{-}\overset{H}{O}{-}Cr(H_2O)_5]^{5+} \rightleftharpoons [(H_2O)_5Cr{-}O{-}Cr(H_2O)_5]^{4+}+H^+$$

在（300±2）K 时，对不同 pH 的 Cr(Ⅲ)-H_2O 系统研究发现，这种交换速度 $1/t$ 受质子浓度控制。将 $1/t$ 对$-\lg[H^+]$作图，见图 2-8。

图 2-8 表明，随着溶液 pH 升高（pH = 0～0.8），配位水的质子交换速率迅速降低；溶液 pH = 0.8～1.8，出现动态平衡稳定区，或者说主干结构变化区；当溶液 pH = 1.8～2.8，主干结构趋于稳定，交换速率出现升高；当 pH＞2.8 后，交换速率继续下降。这个变化的解释可以是，pH = 0～0.8 及 pH＞2.8 时，质子活性降低；但是质子的来源或在结构中的特征是不同的，这从图 2-9 中 3 个水解反应可以看出；也可以说 pH = 0～8 及 pH＞2.8 是 Cr(Ⅲ)配合物主干结构的稳定期，而 pH = 0.8～1.8 解释为主干构架开始转变。早在 1986 年，罗勤慧等利用根加节原理描述了低浓度下 Cr(Ⅲ)配合物基本结构。

pH 范围在 1.0～3.0，当浓度较低时，Cr(Ⅲ)具有几种结构，如下所示，几种结构都显示出聚合物特征。结构中有不同环境的质子，可以在不同 pH 下进行交换，而这些交换的速率是不同的。

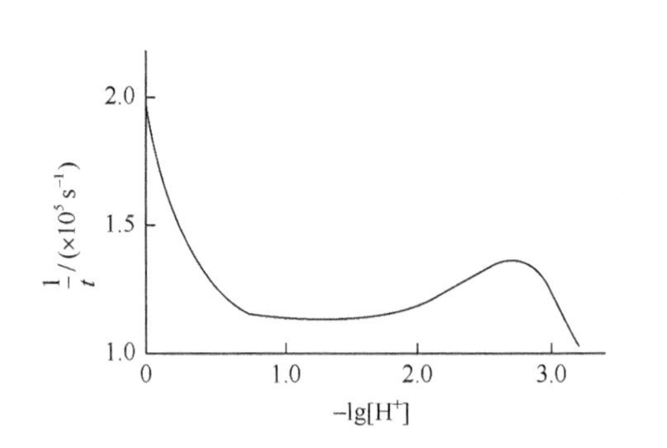

图 2-8　pH 与 Cr(III)配位水质子交换速率的关系

$c(Cr) = 5.07\times10^{-3}$mol/L

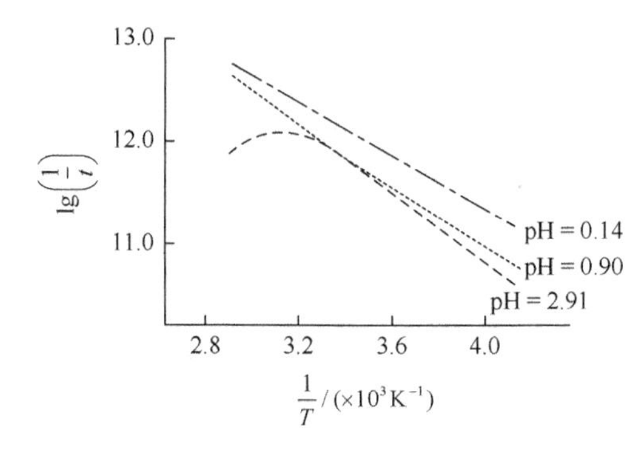

图 2-9　温度与 Cr(III)配位水质子交换速率的关系

$c(Cr) = 5.07\times10^{-3}$mol/L

$c[Cr(III)] = 0.0002\sim0.0025$mol/L

$c[Cr(III)] = 0.005\sim0.04$mol/L

2007 年，Covington 等研究发现，铬鞣皮革中 Cr(III)主要以四聚体形式存在，如下式所示：

由此可见，Cr(III)离子在溶液中几乎以多核为主干的形式存在，pH 的变化仅根据羟桥与氧桥之间进行质子的交换速率而定。

2）Cr(Ⅲ)-H_2O-Gly 体系的 H^+交换反应

根据化学滴定法证实，在 Cr(Ⅲ)离子的水溶液中加入一定量的阴离子配体可提高溶液的浊点，这种功能称为隐匿（也称为蒙囿）效应。用 Gly 配体作为模拟鞣制过程的动态平衡参照物进行研究，可以了解这种隐匿作用原理。

通过与上述同样的方法，用 NMR 法测定 ^1H 的弛豫时间来测定 Gly 存在下 Cr(Ⅲ)配合物的配位水中质子的交换过程，结果见图 2-10。图 2-10 说明了水质子平均寿命与溶液 pH 的关系。非水配体 Gly 进入 Cr(Ⅲ)配合物后的配位水质子交换反应速率曲线中，H^+交换速率虽然随着温度升高而加速，但与图 2-9 比较明显减缓。图 2-11 与图 2-8 相似，在 Cr(Ⅲ)-H_2O-Gly 体系中，随着 pH 升高，交换速率也存在一个动态平衡区（pH = 3.0～4.0），图 2-11 比图 2-8 中平衡 pH 明显高，而在 5.3≤pH≤3 有相似的减速现象。值得关注的是，交换在 pH = 4.0～5.3 区间是加速的，该区间主干构架开始变化。一种简单推测表明，当溶液体系 pH 高于 4.0 后，Cr(Ⅲ)配合物结构加速改变，水解配聚加剧。

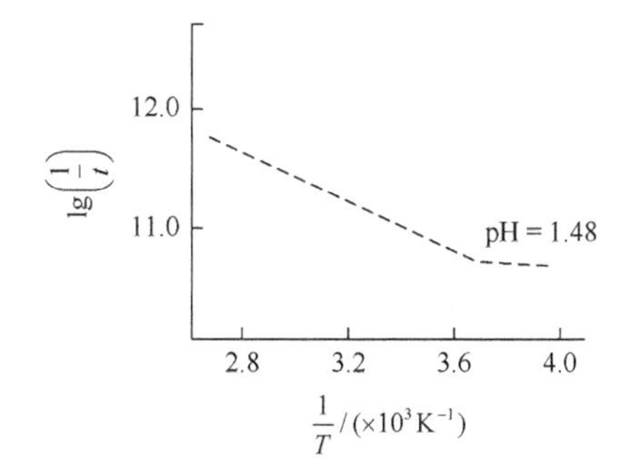

图 2-10　Gly 存在下质子交换速率与温度的关系

$c(Cr) = 2.43\times10^{-3}mol/L$；$c(Cly) = 1.0mol/L$

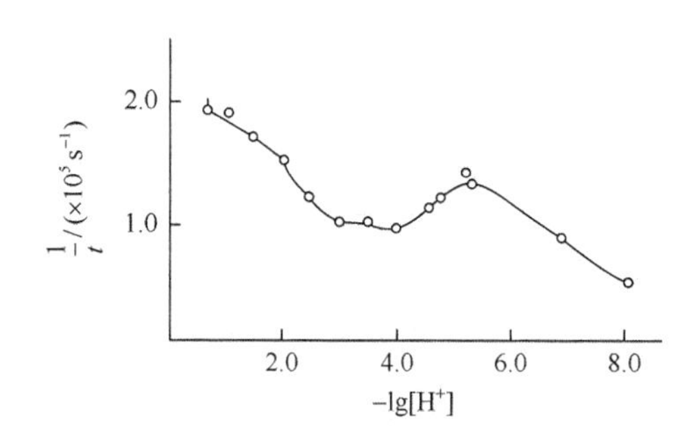

图 2-11　Gly 存在下质子交换速率与 pH 的关系

$c(Cr) = 2.43\times10^{-3}mol/L$；$c(Cly) = 1.0mol/L$

对 Gly 而言，其配位交换速率与质子的交换速率相差 10^3 数量级，慢得多。而且，随着 pH 升高，交换速度变慢，pH 在 6.0 左右基本稳定。直至 pH＞8.0 后，质子的交换速率加快，显示不稳定上升，见图 2-12。

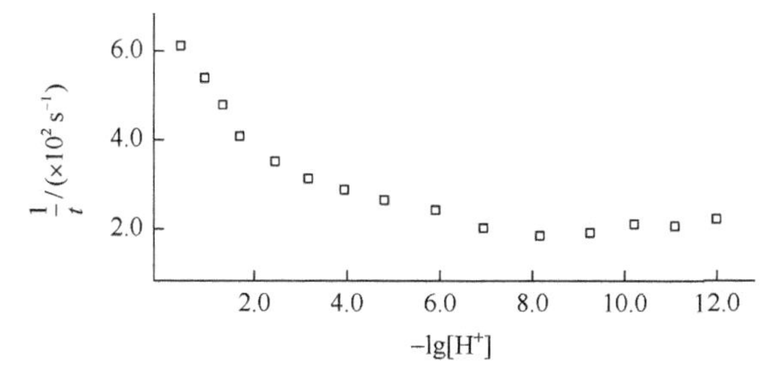

图 2-12　Gly 的交换速率与体系 pH 的关系

$c(Cr) = 2.43\times10^{-3}mol/L$；Gly = 0.8mol/L；温度为（300±2）K

根据下式：

$$\frac{1}{t}=\frac{KT}{h}\exp\left(\frac{\Delta S^{\neq}}{R}-\frac{\Delta H^{\neq}}{RT}\right) \quad (2\text{-}50)$$

分别计算体系在 Gly 存在时的质子交换活化焓，结果见表 2-8。可以看出，Gly 进入配体，质子的交换活化焓明显提高，配合物抗水解稳定性提高。

表 2-8 两种体系中水质子交换活化焓

$-\lg[H^+]$	$\Delta H^{\neq}$[Cr(Ⅲ)-H_2O]/(kJ/mol)	$\Delta H^{\neq}$[Cr(Ⅲ)-H_2O-Gly]/(kJ/mol)
1.48	7.2	11.0
4.05	9.4	16.1

第 3 章　渗入与溶出平衡

3.1　引　　言

3.1.1　制革工艺的化学平衡

制革中的化学反应往往是一类在客观条件下难以达到平衡的过程，如酸碱中和、鞣剂结合、铬盐水解等。就工艺目的而言，这些过程本身都是多个平衡的综合表达，如在湿态中溶液与皮/革之间、皮/革表面与内层之间、不同层次的纤维束之间平衡等，通常需要根据工艺要求对平衡进行分析判别。由于影响这些平衡的因素较多，交互性较大，因此平衡不易得到精确判断。

如何控制过程状态，制革操作者早已不自觉地利用（理论上可以采用）有限时间稳定性（finite-time stability，1953 年，Г. В. 卡曼科夫提出）理论或 Lyapunov 稳定性理论（19 世纪 80 年代出现）进行判别与解析。当反应过程及产物指标为非确定性或无须确定性参数，可通过寻找特征变化量的变化描述过程的稳定性。因此，制革化学或工艺的平衡就是接近平衡［即 $f''(x)$从小于 0 趋向等于 0］，结果是忽略稳定性微小的变化，实现可操作性。这正是制革技术中化学平衡过程的实践方法，也是经验性的宏观判断，无论对化学家还是对工艺师都是最有效的方法。本章就常用的制革化学技术研究习惯对反应过程的参数及平衡进行分析和描述。

3.1.2　制革的化学处理目标

用制革的化学处理来解释生皮转变为皮革过程的特征，可以从 3 个方面进行表达：

（1）在鞣前准备过程中，以生皮为原料，对皮胶原进行纯化处理，包括改变胶原与水的结合量与结合方式、除去或破坏非胶原蛋白结构，达到鞣前原料多孔化和高活性化目标。

（2）在鞣制过程中，以生皮胶原为原料，以耐热温度为主要考察目标，通过鞣剂对胶原进行化学结构修正，达到胶原的三维构造稳定化目标。

（3）在染整过程中，以鞣后的坯革为原料，以终端成革感官及理化性能为基础，通过化学助剂辅助（湿态）及机械力的作用（干态），达到成革物性功能化目标。

3.2　生皮构造与非制革组分

真皮层位于表皮层与皮下组织之间，是生皮的主要部分，革就是由真皮鞣制加工而成，其质量或厚度约占生皮的 90%以上。真皮主要由胶原纤维、弹性纤维和网状纤维编织而成，而胶原纤维占全部纤维质量的 95%～98%。

3.2.1　生皮的构造

动物皮的构造基本类似，以黄牛皮为例，见图 3-1。

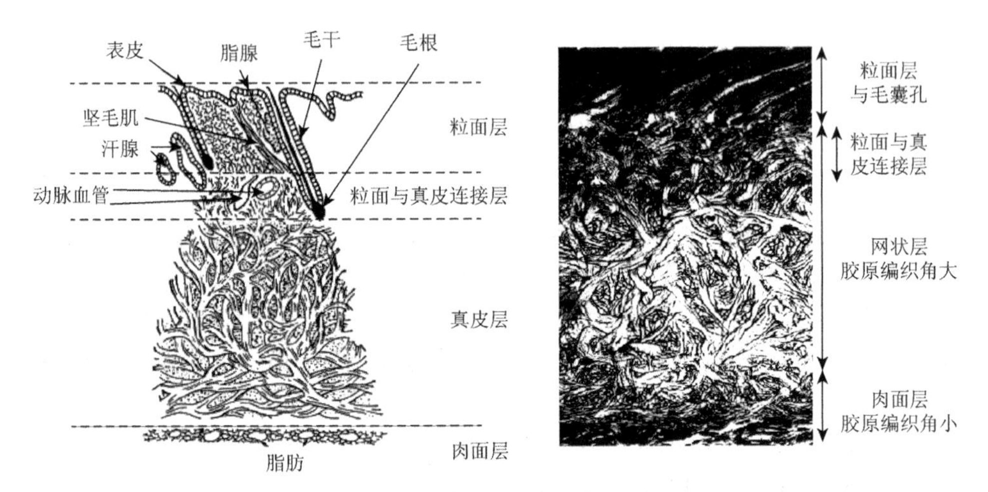

图 3-1　生皮横截面的组织形态

根据编织的密度与编织角，动物皮可以分为粒面层、真皮层（网状层）、肉面层，结构解释如下：

（1）粒面层被表皮所覆盖。生长的表皮构成了皮厚度的 1%～5%，是由 4～5 层细胞组成（层数取决于动物生长环境）。

（2）真皮主体由三维编织的胶原纤维束组成。

（3）粒面层的胶原纤维束比真皮层的编织更紧密、直径更小。

（4）沿纵切面，与皮部位相关的编织的紧实度、编织角及孔性质均存在差异；沿横截面，与皮部位相关的编织的紧实度、孔性质也存在差异。

（5）每克胶原纤维有 1～3m^2 的表面积。

3.2.2　非制革用主要组织

1. 毛（hair 或 wool）

毛由角质细胞构成，细胞内含有大量的角蛋白。制革需要去除毛，毛革要求保留毛，毛的粗细、生长密度及排列方式决定成革的粒面外观。

2. 毛囊（fair follicle）

毛囊的形状和粒面的角度与动物皮种类相关，分别决定真皮纤维的编织角及粒面的平细。

3. 肌肉组织（muscular tissue）

竖毛肌决定毛孔外观及粒面平细感官，对冷敏感，制革鞣前准备过程中需破坏或除去。

4. 汗腺（sweat gland）

汗腺在浸灰中破坏，不影响成革质量，但汗腺的数量、大小影响粒面紧实程度，在制革过程中最好进行填充。

5. 脂腺（adipose gland）

脂腺在浸灰中破坏，不影响成革质量，但脂腺的大小以及其内部脂肪的去除情况影响水性材料吸收，对成革的抗氧化性及抗菌性影响较大，制革过程中最好除去脂肪并进行填充。

6. 血管（blood vessel）

血管影响成革质量，其源于生皮。制革过程除去血管内残余物后会留下空穴，干燥会留下凹痕。

7. 各类细胞（cells）

生皮含有多类细胞。制革中，由于细胞对水有通透性，其会占用通道，影响化学物质的有效渗透与结合，所以这些细胞需要被除去。

8. 表皮（epidermis）

表皮以细胞的形式层叠在真皮上。细胞内结构成分与毛相似，以角蛋白为主。制革中必须除去表皮使粒面裸露。

9. 弹性蛋白（elastin）

弹性蛋白以交联网状形式存在于真皮之中，主要起到稳定胶原的作用。弹性蛋白以中性氨基酸为主，化学稳定性好、亲水性差，弹性蛋白结构组成见表 3-1。

表 3-1　弹性蛋白结构组成

氨基酸类型	每 1000 个残基含有氨基酸数量/个	
	弹性蛋白	胶原蛋白
酸性	14	120
碱性	10	86
中性	431	170

图 3-2 显示了绵羊皮弹性纤维形态特征。图 3-3 显示了弹性纤维的锁链素与异锁链素交联结构。锁链素与异锁链素交联结构耐酸碱作用，不会被酸碱试剂水解，但可以被弹性酶水解。弹性纤维蛋白的非极性及稳定性是影响皮革质量的重要蛋白，制革界认为，其需要在制革过程中被减弱或消除。

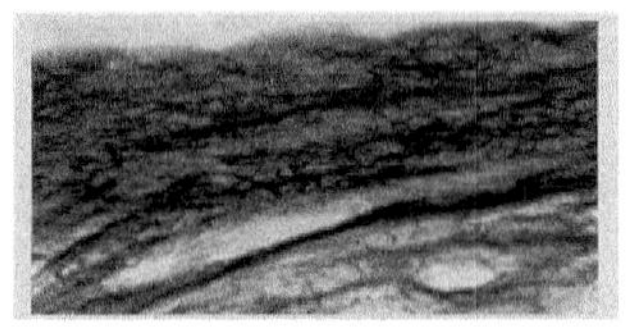

(a) 纵截面完整的弹性纤维

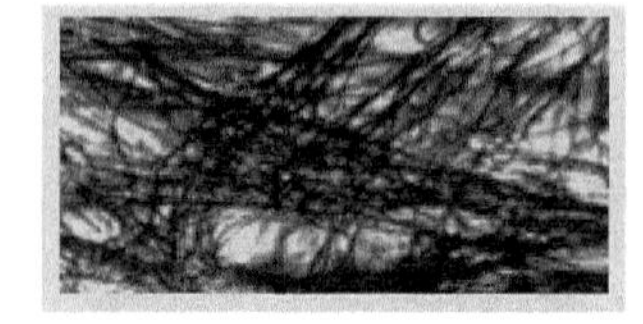

(b) 横截面完整的弹性纤维

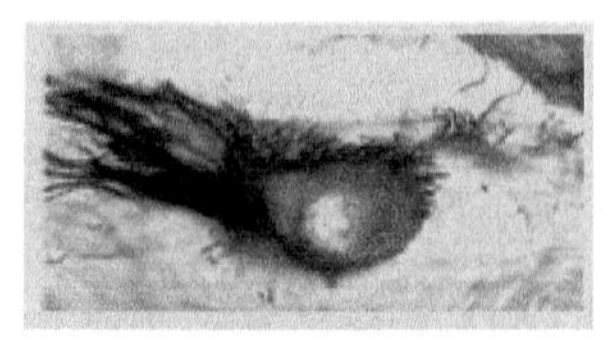

(c) 毛囊周围退化的弹性纤维

图 3-2　绵羊皮弹性纤维形态

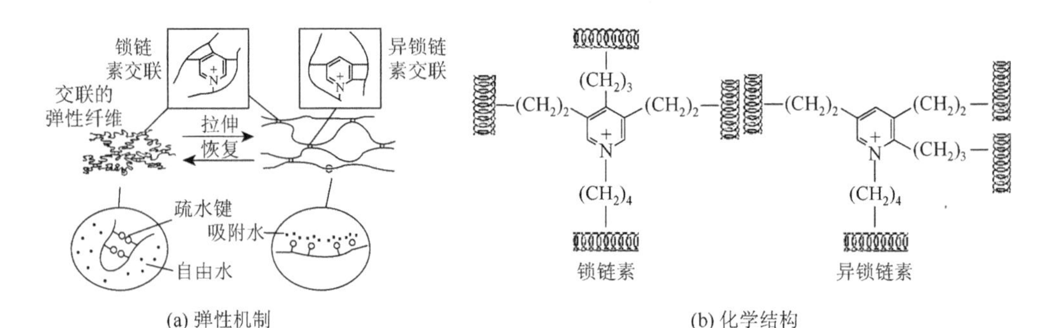

(a) 弹性机制　　　　(b) 化学结构

图 3-3　弹性纤维结构示意图

3.2.3　非制革用主要组织成分

真皮细胞及基质组织是制革过程中无用的非制革用成分，见图 3-4。图中基质或者纤维间质占无水真皮质量的 7.8%左右，包括白蛋白（不含多糖）、球蛋白（含多糖）、黏蛋白（含多糖）、透明质酸（多糖）。这些材料主要以蛋白多糖与蛋白质混合的形式存在，占胶原质量的 0.5%，但是这些蛋白多糖及多糖物能以上千倍的体积充水膨胀，通过脱水成为黏结胶原纤维的主要成分。在制革的准备过程中采用水、酸碱盐和酶对这些成分进行破坏并除去。

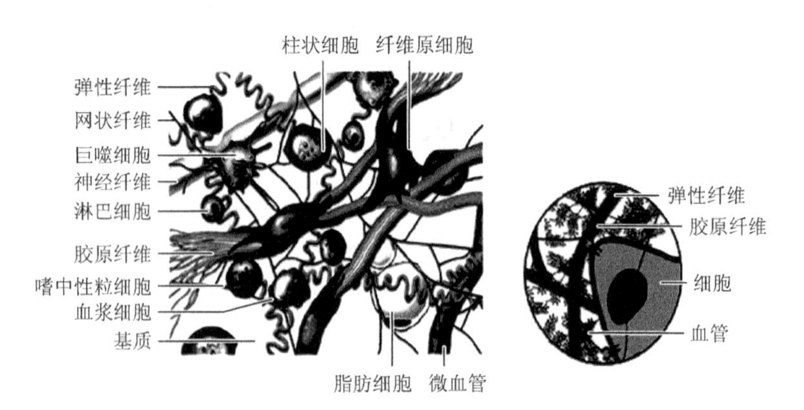

图 3-4　真皮内组织结构示意图

1. 黏多糖（glycosaminoglycans）

透明质酸（hyaluronic acid）是黏多糖类物质，由 D-葡萄糖醛酸与 *N*-乙酰-D-葡萄糖酰胺胶体缩合而成，相对分子质量为 10^6 数量级，相当于 3～19000 个双糖单元聚合，结构见图 3-5。

黏多糖可以与 Ca、Cr 等金属离子结合或通过自身黏合使革硬化。前期浸灰中 Ca 与黏多糖结合产生沉淀难以除去。浸酸时 Ca 释放，黏多糖可与 Cr 反应。

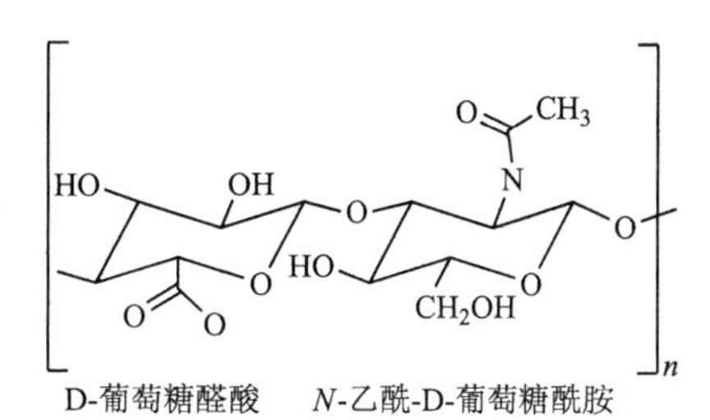

图 3-5　透明质酸结构示意图

黏多糖在皮内通过负电荷排斥作用给皮提供空间与弹性。由于其与胶原没有较强的结合，而仅仅缠结在纤维之间，当生皮盐腌时，离子胶体在盐作用下产生盐析，减少了离子间作用，易被洗出。

2. 硫酸皮肤素（dermatan sulfate）

硫酸皮肤素由一个蛋白核和 2～3 个具有 35～90 个重复单元的硫酸多聚糖构成，其中，含有一个 L-艾杜糖醛酸和一个 *N*-乙酰-D-半乳糖胺-4-硫酸盐，其相对分子质量为 10^5 数量级，其中 60%是蛋白，40%是多糖。它们附着在胶原原纤维周围，以静电结合，见图 3-6。

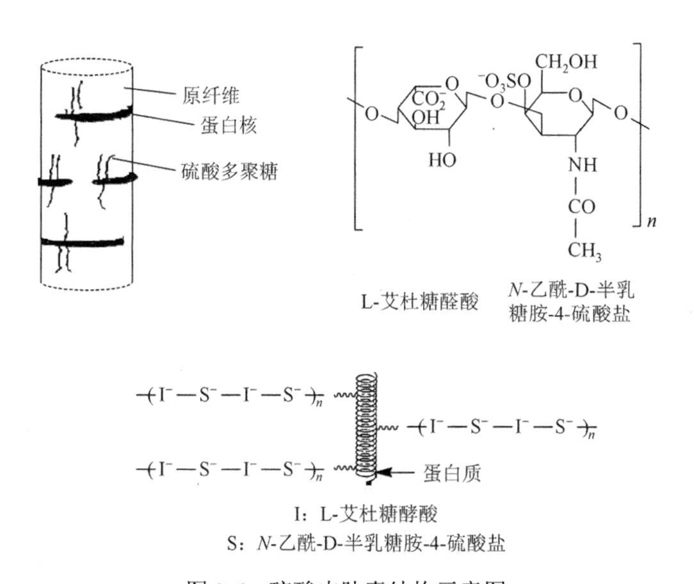

图 3-6　硫酸皮肤素结构示意图

硫酸皮肤素通过多肽与胶原连接，形成共同的水合物。尽管它在皮革制造过程中的重要性并不确定，但是由于它影响胶原纤维分散性，准备过程中大部分会被除去，并用它衡量浸灰效果。

3. 硫酸软骨素（chondroitin sulfate）

硫酸软骨素 A 是 D-葡萄糖醛酸及 *N*-乙酰-D-半乳糖胺-4-硫酸盐的重复的聚合物，

相对分子质量为 10^6 数量级，硫酸软骨素结构见图 3-7。硫酸软骨素 C 是由 D-葡萄糖醛酸及 *N*-乙酰-D-葡萄糖醛酸-5-硫酸盐组成。硫酸软骨素没有与胶原键合，在浸灰时多数被除去。

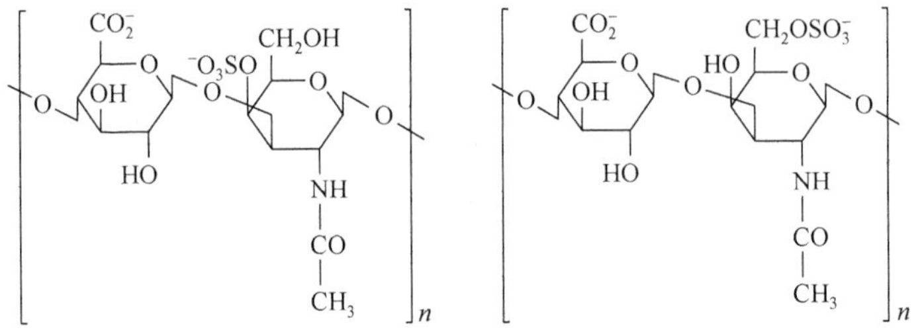

(a) 硫酸软骨素A　　(b) 硫酸软骨素C

图 3-7　硫酸软骨素结构示意

4. 白蛋白（albumin）

白蛋白是基质中含量最丰富的蛋白质，分子质量＞6×10^4Da，分子中含有双硫键，不含糖类。白蛋白为球形，水中溶解度大，也溶于酸碱盐。

5. 脂肪（fat）

生皮含有多种脂质物，不同皮种及部位脂肪种类和含量相差较大。脂肪的主要成分为甘油三酯，还含有少量的固醇、卵磷脂和蜡。牛皮含脂量为 0.5%～2%，山羊皮含脂 3%～10%，猪皮含脂 10%～30%，绵羊皮含脂＞30%。生皮中脂质物主要储存在脂肪细胞中，也分布于脂腺内及周围、表皮层以及生皮的不同内层中。脂肪对皮外水及水性材料的渗透与结合造成阻塞，是制革前首先除去的目标物质。

6. 黑色素（melanin）

黑色素是一种特殊的多环生物高聚物，属于腐殖酸一类，在自然界中广泛存在，一般出现在有色人种和动物身上。黑色素存在于毛、皮和眼睛中，是一种主要的着色剂，也是抵抗紫外辐射的保护剂。生皮的黑色素以粒状黑色素细胞的形式存在于表皮及毛（除白毛外）中，一些生皮的黑色素深入真皮，见图 3-8。

有三类主要的黑色素：①真黑色素：当酪氨酸转变为二羟基丙氨酸（多巴）时衍生的褐-黑色素；②棕黑色素：它是真黑色素的胱氨酸衍生物，也是微红色-褐色色素；③异黑色素：它是与真黑色素相似的黑色素，是由儿茶酚通过聚羟基萘形成的。

7. 纤维腔囊（fibrous cavity sac）

生皮纤维腔囊结构（图 3-9）是一种无形的编织。从整张皮看，生皮纤维腔囊构成了生皮的各向异性，也确定了局部纤维束的整体方向。在制革操作（尤其是机械作用）中为了获得均匀、平整的加工品，需要注意这种结构的方向。

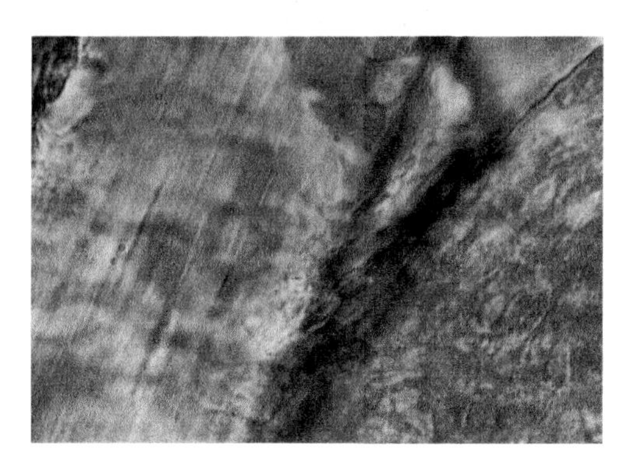

图 3-8　生皮表面的黑色素

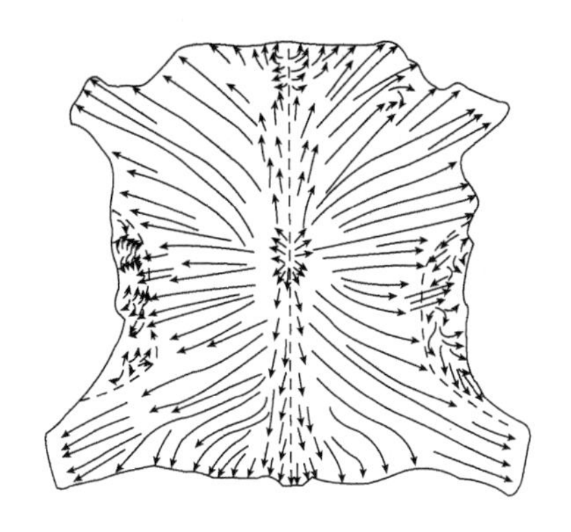

图 3-9　生皮纤维腔囊结构

8. 防腐剂（preservative）

除一些化学合成防腐剂外，NaCl 是迄今最理想的防腐剂。但不可降解的 Cl^-污染始终难以克服。在湿氧状态下，为了保证胶原在较长时间（如数个月）中不受损伤、不变性，一些操作简单、成本低廉的方法被探索，如无机盐（KCl、Na_2CO_3、$Na_2S_2O_3$、Na_2SiO_3 等）、抗生素（杀藻胺、金霉素、土霉素等）、变性剂（γ 放射、电子束等）、低温速冻等。目前研究表明，这些防腐材料均具有局限性。因此，NaCl 使用仍居于首位。生皮中大量的 NaCl（≥15%）成为重要的非组织成分，影响制革化学过程，是需要首先除去的物质。

3.3　生皮充水与溶出

迄今，由生皮转变为革的化学转变过程是在水溶液中进行的。水在制革化学中的作用大致分两个方面：

（1）游离水（平衡水、自由水、表面水）、毛细水（吸附水、内表面水）是皮/革的弱结合物，水是外界渗入化学物质最重要的交换物。

（2）水是皮/革内外化学物质的重要溶剂/分散剂，协助化学物质发挥作用。

3.3.1　充水膨胀与溶出

1. 清水充入

新鲜的动物皮除含大量的水分外，是一种以胶原蛋白为主，多种组织及非组织成分构成的“混合物”。

生皮经过盐腌、干燥处理后大量甚至深度脱水。即使是鲜皮，虽有大量的水存在，但这种水是处于组织中的结构水，其存在于细胞内及周围组织中，缺乏交换能力。也就是说，生皮组织中的结构水，无论脱去与否，都不是化学意义上的交换水。这部分水难以获得时效上要求的材料进入或无用之物溶出的效果。因此，无论是干态还是湿态的原料皮，充水是制革开始的先决条件。

2. 胶原的充水特征

生皮经浸水充水后胶原纤维束的一般特征：

（1）分子链内径、长度基本不变。

（2）链间距离由～0.1nm 增加至～0.17nm，见图 3-10。

（3）侧链每一极性基团饱和吸水量约为 6 个水分子（按吸附 N_2 计），皮胶原约有 $4.8m^2/g$ 的内表面可以吸附水。

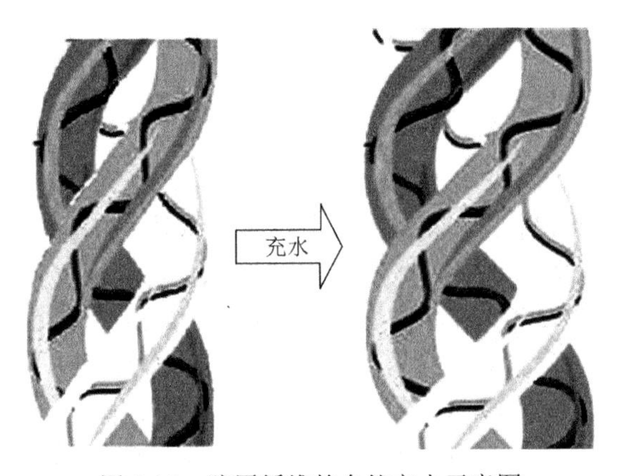

图 3-10　胶原纤维的自然充水示意图

3. 胶原充水热力学

图 3-11 是生皮充水量与能量变化过程。根据 Donnan 平衡原理，在达到平衡时：

$$\mu(X)_{内} = \mu(X)_{外}$$

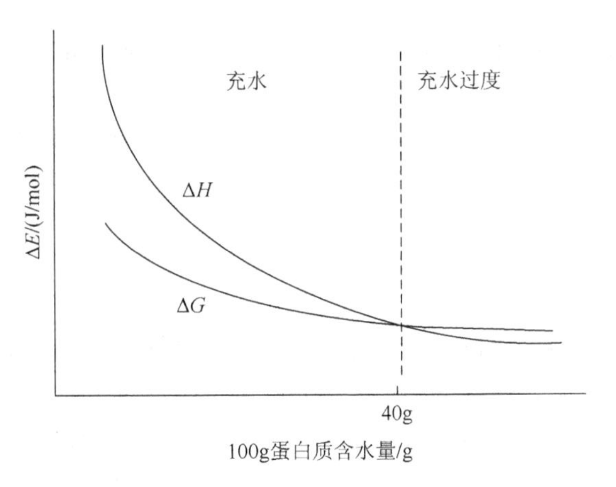

图 3-11　胶原的充水平衡

由于皮内过剩离子量与其活度积相关（尤其是盐腌皮），与 pH 无关，胶原亲水性强，渗透膨胀成为必然。

根据热平衡原理：

$$\Delta G = \Delta H - T\Delta S$$

充水是一个放热过程，有 $\Delta H<0$，$\Delta S\geqslant 0$，因此 $\Delta G<0$，反应是自发过程，温度作用影响不明显。过度充水过程仍有微放热，则 $\Delta H\approx 0$，$\Delta S\geqslant 0$，因此 $\Delta G\leqslant 0$，反应也是自发过程。充水也受温度影响，升高温度，充水增加。

亲水纤维间质中水分子缔合的化学位作用、毛细作用均能导致水的渗透；随着溶剂化层嵌入，去间质后吸水作用减小，胶溶膨胀产生，逐渐达到平衡。

4. 充水过程的溶出

通过充水可以溶解皮内的一些化学物质，化学物质借助热动力学及机械作用向外扩散并溶出。溶出物有皮表层的黏附物、皮内的 NaCl、可溶性非纤维蛋白、多糖、油脂等。溶出能适当打开后续物质进入的通道，获得操作工序的目的要求。因此，制革的浸水/充水工序是保证后续物质渗透的重要前提。

1）浸水过程的定义

理论上，浸水可以被认为是一个能够达到平衡的过程。1986 年，Alaxander 与 Bienkiewicz 解释了非胶原成分阻止充水、胶原纤维的分离及鞣制现象。研究已经证明，黏多糖不仅阻止各种杂质的去除，也阻止纤维分散。其中，透明质酸是皮内较关键的多糖组分，具有直链高分子（质量为 10^4～10^7Da）特征，造成生皮中相当大的水疏通性。

在纤维之间，透明质酸占有两倍于分子的不亲水空间，阻止水及亲水化学物质的出入迁移。因此，除去透明质酸成为除去其他杂质的前提条件，也是准备阶段的主要目标之一。事实上，在常规浸水条件下，机械与化学处理 48h，透明质酸几乎完全除去。

2）浸水的进程描述

进行浸水→皮内 NaCl 浓度降低→皮内透明质酸黏度迅速增加→产生 Cl^-的感胶离子效应→生皮产生微膨胀→NaCl 及透明质酸溶出→膨胀减少→生皮柔软度增加。

1960 年，Mclaughlin 发现，相比而言，鲜皮则显示出较弱的充水平衡现象。但是，鉴于 NaCl 的功能性，在盐湿皮充水过程中 NaCl 存在时，部分盐溶球蛋白被除去，最大充水平衡难以维持稳定。

3）助剂的作用

为了提高充水效果，助剂一直被使用。自 20 世纪 60 年代起，表面活性剂、碱及蛋白酶都成为助充水材料。实践中，尽管浸水前生皮含水量不易确定（生产中做定量分析），但可以通过对比浸水皮质量增加、溶液中组分变化进行材料使用效果的分析。

实验以生皮质量为基础，在 0.2%非离子表面活性剂、0.7%碳酸钠、0.3%浸水酶（助剂）、200%水、25℃条件下，进行浸水过程的对比分析（图 3-12～图 3-14 反映了各类助剂对鲜皮与盐腌皮透明质酸溶出的规律）。结果如下：

（1）图 3-12 显示，盐湿皮充水初期迅速增重，约 6h 达到平衡，随后略降；鲜皮充水较快，但 6h 后增速变缓，充水质量一直有缓慢升高趋势；复合助剂组较无助剂组充水量多且速度快。

（2）图 3-13 显示，NaCl 溶出与水进入过程相似，只是在 6h 后转折进入缓慢溶出过程，12h 基本达到平衡（除非换水）；在 24h 的浸水过程中复合助剂组较无助剂组溶出 NaCl 多且快。

（3）图 3-14 显示，有无助剂均有透明质酸溶出；3 种材料的复合助剂组除去透明质酸的量最多，表面活性剂组与酶组其次并接近，无助剂组溶出透明质酸量最少；鲜皮浸水溶出透明质酸较少，但单纯碳酸钠（纯碱组）也可以增加溶出。

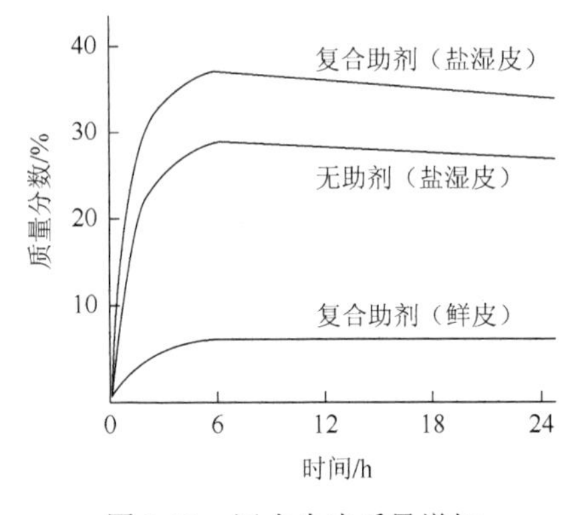

图 3-12　浸水生皮质量增加

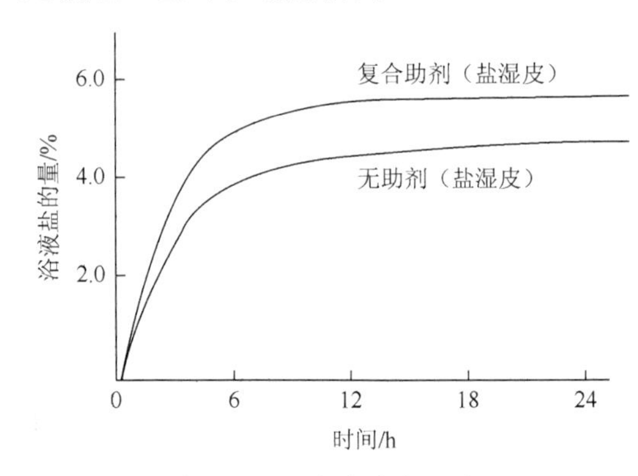

图 3-13　浸水生皮中盐溶出

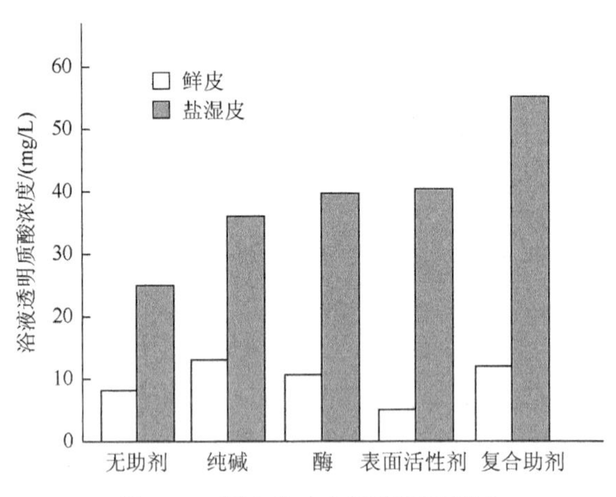

图 3-14　浸水生皮中透明质酸溶出

4）油脂的乳化溶出

在正常浸水温度下，皮内的油脂由于毛细作用和附着力的作用而处于不流动的状态。当碱或表面活性剂溶液进入皮层，改变固-液和液-液界面的性质，可以降低油-水界面张力使油脂逐层乳化。

研究表明，在盐湿皮中油脂乳化规律依据不同的助剂配方，可以形成水包油型或油包水型乳状液。而在多孔介质中乳液形成的规律不仅与配方有关，而且在很大程度上受皮表面油脂状态及含盐情况影响。在不含盐的条件下，油脂乳化形成水包油乳液，可以迅速脱脂。随着 NaCl 溶解增加，乳液不稳定性增加，部分乳液形成油包水型。亲油的生皮表面将阻止油脂完全脱离生皮表面。随着盐不断溶出，水包油乳液开始占主要状态，油相的流动阻力大大降低，乳液开始向外移动。因此，理论上制革需要先以水洗为主，先溶出较多的盐，然后进行脱脂，进入乳化脱脂阶段获得良好的脱脂效果。

5. 充水平衡的控制

常温下，动物皮在宰杀后 6h 会生长大量细菌，20h 后毛根受到破坏。当 NaCl 被溶出其浓度降低后，细菌被重新激活进而对生皮进行破坏。而外用杀菌剂使用效果不稳定或渗透受限，一些防腐剂具有固定蛋白作用，影响充水及后续工序作用。

除细菌外，过度浸水对动物皮的影响实质在于充水的不均匀。局部充水及溶出物增加会增加后期部位差的处理难度，不利于终端产品的均匀性，这种现象又称为充水过度。因此，过度或长时间（不均性）充水将出现局部空松、绒面、血管印（失去大量皮质，导致管壁破坏，在后续机械中皮表面易出现凹陷）的复杂性感官。

快速充水与均匀充水互为关联，是必要的。制革过程往往需要通过浸水助剂、机械作用及环境条件（pH、温度、液体量）多种因素作用达到充水平衡的目标。

1）水量与溶出

随着盐和可溶物的除去，废液浓度上升，阻止皮内物质进一步扩散和浸出，这将影响后续物质渗入。此外，水量不足会导致溶出不够，阻止了组织开放和抑制了其活动性，这也将影响后续物质的渗入与分布。因此，多次浸水成为水渗入及盐溶出的重要条件。

2）温度与溶出

低温能减缓细菌作用，20℃以下温度可以降低细菌活性，但对盐及脂肪乳化物的溶出极为不利。超过该温度或长时间处理将加速充水及助剂作用效果，也加速细菌作用。因此，理想的盐湿皮浸水温度是 24～26℃。在此温度下，选择溶解脂肪（固体）的助剂对脱脂极为重要。尤其对脂肪深度扩散进入纤维的干皮，由于低温浸水，这对助剂的要求更为苛刻。

3）无助剂与溶出

延长时间可以获得温和的充水及溶出的平衡，依靠生皮内食盐及可能的防腐剂完成无助剂浸水。但是，无助剂慢速充水易使原料皮因组织的不均性导致部位差，菌伤增加，皮质减少并且抗收缩能力降低（易造成得革率降低）。因此，需要根据生皮种类及状态，甚至成革的要求，确定是否采用无助剂浸水。

4）表面活性剂与溶出

表面活性剂有助于回湿与洁净。表面活性剂主要用于加速浸润、溶解与乳化脂肪。但生皮浸水用表面活性剂仅仅乳化表面游离的脂肪，无法脱去细胞内的脂肪。过量使用表面活性剂导致其与蛋白结合，会引起后续物质渗透问题，因此表面活性剂以最小量为好。

5）碱化与溶出

提高 pH、乳化脂肪酸、中和生皮表面及内部的酸性水解物，都可以提高充水速度。为了抑制膨胀，Na_2CO_3 为首选，NaOH、Na_2S 也可被选用，其中，Na_2S 可以松弛表皮组织。9.5～10.0 的浸水 pH 高于生皮等电点，可以保证终端良好吸水而不充水膨胀，也可以保证后续工序材料渗透。

6）机械加工与溶出

去肉：去肉是除去阻水的结缔组织，破坏组织内部细胞结构及纤维束的黏结，加速充水的一种很好的方法。去肉能使皮均匀一致吸水。机械作用力可以调整生皮部位充水平衡特征，也影响组织中纤维束充水的层次。

转动：机械转动可以提高充水速度。制革需要按照加工器的形状、生皮性状控制转动时间与作用强度。但机械曲饶使部位差增加，导致薄、软部位纤维疲劳变性而疏松。机械转动除时间因素外，转速、装载、液比、挡板状态、生皮软度、生皮厚度及均匀性等，都是机械作用强度的影响因素。

3.3.2　碱性充水膨胀与溶出

1. 胶原纤维束膨胀现象

为使生皮表面及皮内脂肪、多糖、非胶原蛋白溶出，制革中采用碱性物进行处理。尤其是碱及还原剂作用能使角蛋白的双硫键断裂，进而使上述物质溶解、除去，同时加速充水，完成溶出目标。因此，在碱性条件下的充水膨胀与溶出远比无碱（包括无膨胀弱碱条件）作用剧烈并有效。

碱性条件下胶原纤维束产生形变、膨胀充水示意见图 3-15。总结膨胀充水的结果有：

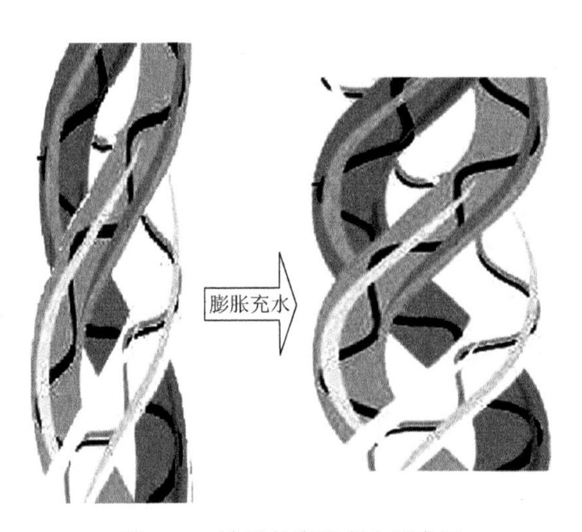

图 3-15　胶原的膨胀充水示意图

（1）充水膨胀时，横径增加、纵长缩短。

（2）胶原充水膨胀后，容量增加。

（3）膨胀的皮胶原弹性增加。

（4）经过膨胀，皮胶原的等电点降低。

2. 碱性充水

1）最大充水

生皮受碱的作用出现多种反应，如溶解、解离、降解，由此导致了不同种类及特征的生皮产生不同的碱性充水反应。

以浸水的去毛（手工）黄牛皮的标准取样部为基础进行研究，图 3-16 和图 3-17 表现了 $Ca(OH)_2$ 与 NaOH 对样品充水膨胀的影响。25℃下，$Ca(OH)_2$ 的溶解度为 1.6g/L，溶度积为$[Ca^{2+}][OH^-]^2 = 5.5\times10^{-6}$mol/L，水溶液 pH 为 12.4～12.6。NaOH 完全溶解，水溶液 pH＞14.0。

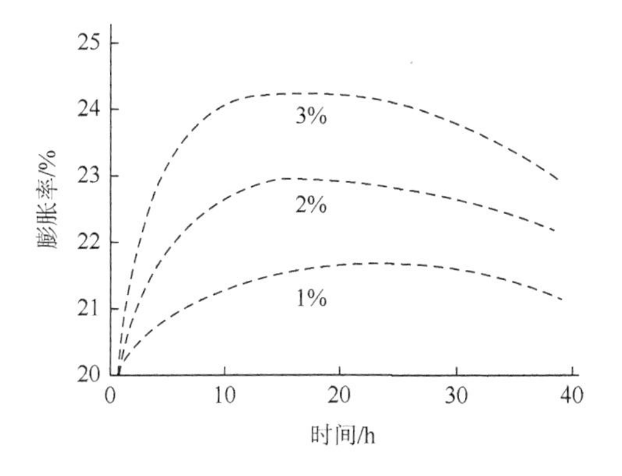

图 3-16 在 25℃下 $Ca(OH)_2$ 对样皮充水膨胀的影响

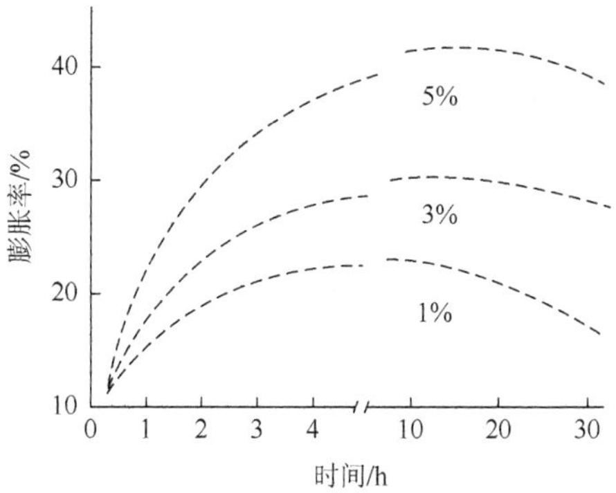

图 3-17 在 25℃下 NaOH 对样皮充水膨胀的影响

根据充水膨胀曲线可以得到一些规律：

（1）碱性强或 OH^-浓度高的最大充水膨胀率高，这表示了 OH^-对胶原变形性影响的能力随浓度增加而增强。

（2）碱性充水膨胀达到最大值后开始降低。图 3-16 中，膨胀迅速则相对降低速度快。

（3）$Ca(OH)_2$ 碱性弱，但缓慢充水使样皮达到最大充水膨胀时间缩短。3%的 $Ca(OH)_2$ 在 10～12h 可以达到最大充水膨胀。

（4）NaOH 碱性强，快速充水膨胀导致表面阻塞，延缓了深度的充水膨胀，达到最大充水膨胀时间延长。5%的 NaOH 在 15～20h 达到最大充水膨胀。

（5）较低碱用量时，如 1%的 $Ca(OH)_2$ 或 NaOH 都可以在相近的时间内获得最大充水膨胀，只是 NaOH 碱性强，充水膨胀量大。

2）碱性充水速度

时间与充水程度有关，速度与溶液中 OH^-有关，OH^-浓度高，生皮充水速度快。从图 3-18 可以看出：

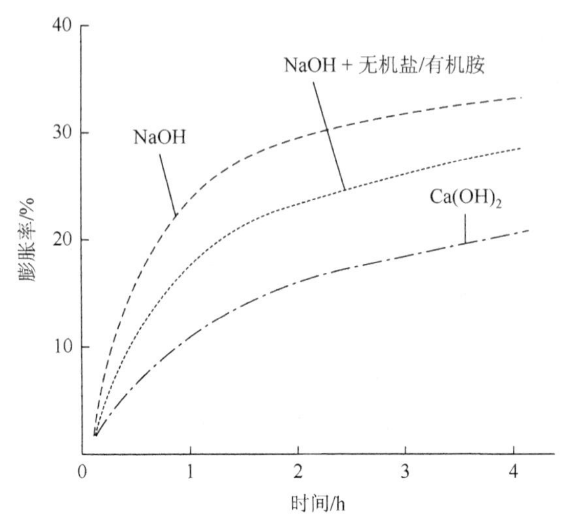

图 3-18　碱与充水速度的关系

（1）等碱量情况时，$Ca(OH)_2$ 溶解度低，溶液中 OH^- 浓度低，充水较慢，总充水量少；而 NaOH 溶液中 OH^- 浓度高，生皮迅速充水，在 1h 内可以完成 70%～80%的充水量，总充水量多。

（2）NaOH 溶液中加入无机盐或有机胺后，充水速度明显降低。速度降低与无机盐和胶原结合能力及自身水合能力相关，这可以从 Hofmeister 离子序列中得到解释。

为了在制革过程中均匀地充水，使 OH^- 有效进入生皮内，采用先加入无机盐或有机胺处理，然后进行 NaOH 充水作用。缓慢充水结合机械作用使得组织紧实部位获得有效充水。

3. 生皮内物质的溶出

制革需要纯化的胶原及必要的自由水分，良好状态（未变性）的生皮胶原不易被水溶解，非碱充水与碱性充水都是重要的充水，尽管两种状态下溶出物质的种类及形态不同。其中，碱性条件溶出的物质多且快。

在 $Ca(OH)_2$ 及 NaOH 的充水膨胀过程中，皮内的氨基多糖（4-硫酸软骨素、6-硫酸软骨素、硫酸皮肤素、肝素、硫酸乙酰肝素、透明质酸和硫酸角质素等）及蛋白质被溶出。以浸水黄牛皮机械去毛的标准取样部为基础，在 25℃、200%水条件下，对两种不同碱强度作用过程进行对比，见图 3-19～图 3-21。图 3-19～图 3-21 中曲线形态表明，由于充水速度与程度、pH 的稳定性差别与溶出之间的必要性和矛盾性，对制革而言，$Ca(OH)_2$ 因 OH^- 的稳定释放，表现出更好的效果：

（1）$Ca(OH)_2$ 溶出氨基多糖能力远高于 NaOH，但并非按比例增加。

（2）在溶出氨基多糖方面，12h 后，$Ca(OH)_2$ 作用随时间延长而缓慢增加；NaOH 作用随时间延长而减少。

（3）并非 NaOH 浓度增加氨基多糖溶出增加；低浓度时溶出不明显。

（4）在 50h 内，$Ca(OH)_2$ 溶出总蛋白的能力大大高于 NaOH，但是从图 3-20 轨迹看，

$Ca(OH)_2$ 对蛋白的溶出随时间延长而减弱，而 NaOH 的溶出在增加。鉴于工艺要求，在工作区内 $Ca(OH)_2$ 溶出能力较 NaOH 强。

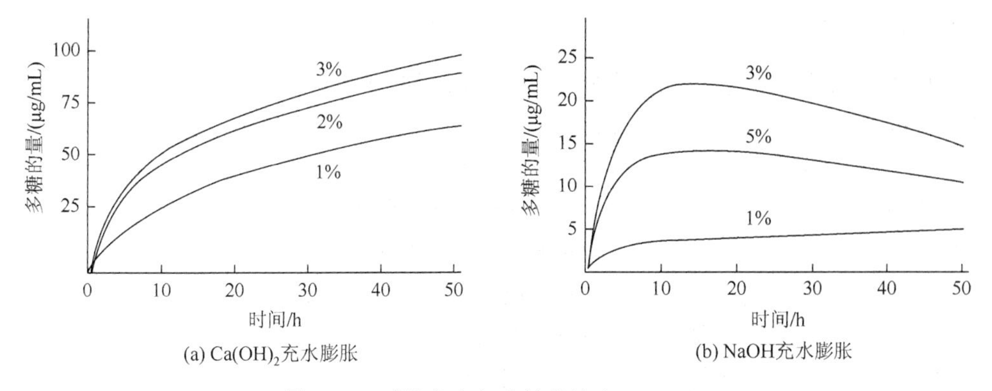

图 3-19　碱性充水与多糖的溶出（25℃）

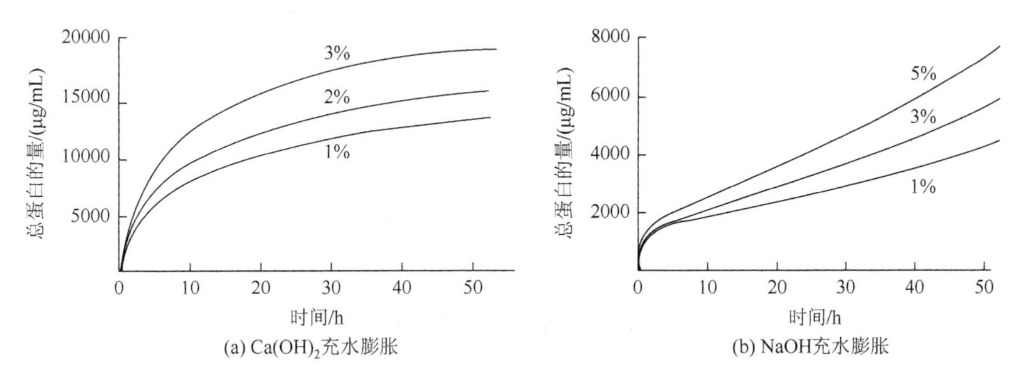

图 3-20　碱性充水与总蛋白的溶出（25℃）

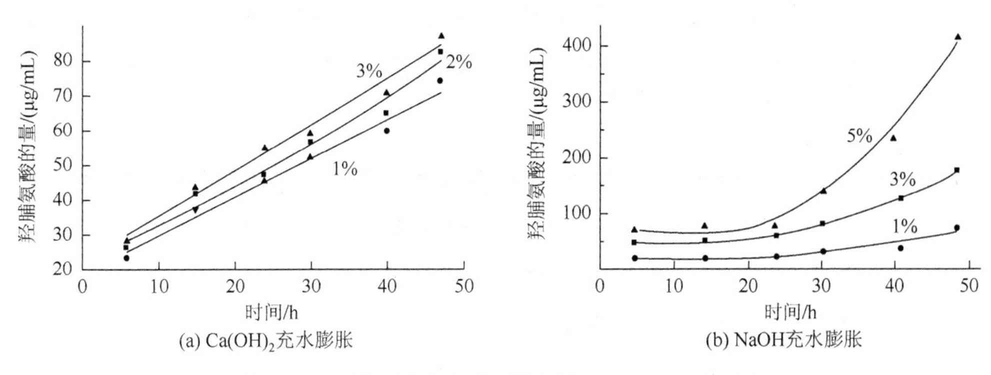

图 3-21　碱浸过程溶出的“胶原”（25℃，200%水）

（5）一些氨基多糖以共价键连接蛋白质链，而一些多聚糖则以离子键的方式连接原纤维，在碱性条件下两种物质都被溶解脱出，图 3-19 和图 3-20 中多糖包含了这两类物质。

（6）NaOH 溶出的羟脯氨酸较 $Ca(OH)_2$ 多，且 20h 后随着碱浓度增加上升速度加快。

$Ca(OH)_2$ 溶出羟脯氨酸较慢，作用时间与溶出量几乎呈直线增加。如果羟脯氨酸代表胶原，从图 3-21 看出，胶原皮质的溶出与碱的浓度、时间相关。

4. 膨胀平衡

在碱性溶液中，生皮的溶出量随碱浓度及时间增加而增加。制革准备阶段需要溶出无用物，同时保留皮质。了解溶出原理，进行选择性处理是制革重要的控制条件。条件控制不当、过度的充水膨胀与溶出均会使皮质流失，胶原结构受到破坏，这是制革过程中不可取的。对图 3-22 中皮胶原在不同酸碱区域膨胀现象进行表达：

（1）渗透膨胀控制区：两种浓度酸碱在 0～20h 内的膨胀变化。

（2）电荷膨胀控制区：pH = 2～5 和 pH = 9～13，5h 膨胀。

（3）感胶离子膨胀控制区：5＜pH＜9，5h 膨胀。

（4）溶液含盐与不含盐具有不同的膨胀曲线。

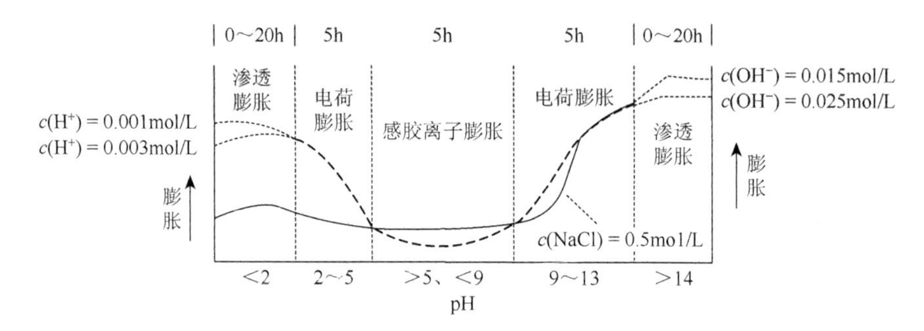

图 3-22　皮胶原充水膨胀特征

1）初期的充水膨胀

生皮在电解质溶液中的膨胀可用 3 种原因解释，即感胶离子膨胀、电荷膨胀及渗透膨胀。生皮遇碱初期，少量的碱渗入生皮中和生皮内，与酸作用，出现中性→弱碱性→强碱性的变化过程，膨胀的机制也在转变。

（1）渗透膨胀。

在遇碱初期，可以用渗透膨胀解释生皮在碱液中的充水膨胀，也可以用 Donna 平衡原理解释。在达到平衡时，皮内（α 相）与皮外（β 相）化学势有

$$\mu^{\alpha}(\mathrm{NaOH}) = \mu^{\beta}(\mathrm{NaOH}) \tag{3-1}$$

设 NaOH 的浓度 c 与活度相等，根据式（3-1）分别有

$$\mu^{\alpha}(\mathrm{NaOH}) = \mu^{0\alpha}(\mathrm{NaOH}) + RT\ln[c^{\alpha}(\mathrm{Na})\cdot c^{\alpha}(\mathrm{OH})] \tag{3-2}$$

$$\mu^{\beta}(\mathrm{NaOH}) = \mu^{0\beta}(\mathrm{NaOH}) + RT\ln[c^{\beta}(\mathrm{Na})\cdot c^{\beta}(\mathrm{OH})] \tag{3-3}$$

忽略 $[\mu^{0\alpha}(\mathrm{NaOH}) - \mu^{0\beta}(\mathrm{NaOH})]$，渗透达到平衡时得

$$c^{\alpha}(\mathrm{Na})\cdot c^{\alpha}(\mathrm{OH}) = c^{\beta}(\mathrm{Na})\cdot c^{\beta}(\mathrm{OH}) \tag{3-4}$$

生皮在碱液中的平衡有两个特点：①渗入的电解质总是电中性的，即正、负离子是

配对的；②从处于电中性的生皮起，OH^-进入与质子结合形成 H_2O，随 OH^-浓度增加，最终渗透达到平衡。

设某一生皮可结合 OH^-的 H^+浓度为 p，渗透达到平衡时皮内、皮外可表示为

平衡前			平衡时	
p	$c(OH^-)$	$x(OH^-)-p$	$c(OH^-)-x(OH^-)$	$x(OH^-)=x(Na^+)$
	$c(Na^+)$	$x(Na^+)$	$c(Na^+)-x(Na^+)$	$x(OH^-)=x(Na^+)$
皮内	皮外	皮内	皮外	

其中，c 表示皮外碱浓度；x 表示皮内碱浓度。由式（3-4）得

$$(x-p)x=(c-x)^2$$

$$x=c^2/(2x-p) \tag{3-5}$$

这时由生皮内外两侧浓度差引起的总渗透压（P）为

$$\begin{aligned}P&=RTc(1/M+x-p+x-2c+2x)\\&=RTc(1/M+4x-p-2c)\\&=RTc[1/M+4c^2/(2c-P)]\end{aligned} \tag{3-6}$$

式中，M 表示胶原的相对分子质量。按基本要求达到平衡时，$c>1/2p$，可对式（3-6）中 P 进行分析：①碱的浓度与 P 成反比，即浓度增加，渗透压减小；②温度与 P 成正比，即温度升高，渗透压增大；③减少蛋白质的结合量，P 减小。

如图 3-22 所示，在 pH<2 和 pH>14 的区域中可以发现，当膨胀达到最大时，随着酸碱浓度增加，膨胀降低，显示出离子渗透压作用特征。

（2）感胶离子膨胀。

感胶离子序（lyotropic series）也称为 Hofmeister 次序，根据离子的电荷及极化能力进行排序，有

$$Cs^+<Rb^+<NH_4^+<K^+<Na^+<Li^+<Ba^{2+}<Sr^{2+}<Ca^{2+}<Mg^{2+}$$

$$\text{柠檬酸}<\text{酒石酸}<\begin{matrix}SO_4^{2-}\\S_2O_3^{2-}\end{matrix}<CH_3CO_2^-<Cl^-<NO_3^-<\begin{matrix}Br^-\\ClO_3^-\end{matrix}<I^-<CNS^-$$

感胶离子膨胀效应示意如下：

$$>C{=}O\cdots H{-}N< \left[\begin{array}{l}\xrightarrow{M^+} >C{=}O\cdots M^+\longleftrightarrow H{-}N<\\ \xrightarrow{A^-} >C{=}O\longleftrightarrow A^-\cdots H{-}N<\\ \xrightarrow{RCO_2H} >C{=}O\cdots H{-}O\overset{}{\underset{\underset{R}{|}}{C}}O\cdots H{-}N<\end{array}\right.$$

其中$\longleftrightarrow$表示排斥，导致膨胀。

感胶离子膨胀充水的结果见表 3-2。

表 3-2　胶原的感胶离子膨胀

1mol/L 盐	含水量/g（以 100g 干胶原计）	
	处理前	膨胀后
KCNS	194	373
KI	194	257
$BaCl_2$	194	240

$Ca(OH)_2$ 与生皮作用，生皮内部的弱碱性发生在碱性充水的初期。当使用石灰水进行膨胀（浸灰），皮内具有较低的 pH，一方面，Ca^{2+}含量较高（$pK_a = 12.4$），另一方面，一些胶原中氨基酸的侧链氨基还没有解离（赖氨酸 $pK_a = 9.4 \sim 10.6$；精氨酸 $pK_a = 11.6 \sim 12.6$）。Ca^{2+}对阴电荷的亲和性产生感胶离子效应，充水急剧发生：

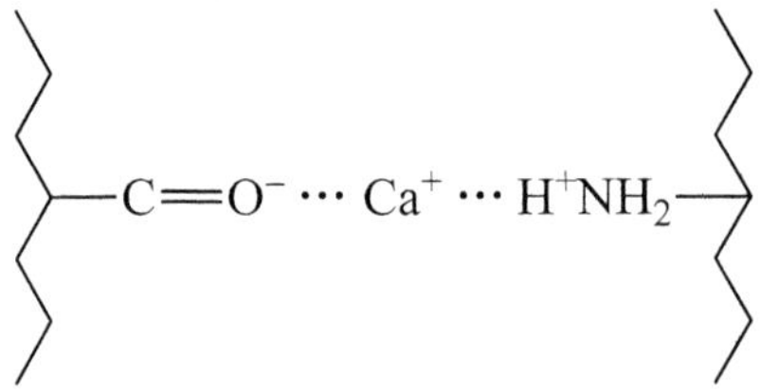

$$—C{=}O^- \cdots Ca^+ \cdots H^+NH_2—$$

随着大量 OH^-的渗入，pH 升高，$Ca(OH)_2$ 浓度增加，感胶离子效应减弱或消失。但是，当水中 H^+与 OH^-减少时，这种效应将重复产生，这种现象称为“水肿”。这种现象及结构造成的充水，难以用 H^+及时消除。

图 3-22 中，在 $5 < pH < 9$ 的区域可以发现，无盐情况下等电点区域充水膨胀最小，离等电点远，充水膨胀增加。该区域内，当 NaCl 浓度在 0.5mol/L 时，产生的感胶离子作用，使生皮充水膨胀增加。

（3）电荷膨胀。

中性条件下 H^+与 OH^-含量极低，没有电荷膨胀。OH^-的继续渗入出现剩余不动阴电荷，使分子链间出现同阴电荷及非离子而产生排斥。随着 OH^-作用量增加，排斥力增加，导致空间增加，充水度增大。H^+增加也有相似结果。

这种因分子链间电荷引起的膨胀是生皮蛋白质偏离等电点后最主要的表现。但是，这种电荷膨胀占主要地位时，膨胀的程度受电荷量及蛋白质结构的内应力控制而平衡。在结构不受严重破坏时膨胀是有限的。生皮蛋白质在膨胀时发生放热反应，生皮内电势与温度关系在常压下为

$$\frac{\partial E}{\partial T_P} \leqslant 0$$

通过上式可以发现，温度上升速度高于皮内电势增加时，温度对渗透压作用不大，不符合式（3-6）的渗透压关系。相反，如果环境温度高，还会因热运动加剧，使氢键、离子键受到破坏，沿电场排列分子受到干扰，使膨胀皮脱水、变柔软。随着时间延长，这种脱水程度与结构破坏程度相关。由此，可得出以下结论（图 3-23）：

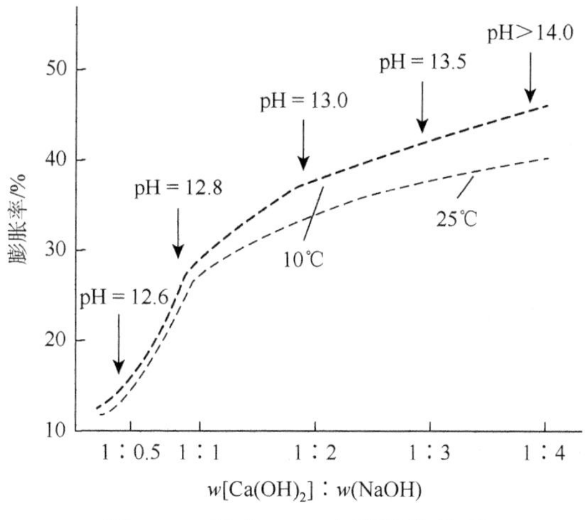

图 3-23　温度、pH 与膨胀的关系

（1）生皮的碱膨胀是由 OH^-渗透（或交换）推动的，OH^-过量渗入后，膨胀受电荷控制。例如，pH 高，膨胀增加。

（2）温度升高，使渗透（或交换）加快，初膨胀迅速，达到平衡时间缩短。

（3）碱膨胀是一种“充电”型放热反应，最大膨胀度随温度上升而减小。

在图 3-22 中，在 pH = 2～5 与 pH = 9～13 两个区域内，随着 pH 降低或升高，充水膨胀均迅速增加，充分显示了电荷排斥作用。

2）膨胀控制

根据上述内容，在工艺过程中控制碱对生皮的充水膨胀可从 3 个方面考虑：

（1）改变溶液配比，使充水渗透动力减小，可以减缓及控制膨胀。

（2）掩蔽电荷。在碱性条件下加入能结合负电荷的亲电性物质或降低负电荷数量的物质。例如，加入活动性大的阴离子（酸根）或反离子（Ca^{2+}）降低膨胀度，增加自由水交换及物质的溶出。

（3）在可行的范围内升温。但是，温度的变化是有限的，升温使各种溶出物质增加，见图 3-24[实验条件：去毛猪皮，200%浴液，2.0%NaOH，2.0%$Ca(OH)_2$]。

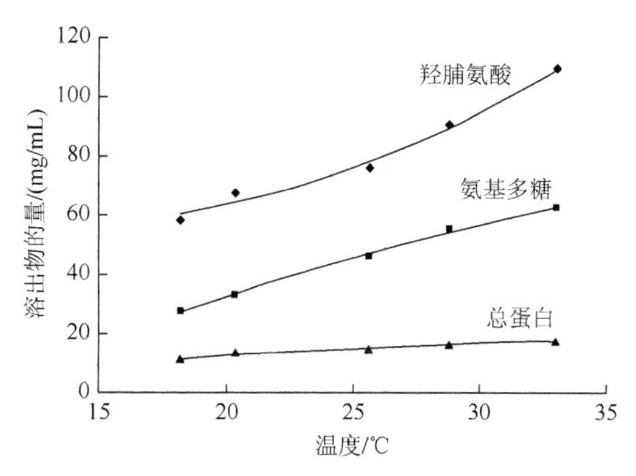

图 3-24　温度与碱性溶出的关系

5. 盐与溶出平衡

利用盐调整生皮的充水与溶出是制革化学常见的方法，也是改造工艺向清洁化转变需要探索的重要题目。胶原蛋白本身是具有特定结构的大分子电解质，在相同 pH 溶液中，根据不同的阴、阳离子对胶原蛋白具有的不同亲和性，将各种离子作用于胶原蛋白，或者对胶原蛋白进行化学修饰，改变其在水溶液中的溶出行为。例如，以浸水去毛的猪皮作为样品，在 25℃、200%浴液中，加 1.5% Na_2S 后，浸灰时利用中性盐可以改变生皮的充水与溶出。

1）中性盐抑制充水与溶出

中性盐的加入可以干扰皮内离子活度，降低充水膨胀，改变总蛋白的溶出。实验对 Na_2HPO_4 与 Na_2SO_4 的加入进行对比，结果见图 3-25 及图 3-26。实验条件：1 表示 2% $Ca(OH)_2$；2 表示 2% $Ca(OH)_2$ 和 2% Na_2HPO_4；3 表示 2% $Ca(OH)_2$ 和 5% Na_2SO_4。

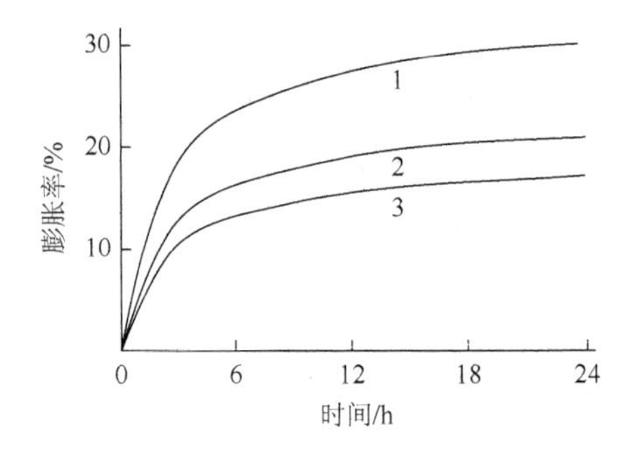

图 3-25　盐参与碱性充水

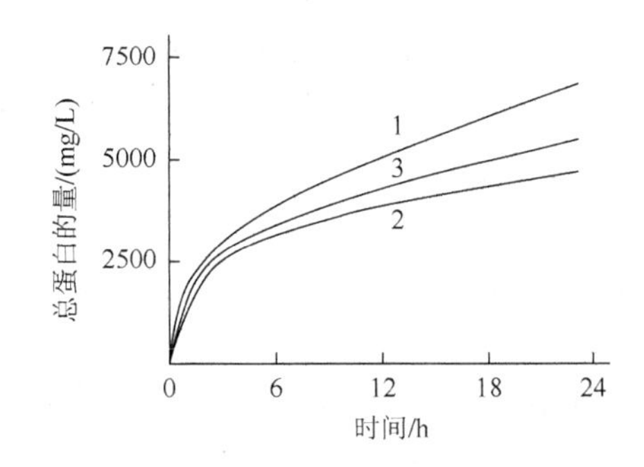

图 3-26　盐参与碱性溶出

中性盐减少了 OH^-的渗入量，减弱了其对胶原及非胶原蛋白的作用，起到了强碱条件下抑制充水与溶出的作用。

2）中性盐协助充水与溶出

中性盐的加入略微降低充水膨胀，但可以增强 OH^-对总蛋白的溶出。实验对有无加入 $CaCl_2$ 与 $MgCl_2$ 进行对比，结果见图 3-27 和图 3-28。实验条件：1 表示 2% $Ca(OH)_2$；2 表示 2% $Ca(OH)_2$ 和 2% $CaCl_2$；3 表示 2% $Ca(OH)_2$ 和 2% $MgCl_2$。

图 3-27 显示，加入 $CaCl_2$ 和 $MgCl_2$ 后，膨胀情况略有抑制。但图 3-28 显示，溶液蛋白溶出却大大增加。就补加 $CaCl_2$ 而言，可以认为是阴离子作用造成，见图 3-28。由于加入 NaOH（Na_2S 水解产生），生皮膨胀过快，NaOH 直接作用对细胞组织溶出不利；加入 $Ca(OH)_2$ 溶出明显增加；而 $CaCl_2$ 及 $MgCl_2$ 的参与对细胞组织溶出十分显著。从显示的分子质量看，浴液中有大分子质量的蛋白片段溶出。

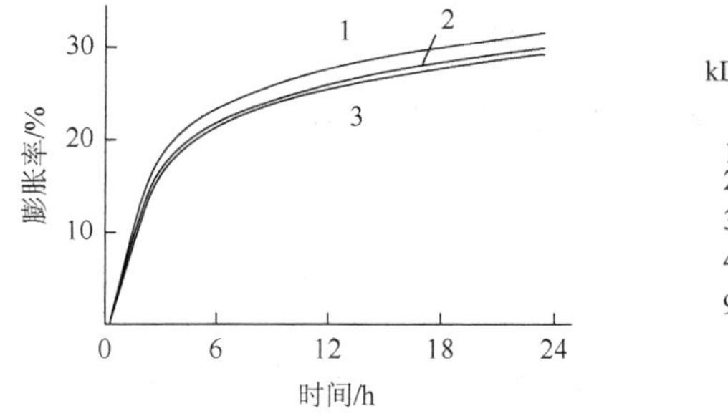

图 3-27　盐参与碱性充水

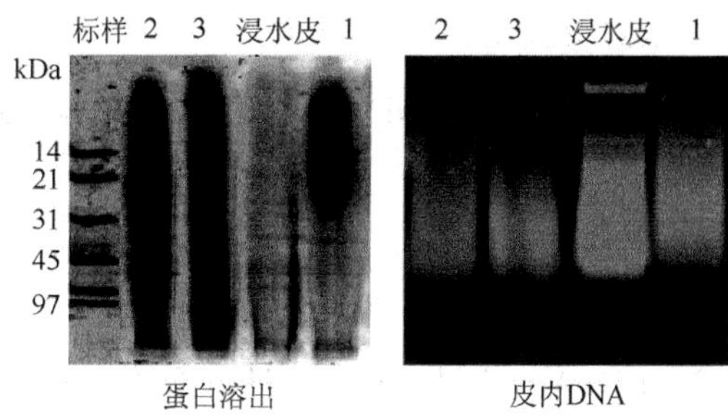

图 3-28　盐参与碱性溶出

6. 表面活性剂与溶出平衡

理论上，表面活性剂的加入可以遮盖生皮表面疏水物质或溶解洗出疏水部分，使碱、盐理想浸润。实验加入 2%的 $Ca(OH)_2$ 及 0.5%的阴/非离子表面活性剂，反应 24h。图 3-29 显示了阴离子型或非离子型表面活性剂对溶出的影响。

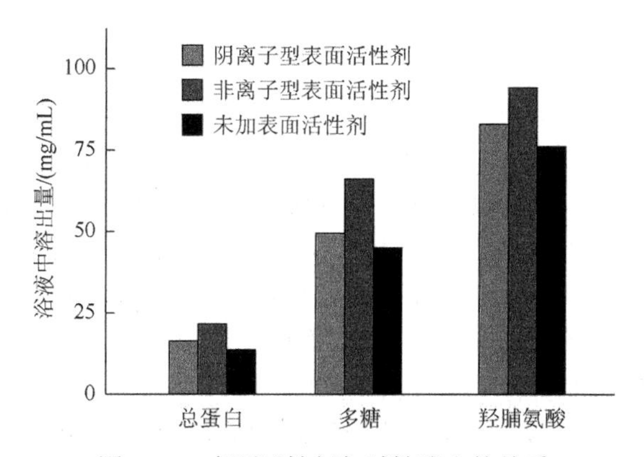

图 3-29　表面活性剂与碱性溶出的关系

（1）表面活性的加入对促进物质溶出是有利的，明显增加了多糖及胶原蛋白溶出。

（2）非离子型表面活性剂的效果较明显，该实验中非离子型表面活性剂在 Ca^{2+}存在时能保持较好的乳化作用。

7. 充水与溶出后胶原/裸皮的变化

除胶原纤维被溶出外，在 OH^-作用下羟脯氨酸的溶出表示胶原受到损失。生皮在高 pH（≥12）处理条件下，一些不耐碱的基团及结构产生变化，表现如下：

（1）酰胺键的水解。OH^-作用 18h，胶原/裸皮将失去近 50%的酰胺基氨基酸及少量的主链肽键，水解过程：

$$\text{—}(CH_2)_nCONH_2 + OH^- \rightleftharpoons \text{—}(CH_2)_nCO_2^- + NH_3$$

$$\mathrm{\sim C(=O)-\overset{+}{N}H_2\sim + OH^- \rightleftharpoons \sim C(=O)-OH + H_2N\sim}$$

$$\mathrm{\rangle -(CH_2)_3-NH-C(=NH)-NH_2 + OH^- \rightleftharpoons \rangle -(CH_2)_3-NH-C(=O)-NH_2 + NH_2}$$

$$\mathrm{\xrightleftharpoons{OH^-} \rangle -(CH_2)_3-NH_2 + NH_2 + CO_2}$$

水解产生氨，使溶液氨氮值升高。肽键的水解使非胶原蛋白及胶原蛋白降解，小分子片段进入溶液，游离基团增加。胶原水解后对电解质、温度更敏感。

（2）碱性氨基酸的水解。根据胶原结构对 OH^-的可及性与不稳定性，脯氨酸、酪氨酸、组氨酸、羟脯氨酸、羟赖氨酸和蛋氨酸都受到较严重的水解。

（3）碱性充水与溶出后胶原结构变化，胶原的等电点（pI）由 7.0～7.5 降至 5.0～5.5。

（4）角蛋白在 Na_2S 作用和 NaOH 协同作用下溶出。

（5）游离脂质物被（或皂化后）乳化溶出。

（6）生皮在碱性充水与溶出的过程中收缩温度（T_s）出现较大变化。例如，生皮的 T_s 约为 58℃，随着充水度增加，T_s 下降，见图 3-30。

（7）在实际工艺中，生皮经过碱性充水与溶出后，胶原蛋白结构随着改性程度增加，生皮变性温度而且范围加宽，见图 3-31。

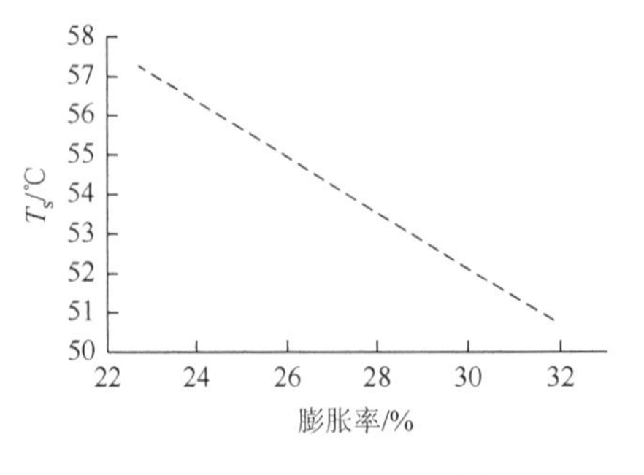

图 3-30　充水程度与 T_s 的关系

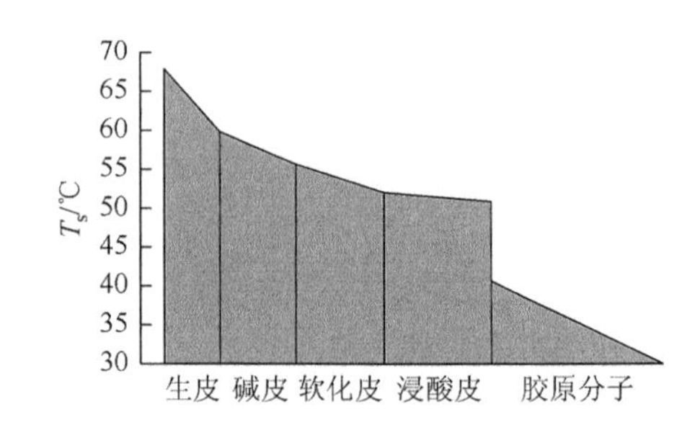

图 3-31　生皮变化与 T_s 变宽

（8）由于纤维束经过充水后粗化，部分纤维间连接键破坏，纤维分离，容易使真皮层的织角增大。

3.3.3　酶的作用与溶出

在制革过程中，生物酶起着重要作用，根据环境友好的工艺要求，酶的利用将会不断增加。

使用酶的目的与结果：通过水解皮内及表面的蛋白质、多肽、多聚糖、色素、油脂，达到除去纤维间质、分离纤维、脱脂助水渗入、修饰生皮胶原化学结构、净化与疏松粒面、增加孔隙率、降低生皮延弹性等目的。

参考酶的作用机制，酶的作用能力受以下条件影响：

（1）酶的活力（U/g）。活力高，作用强，酶的活力可以被激活与抑制。

（2）作用环境温度。在有效温度范围内，较高温度作用强。

（3）作用环境 pH。距最佳 pH 远，作用减弱。

（4）浓度。受可作用点及有效空间影响。

本节介绍部分蛋白酶使用特征。采用蛋白酶对胶原进行修饰，协助外源阴、阳离子对生皮作用，改变充水与溶出是制革化学在实践中一直沿用的方法。

1. 皮胶原的酶降解

与大多数蛋白酶不同，胶原酶可以水解天然胶原三股螺旋。而用于软化的一系列来自细菌的蛋白酶，不能完全破坏螺旋结构，但能在缺乏稳定化作用的 Gly-Pro-Hyp 序列的宽范围内有选择地进攻胶原，水解产品主要是几种不同长度的碎片。

细菌胶原酶来自发酵微生物，不同于其他蛋白酶、端肽酶和外肽酶，这一类型的胶原酶从端肽开始，能将典型的胶原序列水解成低分子物质，主要是三肽。但细菌胶原酶不能水解非胶原蛋白。

天然胶原可以被胰酶、胰凝乳蛋白酶、弹性蛋白酶、胃蛋白酶等在常温下进攻，但作用部位仅位于非螺旋结构的 N 端和 C 端区域，胶原的螺旋结构部分不受影响。这些酶常用来溶解强烈交联的端肽，获得无端肽的单链胶原。

无胶原水解特性的蛋白酶可以降解经过变性（或三股螺旋已被破坏）的胶原。根据不同蛋白酶的特性，它可以对变性胶原进行不同程度水解。例如，胰酶水解产物为相对分子质量＞5000 的碎片混合物，胰凝乳蛋白酶水解产物是相对分子质量＞10000 的碎片。随着这些多肽碎片增加并溶出，皮胶原完全溶解。

酶的作用会因渗入困难而受到很大制约。酶的水解作用只能是由表及里或从可入的毛孔、腺体内进行。由此产生的结果是皮表面的疏松或毛孔与腺体的扩大。因此，利用酶松散胶原纤维在水解程度上及产品感官上有较大限制性。

2. 蛋白酶处理后的溶出

1）充水膨胀前酶处理

以酶脱毛为例，浸水牛皮为原料，在 25℃时，经 3% NaOH 作用后，用 35℃、1.5%的 1398 蛋白酶液处理。然后，在 25℃下，对脱毛皮用碱处理。结果如图 3-32 所示，酶脱毛后碱充水程度降低；Ca^{2+}与 Mg^{2+}加入略降低充水。

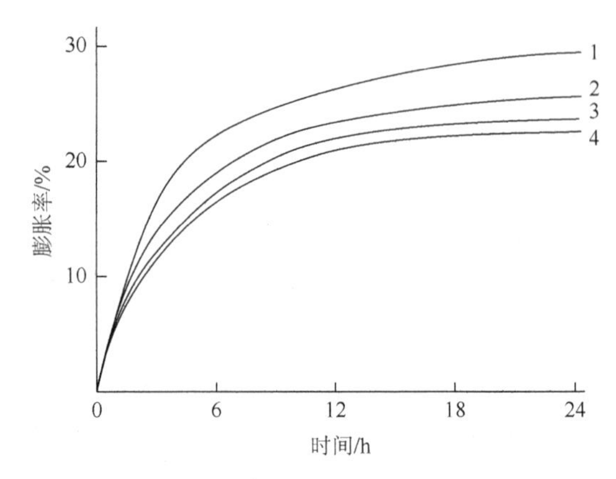

图 3-32　酶前处理与充水的关系

1. 拔毛皮，2.0% NaOH；2. 酶脱毛皮，2.0% NaOH；3. 酶脱毛皮，2.0% NaOH 和 1.5% Ca^{2+}；4. 酶脱毛皮，2.0% NaOH 和 1.5% Mg^{2+}

2）皮内细胞组织考察

DNA 电泳图谱见图 3-33。由图可知：①绵羊真皮组织细胞中正常的 DNA 分子质量应该在 20～100kbp（碱基对），而经过酶处理后的生皮内 DNA 电泳测定结果发现，DNA 分子质量小于 1kbp。这说明在酶前处理和酶脱毛作用后，真皮中细胞组织及 DNA 已经受到破坏。②在 DNA 数量的比较中发现，Ca^{2+}与 Mg^{2+}加入比单独 NaOH 处理酶脱毛皮中 DNA 数量明显减少。这说明酶脱毛后的 Ca^{2+}、Mg^{2+}处理能更好去除皮样内细胞残留。

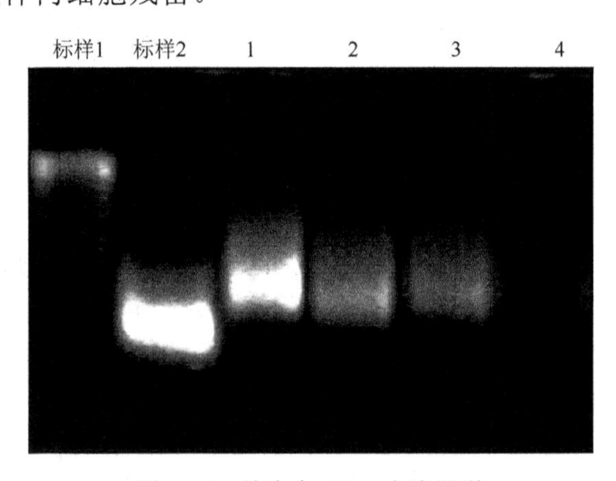

图 3-33　羊皮中 DNA 电泳图谱

标样 1. 1kbp；标样 2. Hyp. V（含羟脯氨酸酶的试剂盒标样）；1. 酶脱毛皮；2. 酶脱毛皮，2.0% NaOH；3. 酶脱毛皮，2.0% NaOH 和 1.5% Ca^{2+}；4. 酶脱毛皮，2.0% NaOH 和 1.5% Mg^{2+}

3. 充水膨胀后酶处理的溶出

天然胶原具有良好的抗酶能力，但是经过变性处理后，这种能力就减弱了，并随着变性程度增加，抗酶能力下降。

以浸水猪皮去毛的标准取样部为基础，在 25℃、200%浴液中，用 NaOH 或 $Ca(OH)_2$

处理，水洗，2.5% $(NH_4)_2SO_4$ 脱碱，0.5%胰酶软化（35℃，pH = 8.0，30min）。总蛋白及羟脯氨酸的溶出分析结果见图 3-34 和图 3-35。

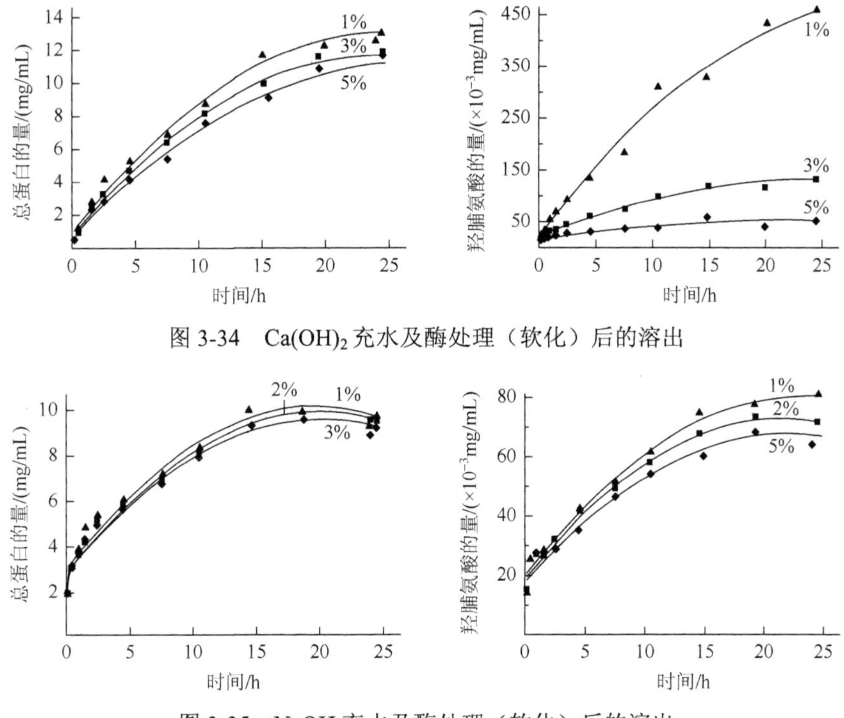

图 3-34　$Ca(OH)_2$ 充水及酶处理（软化）后的溶出

图 3-35　NaOH 充水及酶处理（软化）后的溶出

图 3-34 和图 3-35 说明，碱处理后，皮胶原对胰酶较敏感，尤其是经 NaOH 预处理的样品。结果可以总结如下：

（1）碱用量大，膨胀与酶作用后的溶出量都增加。

（2）相近膨胀下，$Ca(OH)_2$ 用量增加，羟脯氨酸的溶出增多。

（3）NaOH 用量增加，胶原蛋白溶出明显增加。

（4）$Ca(OH)_2$ 碱用量比例对总蛋白溶出影响较小。

裸皮各参数变化见图 3-36，图 3-26 表达了 24h 内 $Ca(OH)_2$ 处理的时间与酶处理前后裸皮特征的变化情况。

3.3.4　碱性充水膨胀的脱水与溶出

1. 生皮胶原的脱水

干燥过程脱水获得成革是不希望非水物溶出或迁移的，而湿态处理中的脱水是为了物质的渗透或结合。皮胶原固有的水合水脱除是不可逆的，正常充水的胶原脱水是可逆的。工艺中胶原在酸碱盐酶作用下的充水及脱除是

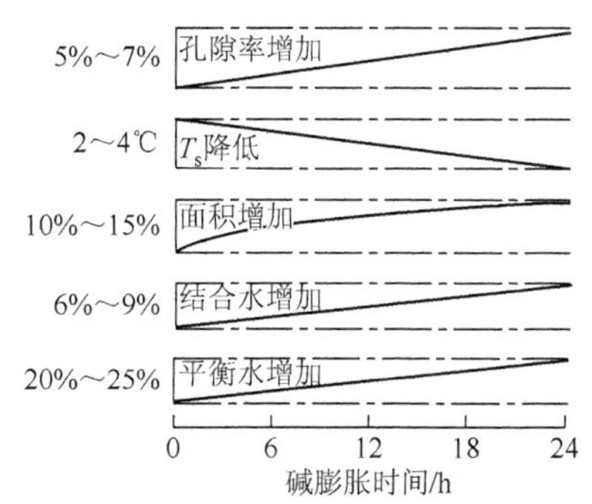

图 3-36　$Ca(OH)_2$ 膨胀后酶处理裸皮的变化

可逆的。当然，可逆的速度、程度与使用的化学物质及外界条件相关。例如，在含有醇、酮、醚溶剂时，脱水及充水的速度、程度可逆性比在纯水溶液中好。

物理化学法脱水时，加工皮革的溶液中往往含有溶出物。浸灰膨胀后，脱灰消除膨胀的目的之一是将堵在皮内的水解物随着脱水而溶出，达到分离纤维的目的。工艺中一些化学物质随之脱除，按照胶原的亲和力，鞣前胶原中常见水的溶出顺序为

中性水脱除速度＞碱性水脱除速度＞酸性水脱除速度

2. 碱浴中的脱水与溶出

碱性条件下充入的水处于强的电场之中，水与胶原蛋白以氢键结合，不易脱除。因此，脱水首先需要降低 pH。

在制革过程中，碱性充水使用了 NaOH（硫化物水解）与石灰[$Ca(OH)_2$]。$Ca(OH)_2$ 的低溶解度、高 pH 以及它与胶原的亲和导致碱膨胀充水，这使除去皮胶原内 Ca^{2+}变得困难。尽管制革的“脱灰”工序目的不是脱水，事实上，溶出 Ca^{2+}首先是需要降低 pH，脱除碱膨胀充水。

1）Ca^{2+}盐溶出

Ca^{2+}在高 pH 条件下反应形成 $Ca(OH)_2$ 或与胶原结合均表现出低溶解度，在中性条件形成的脂肪酸钙也不溶于水。因此，在石灰充水膨胀的生皮中，Ca^{2+}主要以结合或沉积的形式存在。除降低 pH 外，增加 Ca^{2+}盐溶解度也是必要的措施。实践中，先用水洗（常用水的 pH = 6.0～6.5)，以稀释裸皮内 OH^-含量，洗出部分有机酸根及游离 Ca^{2+}盐。为防止 Hofmeister 效应，还需要采用以下材料脱除 Ca^{2+}。4 种典型脱 Ca^{2+}曲线见图 3-37。对曲线进行分析如下：

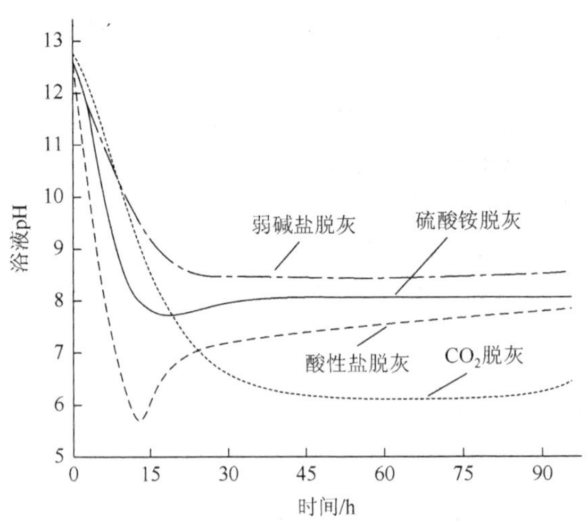

图 3-37　4 种典型脱 Ca^{2+}曲线

（1）铵盐脱 Ca^{2+}：NH_4Cl、$(NH_4)_2SO_4$ 溶液均自成良好的缓冲体系，$pK_a = pH + \lg[c(NH_4^+)/c(NH_3)]$，浴液缓冲 pH = 8.5～9.0。$NH_4Cl$ 溶液 pH 为 5.15 左右，$(NH_4)_2SO_4$ 溶液 pH 为 5.25 左右。NH_4^+ 具有良好渗透能力，与 Ca^{2+}形成氨钙配合物$[Ca(NH_3)_2]^{2+}$溶

出。若采用$(NH_4)_2SO_4$，脱除Ca^{2+}与脱除水同时发生，有利于裸皮软化，同时不会产生负面 Hofmeister 效应。

（2）有机酸脱 Ca^{2+}：小分子有机酸，如甲酸、乙酸，可以形成有机酸钙溶出。$(CHO_2)_2Ca$ 体系的缓冲 pH 在 6.5 左右，$(C_2H_3O_2)_2Ca$ 体系的缓冲 pH 在 7.5 左右，但限于溶解度以及缓冲 pH 接近等电点，有机酸根的 Hofmeister 效应不利于水的溶出，使裸皮软化效果不良。

（3）酸性盐脱 Ca^{2+}：不同酸性盐脱 Ca^{2+}均可以降低裸皮 pH，除形成各种缓冲体系 pH 外，形成的 Ca^{2+}盐、Hofmeister 效应影响脱水。

（4）其他物质脱 Ca^{2+}：CO_2 作为酸性氧化物，能以固态、液态及气态形式进行脱 Ca^{2+}。由图 3-38 可知，浴液酸碱控制在 $5.5<pH<9.0$ 较为合适，满足 Ca^{2+}盐溶出。见下式：

$$2CO_2 + 2OH^- + Ca^{2+} \longrightarrow Ca(HCO_3)_2$$

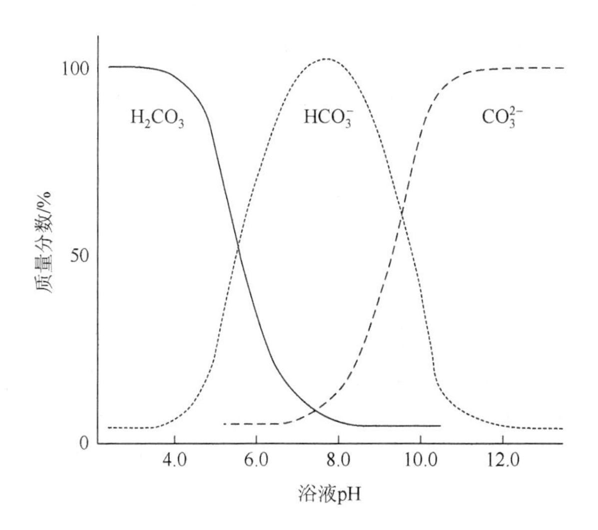

图 3-38　碳酸盐形式与 pH 范围的关系

CO_2 脱灰不产生 Hofmeister 效应，是理想的脱 Ca^{2+}脱水材料，但是其在溶液中的浓度及渗透动力问题存在缺陷。

有机碳酸酯通过水解进行脱灰，如

$$R^1COR^2 + OH^- \longrightarrow R^1CO_2^- + R^2OH$$

与有机酸类似，它能够良好脱 Ca^{2+}，但缺乏脱水作用。

2）非组织物溶出

碱性充水破坏了生皮内多种非组织物，或者说胶原纤维间质，以及降解部分胶原纤维结构物。为了使降解物溶出，最有效的方法是采用蛋白酶。其主要作用表达为：

（1）水解裸皮表面与胶原连接的皮垢及毛根，开启毛孔通道，疏松粒面层。

（2）降低 pH，使裸皮表面脱水，纤维间质溶出，达到分离纤维目的，见图 3-39。

（3）进一步降低等电点与胶原的 T_s。

（4）能水解粒面层及毛囊周围弹性纤维。

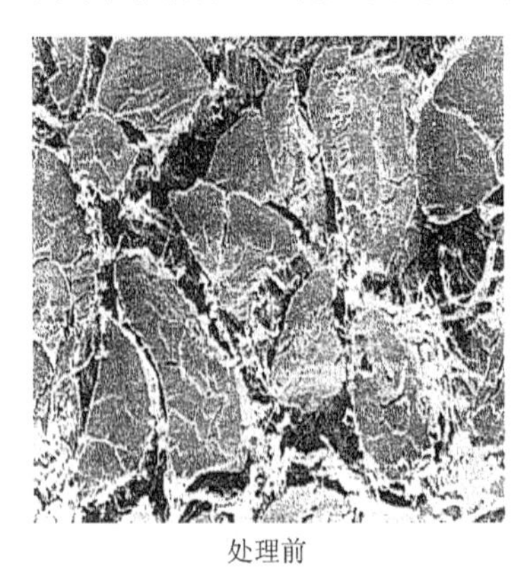

处理前　　　　处理后

图 3-39　碱充水与溶出完成前后的胶原束

综上所述，充水膨胀与脱水溶出存在平衡。一方面，图 3-22 表达了皮胶原各种充水膨胀之间的转换，一旦出现不同膨胀形式转换，不仅无法完成必要的脱水，还影响胶原的结构；另一方面，脱水的同时需要解决无用物的溶出，无用物的沉积与吸附将影响皮胶原的纯化。因此，在制革准备阶段中，充水膨胀与脱水溶出之间的精细平衡的把握成为关键。实际操作中二者的平衡是由经验控制的。

3.3.5　胶原的酸性充水膨胀

酸性充水膨胀也来自电荷作用，但它是由电荷与渗透之间交织产生了 Hofmeister 效应引起的膨胀。当酸性条件下电荷膨胀与 Hofmeister 效应充水膨胀出现重叠时，脱水与充水往往由物质的浓度控制，如 H_2SO_4 的膨胀效应。而有时并非如此，如 HCOOH 的膨胀效应。25℃时，将 H_2SO_4 与 HCOOH 进行对比可以得出结果，如图 3-40 所示。

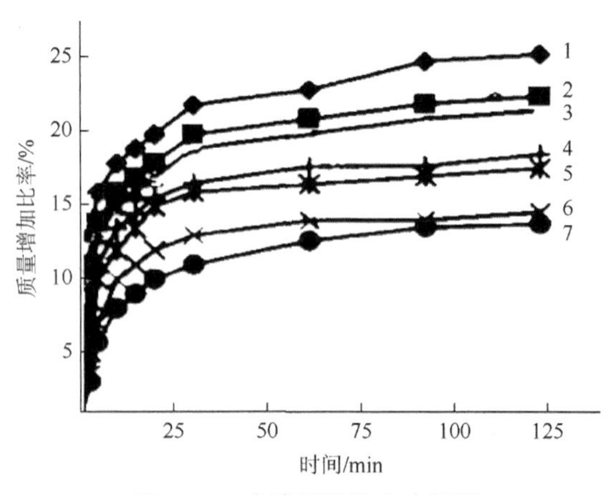

图 3-40　皮胶原酸性充水膨胀

1. 0.25mol/L H_2SO_4；2. 0.1mol/L H_2SO_4；3. 0.05mol/L H_2SO_4；4. 0.25mol/L HCOOH；5. 0.1mol/L HCOOH；6. 0.05mol/L HCOOH；7. 0.025mol/L HCOOH

胶原产生不可逆膨胀充水见表 3-3。HCl 与 CH_3COOH 都能与蛋白结合，虽不发生水合，但破坏胶原的精细结构，使肽链排斥分离，以致电荷膨胀造成蛋白微纤维结构破坏。

表 3-3　胶原的酸性胶溶

酸的种类	含水量/g（以 100g 干胶原计）		
	处理前	膨胀后	去膨胀
H_2SO_4（0.1mol/L）	194	404	212
HCl（0.1mol/L）	194	540	280
CH_3COOH（1mol/L）	194	600	285

采用原纤维电镜观察可见的最小纤维单位（胶原采用磷钨酸阴离子与铀酰阳离子显色），得到原纤维的电子显微镜图，图 3-41 显示，酸、碱充水膨胀后出现了纤维的错位，纤维排列结构混乱程度增加。其中，酸充水膨胀后胶原的结构混乱程度最大，表现出难以恢复的现象。

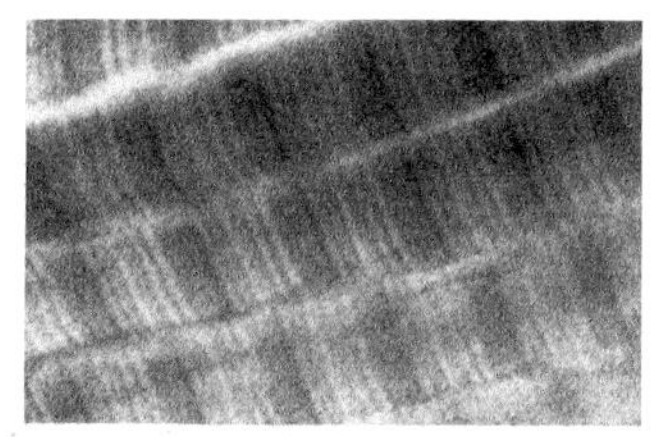
充水膨胀前

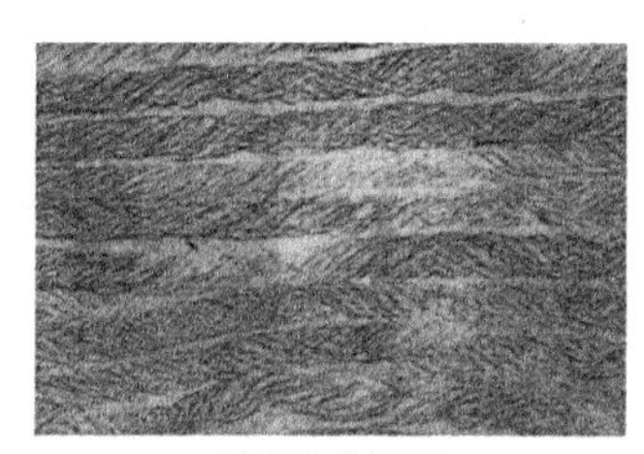
碱性充水膨胀

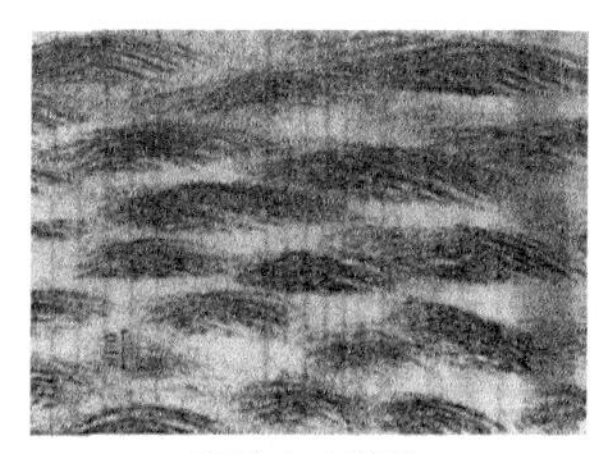
酸性充水膨胀

图 3-41　酸、碱充水膨胀前后胶原的原纤维构象

3.3.6　皮胶原在电场下的溶出

脱毛羊皮的含水量为 70%，以 NaCl 为支持电解质，25℃下进行电流密度为 12A/m^2 的电化学处理，在 1～7h 后取溶液分析溶出，测定原料皮中胶原和纤维间质的去除情况，见图 3-42。虽然纤维间质可以被除去，但胶原蛋白的损伤也是较大的。扫描电镜观察纤维束形态见图 3-43。

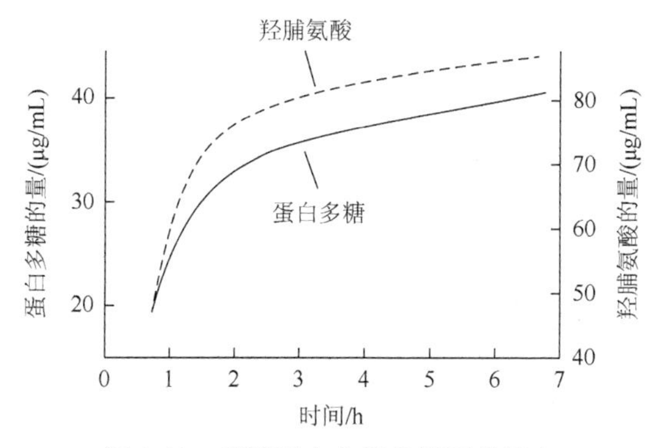

图 3-42　皮胶原在电场作用下的溶出

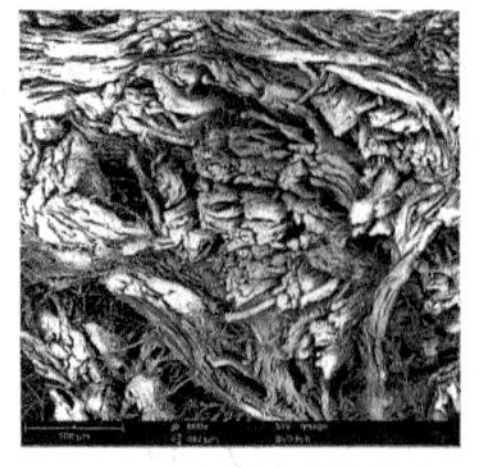
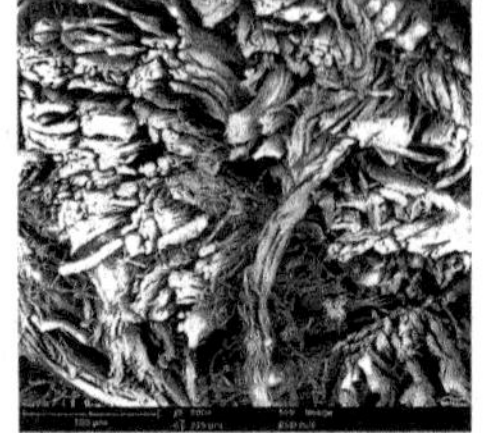

(a) 脱毛原皮600×和800×的SEM图

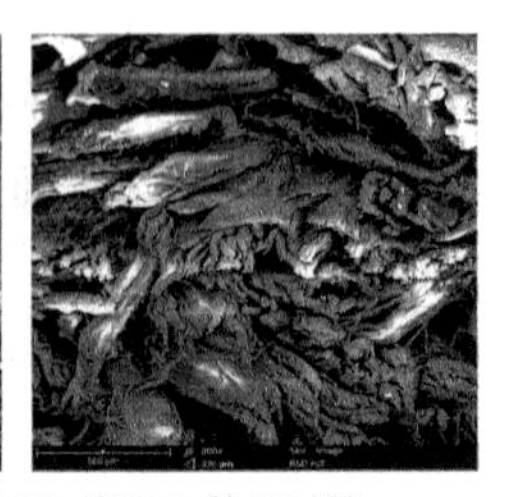

(b) 皮胶原电解1h后600×和800×的SEM图

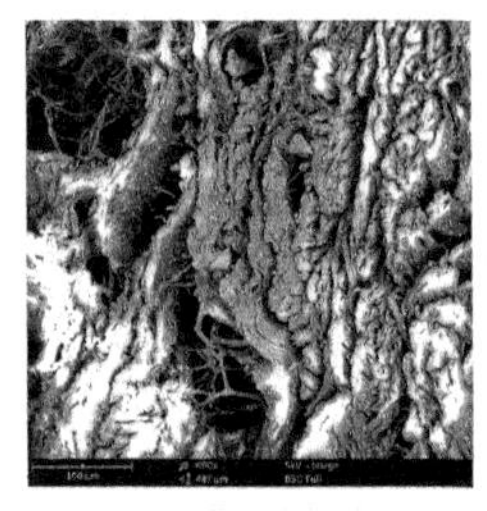
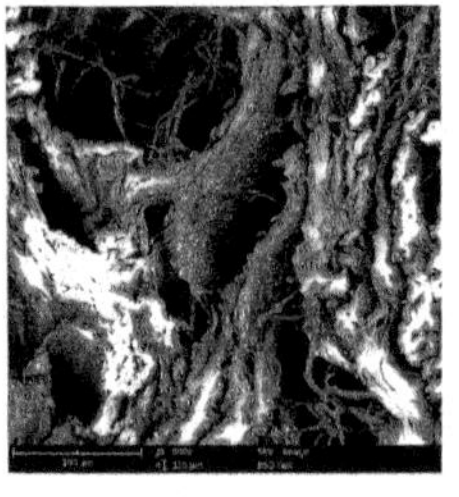

(c) 皮胶原电解2h后600×和800×的SEM图

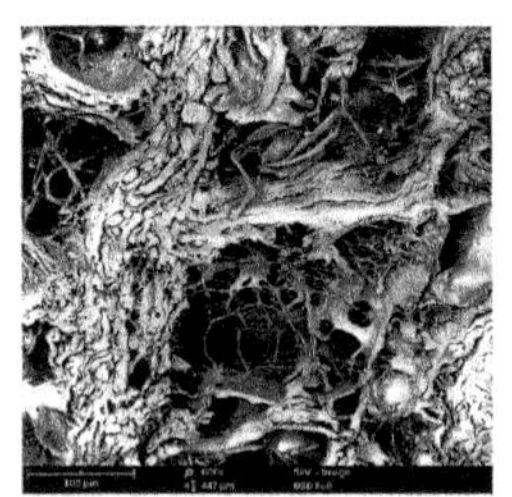
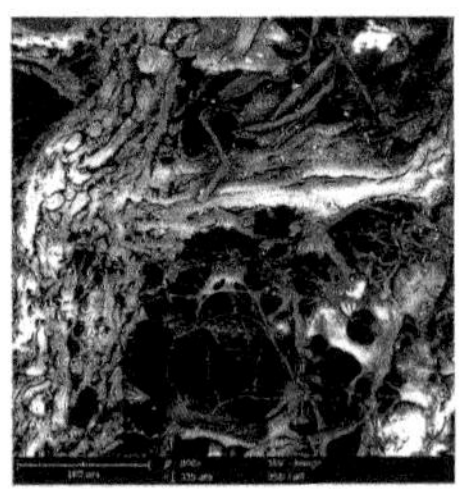

(d) 皮胶原电解3h后600×和800×的SEM图

图 3-43　皮胶原电解后的 SEM 图

3.4　生皮表面物溶出

3.4.1　毛与表皮的组织及化学构造

1. 毛的化学与构成

角蛋白分子的一级结构角蛋白分子链由 19 种 α-氨基酸构成。动物毛发纤维的氨基酸重复单元主要有两种基本的五肽环模式单元 A（C-C-X-P-X）和 B（C-C-X-S-T），其中，C 表示 Cys；P 表示 Pro；S 表示 Ser；T 表示 Thr；X 表示其他氨基酸。

在第一种重复单元 A 中又衍生出两种新的重复结构单元 A_1（C-C-Q-P-X）和 A_2（C-C-R-P-X）。A 或 B 重复单元主要由高硫键和极高硫键维持角蛋白的二级、三级结构，角蛋白分子的二级结构主要为 α 螺旋（α-角蛋白）。α-角蛋白含有大量的半胱氨酸残基，在二级结构（α 螺旋）之间形成大量的二硫键，毛的含硫量大于 7%，甚至可以大于 10%（蹄、爪、角），又称为硬角蛋白。由于 α-角蛋白的伸缩性能很好，以湿热破坏氢键后，毛发可被拉伸到原有长度的 2 倍，此时肽链变成了伸展的 β 折叠构象。

α 螺旋轻度卷绕成为超螺旋，进而形成二聚体的三级结构。二聚体中，非螺旋化的 N 端和 C 端区域位于中间 α 螺旋棒状区域的两端。两条链相互缠绕成左手超螺旋，又通过二硫键把它们紧紧维系在一起。几百个二聚体相互作用构成微原纤维，几十根微原纤维又相互作用构成毛发的原纤维。

由于 α-角蛋白中二聚体之间及微原纤维之间甚至原纤维之间都含有很多半胱氨酸，即众多的二硫键，使毛的含硫量达 3%左右，α-角蛋白很稳定，结构见图 3-44。角蛋白中极性氨基酸占 50%，有很好的充水膨胀性，膨胀率可达 60%。充水后毛的直径增加 17%～18%，长度增加约为 2%。

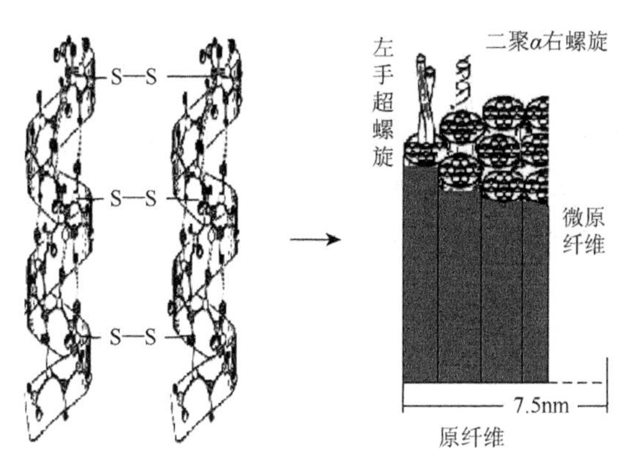

图3-44　角蛋白构造

2. 毛的组织构造

毛与表皮在生皮组织中的状态与结构见图3-45和图3-46。

毛被：是生长在皮板上毛的总称，一般由针毛和绒毛组成。同一张皮上，部位的不同，毛的长度、粗细和颜色也不同。

毛（hair）：分为毛根、毛干，是由逐渐角质化的表皮细胞构成。横切面为圆形或椭圆形，外层为外皮层（cuticle layer，硬化了的角质细胞）、中层为皮质层（cortex layer，紧密排列角蛋白细胞）和髓质层（medulla layer，疏松的角蛋白细胞）。

毛囊（hair follicle）：由两层构成，外层称为毛袋，由胶原纤维和弹性纤维构成；内层称为毛根鞘，由表皮组织构成。毛囊与脂腺相连，在毛囊底部有竖毛肌。

毛根鞘（hair root sheath）：分为外毛根鞘和内毛根鞘，内、外毛根鞘都是由表皮细胞构成的，是表皮的延续部分。外毛根鞘的下部由具有繁殖能力的表皮细胞构成，而内毛根鞘由角质化的表皮细胞构成。在毛囊的最下端，毛袋凸入毛球内形成毛乳头。

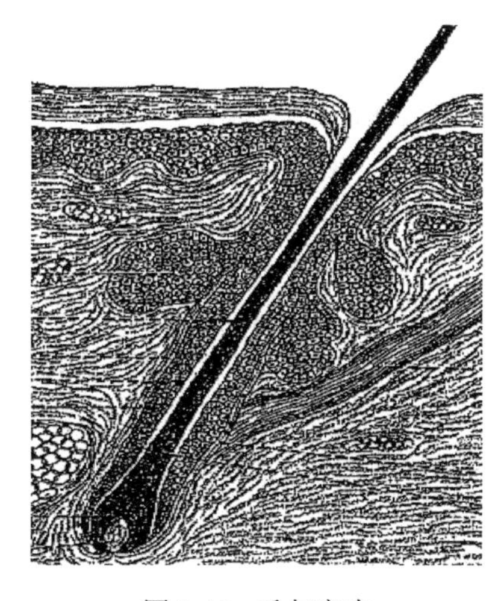

图3-45　毛与表皮

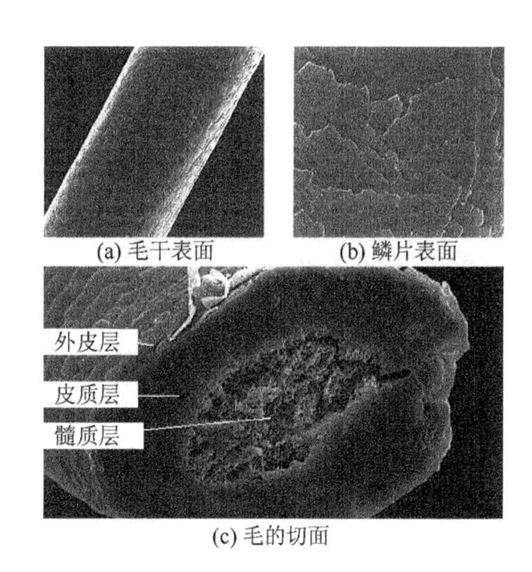

图3-46　毛的构造

3. 表皮的组织构造

表皮层（epidermis layer）：位于毛被之下，紧贴在真皮层的最上面，由不同形状的 3～4 种上皮细胞排列构成。表皮的厚度随动物种类和部位的不同而不同。毛被不发达的皮，其表皮较厚，如猪皮的表皮占整个皮层的 2%～5%，牛皮占 0.5%～1.5%，山羊皮占 2%～3%，绵羊皮占 1.0%～2.5%。表皮上层为老化细胞；下层为活性生长细胞，半胱氨酸较多，总含硫量较上层少，平均值小于 2%，也比毛干少。

3.4.2　毛与表皮的脱除

1. β 消除反应机理

角蛋白中胱氨酸的 α 碳受 OH^- 的作用失去 H^+ 后发生 β 消除，生成胱氨酸的硫阴离子与脱水丙氨酸，这种脱水丙氨酸与半胱氨酸的硫阴离子产生交联生成羊毛-硫氨酸交联，它也能与赖氨酸氨基形成赖氨酸丙氨酸交联，见图 3-47。

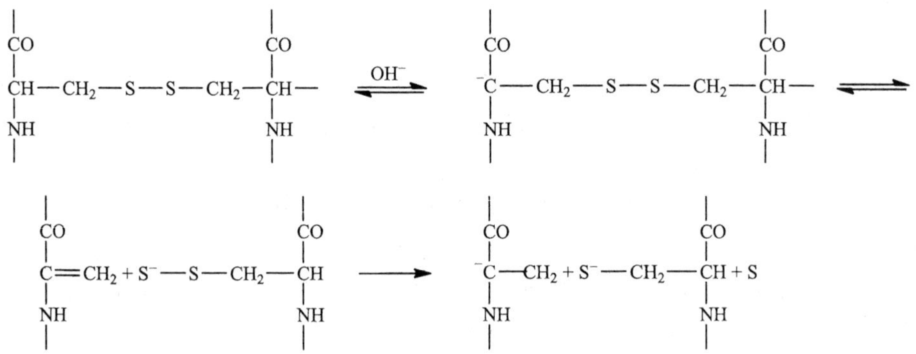

$$\begin{matrix}|&&&&&|\\ CO&&&&&CO\\ |&&&&&|\\ CH&-CH_2-&S-&S-&CH_2-&CH-\\ |&&&&&|\\ NH&&&&&NH\\ |&&&&&|\end{matrix}\ \underset{}{\overset{OH^-}{\rightleftharpoons}}\ \begin{matrix}|&&&&&|\\ CO&&&&&CO\\ |&&&&&|\\ {}^-C&-CH_2-&S-&S-&CH_2-&CH-\\ |&&&&&|\\ NH&&&&&NH\\ |&&&&&|\end{matrix}\ \rightleftharpoons$$

$$\begin{matrix}|&&&&|\\ CO&&&&CO\\ |&&&&|\\ C&=CH_2+S^-&-S-&CH_2-&CH\\ |&&&&|\\ NH&&&&NH\\ |&&&&|\end{matrix}\ \longrightarrow\ \begin{matrix}|&&&|\\ CO&&&CO\\ |&&&|\\ {}^-C&-CH_2+S^-&-CH_2-&CH+S\\ |&&&|\\ NH&&&NH\\ |&&&|\end{matrix}$$

图 3-47　β 消除反应机理

丝氨酸脱水后的产物与半胱氨酸作用也得到了羊毛硫氨酸，这也证实反应发生了 β 消除。进一步研究发现，谷氨酰胺和天冬酰胺在碱作用后放出氨，然后与脱水丙氨酸反应生成 β-氨基丙氨酸，再与脱水丙氨酸作用生成一种称为 β-氨基丙氨酸-丙氨酸交联。此外，在碱作用下，精氨酸胍基水解后生成的乌氨酸也可与脱水丙氨酸生成乌氨酸-丙氨酸交联，见图 3-48。

Feairheller 用 NaS^{35} 代替 NaS，方法同前。通过同位素跟踪分析发现，S^{35} 在羊毛硫氨酸中占 40%，磺基丙氨酸中占 20%，胱氨酸中占 27%，这也证实了 β 消除机理的真实性。

根据 β 消除反应机理，要完成毛与表皮的除去，可加入亲核物阻断交联，见图 3-49。

2. 亲核取代反应机理

氯化锡、氰化物、硫醇等为什么具有脱毛能力？1886 年，Schiller 和 Otto 发现双硫

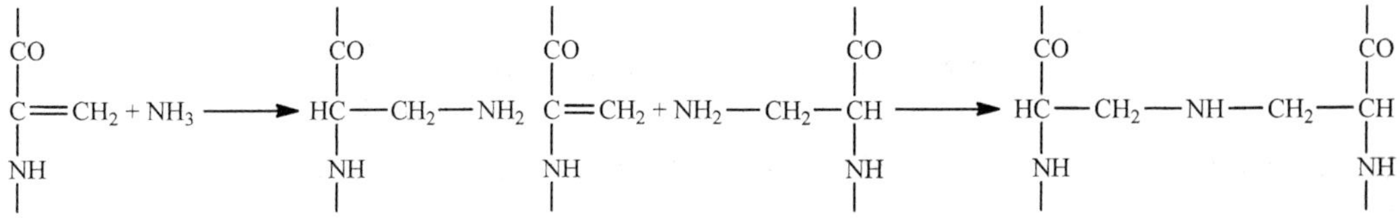

β-氨基丙氨酸-丙氨酸交联

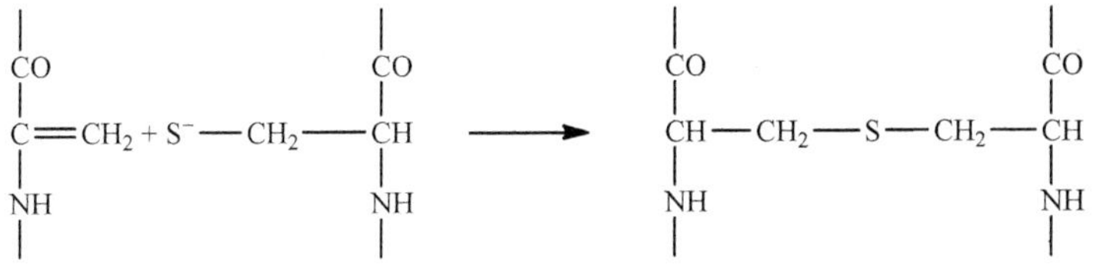

羊毛-硫氨酸交联

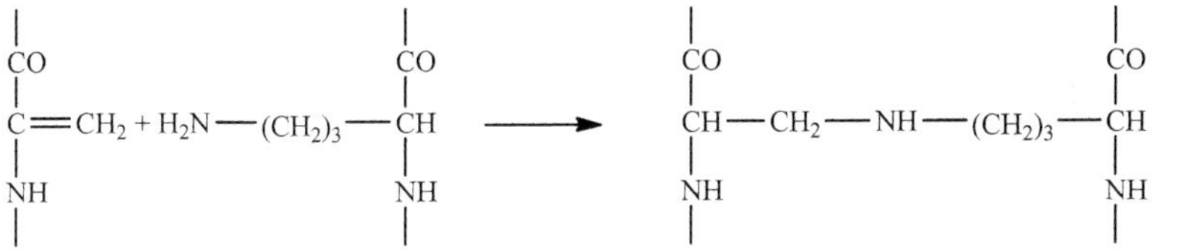

乌氨酸-丙氨酸交联

图 3-48　β 消除反应机理举例

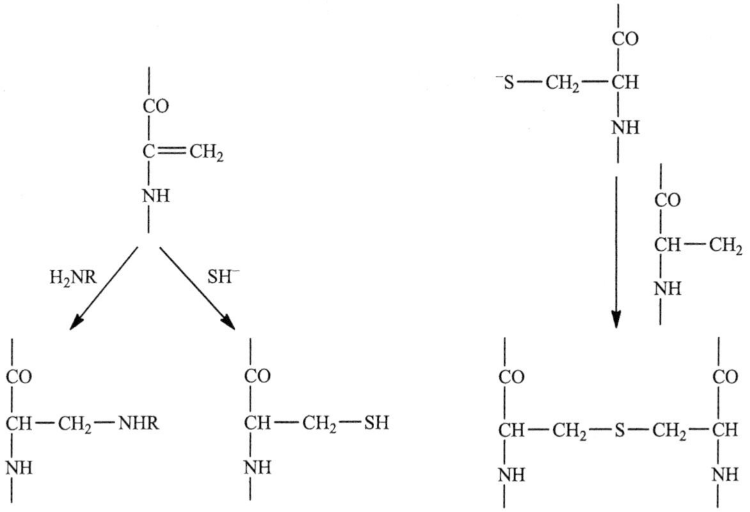

图 3-49　β 消除反应的溶毛

键可以被亲核试剂取代而断裂，这些二硫键中巯基的硫有较大的亲电性，与它连接的基团较易被亲核试剂所取代，而非巯基被取代：

$$C_6H_5S—SC_6H_5 + 2K_2S \longrightarrow 2C_6H_5SK + K_2S_2$$

根据亲核试剂的亲核能力排序：

$$\begin{matrix} S^{2-} \\ RS^{-} \end{matrix} > CN^{-} > (CH_3)_2NH > S_2O_4^{2-} > OH^{-} > \begin{matrix} SO_3^{2-} \\ S_2O_3^{2-} \end{matrix}$$

其中，OH^-是较弱的亲核试剂。然而，高浓度OH^-却可保证S^{2-}、HS^-、NH_2R的浓度，使亲核反应顺利进行，反应式为

$$RS—SR + OH^- \rightleftharpoons RS—OH + RS^-$$

亲核反应能降解角蛋白原因在于亲核试剂足够强，且有良好的空间，一步完成二硫键破坏，见图 3-50。

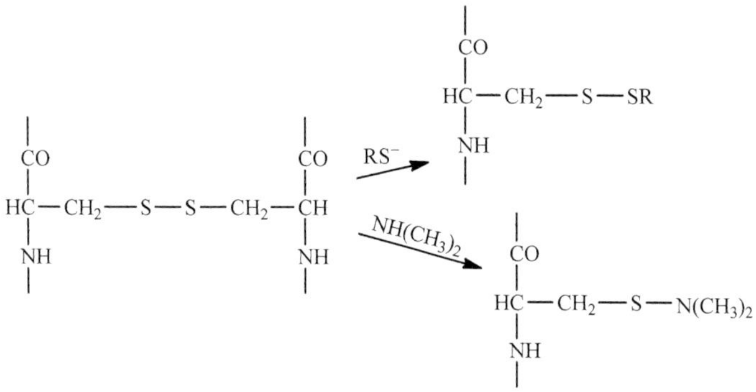

图 3-50　亲核反应降解角蛋白

亲核试剂与还原剂有相同的作用，因此亲核脱毛又存在还原脱毛。在碱性条件下一些还原剂均能以两种形式脱毛，见表 3-4。

表 3-4　还原性脱毛剂

名称	分子式（pH = 12）	E/mV
二氧化硫脲（亚磺酸）	$(H_2N)_2C=SO_2$	610
硫酸根	S^{2-}	550
巯基乙酸根	$^-SCH_2CO^{2-}$	410
半胱氨酸根	$H_2N—CH(CH_2S^-)—CO^{2-}$	400
连二亚硫酸根	$S_2O_4^{2-}$	220

3. β 消除与亲核取代并存

两者反应机制相同，由于亲核试剂需要在碱性条件下完成加成（取代），然而亲核试剂体积较大时，难以进入角蛋白结构完成反应，因此β消除更为有效。Feairheller 实验用 NaS^{35} 代替 NaS，S^{35} 在磺基丙氨酸中占 20%，这也与亲核机理有关。

4. 氧化降解角蛋白

采用氧化剂如亚氯酸（ClO_2^-）、过氧化氢（H_2O_2）等能够破坏二硫键，溶解毛与

表皮。亚氯酸脱毛产生氯气（Cl_2），遇水产生酸，通过氧化也能修饰胶原氨基，起到特殊的作用。反应见下式：

$$ClO^{2-} + \begin{array}{c} | \\ CO \\ | \\ CH \\ | \\ NH \\ | \end{array} \!\!-CH_2-S-S-CH_2-\!\! \begin{array}{c} | \\ CO \\ | \\ CH \\ | \\ NH \\ | \end{array} \xrightleftharpoons{[O]} \begin{array}{c} | \\ CO \\ | \\ CH \\ | \\ NH \\ | \end{array} \!\!-CH_2-SO_3^- + Cl_2$$

鉴于 Cl_2 会腐蚀设备，又是有毒气体，较空气重，实践中 Cl_2 不被采用。但是，Cl_2 在生皮内可以氧化多糖及部分蛋白质侧链基团，具有一定的分散纤维作用，可以获得充水、软化、浸酸的综合作用，是简化制革工艺的有效处理，只是专用设备及操作控制有待开发。

由不同方式对毛降解后产物的分子质量电泳测定结果（图 3-51）可以发现，各种毛降解机制是不同的。根据二硫键的不同反应进行推测，碱水解最强，毛易除净；氧化过程由于产物分子质量大，产物黏度大，对固体的溶出较困难。

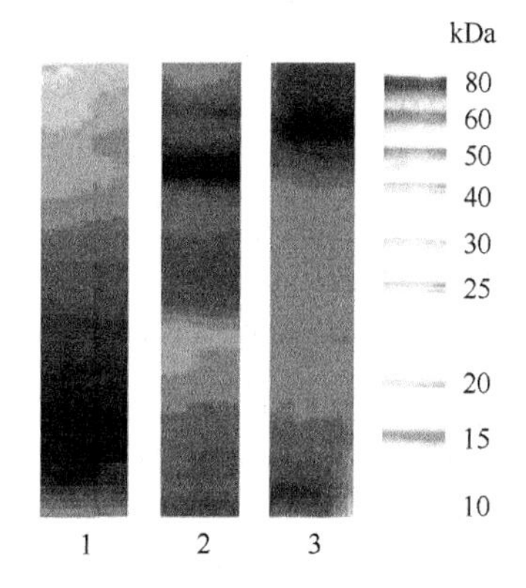

图 3-51　角蛋白降解物分子质量

1：NaOH；2：还原；3：氧化

3.4.3　保毛脱毛

将毛完整或尽可能完整地从生皮中脱下，不仅可以回收角蛋白，进行再生资源化，也可以使脱毛过程减少化学需氧量（COD）。这是当前制革所希望的。保毛的核心还是保护二硫键或该位置的结合，消除毛及表皮与真皮粒面的连接，使毛能够机械拔出。迄今，保毛脱毛方法有：

（1）细菌脱毛（发汗法）。以与生皮共存的方式培养细菌，细菌产生酶，水解毛与粒面的黏结物，并机械拔毛获得脱毛。

（2）发酵物脱毛。将麦麸发酵，通过酵母菌产生酶，酶水解毛与粒面的黏结物，并机械拔毛获得脱毛。由于反应发生在酸性作用状态下，也属于酸性脱毛。

（3）酶脱毛。直接利用生物酶水解毛与粒面的黏结物并机械拔毛，获得脱毛。

（4）有机胺脱毛。利用有机胺对软角蛋白进行水解、溶解并机械拔毛，使毛干与粒面脱离。

（5）灰-碱脱毛。利用化学修饰使二硫键固化，然后用硫化物溶解毛根，并机械拔毛获得脱毛。

（6）氧化脱毛。将毛根的二硫键水解并机械拔毛，获得大部分保毛。

1. *硫化物-石灰保毛除毛*

保毛与脱毛方法基于 Sirolime 法（1979），过程为：浸水→HS^-渗透入毛囊→石灰护毛→Na_2S 作用 + 机械脱毛→过滤回收毛。随后有改进方法，如 Rohm-HS 法、Blair 法等，基本原理还是通过加强浸水及预处理。例如，用酶及亲核试剂对软角蛋白或黏多糖进行消除，然后，进行护毛→化学降解→机械脱毛→过滤回收毛。

1）保毛与脱毛机制描述

由保毛后毛蛋白具有较强的抵抗碱溶作用可知，角蛋白的化学结构产生了改变。这证明角蛋白的二硫键转变为单硫键（—S ═ S— ——► —S—），类似于在碱作用后羊毛硫氨酸的形成。

（1）根据 Sirolime 工艺要求及 Mckay 研究：Sirolime 法要求 pH = 11.5～12.5，当碱度条件满足时，很小浓度的二价离子都会导致护毛现象的产生。Mckay 研究强调 Ca^{2+} 的重要作用。毛浸泡在 0.1mol/L 的 NaOH 溶液中 3h，添加 $Ca(OH)_2$ 以保持 0.01mol/L、0.02mol/L 的浓度。处理之后，毛的收缩情况见表 3-5。

表 3-5　保毛的碱用量

材料与浓度	收缩/%
0.1mol/L NaOH	24
0.1mol/L NaOH、0.01mol/L $Ca(OH)_2$	0
0.1mol/L NaOH、0.02mol/L $Ca(OH)_2$	0

（2）根据 S. H. Heidemann 等的研究：

毛干、毛根鞘、毛乳头中二硫键的含量不同，抵抗化学或酶的能力有别。在 pH = 12.5～13.0 的碱性溶液处理后，毛、毛根、毛根鞘中可溶性物质减少。当少量石灰对毛干表面固化后，硬角蛋白的毛干能承受化学品或酶作用的强度，保证后续硫化物及机械作用使毛脱落。

2）毛的稳定化描述

Na_2S 溶解毛形成溶液，在 pH≥12 情况下生成的角蛋白溶液与 Ca^{2+}发生反应，产生絮凝物悬浮，导致浊度增加，见图 3-52。分析如下：

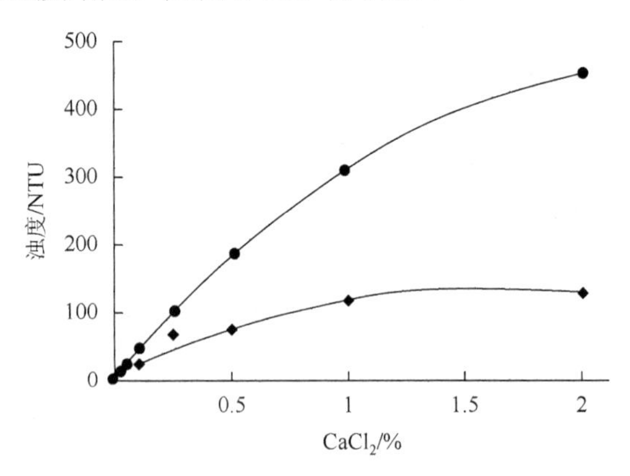

图 3-52　Ca^{2+}与毛溶液浊度的关系

●表示加入 Ca^{2+}；◆表示无 Ca^{2+}

（1）100g 水，0.5g 毛，用 2.5g Na_2S 溶解，测定浊度＜100NTU。

（2）在 100g 毛溶液中加入 0.25g $CaCl_2$ 溶解后，悬浮液浊度＞100NTU。

（3）根据还原-碱-钙的“免疫”法保毛原理，亲核反应更为适合。巯基亲核后产生羊毛硫氨酸交联，Ca^{2+}也促使了新的交联：

$$\begin{array}{c}|\\ \mathrm{CO}\\ |\\ \mathrm{CH}\\ |\\ \mathrm{NH}\\ |\end{array}\!\!-\mathrm{CH_2}-\mathrm{S}-\mathrm{S}-\mathrm{CH_2}-\!\!\begin{array}{c}|\\ \mathrm{CO}\\ |\\ \mathrm{CH}\\ |\\ \mathrm{NH}\\ |\end{array} \xrightarrow{\mathrm{HS^-}} \begin{array}{c}|\\ \mathrm{CO}\\ |\\ \mathrm{CH}\\ |\\ \mathrm{NH}\\ |\end{array}\!\!-\mathrm{CH_2}-\overset{\ominus}{\mathrm{S}}\mathrm{H}+\mathrm{S}-\mathrm{S}-\mathrm{CH_2}-\!\!\begin{array}{c}|\\ \mathrm{CO}\\ |\\ \mathrm{CH}\\ |\\ \mathrm{NH}\\ |\end{array}$$

$$\xrightarrow{\mathrm{HO^-}} \begin{array}{c}|\\ \mathrm{CO}\\ |\\ \mathrm{CH}\\ |\\ \mathrm{NH}\\ |\end{array}\!\!-\mathrm{CH_2}-\mathrm{S}-\mathrm{CH_2}-\!\!\begin{array}{c}|\\ \mathrm{CO}\\ |\\ \mathrm{CH}\\ |\\ \mathrm{NH}\\ |\end{array}\!\!+2\mathrm{S}$$

$$\begin{array}{c}|\\ \mathrm{CO}\\ |\\ \mathrm{CH}\\ |\\ \mathrm{NH}\\ |\end{array}\!\!-\mathrm{CH_2}-\mathrm{S}-\mathrm{S}-\mathrm{CH_2}-\!\!\begin{array}{c}|\\ \mathrm{CO}\\ |\\ \mathrm{CH}\\ |\\ \mathrm{NH}\\ |\end{array} \xrightarrow{\mathrm{2HS^-}} \begin{array}{c}|\\ \mathrm{CO}\\ |\\ \mathrm{CH}\\ |\\ \mathrm{NH}\\ |\end{array}\!\!-\mathrm{CH_2}-\overset{\ominus}{\mathrm{S}}\mathrm{H}+\mathrm{H}\overset{\ominus}{\mathrm{S}}-\mathrm{CH_2}-\!\!\begin{array}{c}|\\ \mathrm{CO}\\ |\\ \mathrm{CH}\\ |\\ \mathrm{NH}\\ |\end{array}\!\!+2\mathrm{S}$$

$$\begin{array}{c}|\\ \mathrm{CO}\\ |\\ \mathrm{CH}\\ |\\ \mathrm{NH}\\ |\end{array}\!\!-\mathrm{CH_2}-\overset{\ominus}{\mathrm{S}}\mathrm{H}+\mathrm{H}\overset{\ominus}{\mathrm{S}}-\mathrm{CH_2}-\!\!\begin{array}{c}|\\ \mathrm{CO}\\ |\\ \mathrm{CH}\\ |\\ \mathrm{NH}\\ |\end{array} \xrightarrow{\mathrm{Ca(OH)_2}} \begin{array}{c}|\\ \mathrm{CO}\\ |\\ \mathrm{CH}\\ |\\ \mathrm{NH}\\ |\end{array}\!\!-\mathrm{CH_2}-\mathrm{S}-\mathrm{Ca}-\mathrm{S}-\mathrm{CH_2}-\!\!\begin{array}{c}|\\ \mathrm{CO}\\ |\\ \mathrm{CH}\\ |\\ \mathrm{NH}\\ |\end{array}\!\!+2\mathrm{H_2O}$$

3）保毛与脱毛的平衡

实际操作中，脱毛要得到干净的粒面（表皮与毛同时除去），保持毛的完整性，就要控制好不同种类的毛、不同性质的皮在护毛不足和护毛过度之间的一种复杂的平衡。因为：

（1）当护毛不足时，脱毛更接近于一个毁毛过程。

（2）护毛过度，得不到干净的粒面，遗留的毛及表皮依然很难被除去。

（3）相对于 NaOH 而言，$Ca(OH)_2$ 的作用强度更为理想，可以保护毛干。

（4）除 HS^-外，一些亲核试剂，如硫醇、有机胺（浸灰助剂主要组分）可以获得相似的免疫效果。

（5）控制保毛与脱毛过程试剂的加入顺序是必要的，否则也会失去应有的效果。

2. 毛及表皮的化学脱除过程控制

硫碱法脱毛快速、均匀。但皮纤维组织在碱性条件下充水膨胀，在脱毛完成之前，膨胀使毛孔受挤，化学物质进入生皮组织将变得非常困难，难以达毛根部位，不利于脱毛的顺利进行，导致大量的毛根残留在毛囊中，后期加入的石灰将未溶的角蛋白固定在毛囊中。

脱毛的平衡在于被滞留在毛囊、表面的角蛋白残余临时阻止了后续蛋白酶进入组织内部，保证了后续蛋白酶有足够的时间彻底完成除去皮垢、残余毛根的任务。硫碱法脱毛获得了100多年来工业化的认可，形象描述见图3-53。

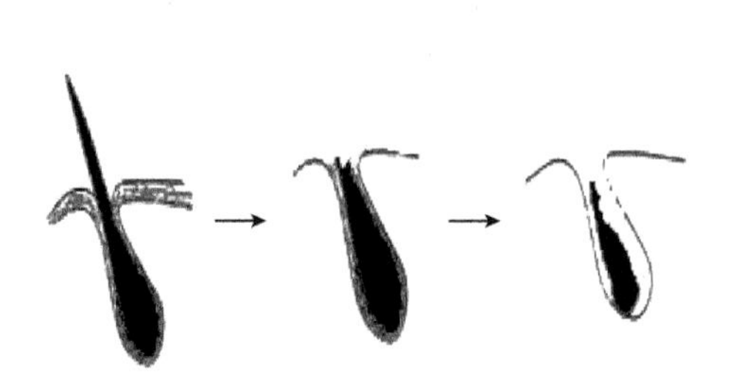

图3-53　硫碱法脱毛过程

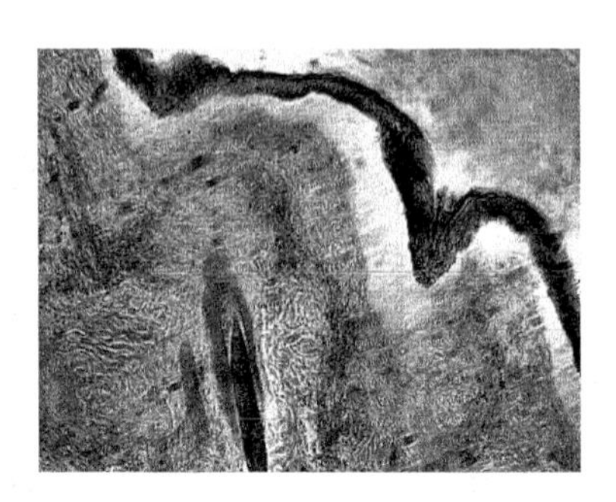

图3-54　粒面的表皮层

表皮的去除往往被忽视。事实上，如果表皮没有被完全除去，粒面的色素难以除去，这会使粒面粗糙性增加，成革的光洁度和后续染色受到影响。从图3-54可看出，生皮表皮的表面是由坚硬、老化的无核角质细胞构成的，能够较好地抵抗碱与硫化物作用。但是，进入毛囊的表皮以软角蛋白为主，易受硫化物作用。因此，溶解从此起步，表皮以片段形式被揭起、脱落。最终以固体形式进入污泥及浴液。在保毛过程中，当表皮表面被保护后，脱毛变得困难，需要大量的硫化物。

3. 酶法脱毛

酶法脱毛由发汗法脱毛发展而来。发汗法是利用皮张上所带有的溶菌体及微生物所产生的酶的催化水解作用达到脱毛的目的。

1910年，Rŏhm得到启发，利用胰酶发明了脱毛的方法。1953年，Gstavson研究发现，蛋白酶并不能直接脱毛，而是通过酶解间质的毛、表皮与真皮的连接物，使毛、表皮与真皮去黏结，随之辅以机械作用使毛从皮内脱去。

从20世纪60年代末开始，我国致力于酶脱毛的研究，开发了碱酶浴液、滚酶堆置法。70年代，该法在全国推广并应用于猪皮革生产。80年代，由于对经济效益和产品质量的需求，生产方法又返回到硫碱法脱毛。

小毛由于脱不尽，容易松面而难以控制。30余年来，尽管关于酶脱毛研究成功的研究成果已是层见叠出，但稳定的大生产应用实例确实鲜见。

1）酶脱毛机制及客观因素

消除“连接”（水解毛与真皮黏多糖）→宽松“周边环境”→机械“拔挤”。由于毛生长的部位及周期不同，脱毛难度差别甚大，表现为短毛、细软毛、螺旋并弯曲的毛不易除去，见图3-55。因此，采用酶脱毛，如果毛没有经过化学处理，将存在客观的脱除困难。

2）酶脱毛后期的酶处理

酶对毛干几乎无影响，当毛与真皮连接被清除、毛囊内表面被清理干净后，毛再也无法抵抗酶及酸碱的进一步攻击。酶处理作用包括后续蛋白酶软化作用和后续酸碱及胶溶盐的作用。酶脱毛过程见图 3-56。

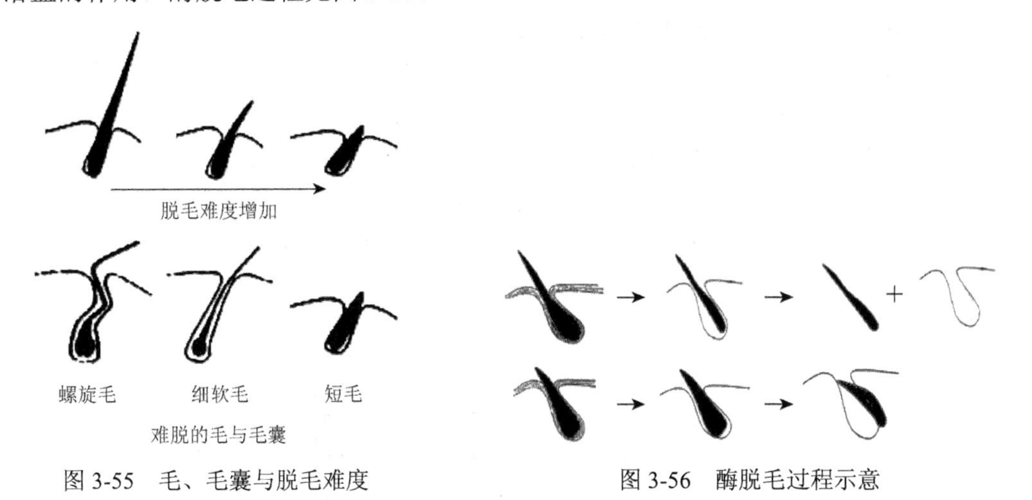

图 3-55　毛、毛囊与脱毛难度　　图 3-56　酶脱毛过程示意

毛与毛根完全脱离或溶出后，裸露的毛孔内表面随着酶、酸、碱的作用，胶原变性增加，“伤口”扩大造成皮革质量下降。酶脱毛出现的缺陷见图 3-57。为了克服这些问题，切除一些蛋白酶中胶原酶的活性部分，采用无胶原水解活性的蛋白酶和非蛋白酶。但是，如果失去了脱毛作用或者完成脱毛的时间过长也将失去实践意义。

酶脱毛过程中，毛的除去与生皮胶原的保护已成为彼此消长的一对矛盾，自然也是制革生化科学领域中的研究特色之一。

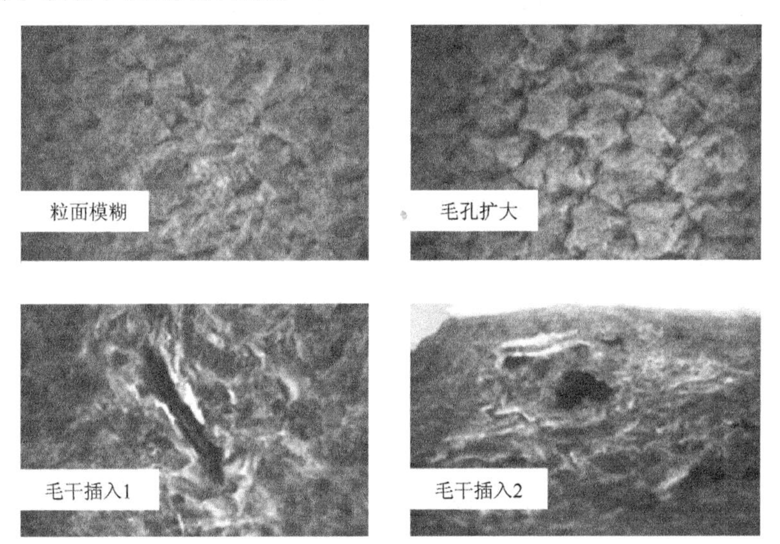

图 3-57　酶脱毛出现缺陷示意图

4. 色素去除

3.2.3 中已述三类主要的黑色素。黑色素不仅与胶原蛋白通过共价键连接，而且含

有大量的—COO^-。它是带负电的聚合物，与带正电荷的胶原蛋白以离子键形式结合。因此，黑色素除去需要降解聚合物中显色的芳环或基团，消除色素与真皮的结合，使之脱除。可考虑用以下方法去除生皮表面色素：

（1）利用碱水解表面黑色素与真皮连接，去除黑色素。

（2）利用糖酶水解黑色素和表皮之间的附着材料，除去黑色素。

（3）利用具有氧化还原作用的化学试剂，破坏显色的芳环或基团，去除黑色素。去除黑色素的化学试剂有多种类型，如过氧化氢、高锰酸钾、亚硫酸钠、连二硫酸钠、乳酸钠、次氯酸钠、乙醇胺和抗坏血酸。一些去除黑色素材料对比见图 3-58。

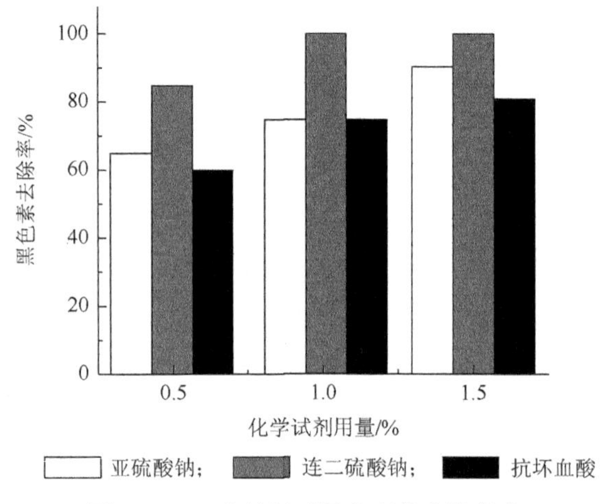

图 3-58　一些材料对黑色素的去除程度

第 4 章　鞣前皮胶原

制革过程包含众多种类化工材料与动物皮胶原之间所发生的物理化学过程。鞣制则是制革生产中最重要的胶原变性或质变过程。生皮经鞣制后不仅遇水不易膨胀，不易腐烂变质，而且能提高其耐酶、耐酸碱力和湿热稳定性。经鞣制的生皮具有优良的使用特性，如成型稳定、透气、透水汽和柔软丰满等。不同类型鞣剂的结合方式不同，各种鞣制物质与胶原之间的作用包括鞣制物质和胶原间的共价键结合、离子键结合、配位键结合、氢键结合、疏水力结合和 van der Waals 力结合。弄清鞣前胶原的化学结构和空间结构是认识、改进现有鞣制方法，探索新的鞣剂鞣法的基础。胶原结构非常复杂，欧美国家前期研究较多并认识较深入，通过化学分析、仪器观察及计算机模拟的方法探索了皮胶原结构，验证鞣制机理，提出新的观点。本章以第 3 章的描述为基础，对已经获得“分离纯化”的生皮胶原进行分析，了解其通透性及化学反应活性特征。

4.1　皮胶原的化学物理构造

各种蛋白质一般含有约 20 种氨基酸，而羟脯氨酸（Hyp）和羟赖氨酸则只属于胶原蛋白。氨基酸分为中性、碱性和酸性三类。氨基酸的连接次序称为蛋白质的初级结构，决定蛋白质的折叠方式。蛋白质折叠方式有无规的、α 螺旋、β 折叠、β 转角或三股螺旋结构。近 20 年来，越来越多蛋白质的氨基酸连接次序和相应的折叠结构被人们所了解。

典型的胶原氨基酸连接模型是以 Gly-X-Y 三肽的形式重复出现的，其中，X、Y 是可变的，但不是完全无规的，且 X 和 Y 位置上的脯氨酸及羟脯氨酸所占比例很高，这是 I 型胶原共有的明显特征。在 I 型胶原中，Hyp 含量高达 0.1mol 以上，但鱼胶原中 Hyp 含量则低得多。通过测定 Hyp 含量来测定皮质含量是一种基本方法。

所有类型的胶原都有周期性出现三肽的特点，并形成三股螺旋结构，在 α_1 链中，N 端远程肽含有 16 个氨基酸，C 端远程肽含有 25 个氨基酸。

胶原三股螺旋的结构特征主要是通过胶原和相关合成多肽的广角 X 射线结晶分析确定的。但目前所接受的只是一个有高度可能性的粗糙结构（Pro-Pro-Gly），10 晶体的 X 射线衍射结果表明，其具有三股螺旋结构特点，但空间结构和天然胶原是存在一定差别的。

组成胶原三股螺旋的每一条肽链都是左手螺旋，而作为整体的三股螺旋则是右手螺旋。组成三股螺旋的每一条左手螺旋与 α 螺旋不同，它已相当伸展，每个氨基酸残基沿螺旋轴方向的投影长度是 0.286nm，旋转角度为 108°，10 个氨基酸残基构成 3 节完整的螺旋。而 α 螺旋中每个氨基酸残基沿螺旋轴的投影长度是 0.15nm，旋转角为 100°，3.6 个氨基酸残基组成一个螺旋圈。胶原三股螺旋已经相当伸展，所以不可能再像 α 螺旋那样容易被拉长，而且在形成单股螺旋时．每条肽链内部的残基之间并不像 α 螺旋一样伴有氢键的产生。但是，当胶原蛋白的三条肽链绞合成三股螺旋时，每条肽链与相邻的其他肽链之间有氢键形成，这就产生了一种高度紧锁的纤维结构。这种结构与它的生物学功能非常匹配。

4.1.1　胶原组织构造

1. 胶原类型

目前已知，脊椎动物至少有 19 种不同类型的胶原。表 4-1 为其中 11 种类型胶原的分子链和几何组成，表 4-2 为 18 种胶原的来源。

表 4-1　胶原的类型及其链和几何组成

类型	α 链	长度尺寸	可视结构
Ⅰ	$(1)_2$，2	棒状，300nm	交织的微小纤维
Ⅱ	$(1)_3$	棒状，300nm	交织的微小纤维
Ⅲ	$(1)_3$	棒状，300nm	交织的微小纤维
Ⅳ	$(1)_3$，$(2)_3$，$(1)_2$—$(2)_1$	390nm	网状
Ⅴ	$(1)_3$	390nm	很细的微小纤维
Ⅵ	1—2—3	105nm，N 端或 C 端区域	交织的初原纤维
Ⅶ	$(1)_3$	450nm	不平行的二聚体
Ⅷ	EC_1，EC_2，EC_3	450kDa，375kDa，300kDa	不规则的网络
Ⅸ	1—2—3	200nm，球形区域	微小纤维表面
Ⅹ	$(1)_3$	150nm，球形区域	微小纤维网
Ⅺ	1—2—3	微小纤维	丰富的碳水化合物

表 4-2　不同类型胶原的来源

类型	胶原的来源
Ⅰ	皮，肌腱，骨，肌肉，大动脉，神经，肝，胎盘
Ⅱ	软骨，脊椎
Ⅲ	皮，肌肉，大动脉，胎盘，肺，肝
Ⅳ	基膜，EHS 肿瘤
Ⅴ	皮，肌腱，肌肉，肝，肺，肾，胎盘，角膜
Ⅵ	皮和肌肉等
Ⅶ	真皮和表皮间的黏结纤维
Ⅷ	内皮细胞
Ⅸ	在软骨中，具有间断三股螺旋的原纤维连接胶原
Ⅹ	骨和软骨间的转换带
Ⅺ	软骨

续表

类型	胶原的来源
XII	在皮和软骨中，具有间断三股螺旋的原纤维连接胶原
XIII	表皮，肌肉，软骨
XIV	在皮和软骨中，具有间断三股螺旋的原纤维连接胶原
XV	皮细胞，子宫，肺，平滑肌，多种胶原区
XVI	皮，骨
XVII	皮，mRNA
XVIII	皮，心，脑，肝，mRNA，多种胶原区

2. 皮胶原构造特征

经过处理后的裸皮近似纯化胶原，其中主要为 I 型胶原。I 型胶原是动物体中最主要的胶原，在同种类动物的不同器官中是一样的。世界上的每一种牛皮、肌腱和骨头中 α_1 链都是一样的，只是在成熟程度上有微小的差别，如存在席夫碱、未氧化的赖氨酸残基等，但这些对胶原分子的长度和功能并不构成实质性的影响。

可溶性胶原分子有序排列形成原纤维及纤维网的编织过程无疑是皮革化学家最想知道的，因为这将有力地帮助他们了解制革生产过程中物理化学变化的本质。

1）I 型胶原基本构造

三条肽链形成右螺旋分子，分子以 1/4 长度错开叠加（Elden，1971），横向聚集成微原纤维。这种有序的横向结合首先是通过静电作用，然后是近距离的相互作用（van der Waals 力和疏水作用力）。早期时，Kuhn 和 Schmitt 认为，分子网的带电荷侧基是整齐排列在原纤维上的，经染色后在电子显微镜下观察，它们是横辉纹，这与带电基团的结合有关。

胶原分子以两种形式聚合成微原纤维束，一种是相同直径的 7 个分子规整组装，另一种是 5 个分子形成微原纤维。

微原纤维聚合形成原纤维/纤丝（Gross and Schmit，1948；Zettlemoyer et al.，1946；Bear，1952；Sanjeevi et al.，1976）。微原纤维预先形成的小单元逐步生长成厚度为 20～100nm 的原纤维，每个横截面包含了约 7000 个胶原分子。这些原纤维是多样性的，在皮中由 I 、III和 V 型胶原的混合物组成。这些分子中轴与轴之间的距离为 1.2～1.5nm，也可能达 1.7nm，这因水分含量不同而异。这种分子密度是通过 X 射线衍射图的侧链距离得到的，干燥空气中原纤维约含 14%的水分，密度为 1.3g/cm^3。在非常严格的干燥条件下，水分含量接近 0 时，原纤维结构被破坏，衍射变得模糊不清，分子间距离缩短到 1nm，密度提高到 1.8g/cm^3。原纤维直径看起来非常有规则。在动物皮中，真皮层原纤维直径非常一致，约为 100nm。然而，在乳头层中，III型胶原含量高，原纤维的直径小。

胶原肽链间的共价交联对其构象的形成有重要作用。这些共价交联作用源于，赖氨酸和羟赖氨酸经酶（赖氨酰氧化酶）促氧化，使其 ε-氨基氧化成醛基，醛基和相邻的赖氨酸或羟赖氨酸反应形成甲亚胺交联，不饱和键经还原后变得更加稳定。此外，醛基赖氨酸或醛基羟赖氨酸之间还可以反应形成醇醛结构。不成熟（胎皮）的胶原内存在大量的席夫碱，使胶原易受碱（石灰）作用，产生胶溶。当动物成年后，甲亚胺交联演变成更加稳定的形式，尤其是对酸稳定性增加。

原纤维聚合形成原纤维束，纤维束形态与纤维的分散程度相关。胶原的各级构造见图 4-1。

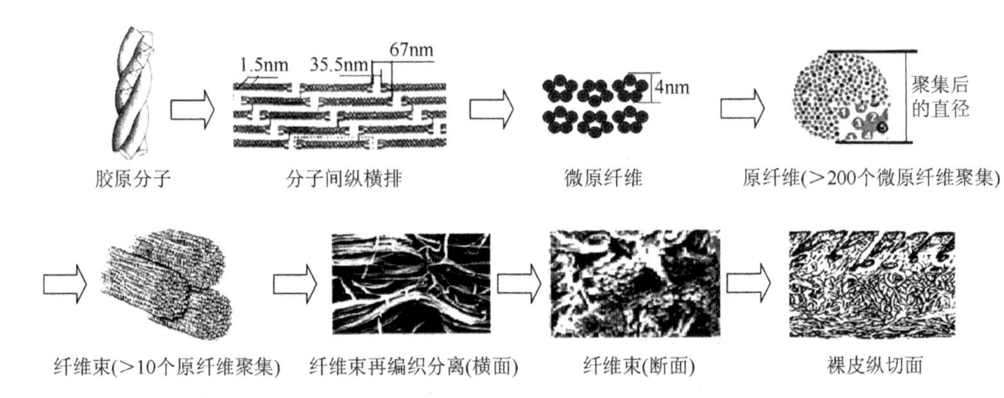

图 4-1　胶原纤维的构造

Ⅰ型胶原纤维构型特征：

（1）裸皮主体由立体三维编织的胶原纤维束构成，基本单元为胶原分子（长为 3×10^{-5}cm，直径为 15×10^{-8}cm 的三股螺旋结构）。

（2）原纤维（单个）直径为～0.1μm，由 200 多个微原纤维（胶原纤维）构成。然后约 10 个原纤维构成基本的功能单位——（初级）纤维束，其直径为 7～10μm。在纤维束的基础上可以进一步聚合、编织。

（3）粒面层被 1%～5%厚度的表皮所覆盖（有 4～5 层细胞）。

（4）粒面层中的胶原纤维束比真皮层中的编织更紧密，纤维束直径更小。

（5）裸皮的胶原纤维束分离合并，编织紧实度、编织角及孔性质没有规整性，无末端。

（6）纤维束直径与间隙（孔性质）也存在差异，没有规整性。

2）其他类型胶原

除Ⅰ型胶原外，裸皮表面及浅层还存在其他几种类型胶原，分布见图 4-2。

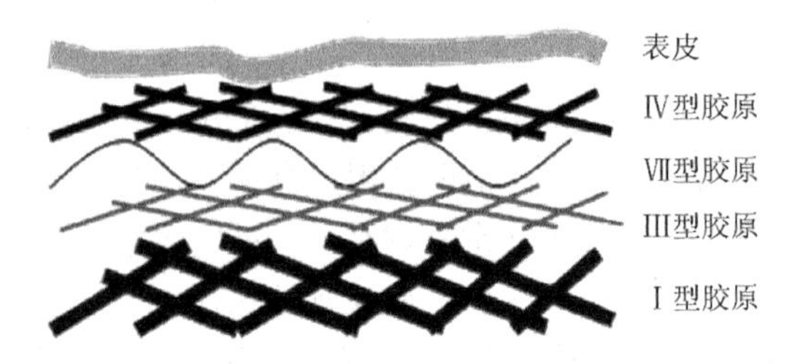

图 4-2　各型胶原纤维分布示意图

Ⅲ型胶原是网状纤维，是胶原的一种，外观构造与Ⅰ型胶原无法分辨。Ⅲ型胶原由 1/3

的甘氨酸及高含量的β-氨基酸构成，也有三个肽链一组的螺旋结构。网硬蛋白（reticulin）是Ⅲ型胶原的另一个名称，在构造形态上较胶原纤维细小。Ⅲ型胶原在组织中与Ⅰ型胶原连接或形成复合纤维束，在组织中起着部分弹性作用，参加与Ⅰ型胶原相同的化学反应。

Ⅳ型胶原为非纤维蛋白，外观构造与Ⅰ型胶原无法分辨。在基膜中，Ⅳ型胶原不构成纤维束而是以网状形式在上皮结构中连接固定在真皮层。Ⅳ型胶原在制革准备中主要受酶作用破坏。

Ⅶ型胶原也是非纤维蛋白，外观构造与Ⅰ型胶原无法分辨。它以简单的二聚形式存在于Ⅳ型胶原与Ⅰ型胶原之间。

Ⅻ型胶原是和Ⅰ型胶原原纤维结合的，覆盖在Ⅰ型胶原原纤维表面。在胰酶软化前处理中，Ⅻ型胶原仍在原纤维表面保护胶原以除去非胶原部分。

3. 胶原纤维分散特征

生皮经准备处理后成为裸皮，除去了黏多糖，降低了原纤维之间湿态黏性，减小了脱水的毛细黏合及干态黏结作用，获得能够有效分离（脱水）的纤维束，建立了多而均匀的通道构型，见图 4-3。现实中，这种结构很难用数据表征，因此研究胶原纤维分散程度，实验往往采用生皮内硫酸皮肤素、透明质酸、羟脯氨酸的去除状况，定性确定胶原纤维分散程度。其中，酸性硫酸皮肤素含量很难测定，通常以后两者溶出情况判定评估。

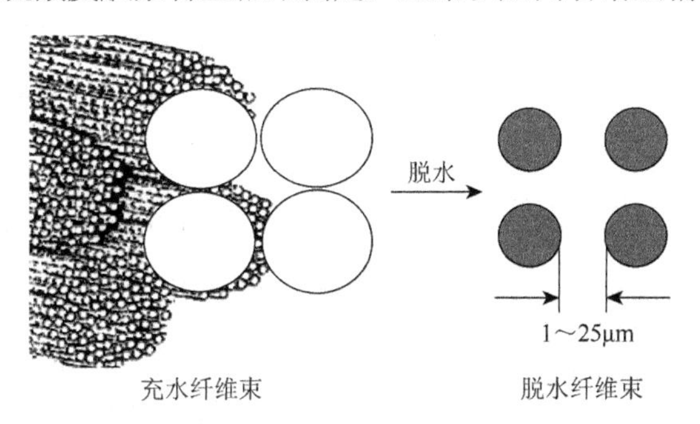

图 4-3　纤维束脱水分离

图 4-4 是胶原纤维束分散情况对比图。观察纤维束直径、分布凌乱性及孔隙平均性，图 4-4（b）中胶原纤维束的分散情况比图 4-4（a）好。

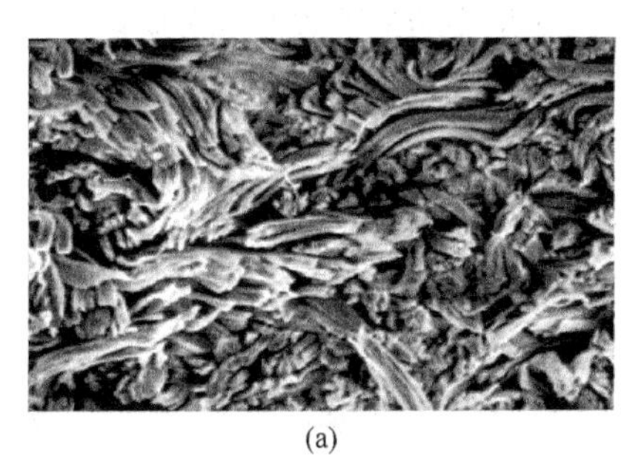
(a)

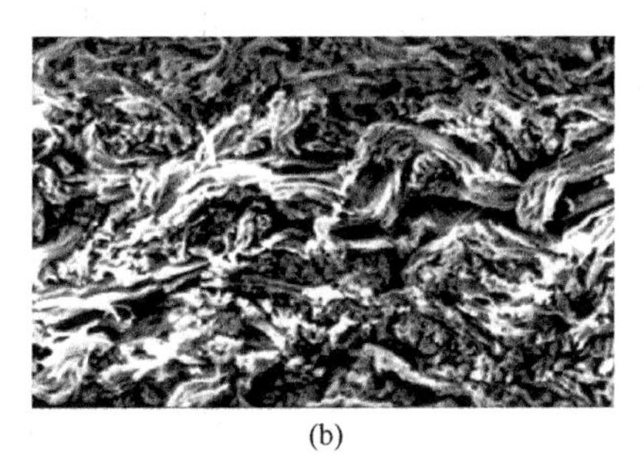
(b)

图 4-4　胶原纤维束分散情况对比

4. 皮胶原含水

1）水结合方式

水是胶原结构不可分割的一部分，以氢键形式直接与蛋白质结合的水有多种，见图 4-5，这也是胶原蛋白大量含水的主要原因。但是，在这些水中，有些水进入了胶原的微观结构中，如由羟脯氨酸作为一个核心与起点建立的多层次水结构，是稳定胶原空间结构的重要成分，成为胶原蛋白的一部分（Engel and Prockop，1998），见图 4-6。这些水不易与外界交换发生化学或物理变化，不被制革所关注，被认为是牢固的结合水（或水合水）。而只有相对弱的结合水才是制革关注的水分。假设结合水不变，部位差不计，那么裸皮中水可以分为毛细结合水及平衡水。

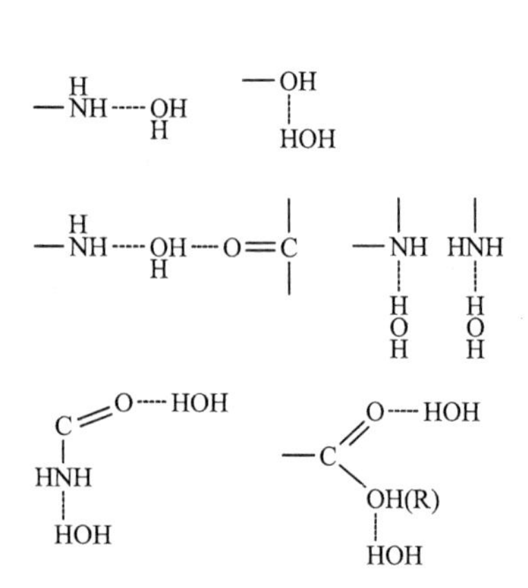

图 4-5　蛋白质分子中各种形式结合水的结构

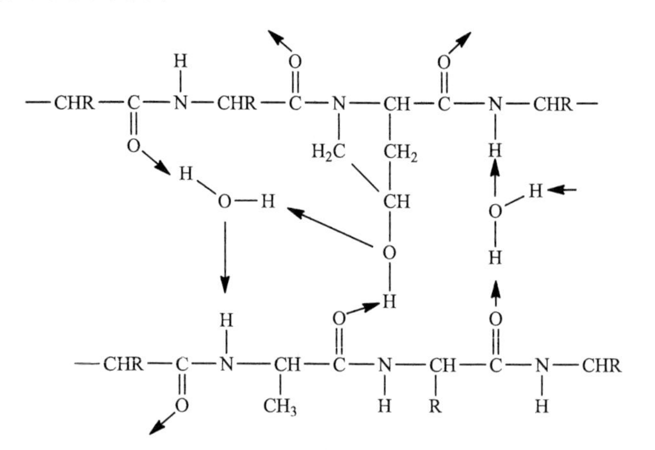

图 4-6　羟脯氨酸的多层次结合水结构

2）毛细结合水

毛细结合水是裸皮中从微观到宏观存在的水，保持细微平衡，维持生皮的活性、柔软、弹性。这些水是通过氢键与蛋白质分子基团结合的。

生皮中结合水是指通过氢键与生皮中胶原蛋白、非胶原蛋白和多糖等组分结合的水，约占生皮总含水量的 15%。当通过准备工段处理，纤维间质被大部分除去后，该部分水应该会减少，但由于胶原蛋白纤维束表面极性增加（包括脂肪的除去及部分降解）、纤维束间毛细的增加（非胶原物质的除去及纤维结构的疏松），结合水总量会成倍增加，见表 4-3。

表 4-3　蛋白结合水

蛋白来源	含水量/(g/100g)	原皮来源	含水量/(g/100g)	
			生皮	裸皮
绝干胶原	～45	小牛	70.9	270
胶原	200	母牛	69.4	224
网硬蛋白	30	公牛	67.3	206
弹性蛋白	25	猪皮	66.1	150

3）平衡水

平衡水存在于组织间隙中，可受压力移动，保持纤维间润滑。这些水通过弱键吸附在胶原表面。平衡水更多是以表面张力铺展、填充在毛细管壁及毛细管内。

5. 胶原的双亲性

胶原的双亲性（又称为两段性）是指胶原在纯水中形成不溶于水的单分子膜，显示了干胶原两个表面的疏水性与亲水性。胶原疏水（hydrophobic）的原因是多肽链上的某些氨基酸的疏水基团或疏水侧链（非极性侧链）的相互作用，见图 4-7。当分子中疏水基团或链与水接触时，为了克服表面张力，疏水基团会收缩、卷曲和结合，将吸附在表面的水分子排挤出，熵值回升，焓变值减少，系统能量降低。这种非极性的烃基链因能量效应和熵效应的热力学作用在水中的相互结合作用称为疏水键（疏水作用力）。疏水键在维持蛋白质三级结构方面起重要的作用。因此，在天然蛋白质中，疏水键是疏水侧链为了避开水相而群集在一起的一种相互作用，对蛋白质构象的稳定性及部分功能具有重要意义。由于蛋白质的大分子结构，有时表面（或有效）疏水性比整体的疏水性对蛋白质的功能具有更大的影响。表面疏水性影响分子间的相互作用，如蛋白质与其他亲疏水化学物之间作用。

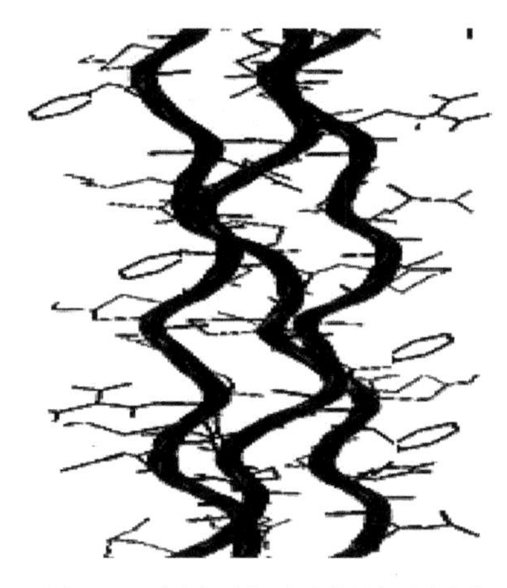

图 4-7　胶原蛋白疏水侧链示意图

制革化学反应在水浴中进行，需要结合大量的亲水性化学物质，对胶原进行盐碱酶作用，使胶原的极性基增加，对电解质敏感增加，吸水量增加，这导致胶原亲水性大于疏水性。这种比例与分布对制革化学反应是十分重要的，目前缺乏定量研究。

4.1.2　裸皮的化学活性特征

生皮经过碱酸盐酶作用后，裸皮胶原以 I 型胶原为主，由酸性、碱性及中性的 α-氨基酸、β-氨基酸构成，其中酸性氨基酸较生皮胶原多，它们的等电点下降，使 T_S 降低到 52～58℃（由前处理强度决定）。随着胶原纤维束表面结合及纤维束之间的组织被除去，新增侧链的基团及其化学活性明显增加，新的表面外露及固有胶原的化学物理结构特征也充分显示出来，这使裸皮的化学活性大大增加。

1. 分子的端肽特征

I 型胶原纤维三条肽链形成右螺旋。每条肽链有两个没有形成螺旋的端肽区。在 α_1 链中，N 端远程肽含有 16 个氨基酸，C 端远程肽含有 25 个氨基酸。在制革过程中，端肽间空间、活动性与化学键合起着重要作用，见图 4-8。

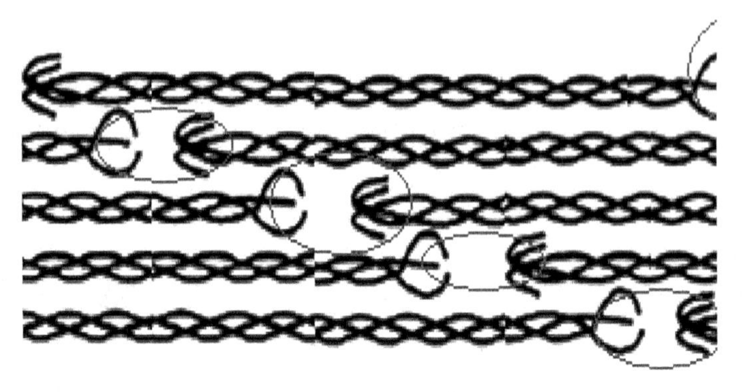

图 4-8 胶原的端肽区

2. 裸皮胶原的两性特征

从本质上说，蛋白质具有两性特征，胶原也是如此。虽然制革化学理论是建立在胶原的两性基础上，事实上，对固体皮胶原的化学反应性而言，两性特征并非唯一重要因素。仅用两性特征不能解释制革过程的化学原理，因为还有一些由两性特征延伸的其他特征需要表达：

（1）等电点：胶原溶液或良性化合物的等电点由电离后电泳或非电泳下等电特征决定。裸皮胶原的等电点几乎无法测定，而表面等电荷点可以测定。

（2）暂时等电（荷）点：在蛋白溶液中，有机、无机离子与蛋白质结合，获得稳定性或暂时稳定性时测定的等电点，可以称为暂时等电点；在固体生皮情况下，称为暂时等电荷点。这些等电（荷）点可能与描述的环境状态有关，也可以称为条件等电（荷）点。

（3）表面等离子点：与等电点不同，表面等离子点仅表示皮/革表面正、负离子数量相等。

（4）表面电性：根据溶液中粒子的动电电势特征，局部（表面）电荷的性质描述为表面带阳离子或阴离子。图 4-9 描述了两种离子状态。

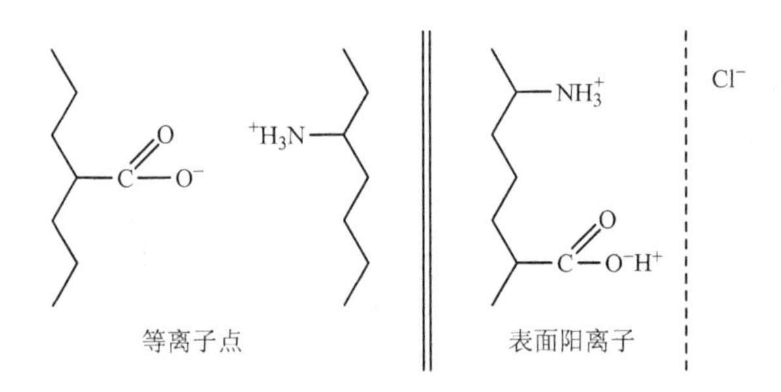

图 4-9 两种离子状况

3. 皮胶原与常见有机酸盐作用特征

胶原在有机酸盐溶液中的稳定性是离子与蛋白质表面水分子竞争后平衡的结果。这种平衡往往是蛋白质新的物理化学性质的基础。

1）与烷基磺酸盐作用

不同种类烷基磺酸盐（包括表面活性剂）作用可以使胶原显示出反差较大的湿热稳定性。这种稳定性与烷基链长度相关，见图 4-10（a）。除乙基磺酸盐外，随着烷基部分碳数的增加，胶原的 T_s 下降。

2）与苯基磺酸盐作用

不同种类苯基磺酸盐作用于胶原的结果与磺酸数量相关。随着磺酸基数量增加，磺酸盐与胶原作用加强，T_s 降低，见图 4-10（b）。

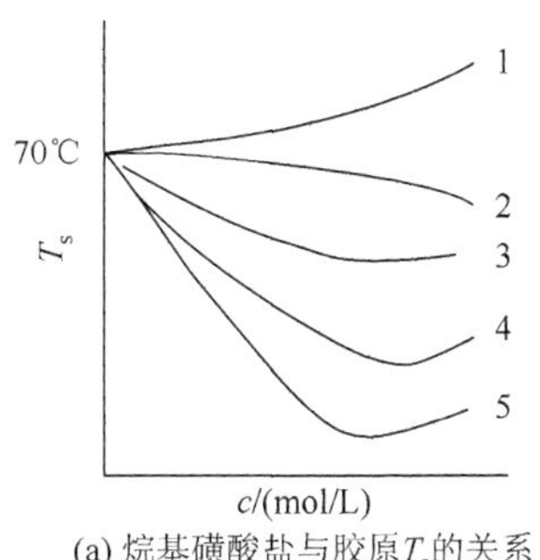

(a) 烷基磺酸盐与胶原 T_s 的关系

1. 乙基磺酸钠；2. 丁基磺酸钠；3. 庚基磺酸钠；4. 苯磺酸钠；5. β-萘磺酸钠

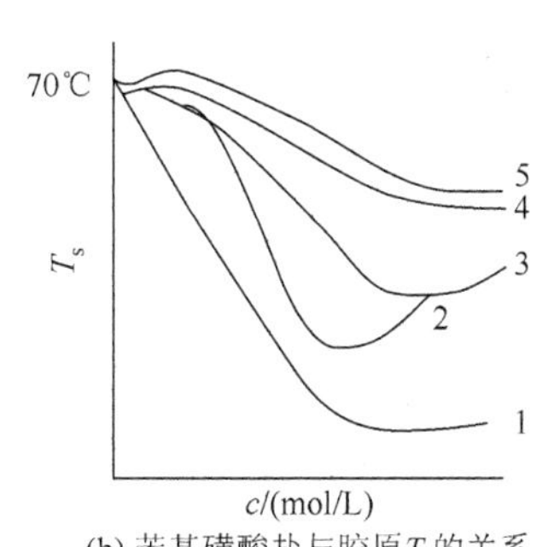

(b) 苯基磺酸盐与胶原 T_s 的关系

1. 苯磺酸钠；2. α-萘磺酸钠；3. 1, 3-磺酸苯钠；4. 对苯磺酸钠；5. 1, 3, 5-三磺酸苯钠

图 4-10　有机磺酸盐与胶原 T_s 的关系

3）与羧酸盐作用

不同种类羧酸盐作用胶原的结果是随着烷基链长度增加，胶原的 T_s 降低，见图 4-11。

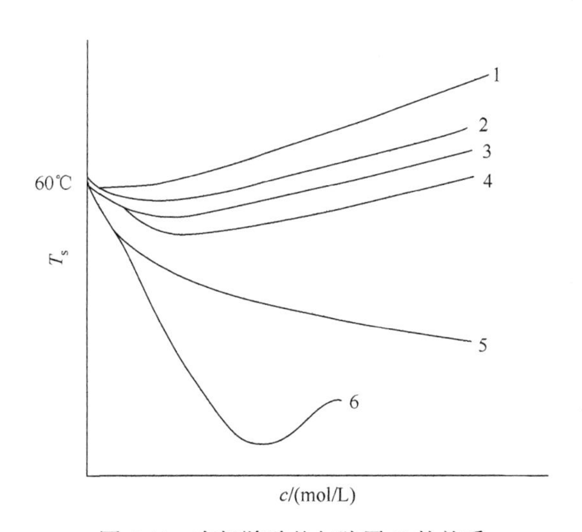

图 4-11　有机羧酸盐与胶原 T_s 的关系

1. 甲酸钠；2. 乙酸钠；3. 丙酸钠；4. 丁酸钠；5. 庚酸钠；6. 苯基丙酸钠

4. 胶原与常见无机酸盐作用

与有机酸盐作用于胶原不同，无机离子的水合作用与胶原作用相关性较大，与胶原表面张力关系较小。对一些常见的无机酸盐与胶原作用的研究结果总结如下：

（1）中性条件下，有机酸盐浓度＜20mmol/L 时，以离子结合产生的静电作用为主，每增加 1mmol/L，T_s 降低约 1℃。

（2）中性条件下，有机酸盐浓度为 20～500mmol/L 时，根据 Hofmeister 效应有

$$H_2PO_4^- \geqslant SO_4^{2-} > Cl^- > SCN^-。$$

（3）中性条件下，有机酸盐浓度为 200～800mmol/L 时，产生盐析或聚集。蛋白质变性增加，溶液开始不透明。

（4）当 pH≤4.0、$c(SO_4^{2-}) = 0.5$mol/L、离子强度为 0.32 时，胶原纤维开始无序，纤维结晶减少。

（5）常用盐与胶原作用依据阴、阳离子不同而异，在中性及相同离子强度下，NaCl、NaAc、$MgCl_2$ 中，NaCl 结合好，盐析最优先。

（6）对 SO_4^{2-}、CH_3COO^-、Cl^- 三种阴离子而言，结合顺序：$SO_4^{2-} > CH_3COO^- > Cl^-$，这与它们的水合作用焓变相关，与阳离子关系不大。

（7）SO_4^{2-} 与 PO_4^{3-} 能使水分子有序进而使胶原稳定，其中 SO_4^{2-} 在 0.5mol/L 就能够达到胶原的稳定。

（8）KI 使胶原充水膨胀率达 257%，KCl 的充水膨胀率达 69%。

（9）阳离子与胶原结合顺序：Mn^{2+}、$Ni^{2+} > Ca^{2+}$，$Ba^{2+} > Mg^{2+} > Na^+$，这与阳离子水合作用相关（顺序相反），也与溶液的 pH 相关。

5. 胶原与酸的亲和性

由于大量的无机、有机鞣剂与胶原作用的初期需要在酸性条件下进行，因此酸性条件下胶原的充水是制革关注的重点。

胶原亲酸能力大于亲碱能力，可以从胶原的酸容量（～0.90mmol/g）与碱容量（～0.33mmol/g）进行比较，酸的结构特征也表现出与胶原的亲和能力，如表 4-4。

表 4-4　胶原与部分酸的相对亲和力

酸	结合点	相对亲和力	酸	结合点	相对亲和力
盐酸	2.33	1.0	*β*-萘磺酸	3.24	59.0
苯磺酸	2.63	3.9	蒽醌，*β*-萘磺酸	3.40	97.0
对甲苯磺酸	2.66	4.4	对二苯基苯磺酸	3.70	412.0
硫酸	3.08	20.6	2, 4, 6-三硝基苯酚	3.86	758.0
二苯基磺酸	3.16	38.6	2, 4-二硝基-1-萘酚-7-磺酸	4.24	3020.0

这种亲和力也可以通过酸对胶原作用后充水膨胀程度进行判断。实验在 25℃条件

下，以软化裸皮质量为基础，添加 200%的水、4%的材料，然后用 0.5mol/L H_2SO_4 调溶液 pH = 2.0±0.2，平衡后结果见图 4-12。以十二烷基脂肪族磺酸为代表的脂肪族磺酸没有抑制酸膨胀的能力。

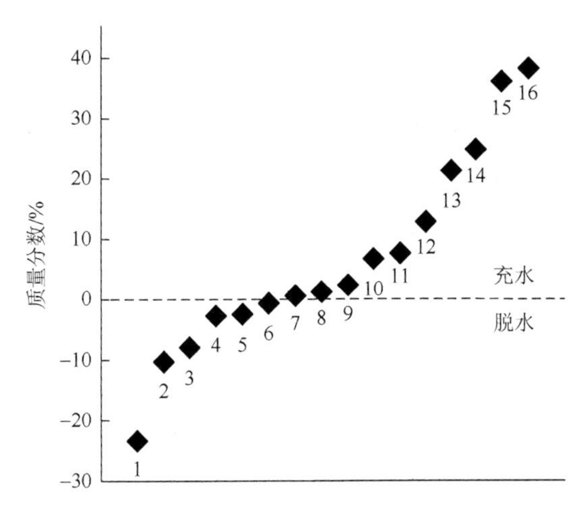

图 4-12 溶液 pH = 2.0±0.2 下充水与脱水

1. 磺化乙萘酚；2. 磺化邻苯二酚；3. 萘磺酸；4. 正常浸酸；5. 没食子酸；6. 水杨酸；7. 苯醌；8. 磺化对苯酚；9. 变色酸；10. 对硝基酚；11. 磺化蒽；12. 醌合苯二酚；13. 邻苯二酚；14. 鞣酸；15. 十二烷基苯磺酸；16. 甲苯磺酸

具有共轭环的化合物不产生充水抑制膨胀，在抑制酸膨胀中表现出以下 3 个特点：

（1）低 pH 下，有良好溶解性的磺化物是抑制酸膨胀的基础，它在酸性条件下仍能够在皮内运动并与阳离子结合，其分子小、渗透快，但抑制膨胀能力低。从理论上讲，较大共轭环具有强的疏水作用，当它的一端或某些基团与胶原的基团极性相接后，另一端斥水，破坏水分子在皮内排列状态，使体系熵增加，抑制充水能力也增加。

（2）在等电点下，胶原表面带正电，能够解离出带负电荷的酸根并与皮胶原良好结合，生成使其稳定性提高的化合物，可以抑制充水膨胀力。

（3）酚羟基是抑制酸膨胀的重要基团。在酸性条件下，酚羟基可以代替水分子与羧基结合，起到了“桥”的作用，稳定胶原结构，抑制充水膨胀。这从磺化乙萘酚与萘磺酸不同膨胀率的对比中可得到。

4.2 胶原的变性

4.2.1 胶原的热变性

1914 年，Povarrin 将皮或革体积变化时的温度称为收缩温度，以此来判断鞣制效果。随后他在理论层面解释胶原蛋白的 T_s 是一种相转变起点，在转变过程中，纤维排列间距发生变化，表现出体积收缩。迄今，制革中将这种长度或体积上的收缩起点温度定为 T_s，用 T_s 的高低判断胶原稳定性差别。

Weir 在 1949 年就对胶原肌腱收缩现象进行了研究总结。他认为，胶原收缩是一个一级动力学过程，而并非只在某一固定温度时才收缩，通常所谓的 T_s 是收缩速率达到一定值时的温度，因为此时收缩最明显，易被仪器监测和观察，并由此提出胶原收缩变性分两步反应。

$$胶原（稳态）\underset{k_1}{\overset{k_{-1}}{\rightleftharpoons}} 胶原（活化）\xrightarrow[k_2]{\triangle} 胶原（收缩）$$

第一步反应是可逆的，并且有两个速率常数，一个是正反应速率常数 k_1，另一个是逆反应速率常数 k_{-1}，当 $k_1 > k_{-1}$，胶原处于活化状态。作为一个可逆反应，活化态在一个微小的能量作用下进入反应产物的收缩状态，反应过程变得不可逆，即第二步反应。一级反应的解离常数可以根据反应自由能 (ΔG^0) 方程得到，方程为

$$\Delta G^0 = -RT\ln K = -RT\ln\frac{k_1}{k_{-1}}$$

式中，R 表示摩尔气体常量；T 表示反应时的温度；K 表示反应解离常数。活化自由能定义如下：

$$\Delta G^{\neq} = \Delta H^{\neq} - T\Delta S^{\neq}$$

式中，$\Delta G^{\neq}$ 表示活化自由能，J/mol；$\Delta H^{\neq}$ 表示反应活化焓，kJ/mol；$\Delta S^{\neq}$ 表示反应活化熵，J/(K·mol)。对一个吸热反应来说，过渡态更接近于产物，因此活化自由能 $\Delta G^{\neq}$ 与反应自由能 ΔG^0 值大致相同，即

$$\Delta G^{\neq} \approx \Delta G^0 \Rightarrow \Delta H^{\neq} - T\Delta S^{\neq} = -RT\ln k_1 + RT\ln k_{-1}$$

当 $k_1 \gg k_{-1}$，有

$$\Delta H^{\neq} - T\Delta S^{\neq} = -RT\ln k_1 \Rightarrow \ln k_1 = \frac{\Delta S^{\neq}}{R} - \frac{\Delta H^{\neq}}{RT}$$

因此，胶原的解离取决于两个因素，即活化熵（过渡态形成的无序程度）和活化焓（过渡态形成时的键能）。这就表明，随着活化熵的降低和活化焓的增大，收缩速率减小，意味着 T_s 升高。$\Delta G^{\neq}$ 越大，$\Delta H^{\neq}$ 越大，或 $\Delta S^{\neq}$ 减小，k_1 越小，T_s 越高。因此，降低胶原的内聚力，使之受热收缩能力下降，这种降低胶原内聚力的方法能破坏胶原的化学结构。破坏胶原的结构越微细，$\Delta H^{\neq}$越小，需要收缩的能量也越小，如破坏肽键、氢键（稳定螺旋）。

从焓、熵和自由能变化的角度研究，肌腱胶原在酸性和碱性介质中焓和自由能都降低；在盐溶液中，仅当盐的浓度较大时自由能会增加。铬鞣剂能明显提高焓和自由能，而降低熵，因此 T_s 升高。

胶原变性的活化参数可以通过差示扫描量热分析法（DSC）测定，革样的典型 DSC 曲线见图 4-13。其中，onset 表示起始温度，常作为 T_s；最高点 T_M 表示熔化温度；G_M 表示单位质量的胶原变性热值；假设收缩变性属熔化型相变，因此：

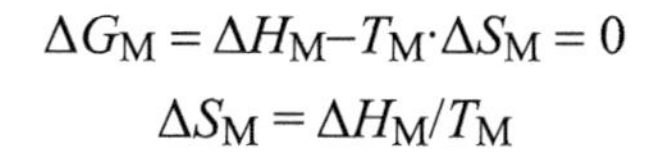

$$\Delta G_M = \Delta H_M - T_M \cdot \Delta S_M = 0$$

$$\Delta S_M = \Delta H_M / T_M$$

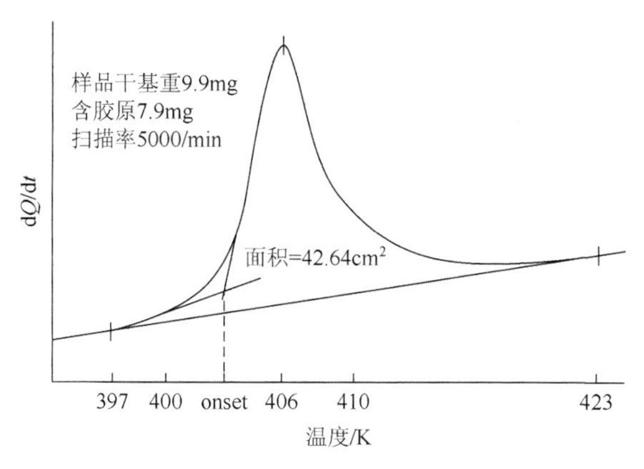

图 4-13　含湿 10.5%浸灰牛皮 DSC 曲线

4.2.2　胶原的变性温度

1. 水分与胶原耐热稳定

通过水分子稳定结构的胶原组织，改变结构与水分子的结合及分布相关。因此，胶原中水分子既是稳定胶原的组分又是易产生破坏胶原结构的组分。含水量与结合水的活性自然影响胶原的结构稳定。早期的一些研究表明：

（1）1994 年，Eaton 的研究：引入交联剂分子不足以赋予胶原高的湿热稳定性。

（2）1995 年，Bella 的研究：胶原是高含水物质，胶原的肽链之间没有直接连接，通过水与肽链之间极性端的氢键保持构型稳定。

（3）1998 年，Engel 的研究：破坏胶原内结合水分子，降低胶原稳定性。Hyp 对胶原的稳定起着特殊的作用，是水在网络中结合的中心，破坏水分子的构架将降低胶原的耐热稳定性。

（4）2007 年，Covington 的研究：在干态下，Cr(III)鞣革与未改性胶原的变性温度均约为 200℃。

如果胶原的湿热温度为 60℃，干胶原在 209℃收缩，则胶原含水与 T_s 关系见图 4-14。

2. 胶原收缩的特征

20 世纪 50 年代末，Weir 从热力学的观点看待胶原及改性胶原的湿热稳定性。所谓收缩温度是收缩速率、收缩程度最明显时的温度，易被仪器监测和观察。他从焓、熵和自由能变化的角度研究未经处理的与经酸、碱、盐和鞣剂处理过的肌腱胶原，在酸性和碱性介质中，焓、熵和自由能都降低。结合使用酸和盐的情况是复杂的，盐溶液和酸溶液会降低焓和熵，但当盐的浓度大时能增加自由能。

胶原收缩有很高的温度系数，很小的温度变化带来的影响都很明显，见图 4-15。Ⅰ型胶原在收缩期间形态的变化有相似性，见图 4-16。

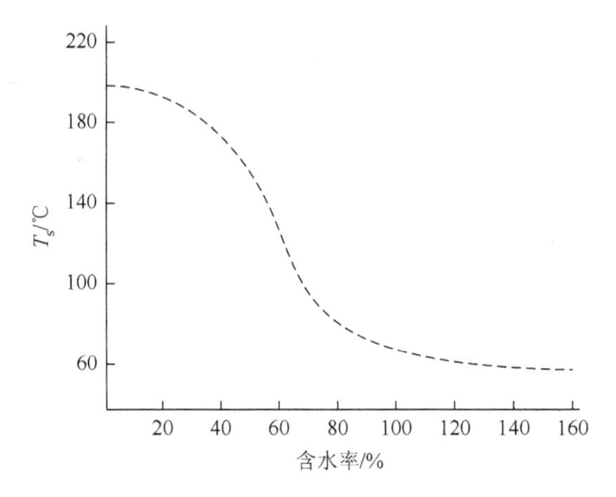

图 4-14 胶原含水与热变性的关系

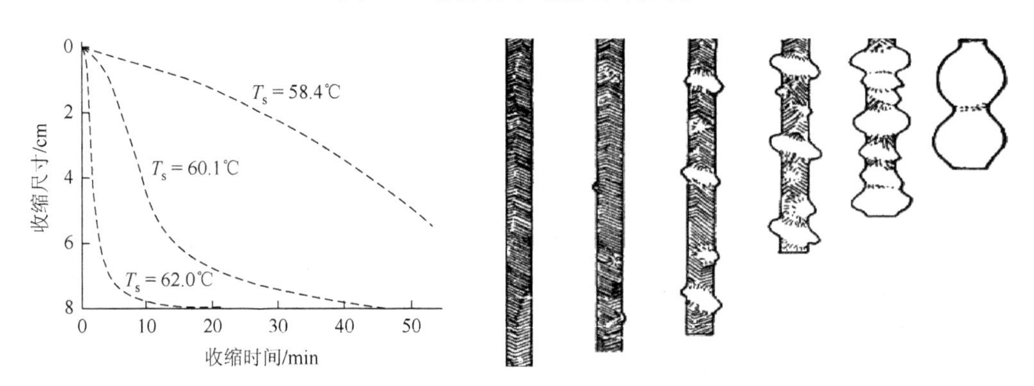

图 4-15 温度与胶原收缩的关系

图 4-16 胶原收缩的形态变化

3. 胶原变性的机制

Ropgaueb、Heideman、Usha、Wei 等都对胶原收缩变性进行了描述：

（1）收缩是胶原螺旋结构转换成无规的、紧缩形式的扭结。

（2）胶原显示典型的熔化行为（相变）。湿热收缩是由螺旋圈的转换（松弛）引起的，也称为变性。螺旋破坏温度主要依赖于氨基酸的数量、分布和连接次序。

（3）脯氨酸和羟脯氨酸残基，以及天然胶原的质量和位置对螺旋结构的稳定性有重要作用。

（4）T_s 反映的是湿热稳定性。只有当组织充分水合时，用 T_s 进行耐湿热温度估价才是有效的。

（5）破坏氢键，降低稳定性。脲的浓度为 6mol/L 时，铬鞣胶原的 T_s 从 105℃下降至 41℃；非酸碱类小分子有机物破坏胶原氢键结构，导致胶原的 T_s 改变。如图 4-17 所示，破坏氢键使胶原热稳定性降低而收缩。

（6）破坏或分离肽链更易使胶原热稳定性降低：不同 pH 下，对相同含盐、含水量的胶原而言，酸性（pH～4）皮胶原比中性（pH～6）皮胶原的 T_s 低约 10℃。胶原在酸性条件下胶解变性，是 H^+对胶原作用的结果。

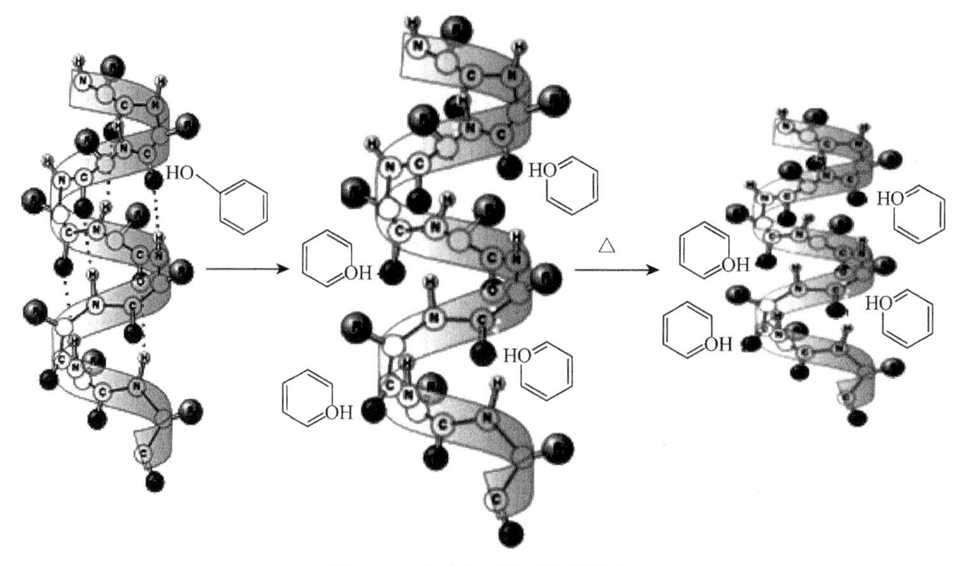

图 4-17　氢键破坏后胶原收缩

$$-\overset{\overset{\Large O}{\|}}{C}-\overset{\overset{\Large H}{|}}{N}- \rightleftharpoons -\overset{\overset{\Large O^-}{|}}{C}={}^{+}\overset{\overset{\Large H}{|}}{N}- \underset{-H^+}{\overset{H^+}{\rightleftharpoons}} -\overset{\overset{\overset{\Large H^+}{\vdots}}{O^-}}{\overset{|}{C}}={}^{+}\overset{\overset{\Large H}{|}}{N}- + -\overset{\overset{\Large O}{|}}{C}\text{---}\underset{\underset{\Large H^+}{\vdots}}{\overset{\overset{\Large H}{|}}{N}}-$$

表 4-5 表达了有机酸及一些小分子物质对胶原 T_S 的影响。

表 4-5　有机酸溶液中胶原变性温度

有机物	T_s/℃	胶解状况	有机物	T_s/℃	胶解状况
HCOOH	≤0	25℃溶解	C_3H_7COOH	45	不溶解
HS—CH_2—COOH	≤0	20℃溶解	$C_6H_4(OH)_2$	15	201℃溶解
CH_3—CH(OH)—COOH	≤15	20℃溶解	$HCONH_2$(甲酰胺)	15	212℃溶解
CH_3COOH	20～25	不溶解	CH_3COCH_3	71	不溶解

4. 变性胶原的特征

胶原收缩变性后在物理力学性能上发生了较大的改变。分子排列混乱造成化学构象构型转变、体积收缩，具体表现如下：

（1）变性后延弹或脆性增加；撕裂力与抗张强度指标下降。

（2）吸收水及水汽性能下降；抗酶解能力下降。

（3）变性胶原脱水，水的交换能力急剧减小。

与正常胶原及橡胶比较，负荷伸长特征见图 4-18。

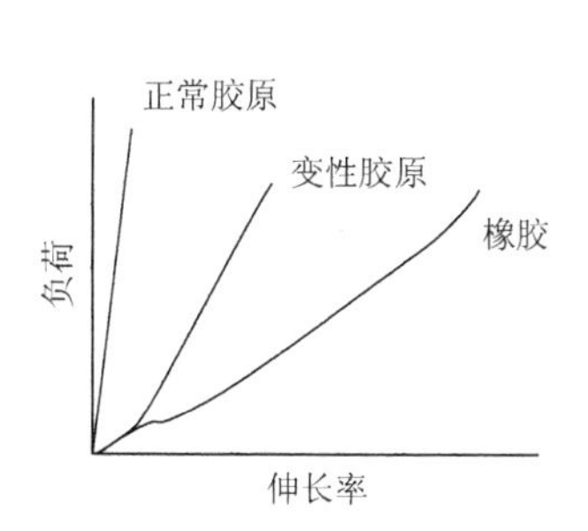

图 4-18　变性胶原负荷伸长

4.3 胶原的改性与模拟

4.3.1 胶原的化学改性方法

胶原改性是鞣剂鞣法研究的重要内容，是鞣剂与胶原化学反应方式探讨的重要手段。胶原改性的方法可以根据鞣剂特征及鞣制过程进行设计。本节讨论几种常见的方法。

1. 去氨基改性

多种类型的羧酸酰氯、羧酸酐、磺酰氯、磷酸酯、焦磷酸酯、氯氧化碳在碱性条件下都很容易与赖氨酸 ε-氨基发生酰氨化反应。在酸性介质中，酰基化试剂则与氨基酸、肽和蛋白质的醇羟基或酚羟基反应形成酯。用丁二酸酐进行酰化反应，见下式：

$$\text{P}-NH_2 + \text{(丁二酸酐)}\ O(CO-CH_2)_2 \xrightarrow{+H_2O} \text{P}-NH-\underset{\underset{O}{\|}}{C}-CH_2-CH_2-COOH$$

反应结果显示，不仅氨基被取代，还增加了羧基，ε-氨基被烷基化。

Slyke 采用一种简单的脱氨基法，使游离侧链氨基成为羟基，见下式。反应是将蛋白质暴露于乙酸和亚硝酸盐的混合物中进行的。首先形成的偶氮基是不稳定的，分解释放出氮，并产生羟基。反应程度依赖于反应时间和酸度大小。如果使用更低的 pH（1～2），胍基的降解程度较大。

$$2HNO_2 \longrightarrow N_2O_3 + H_2O$$

$$\text{P}-NH_2 + N_2O_3 \longrightarrow \text{P}-N^+\equiv N \xrightarrow{-N_2+H_2O} \text{P}-OH + H^+$$

异氰酸酯也和氨基反应形成脲结构：

$$RNCO + NH_2-(CH_2)_n-\text{P} \longrightarrow RNHCONH-(CH_2)_n-\text{P}$$

不少与氨基能够反应的物质都可以在不同程度上改性胶原氨基，如活性醚、咪唑盐、环氧化合物等。用乙醛酸改性为例，见下式：

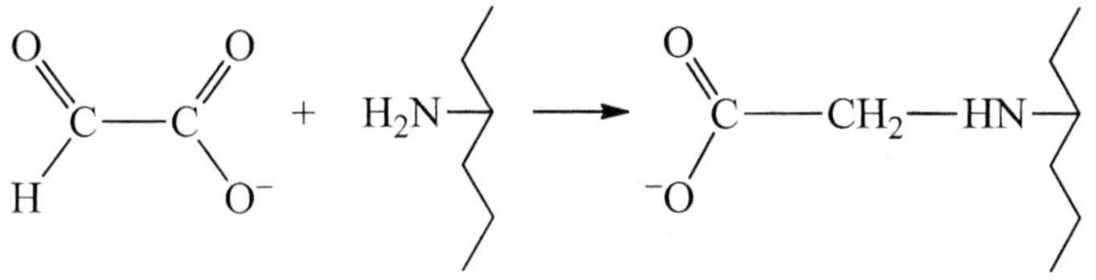

$$OHC{-}COO^- + H_2N{-}R \longrightarrow {}^-OOC{-}CH_2{-}HN{-}R$$

增加羧基、减少氨基的方法研究较多。通过胶原氨基和含活泼氢的有机羧酸的 Mannich 反应改变氨基结构，同时增加羧基的数量，从而可以判断配合物鞣剂鞣革时羧基和氨基的作用。例如，Feairheller 很早就采用了甲醛和丙二酸进行 Mannich 反应。

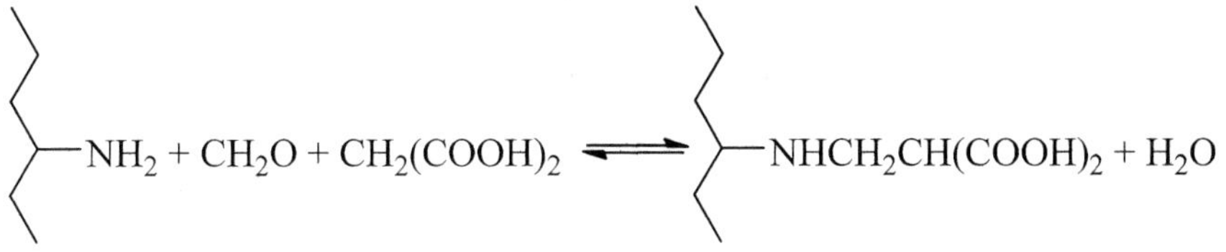

$$R{-}NH_2 + CH_2O + CH_2(COOH)_2 \rightleftharpoons R{-}NHCH_2CH(COOH)_2 + H_2O$$

能发生此类反应的有机羧酸较多，如丙酮二羧酸、丙酮酸、α-氧化戊二酸、乙酰基羧酸和甘氨酸等。这些物质也可以是修饰胶原氨基的材料。

2. 胶原蛋白的胍基改性

二酰基和胍基也可以进行反应，反应后胍基被封闭，见下式：

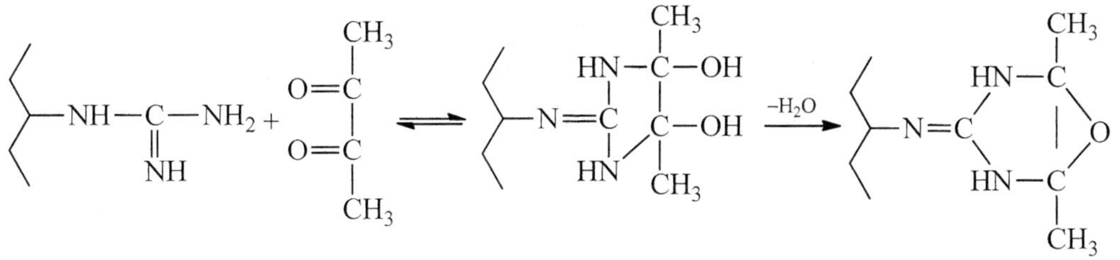

$$R{-}NH{-}C({=}NH){-}NH_2 + CH_3{-}CO{-}CO{-}CH_3 \rightleftharpoons R{-}N{=}C{<}(HN{-}C(CH_3)(OH){-}C(CH_3)(OH){-}NH) \xrightarrow{-H_2O} R{-}N{=}C{<}(HN{-}C(CH_3){-}O{-}C(CH_3){-}NH)$$

采用 NaOCl 去胍基作用，见下式：

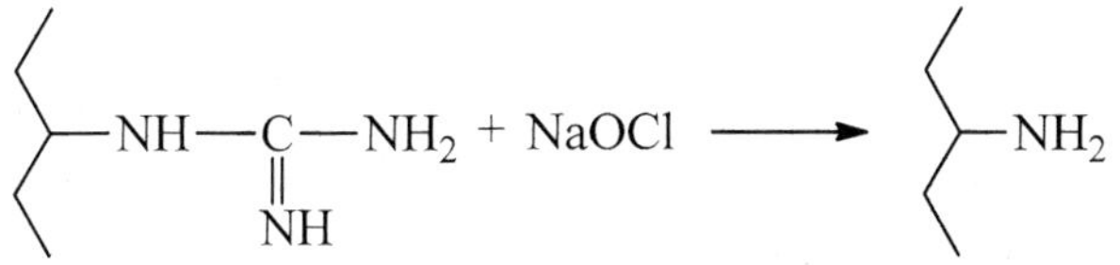

$$R{-}NH{-}C({=}NH){-}NH_2 + NaOCl \longrightarrow R{-}NH_2$$

3. 胶原的氨基改性与结构

1991 年，Chang 和 Heldemann 用白皮粉进行了以下实验。将皮粉悬浮在有三乙醇胺存在的水中，加盐酸溶液和乙酰化试剂（N-甲基乙酰胺）（pH = 8.5），搅拌 1d，过滤，洗涤，再过滤和干燥，按 Bowes 于 1968 年所述的 Soerensen 甲醛滴定法或氨基酸分析法测定氨基改性程度，反应结果见表 4-6～表 4-8。

表 4-6 氨基的改性

皮粉状态	T_s/℃	游离氨基的量/(mmol/g)	改变率/%	pI
天然皮粉	55	0.325	—	7.88
脱氨基	59	0.025	92	5.28
酰胺化	58	0.018	94	—
苯甲酰化	63	0.048	85	5.31
去胍基化	56	0.143	66	5.10
二乙酰化	60	0.320	1	5.55
乙酰化	41	0.063	81	4.86
甲苯磺酸盐化	58	—	—	7.44

表 4-7 改性皮粉的氨基酸分析

皮粉状态	*w*(赖氨酸)/%	*w*(羟基赖氨酸)/%	*w*(精氨酸)/%	*w*(丝氨酸)/%
天然皮粉	87	23	157	100
脱氨基	1	5	140	—
酰胺化	30	22	150	—
去胍基化	34	20	92	—
二乙酰化	89	23	66	—
甲苯磺酸盐化	—	—	—	61

表 4-8 用酸酐改性皮粉

皮粉状态	T_s/℃	游离氨基的量/(mmol/g)	改变率/%	pI
天然皮粉	55	0.325	—	7.88
丁二酸酐	54	0.080	75	4.39
邻苯二甲酸酐	42	0.050	85	3.94
均苯四酸酐	60	0.075	77	3.90
顺-丁烯二酸酐	59	0.063	81	4.25

乙酰化和苯甲酰化产物不耐水解。二乙酰化只对胍基有效，对氨基无效，通过这种改性，T_S无大的提高，等电点 pI 降至 5 左右。在表 4-8 中，各种酸酐改性皮粉后，pI 降至 4.0 左右，改性程度几乎达到 80%。

4. 胶原蛋白羧基的改性

用甲醇酯化（在 0.lmol/L HC1 溶液中）胶原蛋白羧基，产率大于 50%。用硫酸二甲酯甲基化，可封闭 95%的羧基。亚硫酰二氯、偶氮甲烷等也可以使羧基甲基化。

由于改性胶原使原有的活性基团产生变化，胶原的 pI 发生偏移，研究时需要考虑环境条件保持有意义的研究结果。

4.3.2 胶原官能团模拟物的采用

在研究鞣制物质和胶原的官能团化学反应机理或变性后物理化学性质时，除采用上述改变胶原官能团的结构和数量的化学改性方法外，常用已确定结构的化学合成物或天然产物作为模拟物，用所研究的鞣制物质处理这些已知结构材料，然后分析：

（1）鞣剂组成结构、数量的变化。

（2）被处理材料结构、结合的鞣剂的数量变化。

（3）推断所研究的鞣制物质与胶原何种官能团反应及结合特征。

常采用的胶原模拟物有已知结构的氨基酸、小分子多肽、聚酰胺、1, 6-己内酰胺、聚乙烯醇、含羧基的阳离子交换剂、含N基团的阴离子交换树脂。

1. 胶原的化学模型

动物皮的主要结构单元是胶原分子。对Ⅰ型胶原结构和表面官能度的详细了解，有助于认识鞣制机理，设计新的鞣剂、防水剂和着色剂等其他皮革化学品。这些蛋白变性剂都能与胶原中某些氨基酸侧链反应。另外，试剂和胶原的反应程度将取决于活性侧链的数量及它们的可接触率。为了识别和确定蛋白变性剂的潜在反应点和反应特性，充分了解胶原结构和性质是必要的。

对Ⅰ型胶原结构目前统一的认识是标准棒状三股螺旋，长约为300nm，直径约为1.5nm。三股螺旋是天然右手螺旋，它由2条α_1链和1条α_2链组成。每一条多肽链绕它的螺旋轴呈左手缠绕，是由Gly-X-Y三肽单元组成，X和Y可以是任何氨基酸残基。实验确定了α_1链和α_2链的氨基酸次序，X和Y位置上分别高频率地出现脯氨酸和羟脯氨酸。因此，经常用合成多肽Gly-Pro-Pro或Gly-Pro-Hyp来代表胶原模型。尽管这些合成多肽提供了有关多肽的结构信息，但它们并未表明天然胶原中存在的氨基酸官能度，所以不适合做蛋白配位反应研究。

有关Ⅰ型胶原的结构及堆砌的信息，主要来自天然胶原和多肽的X射线衍射与电子显微研究。对于胶原原纤维的排列组合的本质仍然存在争论，然而，Smith初原纤维模型被广泛采用。在Smith初原纤维模型中，5根三股螺旋环绕排列，但相邻间错位67nm（1D）。在初原纤维结构中，处在同一根轴的相邻胶原分子间，不存在直接的末端对末端的相互作用，而有40.2nm（0.6D）的裂缝。

1991～1997年，Chen、Brown、King等用分子模型化技术对Simith初原纤维三维空间结构进行了详细研究。这些研究使用了大家所知的实验数据，以构建和检验一个（Gly-Pro-Hyp）合成初原纤维模型及使用小牛皮Ⅰ型胶原片段构建的一个初原纤维。采用布鲁克海文蛋白质数据库（Brookhaven Protein Data Bank），使用分子模型化构建的一个$[(\text{Gly-Pro-Hyp})_{12}]_5$初原纤维是有效的。

从Brookhaven Protein Data Bank可获得构建的$[(\text{Gly-Pro-Hyp})_{12}]_5$模型，该模型作为构建新模型时的一个模板。Buttar等采用AMBER全原子力场作为大分子模型化软件 SYBYLV 6.1 的补充，处理胶原的初原纤维模型和它们的次级单元的所有计算。

AMBER 全原子力场是一个潜能函数，专门用于模拟蛋白质和核酸的结构及能量性质，使用于 SYBYLV 中。对 Brookhaven Protein Data Bank 构建的$[(Gly\text{-}Pro\text{-}Hyp)_{12}]_5$模型进行完全的能量最优化，所得结构与 Chen、Brown、King 等的（Gly-Pro-Hyp）模型吻合性很好。

2. 化学模型应用

1）鞣制过程的分子模型

尽管制革已有几千年的历史，但对鞣制化学基础较深入的研究并不多。主要存在的问题是制革化学被认为仅仅是制革工艺的辅助解说。事实上，科学是无边界的，学科的延伸与交叉是建立新学科、改造传统学科的必要条件。19 世纪，欧洲制革化学研究引起了科学家对有机化学、无机化学及蛋白质化学的兴趣，促进相关学科大发展；20 世纪生物化学、高分子化学的发展，使制革向高效、高质量及清洁化技术与产品的方向迈进。

鉴于天然皮胶原复杂的化学与组织结构，制革化学难以精确地、微观地确定胶原中独立分子和基团的位置及功能，只能从宏观上综合表达制革化学反应的结果。所以，不得不求助于胶原的原子结构模型，以帮助科研人员更深入地了解鞣制化学。

分子模型化属于更宽领域的计算化学。计算化学是指任何在计算机上进行的化学研究，如计算机辅助分子设计（CAMD）、定量构效关系（QSAR）和计算机辅助化学合成等。分子模型化更具体的目的是设计一个分子的原子模型，以便尽可能多地预测分子的性质。许多计算方法复杂程度各异。总的原则是，方法越精细，使用的计算机资源越多。

2）准备过程的分子模型

Buttar 等构建了浸灰后的初原纤维模型。浸灰过程可使谷氨酰胺和天冬酰胺侧链分别水解成谷氨酸和天冬氨酸侧链。因为酸性自由基的数量对胶原和金属鞣剂的配位反应起重要作用，所以确定初原纤维模型表面的谷氨酰胺和天冬酰胺残基，以及将它们水解成相应的酸式是必要的。这个过程在初原纤维模型表面形成 12 个新的酸性侧链。

优化 Gly-Pro-Hyp 替代的初原纤维的轴长分别是 10.5nm 和 10.3nm，相应的间隔分别是 6.8nm 与 6.7nm。构建的替代初原纤维的表面官能团被检验，有利于形成三股螺旋中二股螺旋内部的相互作用，以及检验将三股螺旋结合成初原纤维的三股螺旋间的相互作用。

利用 AMBER 全原子力场进行优化。优化的单链、三股螺旋和初原纤维的计算总能量可以用来估价形成螺旋和初原纤维结构的稳定化能。使用该法对未浸灰的替代初原纤维进行计算的结果表明，初原纤维的总稳定化能是非常小的；稳定化能在螺旋间和螺旋内的分布是明显不同的，这种主要差别在于替代模型中存在强的静电相互作用，以及不同的氢键结合模式。

检验（Gly-Pro-Hyp）三股螺旋的研究结果表明，每个三肽单元有两个氢键。这些相互作用由 Gly 与 Pro 作用形成。羟脯氨酸残基不形成内部螺旋氢键，取代羟基通常是指向螺旋结构外侧的羟基。形成初原纤维时，羟脯氨酸羟基取代是指向初原纤维内部的，与有效羧基形成了氢键，产生螺旋间相互作用。甘氨酸和脯氨酸残基被包含在三股螺旋和初原纤维的稳定化中，而羟脯氨酸残基仅仅是包含在初原纤维结构的稳定化中。

除讨论的（Gly-Pro-Hyp）模型氢键相互作用外，替代模型的稳定化可以通过相反电荷残基间的静电相互作用产生。在初原纤维模型中发现，相反电荷的侧链通常是紧密贴近的，相类似，疏水残基趋向于集束在一起。替代初原纤维中存在螺旋内和螺旋间的静电作用，如下式所示：

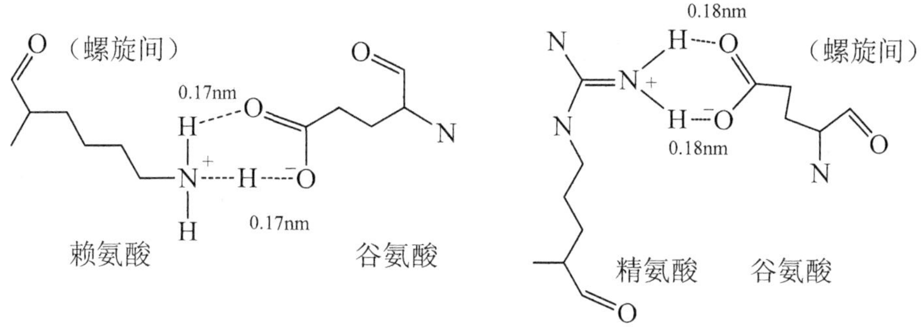

由氨基酸秩序组成的初原纤维模型表面的 3 种主要官能团来自于酸性、碱性侧链的氨基酸，以及含极性羟基侧链的氨基酸残基。表 4-9 列出了在初原纤维中和初原纤维表面的不同官能团的总和。

表 4-9　胶原初原纤维模型中的表面官能团的总和

官能团	酸性基	碱性基	羟基
氨基酸残基	天冬氨酸、谷氨酸，(天冬酰胺、谷酰胺)[a]	赖氨酸、精氨酸	羟脯氨酸、丝氨酸、酪氨酸
残基总数	48[a]	44	92
表面残基数	36[a]	34	56

a. 包括浸灰时被水解成酸式的 12 个表面天冬酰胺和谷酰胺。

表 4-9 表明，在浸灰初原纤维表面，酸性和碱性侧链的数量几乎相同，也存在许多含羟基的氨基酸残基，这些侧链对初原纤维的亲水性是重要的。这些基团都是被参考的、与鞣剂反应的基团。

第 5 章　渗透与结合

5.1　渗透与扩散

渗透与结合是生皮制革的关键平衡过程，此过程涉及的因素较多。本质上，在水溶液中的渗透与结合，也是一种物质交换的平衡过程，该过程包括皮与革内的物质之间渗入与溶出的交换、结合与解离的交换。常见的交换物质有水、无机离子、有机离子、小分子中性物质。交换形式见图 5-1。交换过程可以表达为：①同物同点之间交换；②同物异点之间交换；③异物异点之间交换（间隔或远程交换）。

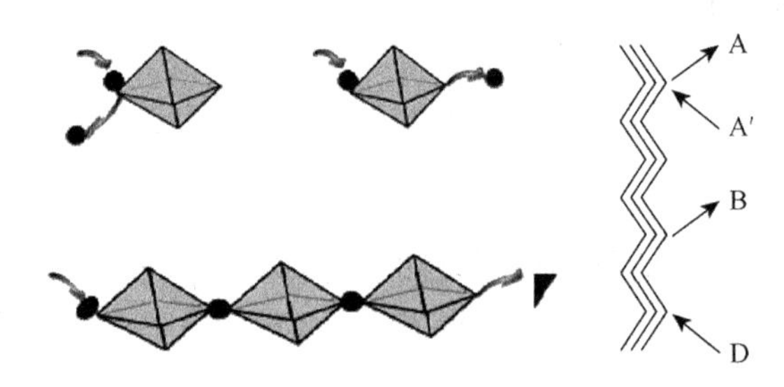

图 5-1　革内一些渗透与结合的交换形式

制革中随着工序增加，影响交换的因素渐变复杂，如胶原/革纤维的结构特征、材料的物理化学性质、环境条件，这些都成为与交换关联的因素。

5.1.1　胶原/革纤维的构型

胶原是构成生皮的两性蛋白，假设鞣前的皮胶原是一种被纯化的纤维组织、一种多孔的立体网状模块（matrix），见图 5-2。若从生皮中除去非胶原物质（如毛、表皮、肉层、可溶蛋白质、脂肪等），在鞣前的准备过程中，生皮经过脱脂、脱毛、膨胀、软化、浸酸处理后，才有可能与鞣剂、助剂、油脂、染料等材料反应。因此，鞣前皮胶原的多孔是必然要求。胶原网状模块的三维模型特征在于：①网状模块的区域编织是立体网状

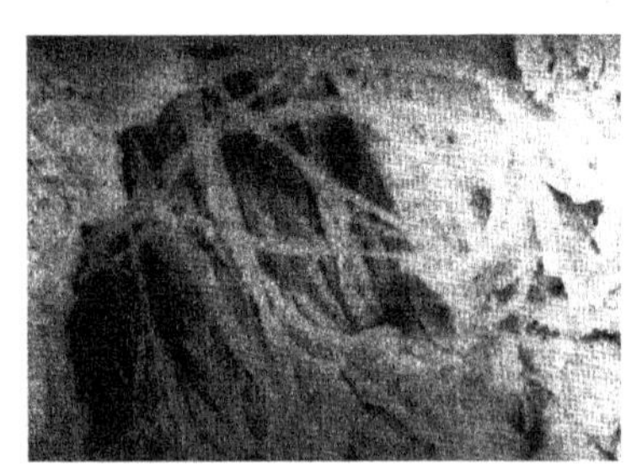

图 5-2　皮胶原的构型

的无规编织物，与纤维所处的位置无关；②网状模块有高孔隙率（50%～90%），是孔与孔相互连接的；③大孔径结构是由纤维束不平行和交叉构成的，与厚度无关。由此形成的毛细管有直的、斜的，角度是任意的。

5.1.2　胶原/革纤维的孔径与渗透模型

胶原作为两性蛋白纤维的多孔模块结构，是一种充满结合水及自由水的管网。

1. 纤维的孔径

科研工作者研究柔软、延弹且又无规编织的胶原纤维，难以确定网状模块组织的规律，在多因素条件的假设下完成的研究对于实际应用而言仅能作为参考。关于胶原/革纤维的孔径已有多种研究及表达：

（1）胶原从 1/4 排列后集合成微原纤维、原纤维，原纤维之间存在 0.1～5.0μm 的微孔结构空间（Schmit 和 Gross，1948；Zettlemoyer，1946；Bear，1952；Elden，1971；Sanjeevi，1976）。

（2）液体置换测试表达了纤维内部空间直径在 0.2～6μm。

（3）1994 年，Panduranga 根据胶原的模型，假设胶原孔的交叉角度是任意的，孔径是可变的，按照公式：

$$D_e = \frac{\varepsilon_m \delta}{\tau} D_t$$

式中，D_e 表示有效扩散系数，m/s；D_t 表示实际扩散系数，m/s；ε_m 表示微结构中水的体积分数，%；τ 表示弯曲系数；δ 表示出口半径（r_{max}）和入口半径（r_{min}）的比例。

通过液体置换测试得到各种湿态铬鞣山羊鞋面革、黄牛鞋面革（33%碱度的铬粉，用量为碱皮质量的 4%）微纤维之间孔半径 $r = 0.2$～$0.6\mu m$，平均半径 $\bar{r} = 0.3\mu m$；其中，约 50%微纤维之间孔半径在 $0.2\mu m < r < 0.3\mu m$，约 40%在 $0.3\mu m \leq r' < 0.4\mu m$。

2. 渗透材料的尺寸

完成渗透还需要考虑的是渗透物的尺寸。由于溶液中物质的形态与当时的环境有关，难以确定尺寸变化，因此无论是计算还是实验测定的数据只能用于参考。制革常见材料的参考尺寸见表 5-1。

表 5-1　部分材料的尺寸

单元操作	主要游离物质	尺寸/nm
准备工段	Na^+	～1.0
	Cl^-	～2.0
	Ca^{2+}	～1.0
	S^{2-}	～2.0
	NH_4^+	～2.0

续表

单元操作	主要游离物质	尺寸/nm
铬鞣	铬鞣剂二聚体	～8.0
有机鞣	栲胶鞣剂分子	10.0～5000.0
	合成鞣剂分子	20.0～40.0
加脂	植物油分子	1.0～30.0
	合成加脂剂分子	0.1～1.0
染色	单偶氮染料分子	～100.0
	双偶氮染料分子	～200.0
	三偶氮染料分子	～300.0

3. 材料的渗透/扩散模型

尽管结构无规，但仍可以假设皮或革的纤维编织是统计均质的，材料及其在溶液中也是统计均质的，即无论材料是从粒面或从肉面渗透，都具有相同的动力与速度。材料进入胶原/革纤维网络内的途径与渗透扩散见图 5-3（a)，根据“全透”的结果进行理论的分布表达见图 5-3（b)。

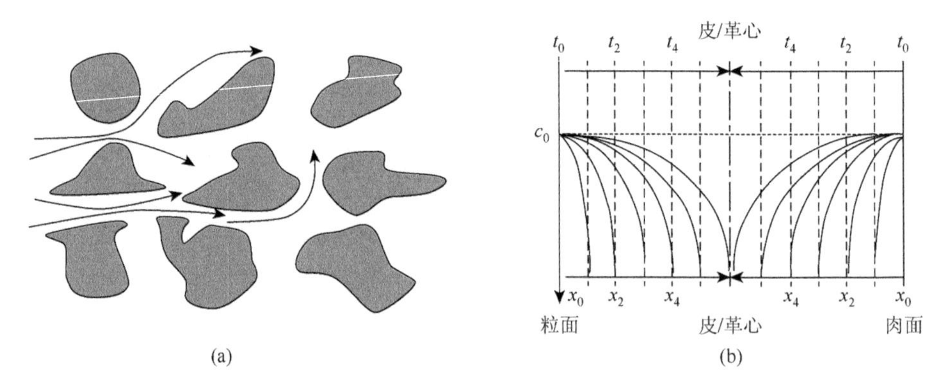

图 5-3　材料在胶原/革的多孔曲折路径内扩散

5.1.3　胶原/革纤维内材料的渗透与扩散

影响材料在皮胶原/坯革内渗透/扩散速度的因素很多。在胶原/革纤维特性方面，有纤维束细度、截面形状、表面状态、孔隙率、接触角、厚度等；在液态介质方面，有黏度、表面张力、密度等；在材料特性方面，有相对分子质量、分散/聚集形态、亲/疏水性、电荷性等；环境条件中的温度、pH、压力等。因此，材料在胶原/革纤维内渗透/扩散是上述诸多因素综合作用的结果。

研究胶原模块中扩散的报道不少，如 Stromber 和 Swerdlow 于 1954 年、Zakhachenko 于 1972 年、Grigera 和 Acosta 于 1974 年、Zakhaernko 和 Pavlin 于 1973 年、Panduranga 于 1994 年均对皮胶原/坯革内扩散的孔径尺寸与分布进行了研究和报道。Brien 于 1970 年

和 Atto 于 1968 年等研究了胶原/革模块的有效扩散速度，他们认为，材料在水溶液中扩散速度比在皮胶原/坯革内小 20 倍，这说明孔模型描述理论具有合理性，扩散系数是有效的。事实上，这类模型的设计是有偏差的，因为皮胶原/坯革是有机非刚性编织物（膨胀形变），具有黏弹性（滞后性、压缩变形性、回弹性）。

1. Fick 渗透/扩散模型

材料扩散进入皮胶原/坯革内是与生皮结合的起始。扩散是由混合物的化学势不平衡状态引起的。温度和压力梯度对物质 i 的浓度差 Δc 的影响可以忽略不计。

在坐标轴 x 方向应用 Fick 第一定律，见式（5-1）和式（5-2）：

$$J_i = \frac{\alpha}{\tau} D_i \left(\frac{\mathrm{d}c_i}{\mathrm{d}x} \right) \tag{5-1}$$

$$J = D_{\mathrm{iff}} \times \left(\frac{\mathrm{d}c_i}{\mathrm{d}x} \right) \tag{5-2}$$

式中，J 表示维方向单位面积皮胶原/坯革通过物质的量；α 表示孔率；τ 表示曲折率（长度与直线距离比）；D_i 表示皮革内的扩散系数；c_i 表示 i 层中物质的量。将铬鞣革的固定参数代入，根据深度与浓度关系及总 J 变化，可以获得革在特定状态下的扩散系数 D_{iff}。

当使用连续性方程时，可以运用 Fick 第二定律。Fick 第二定律描述了浓度在空间和时间上的差异并将两者联结起来，得到

$$\frac{\mathrm{d}c_i}{\mathrm{d}t} = \left[\mathrm{d}D_{\mathrm{iff}} \times \left(\frac{\mathrm{d}c_i}{\mathrm{d}x} \right) \right] \Big/ \mathrm{d}x \quad D_{\mathrm{iff}} = \frac{\alpha}{t} D_i \tag{5-3}$$

式（5-3）表明：

（1）材料从皮胶原/坯革面向皮胶原/坯革内的转移可以用浓度对时间的函数 $\mathrm{d}c_i/\mathrm{d}t$ 表示，同时要考虑由材料与皮胶原/坯革的结合而引起的浓度的持续性下降。

（2）D_{iff} 主要取决于温度和物质的组成，而压力不会对其有太大的影响。

（3）D_{iff} 在利用 Fick 第二定律进行计算的时候非常有用，它主要取决于混合物质的组成，可以用 Stokes-Einstein 公式计算得到。

（4）Stokes-Einstein 公式是由 Svedberg 公式和沉降公式推导而来的。1973 年，Haase 描述的扩散系数 D_{iff} 见式（5-4）：

$$D_{\mathrm{iff}} = \frac{kT}{6\pi \eta r} \tag{5-4}$$

式中，k 表示玻尔兹曼（Boltzmann）常量。对于球形构造的大分子物质，其扩散系数可以近似地用式（5-4）进行计算；颗粒半径 r 和黏度 η 越小，扩散系数越大；扩散系数与温度成正比。

2. 离子电导（率）与扩散（系数）的关系

水溶液中进行的制革化学过程离不开离子的行为。离子周围的场强可以来自流质本身的状态及皮胶原/坯革纤维表面的特征，这些特征直接与离子的渗透与扩散相关。

1）电场作用下的离子扩散

离子电导是在电场作用下的离子扩散。与扩散系数相关的电流密度为

$$J_1 = -Dq\frac{\partial n}{\partial x} \tag{5-5}$$

当有电场存在时，所产生的电流密度为

$$J_2 = \sigma E = -\sigma\frac{\partial V}{\partial x} \tag{5-6}$$

式中，V 表示电势。总电流密度 $J_{总}$ 为

$$J_{总} = -Dq\frac{\partial n}{\partial x} - \sigma\frac{\partial V}{\partial x} \tag{5-7}$$

根据玻尔兹曼分布规律得

$$n = n_0\exp\left(-\frac{qV}{kT}\right) \tag{5-8}$$

式中，n_0 为常数。浓度梯度为

$$\frac{\partial n}{\partial x} = -\frac{qn}{kT}\frac{\partial V}{\partial x} \tag{5-9}$$

设处于平衡状态下 $J_{总}=0$，由式（5-7）、式（5-9）计算得

$$J_{总} = 0 = -\frac{nDq^2}{kT}\frac{\partial V}{\partial x} - \sigma\frac{\partial V}{\partial x} \tag{5-10}$$

进而得到 σ，有

$$\sigma = D\frac{nq^2}{kT} \tag{5-11}$$

该式建立了离子电导与扩散系数的重要联系，根据扩散系数 D 与离子迁移率 μ 的关系，有

$$\mu = D\frac{q}{kT} \qquad D = \frac{\mu}{q}kT = BkT \tag{5-12}$$

式中，B 表示离子绝对迁移率。

2）离子的迁移率

根据统计热力学，某一间隙离子热振荡次数见式（5-13）：

$$\Gamma = \frac{1}{6}\nu\exp\left(-\frac{V}{kT}\right) \tag{5-13}$$

加入电场后，由于电场力作用，离子的势垒不再对称，增加的势能 ΔV 为

$$\Delta V = \frac{1}{2}qE\lambda$$

顺电场及逆电场方向的间隙离子在单位时间内跃迁的次数分别为

$$\Gamma_{顺} = \frac{\nu}{6}\exp\left(-\frac{V-\Delta V}{kT}\right) \tag{5-14}$$

$$\Gamma_{逆} = \frac{\nu}{6}\exp\left(-\frac{V+\Delta V}{kT}\right) \tag{5-15}$$

单位时间内每一间隙离子沿电场方向的剩余跃迁次数为

$$\begin{aligned}\Delta\Gamma &= \frac{\nu}{6}\left[\exp\left(-\frac{V-\Delta V}{kT}\right)-\exp\left(-\frac{V+\Delta V}{kT}\right)\right]\\ &= \frac{\nu}{6}\exp\left(-\frac{V}{kT}\right)\left[\exp\left(\frac{\Delta V}{kT}\right)-\exp\left(-\frac{\Delta V}{kT}\right)\right]\end{aligned} \tag{5-16}$$

设每跃迁一次的距离为 λ，所以载流子沿电场方向的迁移速度 U 可视为

$$\Delta U = \Delta\Gamma\lambda = \frac{\lambda\nu}{6}\exp\left(-\frac{V}{kT}\right)\left[\exp\left(\frac{\Delta V}{kT}\right)-\exp\left(-\frac{\Delta V}{kT}\right)\right] \tag{5-17}$$

当电场强度不大时，有 $\Delta V \ll kT$，则有

$$\begin{aligned}\exp\left(\frac{\Delta V}{kT}\right) &= 1+\frac{\frac{\Delta V}{kT}}{1!}+\frac{\left(\frac{\Delta V}{kT}\right)^2}{2!}+\frac{\left(\frac{\Delta V}{kT}\right)^3}{3!}+\cdots \approx 1+\frac{\Delta V}{kT}\\ \exp\left(-\frac{\Delta V}{kT}\right) &\approx 1-\frac{\Delta V}{kT}\end{aligned} \tag{5-18}$$

又因为

$$\Delta V = \frac{1}{2}qE\lambda$$

所以扩散速度为

$$\begin{aligned}U &= \frac{\nu\lambda}{6}\times\frac{q\lambda}{kT}\exp\left(-\frac{V}{kT}\right)\times E\\ U &= \Delta\Gamma\cdot\lambda = \frac{\nu\lambda}{6}\exp\left(-\frac{V}{kT}\right)\left[\exp\left(\frac{\Delta V}{kT}\right)-\exp\left(-\frac{\Delta V}{kT}\right)\right]\end{aligned} \tag{5-19}$$

由于载流子沿电场方向的迁移率为

$$M = \frac{U}{E} = \frac{\nu q\lambda^2}{6kT}\exp\left(-\frac{V}{kT}\right) \tag{5-20}$$

通常经典分子的迁移率为 $10^{-12}\sim10^{-9}\mathrm{cm^2/(s\cdot V)}$，扩散系数有

$$\begin{aligned}M &= D\frac{q}{kT}\\ D &= \frac{1}{6}\Gamma\cdot\lambda^2 = \frac{\nu\lambda^2}{6}\exp\left(-\frac{V}{kT}\right) = \frac{kT}{q(10^9\sim10^{12})}\end{aligned} \tag{5-21}$$

3. 流动电位与扩散（系数）

皮胶原/坯革作为多孔介质，其孔隙是由微小毛细管组成的。形成流动电位的流质就存在于这些毛细管之中。作为大分子两性电解质的皮胶原/坯革纤维表面均匀地分布着一层极性电荷，另一极性电荷则分布在液相之中。根据 pH，表面与液层电荷可以不同。当 pH 低于 pI 时，其表面为正电荷，液相中则为负电荷。流体运动时，这些电荷就随其一起运动从而形成了电流。

1）毛细管内流体的电荷体密度

设毛细管为非贯通性的，毛细管内的负电荷分布是均匀的；又设毛管半径为 r，长度为 l，管壁上正电荷的面电荷密度为 σ，其上的总电荷量则为 $2\pi rl\sigma$。当流体不动时，正、负电荷量应是相等的。这些电荷分布在相应的体积 $\pi r^2 l$ 之中，由于其分布的均匀性，显然其体密度 ρ_V 为

$$\rho_V = \frac{2\pi rl\sigma}{\pi r^2 l} = \frac{2}{r}\sigma \tag{5-22}$$

2）毛细管内的电流强度

当流体在压差 ΔP 作用下沿毛细管运动时，单位时间内通过的电荷数量就是电流强度。其大小与流体的流量有关。由于毛细管半径小，内部流体运动慢，因而其雷诺数远小于临界值，流体运动为层流。按 Hagen 于 1893 年和 Poisenille 于 1840 年研究的公式，单位时间通过毛细管的流量 Q 为

$$Q = \frac{\pi\Delta P}{8\eta l} r^4 \tag{5-23}$$

由于毛细管的电荷和流体是一起运动的，显然，单位时间通过毛细管截面的电荷数，即电流强度 I 为式（5-22）和式（5-23）的乘积：

$$I = \frac{\pi\Delta P r^4}{8\eta l} \times \frac{2}{r}\sigma = \frac{\pi\Delta P}{4\eta l}\sigma r^3 \tag{5-24}$$

3）毛细管内的流体电阻和流动电位

设多孔流体的电阻率为 R_ω，毛细管内流体的平均电阻率 $\overline{R}_\omega(\Omega\cdot\mathrm{m})$ 则为

$$\overline{R}_\omega = \frac{8\eta R_\omega^2 M^2}{r^2} \tag{5-25}$$

式中，M 表示离子迁移率，是与流质和温度相关的一个系数。按电学公式，毛细管内的流体电阻 R_z 为

$$R_z = \frac{8\eta R_\omega^2 M^2}{r^2} \times \frac{l}{\pi r^2} = \frac{8\eta l R_\omega^2 M^2}{\pi r^4} \tag{5-26}$$

用 V_P 表示毛细管两端流体中电荷积累形成的流动电位，逆向电流则为 VR_z。当正向电流和逆向电流平衡时，便建立起交换平衡时的流动电位。依此由式（5-24）和式（5-26）可得

$$V = \frac{\pi\Delta P}{4\eta l}\sigma r^3 \times \frac{8\eta l R_\omega^2 M^2}{\pi r^4} = \frac{2\Delta P\sigma M^2 R_\omega^2}{r} \tag{5-27}$$

如此类推，皮胶原/坯革纤维中毛细的流动电位与压力、电荷密度、离子的迁移率、电阻率成正比，与毛细管半径成反比。

4. 渗透/扩散共性影响因素

1）压力与渗透/扩散

对皮胶原/坯革进行分析，假设皮胶原/坯革的参数，如电荷密度、离子的迁移率不变，则流动电压式（5-27）可以简化：

$$V = k\frac{\Delta P}{r} \tag{5-28}$$

式中，ΔP 与机械作用力相关；r 作为皮胶原/坯革的纤维孔径，与延弹性相关。因此，在延弹性确定时，调整机械作用力成为唯一的关键因素。

皮胶原/坯革在湿态加工过程中，在转鼓运动时，受到曲饶、挤压与拉伸作用，外压与内部瞬时真空成为材料渗透/扩散的主要动力，见图 5-4。根据渗透速率公式可以得到

$$J = \frac{Q}{A \times \Delta P} \tag{5-29}$$

式中，J 表示渗透速率，m/(s·kPa)；Q 表示渗透通量，m^3/s；A 表示膜面积，m^2；ΔP 表示内外压差，kPa。

因此，当设备参数无法调整的情况下，如何进一步看待 ΔP 问题还需要分析。

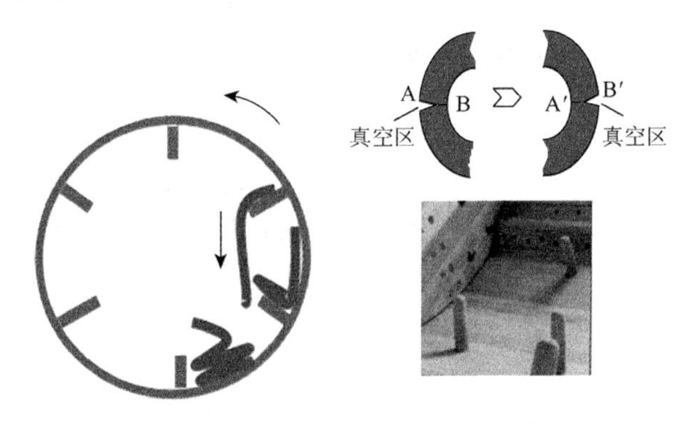

图 5-4　皮/革在转鼓内受力及形变

2）渗透物与渗透/扩散

对被吸收的材料而言，如果皮胶原/坯革的参数可变，则可以从另一角度进行分析。

皮胶原/坯革在转鼓内运动产生真空后对材料的吸收迅速增加。假设在极短的时间内，皮胶原/坯革的纤维没有膨胀，电荷的作用较小，可以用图 5-5 描述压力对材料的吸收。图 5-5 的实验采用水、丙三醇（$\rho = 1.26 g/cm^3$）和酚醛树脂（$\rho = 1.126 g/cm^3$）在真空条件下对人工叠层碳纤维布进行对比吸收，作为非平衡状态下皮与革真空吸收的模拟。

根据以上两种可变情况，对渗透/扩散的影响因素进行分析：

（1）在延弹性范围内，压力较大时，水分子小，流动性好；真空度高，材料吸收较快。

（2）压力较小时，受液体流动性影响大，材料吸收慢。例如，酚醛树脂溶液密度虽小但黏度大，吸收慢；丙三醇吸收相对更快。压力较大时，黏度影响小，吸附占主要，如酚醛树脂吸收较快。

事实上，制革转鼓的尺寸、装载量、液体量、转鼓结构、转速都与压力有关，也与吸收速度相关，在工艺设计上需要综合考虑。

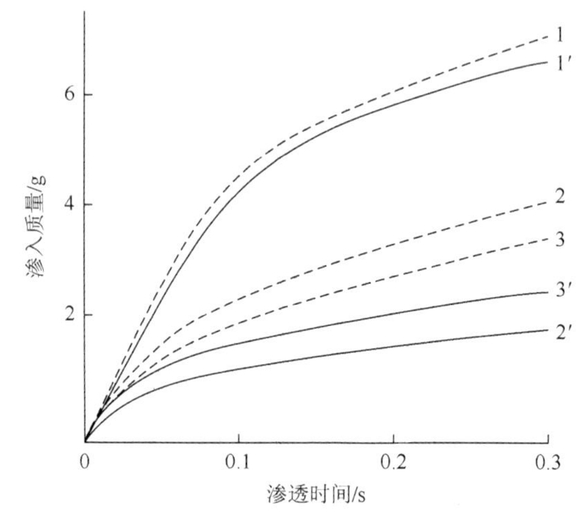

图 5-5　不同压力下材料的吸收情况

5MPa 处理：1′. 水，2′. 酚醛树脂，3′. 丙三醇；10MPa 处理：1. 水，2. 酚醛树脂，3. 丙三醇

3）温度因素

根据 Stokes-Einstein 公式，扩散系数 $D_{\mathrm{iff}} = kT/6\pi\eta r$，温度 T 与渗透/扩散直接相关。图 5-6 描述了丙烯酸树脂溶液在非平衡状态下被革吸收的特征曲线。由图可见，随着体系温度上升，溶液黏度下降，热动力增大，吸收增加；随着吸收时间增加吸收量也有所增加。

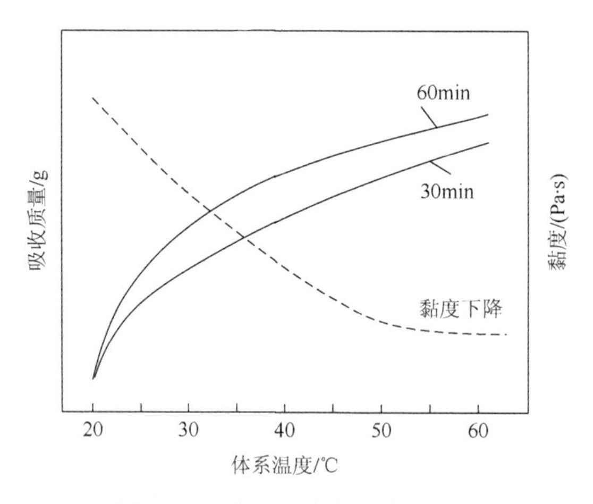

图 5-6　温度、黏度与吸收关系图

4）电荷因素

离子的迁移是由不同离子电荷引起的，带正电荷的分子向带负电荷皮胶原/坯革表面和内部移动。除电荷特征产生不同的迁移扩散力外，离子的迁移速度取决于它们的运动性。具有高运动性的离子对液体的电导率贡献较大，这可以描述为在电场中离子受到电荷 ze 和电场强度 E 引起的力 F 的影响，有

$$F = zeE \tag{5-30}$$

F 可以加快带电荷分子向反电极的移动速度。液体中的摩擦力 F'反作用于 F，可以用 Stokes-Einstein 公式进行计算。根据下式：

$$F' = f \times S \qquad f = 6\pi\eta r$$

当离子的速度达到恒定，迁移速度可以用式（5-31）表示：

$$S = \frac{zeE}{f} \tag{5-31}$$

式中，f 为摩擦系数。可见，迁移速度随着离子半径的增大和黏度的升高而降低，随着电流增加而加快。

5）黏度因素

Kumagai 和 Yokoyama 分析了高压 CO_2 对水溶液黏度的影响。随着温度的升高，水溶液的黏度降低；温度保持不变的情况下，增大压力，溶液的黏度会增加。而溶液的黏度增加，分子的运动性则降低。

根据式（5-4）中扩散系数 $D_{iff} = kT/6\pi\eta r$ 可知，黏度增大扩散系数会降低。通常渗透在常压下进行，压力对黏度的影响忽略不计，而温度却是改变黏度的关键因素，见图 5-6。

6）密度因素

稀溶液的扩散系数可以使用 Wilke 和 Change 研究的式（5-32）表示，在常压下：

$$D = \frac{AT \times \sqrt{M_n^{-1}}}{\eta_m \times \sqrt[3]{V_{sp}}} \tag{5-32}$$

式中，η_m 表示溶液的动态黏度；V_{sp} 表示比容；M_n 表示摩尔质量；A 表示常数。

从式（5-32）可以清楚地看出，黏度增大会导致比容的降低，然后扩散系数会降低。但是，在皮胶原/坯革内溶液的密度和黏度增加是必然的，因此降低黏度与升高温度是必要的。

7）毛细因素

在分子扩散和离子迁移过程中，毛孔和毛囊中的毛细管作用力起重要作用。材料分子通过扩散达到皮的表面，然后有两个过程同时发生：①部分被吸附在皮胶原/坯革的表面；②部分被吸收进入皮胶原/坯革的内部，并被吸附和固定。

根据 Laplace 公式，除电场作用外，材料分子被吸收是由毛孔和毛囊中的毛细管作用力引起的，毛细管越小，吸附力就越大；同样，材料的表面张力越低，越容易被吸附；从大直径到小直径，被吸附可能性越大。

$$\Delta P = \frac{2\gamma}{R} = \rho g h$$

$$h = \frac{2\gamma}{\rho g R}$$

由上式可见，同样的孔径条件下，表面张力 γ 成为重要的渗透/扩散动力。

5.2 吸附与结合

在完成生皮胶原的“纯化”后，不仅获得了必要的纤维间通道——供化学材料进入的机会；也获得了必要的纤维表面活化——供胶原纤维进行质的改造。材料的渗入与扩散是制革化学过程的开端，结合与固定是制革化学变化的结束。

化学材料进入皮胶原/坯革后可以通过吸附、沉积及结合向着制革最终目标进行。无论材料采取什么形式固定在纤维表面，都能够用键与距离进行表述。就键合而言，氢键、离子键（库仑力）、van der Waals 力、共价键、配位键、沉积都是制革化学中广泛讨论的内容。

5.2.1 键合的形成

一切化学过程都归结为化学的吸引和排斥的过程。A、B 两原子化合成键，正是在外界条件（能量施与）作用下，发生强烈的化学吸引和排斥作用产生的。这种成键过程可以设想为三步：当 A、B 两个分离原子（已活化）的核间距离由无穷远接近到有效作用距离时，成键电子云（自旋反平行）受到双原子的吸引，当这种吸引大于排斥，直至等于 A、B 价键半径之和时，就完成了电子云最大程度的重叠和收缩。重叠区域的成键电子云可称为有效键电荷，这种键电荷的形成将导致体系能量的降低和核间距离的缩短，如图 5-7 所示。

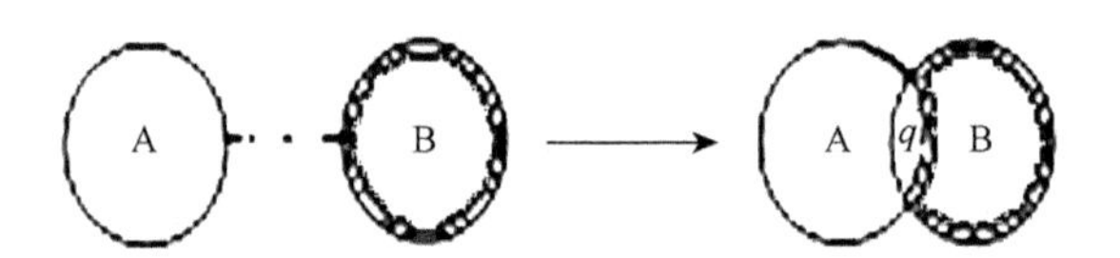

图 5-7 两核成键获得键电荷

1. 键电荷及成键移动距离

设 Hellmann-Feynman 定理适用于分子中每一个键。键 A—B 的 Hamilton 算符可表示为

$$H_{AB}=-\frac{1}{2}(\nabla_1^2+\nabla_2^2)-\frac{Z_A^*}{r_{A1}}-\frac{Z_A^*}{r_{A2}}-\frac{Z_B^*}{r_{B1}}-\frac{Z_B^*}{r_{B2}}+\frac{1}{r_{12}}+\frac{Z_A^*Z_B^*}{R_{AB}} \tag{5-33}$$

式中，Z^*表示相应原子的有效核电荷；R_{AB} 表示核间距，即键长。应用 Hellmann-Feynman 定理于 A、B 两核并只考虑键轴 x 方向，可得到

$$(F_A)_x=-\langle\Psi|\frac{\partial}{\partial X_A}H_{AB}|\Psi\rangle=0 \tag{5-34}$$

$$(F_B)_x=-\langle\Psi|\frac{\partial}{\partial X_B}H_{AB}|\Psi\rangle=0 \tag{5-35}$$

式中，F 表示作用于相应核的静电力，可解得

$$-\overline{\left(\frac{2Z^*}{r_A^2}\cos\theta\right)} = -\frac{qZ_A^*}{(R_A + r_m)^2} \tag{5-36}$$

$$-\overline{\left(\frac{2Z^*}{r_B^2}\cos\theta\right)} = -\frac{qZ_B^*}{(R_B - r_m)^2} \tag{5-37}$$

式中，$\cos\theta$ 表示 r_A（或 r_B）在 x 轴方向的余弦，横线表示平均值，R 表示原子共价半径；式（5-35）表示原子与成键电子云之间的静电吸引力；式（5-36）和式（5-37）表示 A、B 的静电斥力，可近似表示为

$$-\frac{qZ_A^*}{(R_A + r_m)^2} + \frac{Z_A^* Z_B^*}{R_{AB}^2} = 0 \tag{5-38}$$

$$-\frac{qZ_B^*}{(R_B - r_m)^2} + \frac{Z_A^* Z_B^*}{R_{AB}^2} = 0 \tag{5-39}$$

式中，R_A、R_B 分别表示原子 A、B 的共价半径；q 表示有效键电荷；r_m 表示成键过程中自键电荷接触迁移至成键的距离。据此假定，式（5-38）和式（5-39）可转化为

$$q_1 = \frac{Z_A^* Z_B^*}{\left(\sqrt{Z_A^*} + \sqrt{Z_B^*}\right)^2}\left(\frac{R_A + R_B}{R_{AB}}\right)^2 \tag{5-40}$$

$$r_m = \frac{R_B\sqrt{Z_A^*} - R_A\sqrt{Z_B^*}}{\sqrt{Z_A^*} + \sqrt{Z_B^*}} \tag{5-41}$$

移动距离与两原子核的电荷量及成键半径相关。对于共价性占优势的键，可认为键长收缩因子$(R_A + R_B)/R_{AB} = 1$，则式（5-40）转化为

$$q_2 = \frac{Z_A^* Z_B^*}{\left(\sqrt{Z_A^*} + \sqrt{Z_B^*}\right)^2} \tag{5-42}$$

式中，q_2 表示有效键电荷。若 $q_1 = q_2$，按式（5-43）可以计算键的有效键电荷。

$$q_1 = q_2 = \frac{Z_A^*}{4} \tag{5-43}$$

2. 键电荷作用能

为了进一步考察键电荷计算式的可靠性，本书研究键电荷数值的变化范围。键电荷的迁移将导致体系能量的降低，此能量可用键电荷迁移前后体系的能差来量度。根据设定，忽略键长收缩，则得 q 迁移体系能量的降低值：

$$\Delta E = q\frac{\left(R_B\sqrt{Z_A^*} - R_A\sqrt{Z_B^*}\right)^2}{R_A R_B (R_A + R_B)} \tag{5-44}$$

因键电荷迁移而使体系能量降低时，必然伴随着核间距的缩短，这可看作是由键电荷的迁移引起原有平衡的破坏，使得吸引胜过了排斥，以致作用于核 A 与核 B 上的净力不等于零。如果 B 不动，则电负性的 A 要向 B 迁移，使原子 A、B 的有效核电荷相

应地减小，从而使键电荷对核 A 与核 B 的吸引力也相应地减小。当 A 迁移距离 r_1 时，吸引和排斥相等，作用于 A、B 上的净力为零。因此，考虑核 A 的迁移，可得作用于核 A 及核 B 的力，以及核 A 的迁移电力的做功。

$$F_A(x_1) = -\frac{qZ_A^*}{x_1^2} + \frac{Z_A^* Z_B^*}{(x_1 + R_B)^2} \quad (5\text{-}45)$$

$$W = \int_{R_A}^{R_A - r_1} F_A(x_1)\mathrm{d}x_1 \quad (5\text{-}46)$$

3. 键长与键型

键长是分子结构的重要参数之一，对于讨论化学键的性质、研究物质的微观结构以及阐明微观结构与宏观性能之间的关系等方面都具有重要作用。除用光谱衍射等物理方法测定键长外，量子化学可以由从头计算法或自洽场半经验法计算键长。但计算上的烦琐限制了其的使用，然而当缺乏键长的实验数据时，根据键长变化规律计算键长就显得很有必要。

根据非金属元素间的共价特征和元素电负性对键性质的影响，Schomaker 和 Stevenson 于 1941 年提出了非金属元素间共价单键键长 r_{AB} 的计算公式：

$$r_{AB} = r_A^0 + r_B^0 - 0.09\,|X_A - X_B| \quad (5\text{-}47)$$

式中，r_A^0、r_B^0 分别表示 A、B 原子的共价半径；X_A、X_B 分别表示 A、B 原子的鲍林（Pauling）电负性值。

1）van der Waals 力

van der Waals 力的作用距离为 300～500pm，无方向性及饱和性，作用力在 2～20kJ/mol（化学键能 100～600kJ/mol），组成 van der Waals 力的各部分为

（1）色散力：所有分子间。

（2）诱导力：极性与非极性分子之间。

（3）取向力：极性与极性分子之间。

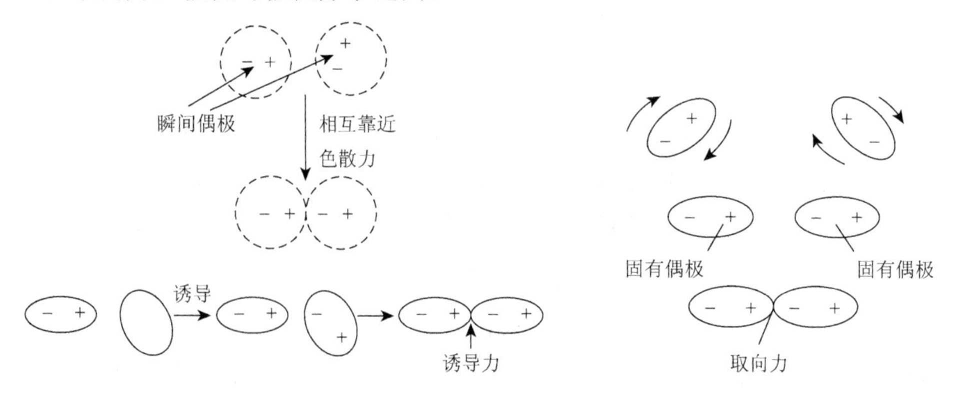

根据各原子电负性及极化能力的不同，组成 van der Waals 力的各部分不同。表 5-2 列举了一些分子间形成 van der Waals 力的例子。

表 5-2　不同分子间作用力　（单位：kJ/mol）

分子	色散力	诱导力	取向力	总和
HCl	16.82	1.004	3.305	21.129
NH_3	14.94	1.548	13.31	29.798
H_2O	8.996	1.929	36.38	47.305

各作用方式与能量相关，也与距离相关，见表 5-3。

表 5-3　不同分子间作用形式与距离的关系

作用类型	能量和距离的关系	作用类型	能量和距离的关系
电荷基团静电作用	$1/r^2$	偶极子-诱导偶极子	$1/r^6$（诱导力）
离子-偶极子	$1/r^2$	诱导偶极子-诱导偶极子	$1/r^6$（色散力）
离子-诱导偶极	$1/r^4$	非键排斥	$1/r^{12}$～$1/r^6$
偶极子-偶极子	$1/r^6$（取向力）		

2）氢键

氢键不同于 van der Waals 力，具有饱和性及方向性，通常可用 X—H…Y 来表示，存在于分子间和分子内。X 具有较高的电负性，以共价键（或离子键）与氢相连；Y 具有较高的电子密度，一般是含有孤对电子的原子，容易吸引氢质子，与 X 和 H 原子形成三中心四电子键。X 和 Y 是电负性很强的 F、N 和 O 原子。C、S、Cl、P 甚至 Br 和 I 原子在某些情况下也能形成氢键，但通常键能较低。碳在与数个电负性强的原子相连时也有可能产生氢键。芳环上的碳也有相对强的吸电子能力，因此形成 Ar—H…O 型的弱氢键（此处 Ar 表示芳环）。芳环、碳碳三键或双键在某些情况下都可作为电子供体，与强极性的 X—H（如—O—H）形成氢键。

不同分子之间还可能形成双氢键效应，写为 B—H…A—H，如 $H_2N—BH_2$，而双氢键很容易脱去 H_2，所以双氢键也被看成氢化物脱氢的中间体。

大分子中往往还存在 π 氢键。大 π 键或离域 π 键体系具有较大的电子云可以作为质子的受体形成 π 氢键，也称为芳香氢键，在稳定多肽和蛋白质中起着重要作用。

氢键键能大多为 25～40kJ/mol。键能＜25kJ/mol 的氢键属于较弱氢键，键能在 25～40kJ/mol 的属于中等强度氢键，键能＞40kJ/mol 的氢键则是较强氢键。除键能外，其他描述氢键特征有：①直线形氢键最强；②电负性大，氢键强；③B 的半径小，氢键强；④氢键键长较共价键长，较 van der Waals 力短；⑤分子间与分子内氢键强弱与聚集态和构象相关。例如，蛋白质中氢键平衡距离分别为 204pm、184pm 和 278pm。

就其本身而言，氢键是一种比分子间作用力（van der Waals 力）稍强，比共价键和离子键弱很多的作用力，其稳定性弱于共价键和离子键。

过去，物质之间的氢键称为次级键。但现在在学术上，已经不再用“分子间作用力”来涵盖全部的弱相互作用，而是用更准确的术语“次级键”，如氢键、van der Waals 力、盐键、疏水作用力、芳环堆积作用力、卤键。

在高分子有机化学中，氢键被认为是最关键的化合键之一。氢键数量及密度差别，可以导致物质物理化学特性明显改变，具体表现为以下几方面：

（1）对化合物物理性质的影响。

沸点、熔点、黏度升高，溶解度（分子间氢键影响大于分子内氢键）下降。

（2）对光谱的影响。

红外：　CH_3COCH_3　　$\nu(C=O)=1738cm^{-1}$

　　　$(CH_3)_2C=O\cdots HOC_2H_5$　　$\nu(C=O)=1709cm^{-1}$

核磁：氢键使 C 原子的电子云密度降低，吸收向低场移动。

（3）对有机物酸性的影响。

水溶液：氢键使“RO—”稳定。常见物质中氢键大小排序为

$$H_2O>CH_3OH>C_2H_5OH>(CH_3)_2CHOH>(CH_3)_3COH>(CH_3)_3C—CH_2OH$$

气相中：上述顺序相反。

（4）对有机物碱性的影响。

水溶液：氢键使 R_3N^+稳定。常见物质中氢键大小排序为

$$(CH_3CH_2)_2NH>(CH_3CH_2)_3N>(CH_3)_2NH>CH_3CH_2NH_2>CH_3NH_2>(CH_3)_3N>NH_3$$

（5）使分子构象稳定。

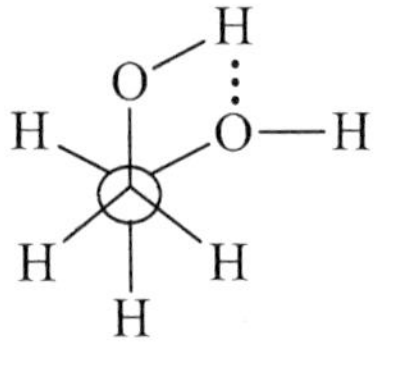

乙二醇 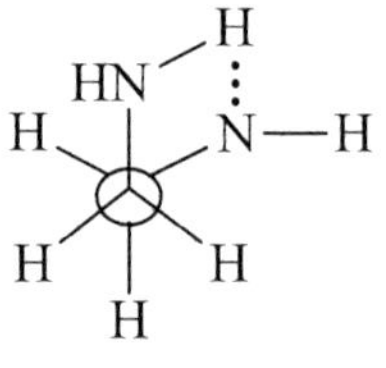　　　　乙二胺

$$(CH_3)_2COH \longrightarrow CH_3COCH_3(\Delta H = 58.5kJ/mol)$$

氢键是稳定蛋白质、纤维素构象的最重要形式。

（6）特殊的 C—H 基的氢键。

sp^3 杂化：$R_3C—H\cdots X—R$

sp^2 杂化：$R_2C=C(R)—H\cdots X—R$

3）离子键

库仑定律是 1784～1785 年库仑通过扭秤实验总结出来的。库仑力为

$$F = k\times\frac{q_1q_2}{r^2}\quad (静电力常数k = 8.988\times10^9\,Nm^2/C^2)$$

库仑力与两电荷距离的平方成反比，与两个电荷的电荷量成正比。因此，离子键作用力有效范围是不确定的，可以是远距离的。

4）共价键

共价键有 σ 键、π 键、极性共价键与非极性共价键几种，键长为 100～200pm。共价键具有方向性与饱和性。

配位共价键与一般共价键的区别只体现在成键过程上，它们的键参数是相同的。

5）疏水键

疏水键是两个不溶于水的分子间的相互作用。当物质分子与水接触时，分子内外的基团不能被水溶剂化，界面的水分子将整齐地排列，导致系统熵值降低，能量增加，分子表面张力增加。为了平衡这种张力，分子构象产生收缩、卷曲，甚至结合。水分子呈无序态，熵值回升，焓变值减少，从而降低系统能量。这种非极性的分子因能量效应和熵效应使疏水基团在水中形成的相互结合作用称为疏水键。

蛋白质多肽链上的某些氨基酸的疏水基团或疏水侧链由于避开水而相互接近、黏附聚集在一起，形成疏水键结合是维持蛋白质高级构象的重要方式。

疏水键的本质是因水而形成的，与连接的两个基团的疏水性有关，并非两个基团之间的共价或非共价作用。因此，疏水键又称为疏水作用力，不是真正的化学键。

疏水效应是疏水分子之间与界面之间的能量平衡特征。在大分子内表现最明显。例如，蛋白质在水中的形态跟疏水键就直接相关。

5.2.2　化学亲和力描述途径

19 世纪初，法国化学家 Berthollet 发表的《亲和力定律的研究》一文指出，化学反应不仅取决于化学亲和力的大小，而且取决于反应物的质量、反应温度等条件，同时提出了化学平衡的初步思想。瑞典化学家 Berzelius 提出，化学相互作用可归因于静电相互作用，原子之间化合以后，电性不能完全抵消，可以再次化合。

19 世纪中叶，俄国化学家 Butlerov 具体说明了分子的“化学结构”概念，认为化学结构就是原子借亲和力形成的相互作用的体系。他将原子之间的化学结合称为化学键。

Gibbs 利用自由能的变化，判断化学反应能否进行以及方向和限度，提出化学位的概念，解决了化学反应的量度方法问题。

19 世纪后期，Boyle 等通过对物质组成和结构的研究，建立了化学原子论和化学结构学说，提出了原子价、化学键等新的概念。Boyle 等认为，化学亲和力是形成物质和引起物质变化的原因，将化学亲和力看作引起物质变化的主要推动力。化学亲和力主要表现为保持物质相对稳定的状态，其突出了物质的互相吸引的特性。Boyle 等对化学运动的研究又从结构特性转向了反应特性，如化学过程和化学过程中能量的转化。

1916 年，Kossel 依据原子的电子层模型提出，不同元素的两个原子相互作用可以失去或获得电子，形成带电的正、负离子，正、负离子之间的静电作用形成离子键，这可以解释离子型化合物的形成。Lewis 用共有电子对的概念说明了共价键的物理意义。共有电子对的概念应用于络合物以解释配价键的形成，得到了广泛应用。但是 Lewis 没有说明电子对为什么以及如何形成化学键。

1925 年，量子力学诞生，用于讨论分子结构和化学键的本质。1927 年，丹麦物理学家 Burrau 解出了 H_2 离子 H_2^+ 的 Schrodinger 方程。美国物理学家 Condon 又讨论了 H_2 中 H∶配对电子成键的结构。德国物理学家 Heitler 和 London 用价键量子力学方法讨论了 H_2 的结构，把 H_2 描绘为两个结构：①正自旋的第一个电子在第一个质子上，基本上占据这个质子周围的 1s 轨道，而反自旋的另一个电子则在第二个质子的 1s 轨道上；②涉及两个电子的交换。这两个结构结合起来就描绘了分子的通常状态，化学键的能量可认为是两电子在两原子间交换的共振能。

1931 年，Pauling 发现了成键轨道的杂化，碳原子的 2s 轨道与三个 2p 轨道杂化，可以形成指向正四面体的四角的杂化轨道。通过量子力学计算获得了碳原子所能形成的最佳键轨道在互为 109.47°位置，这为量子力学提供了理论证明。

20 世纪末期，Woodward 和 Hoffmann 利用量子力学，将分子轨道对称守恒原理引入化学反应与物质结构，该原理得到学术界认可，由此提出了化学亲和力。化学亲和力既表现为形成和保持物质的因素，又表现为引起化学变化的因素。从此，化学亲和力进入了现代的理论解释。迄今，鉴于研究的方便，对于不同场合，三种对化学亲和力的解释理论都仍被使用，如图 5-8 所示。

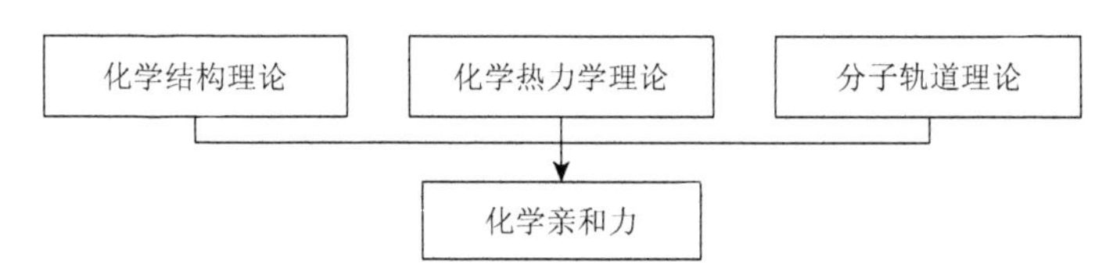

图 5-8　三种解释化学亲和力的理论

第6章 鞣剂与鞣制

6.1 鞣制基本概念

革是由生皮制成、具有特定可加工及使用性能的材料。生皮通过鞣制作用后，多项物理化学指标发生变化。自18世纪末提出“收敛性”以来，经过两个世纪的提炼，目前“收敛性”在制革领域中称为鞣制效应（tanning effect），这种产生鞣制效应的过程称为鞣制。最典型的、最易被接受的鞣制效应表征之一是生皮与革之间耐湿热稳定能力的差别。除此之外，相对于生皮而言，鞣制效应还应该有以下一些共性特征：

（1）在酸、碱、盐的水溶液中膨胀速度下降。

（2）脱水干燥后收缩减少。

（3）耐酶、抗菌作用能力加强。

（4）黏滞性下降（相同含水率时，可机械加工性提高）。

（5）通透性增加（水及化学物质的可迁移能力增强）。

上述这些共性特征强弱也可以用来鉴别鞣制效应强弱的程度。

皮及革的耐湿热稳定性与革的含湿程度相关，随着含水量减少，耐湿热稳定性提高。在无水情况下，未改性胶原和Cr鞣革的变性温度与分解温度相近（Covington，2009）。因此，胶原的耐湿热稳定性与耐热稳定性之间的内在联系是无可非议的。关于蛋白质的耐热稳定性已有大量的研究，但是，耐湿热稳定性与耐热稳定性的研究结论是有区别的：

（1）胶原受热作用使蛋白质肽链上的α-H或β-H（Pro）氧化，导致肽键断裂而改变胶原的耐热稳定性（Usha et al，2006）。

（2）水与肽链极性端之间的氢键是保持胶原稳定构型的重要形式，改变胶原中水含量即改变了胶原的稳定性（Bella，1995）。

（3）由Hyp构成的胶原螺旋肽链是水分子在网络中结合的中心，破坏水分子的位置构架将降低胶原的耐热稳定性（Engel and Prockop，1998）。

（4）仅通过引入交联剂分子是不足以赋予胶原更高的耐湿热稳定性的（Bella，1995）。

从文献报道看，有关鞣剂交联与胶原的耐热稳定性的研究成果不胜枚举。祝伟和彭谦（2003）在超高温菌酶构象刚性和热稳定性的相互关系的综述中，引用了一些对超高温菌酶构象热稳定性的研究结论，如蛋白质结构中离子对之间相互作用的因素；高温下稳定的蛋白质结构必须有带电区域、非极性区域或网络；蛋白质结构中存在特殊的氨基酸残基聚合体等。尽管最终仍然难以明确蛋白质在高温下构象的稳定机理，但是，随着温度的升高，热运动加强，原子或基团间的相对位移加大，导致蛋白质微观构象的转变，宏观上产生收缩现象。

6.1.1　鞣制

鞣制效应的一个重要表征参数是胶原蛋白的耐湿热稳定性。鞣制机理用来描述生皮胶原如何与鞣剂作用，从而引起胶原蛋白物理化学性质的变化，使皮转变为革。自 20 世纪起，制革化学家一直在为探索鞣制机理而不懈努力，许多以前提出的理论已经得到验证。1914 年，Povarrin 用皮或革体积变化时的 T_S 来判断鞣制效果，70 年代在理论上解释了胶原蛋白的 T_S 是一种相转变起点。在转变过程中，纤维排列间距发生变化，表现出体积收缩。前已描述，Charles 在 1984 年就对胶原肌腱收缩现象进行了研究总结，认为胶原收缩是一个动力学过程，随着活化熵的降低或活化焓的增加，收缩速率降低，这意味着 T_S 升高。形态学研究认为，鞣剂或鞣剂和超分子水在胶原分子链周围形成稳定的刚性物质，从而起到固定胶原分子链的作用，使其在受热时不易变形，导致 T_S 升高。

1. 鞣制过程

裸皮在被一些材料（鞣剂）处理时，这些材料渗透到裸皮内的过程用两种方式表达：

（1）在胶原纤维束表面产生多种结合力，如共价键、配位键、离子键、氢键、van der Waals 力等。

（2）在多级胶原纤维束之间形成多种结合形式，如两点或多点交联、单点结合、吸附或填充。

两种描述的结果都是胶原结构稳定性的提高。图 6-1 为芳族鞣剂稳定胶原结构的示意。除胶原的结构稳定性提高外，鞣后胶原的特征还包括纤维编织情况改变，宏观表现在纤维可分离聚集特征的改变，鞣制导致脱水后胶原厚度、柔软性、丰满性和弹性的可变性增加。

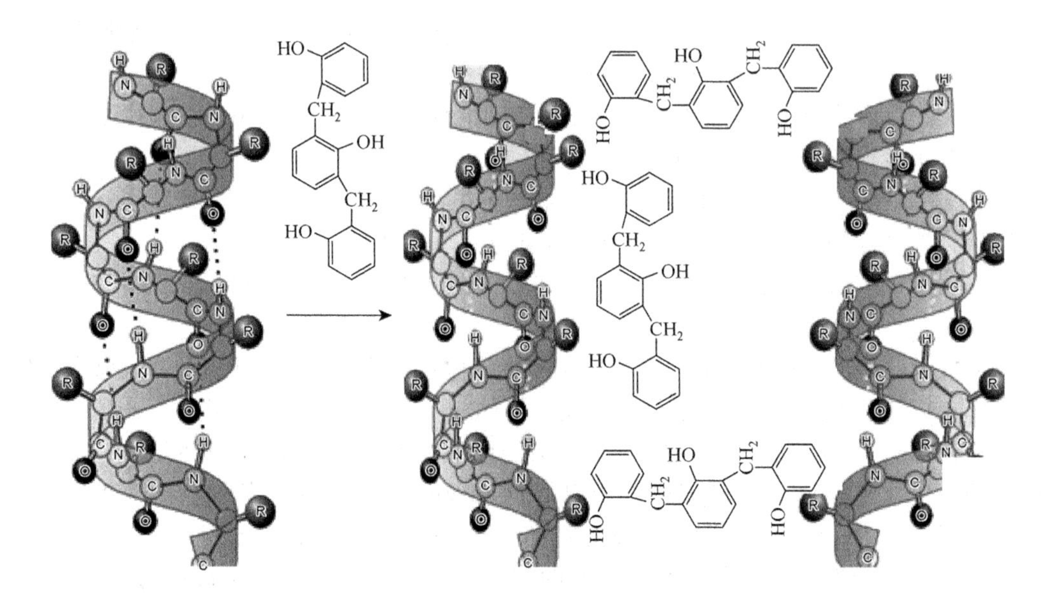

图 6-1　鞣剂在胶原分子内及分子之间结合

2. 鞣制结果

判断鞣制效应或鞣制结果的方法很多，如测定鞣制后皮的耐湿热稳定性（用 T_S 表示）、长时间耐沸水溶解性（将革煮沸 7h，测定溶解皮的质量）、抗碱溶能力（在 NaOH 溶液中的溶解性）、耐酶水解性、测定干燥后革的孔隙度等（Stather and Pauligk，1961）。但实践中需要适时适地用有效功能关系表征，常见的表征有：生皮获得鞣制效应后耐湿热稳定性显著提高；胶原纤维组织抗湿热溶解能力增强，即鞣制后的革耐水煮能力增强，见表 6-1。未经鞣制的生皮经过 10h 的沸水处理，仅存不到 10%的残留皮质，而经 Cr 鞣后则仅溶解掉 1%～2%的皮质，说明 Cr 盐能提高胶原纤维抗湿热溶解能力。

表 6-1　一些常规材料处理前后的皮/革煮沸 10h 的不溶皮质

使用材料	中性裸皮	植物单宁	不饱和油	甲醛	Cr 盐
不溶皮质/%	0～10	60～92	75～80	80～85	98～99

在实际的研究及生产中，更常用的方法是通过 T_S 来表示生皮获得的鞣制效应。根据测试皮/革的 T_S，表征各种材料的鞣制能力，表 6-2 中列出了一些材料处理后革的 T_S。

表 6-2　一些常用材料处理后常见的鞣制效应

使用材料	生皮	硫酸铬	植物单宁	硫酸锆	甲醛	芳族树脂	硫酸铝	鱼油	聚偏磷酸钠
ΔT_s/℃	0	≥35	≥24	≥25	≥22	≥20	≥20	0	≥5

6.1.2　鞣制效应与革功能

对鞣剂的鞣制效应而言，虽然各种鞣剂与胶原的最大结合量有区别，但将鞣制后皮/革的 T_S 作为材料（鞣剂）鞣性的评价指标是具有理论与实践价值的。一种材料是否能成为或称为鞣剂，需要根据其对皮作用后 T_S 及其他功能特征进行评价。

实践中，根据鞣制效应的强弱，鞣剂还需要在使用上进行区别，即鞣剂一定具有独立的鞣性，而具有独立鞣性的材料并非都能作为鞣剂使用。因此，一种材料是否能成为或称为鞣剂，难以明确定义。迄今按照习惯进行以下区分：

（1）材料处理皮后产生鞣制效应，能提高 T_S，此类材料称为鞣剂，不单独用于鞣制，如 Cr 鞣剂、植物鞣剂、替代性合成鞣剂。

（2）材料处理皮后产生鞣制效应，微弱提高或不提高 T_S，此类材料称为鞣剂，可单独用于鞣制，如烷基磺酰氯、甲基丙烯酸树脂、部分芳族合成鞣剂。

（3）材料处理皮后产生鞣制效应，微弱提高或不提高 T_S，此类材料可以称为鞣剂，不可单独用于鞣制，如丙烯酸树脂、辅助型芳族合成鞣剂及一些填充型复鞣剂。

（4）材料处理皮后产生部分革共性特征，微弱提高或不提高 T_S，此类材料不能作为鞣剂，如硫酸钠、聚偏磷酸钠。

1. 鞣制效应的 T_s 解释

1）交联现象的解释

探讨鞣制后革的 T_s 变化、充分有效地利用鞣剂、开发新型鞣剂，都需要研究鞣制机理，这是皮革科技工作者长期努力工作的重要方向之一。从 20 世纪中叶起，将鞣剂与皮胶原蛋白产生交联键的强度作为解释鞣制效应、影响 T_s 的唯一依据。交联是提高皮耐湿热稳定性的唯一原因，且交联键的强度越高（键能越大），鞣制效果越好，T_s 越高。研究结果虽然表现出良好的理论说明与实践效果，但不乏难以解释的现象。

价键理论表明，Cr(Ⅲ)与胶原羧基形成的配合物是内轨型的，其键能相当于共价键，Cr 鞣革的 T_s＞100℃；Al(Ⅲ)与胶原羧基形成的配合物是外轨型的，其键能相当于离子键，因此，Al 鞣革的 T_s＜80℃。植物鞣剂鞣革和酚型合成单宁鞣革以氢键结合为主，因此，T_s 不可能很高，一般为 85℃左右。然而，醛鞣剂被认为是共价键结合，而醛鞣革的收缩温度也在 85℃左右，这无法用键能高低圆满解释。当用键能解释革的耐湿热稳定性高低不同时，研究者认为鞣制的革收缩后，其胶原与鞣剂所形成的交联键被破坏，因此造成皮胶原螺旋结构的松散，发生卷曲变形。而 1997 年，Gaidau 用 DSC 测定 Al 鞣皮粉的 T_s，对达到或略超过其 T_s 的 Al 鞣皮粉进行 Al 的 NMR 分析，结果表明，革收缩时 Al(Ⅲ)与胶原羧基配位键并未被破坏。因此，直接用 Al(Ⅲ)与胶原羧基配位键的破坏解释革收缩是不正确的。

1977 年，Горбацев 以热力学的观点阐释胶原的收缩现象。T_s 表征的是革整个结构的稳定性，而不是键的牢度，但键的作用可以提高革的 T_s，且交联键的数量与革 T_s 的提高呈线性关系。

1998 年，Covington 对前期研究成果及进一步实验研究进行总结，认为鞣制反应在分子水平上都是高度复杂的，但有一些共同的特点，它们构成新的鞣制理论：

（1）T_s 与收缩反应中协同单元大小决定了收缩的热力学性质。协同单元越大，收缩率越低，即 T_s 越高。

（2）协同单元大小取决于交联反应的本质。因此，鞣制效应受两种因素控制，即交联剂与胶原结合的稳定性以及交联剂自身的本质。

（3）结构化交联剂必须短且稳定。前者与交联立体化学有关，后者与结合强度有关（共价交联或弱键多点结合）。Fathima 等（2007）研究交联剂对皮的毛孔结构的影响时发现，Cr 盐鞣减少 41%的孔隙，植物单宁鞣减少 97%，主要起因与材料性质与结合方式有关。

（4）少数鞣制方法无法建立协同单元大小与 T_s 的关系。植物鞣和植物-Al 结合鞣等还存在至少一种其他的鞣制理论。例如，围绕胶原产生稳定的刚性物质代替胶原的超分子水层，或合并部分超分子水作为部分物质的结构，获得高 T_s。

2000 年后，新的研究进一步描述了鞣制对 T_s 影响的原因：

（1）Gustavson 及 Berman 等研究发现加强胶原三股螺旋纤维构象的稳定性，可提高胶原的热变性温度。其中，这种螺旋结构的稳定又是以羟脯氨酸为核心形成超分子的稳定网络为基础。

（2）Copper 及 Charles 等通过分析计算认为，胶原的 T_s 与三股螺旋结构转动的活化熵及活化焓大小有直接关系，他们测定了一些经鞣剂如 Cr(Ⅲ)、Zr(Ⅳ)、Al(Ⅲ)、Fe(Ⅲ)、甲醛等鞣制后胶原的活化参数，发现胶原 T_s 的高低与活化熵及活化焓大小顺序相同，Cr(Ⅲ)鞣胶原 T_s 最高，Zr(Ⅳ)鞣次之。因此，T_s（Cr）＞T_s（Zr）。

总之，无论是直接还是间接作用，上述鞣制理论均强调了鞣剂在胶原之间形成的交联键的强度是最重要因素之一，即交联键键能越高，革的 T_s 越高。但此说法并不可逆，甚至革 T_s 的提高可以不通过交联键，因为 T_s 的现象包含了物理因素。

2）Hofmeister 效应解释

皮与革的 T_s 是含水胶原被加热变性而产生的。通过 Hofmeister 效应可以描述不同处理后胶原的耐湿热稳定特征，以及胶原变性过渡到革的现象。Hofmeister 效应已发现一个多世纪，描述的是一系列离子（化合物）对胶体（如多肽、胶原、蛋清等）在水溶液中稳定性的影响。例如，溶液的盐溶盐析效应，即膨胀现象（盐溶）与去膨胀现象（盐析）。

Rabinovich 认为，T_s 是在水中测试胶原耐温热稳定性的表征参数，是一种鞣制材料、水及胶原作用的化学效应。通过 Hofmeister 效应可以解释 Cr 鞣作为一种 Cr 离子对胶原的三股螺旋的稳定性的影响：

（1）三股螺旋的稳定性依赖离子键。离子键通过静电反应影响胶原的生物活性，螺旋稳定与纤维的构型相关。Hofmeister 离子系列可以改变一些胶体的溶解性，这是由于胶体粒子的螺旋结构破裂，带电荷的蛋白侧链基团通过离子键桥连保持着热动力学的稳定。

（2）鞣制是鞣剂离子凝胶作用的结果。$Cr_2(SO_4)_3$ 与 $CrCl_3$ 的鞣制作用强弱与阴离子 SO_4^{2-}、Cl^- 的 Hofmeister 凝胶离子作用相关。例如，$Cr_2(SO_4)_3$ 的鞣制是 $Cr_2(SO_4)_3$ 中 SO_4^{2-} 与氨基的 Hofmeister 效应的结果。用高浓度 Cl^- 洗涤可以使 T_s 下降 15～25℃；而 $Cr_2(SO_4)_3$ 与 $Al_2(SO_4)_3$ 鞣制皮革却与阳离子相关。对于甲醛、植物单宁和合成单宁的鞣制，均可以认为是 Hofmeister 效应作用的结果。

根据第 3 章提及的 Hofmeister 概念与胶原的稳定性，更换部分离子后 Hofmeister 的离子排列次序如下：

$$\xrightarrow{\text{水合减弱}}$$

$$C_3H_5(OH)(COO)_3^{3-} > SO_4^{2-} > PO_4^{3-} > F^- > Cl^- > Br^- > I^- > NO_3^- > ClO^-$$

$$N(CH_3)_4^+ > NH_4^+ > Cs^+ > Rb^+ > K^+ > Na^+ > H^+ > Ca^{2+} > Mg^{2+} > Al^{3+}$$

该序列离子的特征是，低浓度离子可以溶解胶体，高浓度离子能析出胶体，获得稳定性。

（1）阴离子的一端能很好被胶原吸收，脱除与氨基结合及其周边的结合水，产生凝胶化稳定胶原。另一端没有脱水功能，而是使凝胶膨胀。

（2）Ca、Al 具有弱水合能力，加快周边水的活动，进入三股螺旋的凝胶区，干扰有序水，使三股螺旋不稳定或变性。

（3）作为 Hofmeister 离子，浸酸时加入少量的 Al(III)盐能降低胶原稳定性，导致较弱的胶原膨胀，T_s 降低。这是由于 Al(III)与羧基发生亲和作用，导致羧基对氨基的去偶合，而使胶原的纤维构象失去螺旋特征，增加了 Cr(III)的可及度，使其吸收增加。

（4）萘磺酸钠、硫酸钠、亚硫酸钠、三偏磷酸钠、大部分染料等对胶原稳定性的影响在 Cl^- 与 PO_4^{3-} 之间。

（5）合成鞣剂作为隐匿剂，其硫酸根作为阴离子，与氨基作用或与 Cr(III)结合，释放出羧基，使胶原表面电荷降低。

（6）SO_4^{2-} 不能分散纤维，在 Cr(III)盐内起着 Hofmeister 稳定效应而产生坚硬的革。

（7）$CaCl_2$ 导致 Hofmeister 膨胀。例如，可溶性钙盐可使表面强度降低，用作粒面收缩效应助剂。而 $CaSO_4$ 沉积于革的表面，能够降低 T_s，使粒面收缩。

可见，精细地控制并应用 Hofmeister 效应，去除分子间偶合，使更多的“隐形”基团为可及，是制革工艺中可取的方法。

2. T_s 的基本特征

1）T_s 的范围

皮/革的收缩是复杂的物理化学过程，是一种宏观物理现象表征微观化学变化的习惯，其基本原理已在 4.2 节中描述。值得指出的是，在实际测试中虽然可得到宏观的 T_s（仪器或直接观察），而从微观的角度看，胶原局部结构的非均匀性及鞣剂分布、结合的非均匀性，导致胶原收缩的温度在某一个范围，即从开始收缩到完成是一个温度区间。以加热生皮为例，加热温度未达到胶原的 T_s 时，生皮的外观好像保持不变，实际内部结构已开始变化了。从图 6-2 中看出，生皮的 T_s 虽为 65℃，但从 40℃已经初见变性端倪。浸酸后的裸皮更是如此。在准备工段中温度控制在 30℃以下视为合理。同样，如果 Cr 鞣后革的收缩温度为 110℃，但当加热至 100℃时内应力已开始发生变化。只有

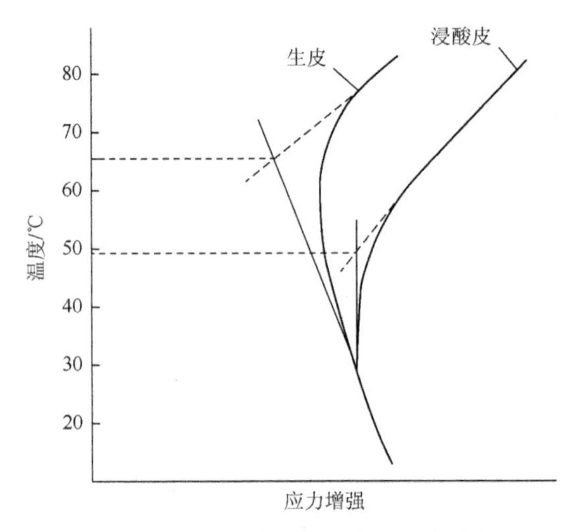

图 6-2 纤维束受热与应力的关系

当加热温度达到 T_S 后，胶原才突然发生宏观的迅速（剧烈）收缩，这证明此时支撑组织结构的力已被大量破坏，皮纤维蛋白质的理化性质发生突变。发生收缩后，皮的物理力学性、化学反应性难以恢复变性前性状。

2）革的 T_S 与耐热

受热变性的温度还受作用时间影响。一种 T_S 为 100℃以上的 Cr 鞣革，在 50℃下受湿热 6d 后，尽管其 T_S 下降 3～5℃，但其强度降低 10%以上，这表示革内的结构已明显地发生变化。植物鞣革的 T_S 在 80℃以上，当其长时间在 50℃湿热下存放，强度及其他品质也会受到损坏，导致其失去价值。

3. 革的 T_S 与加工性能

鞣制效应的高低与革后续受热加工能力相关。在磨削工序中，较低的 T_S 会因刀/沙与革面接触摩擦生热使革收缩变性。因此，在复鞣、加脂染色等加工中革表面受多种材料及 pH 影响，没有足够 T_S 的坯革在贴板、真空干燥过程中易造成革面或局部变性。

鞣制效应的高低与革后续形变加工能力相关。表 6-3 显示了通过不同鞣剂完成鞣制后的样品进行压缩变形后的自然恢复能力。

表 6-3　鞣后湿皮的挤压形变（相对比较）

样品	压缩变形	恢复能力	样品	压缩变形	恢复能力
酸裸皮	大	差	5%甲醛鞣革	较小	较好
20%栲胶鞣革	小	较差	6%Cr 粉鞣革	较大	好

获得良好鞣制效应的革能表现出优良的压缩变形、恢复能力。例如，经机械加工的挤水、片皮、削匀、转鼓加工等多种力作用，坯革发生形变。鞣制效应中脱水性及胶原纤维束之间黏合力直接与压缩变形及恢复能力相关。这种恢复能力包括无水时及充水后的恢复，坯革恢复能力的差别会造成革后继加工及使用质量的变化。

鞣制效应的高低与革物理力学强度相关。表达成革强度的项目很多，通常按成品皮革的使用性能设定项目类别及相应的指标值，这些指标值（包括坯革）能够作为后续加工的需要。

鞣制效应与革的强度没有明确的关系。一种定性实验研究见图 6-3。在干态时，未鞣裸皮强度最大，鞣后强度次序为：裸皮＞醛鞣＞Cr 鞣＞植鞣；湿态时有醛鞣＞植鞣＞Cr 鞣＞裸皮。

抗张强度大小与单位面积胶原纤维束数量直接相关，干态时裸皮与醛鞣的纤维间距离最短，强度大；湿态充水裸皮内缺乏交联，强度最低。

鞣制效应“封闭”了胶原对水的亲和基团与通道，降低了皮胶原与水的亲和力。在平衡湿度与相同蒸气压下，革的吸水能力略低于裸皮的吸水能力，见图 6-4。如果将未鞣裸皮、Cr 鞣革及植鞣革放入水中，以相同的干重计，可以得到最大吸水度为（22℃）未鞣裸皮 100%；Cr 鞣坯革近 70%；植鞣坯革 50%。

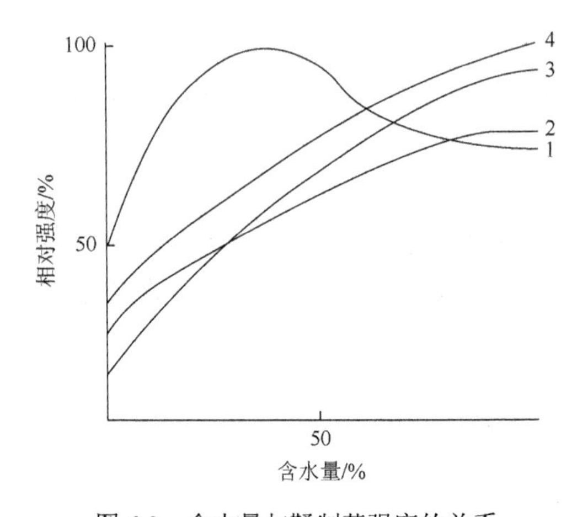

图 6-3　含水量与鞣制革强度的关系

1. 裸皮；2. Cr 鞣；3. 植鞣；4. 醛鞣

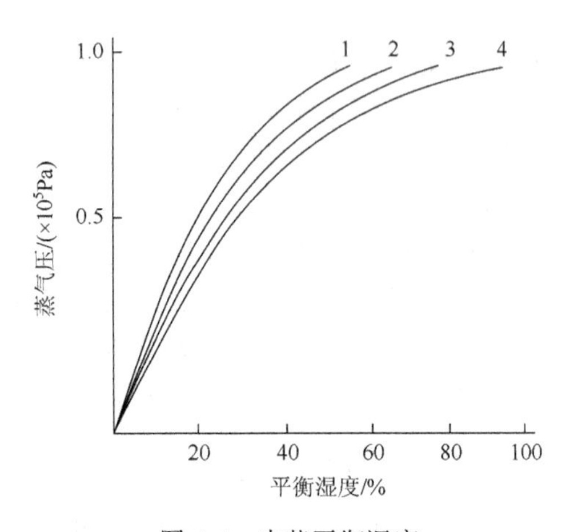

图 6-4　皮革平衡湿度

1. 植鞣；2. Cr 鞣；3. 铁鞣；4. 裸皮

鞣制效应增加革抗酸、碱、盐作用能力。鞣制后的坯革与裸皮明显的区别是对酸、碱、盐溶液作用膨胀度大大减小。但与认定的鞣制效应关系无规律可循。简单的定性实验结果见表 6-4。

表 6-4　干坯革在酸、碱、盐溶液中增量

溶液(22℃，24h)	Δ*w*(裸皮)/%	Δ*w*(植鞣)/%	Δ*w*(Cr 鞣)/%	Δ*w*(醛鞣)/%	Δ*w*(油鞣)/%
0.1mol/L HCl	100	＜25	＜15	＜25	＜25
0.1mol/L NaOH	100	＜35	＜20	＜15	＜15
1mol/L KSCN	100	＜25	＜15	＜25	＜35

鞣制效应增强了革耐酶、霉作用能力。研究发现，在湿态、40℃、pH = 5.9、40min 条件下，裸皮与正常鞣制革抵抗胰酶的能力顺序为：Cr 鞣＞醛鞣＞植鞣＞裸皮。各自的抵抗能力随鞣剂的用量增加而增加。而对抵抗霉菌作用顺序有：醛鞣＞Cr 鞣＞植鞣＞裸皮。当抵抗汗液及霉菌同时作用时顺序有：醛鞣＞植鞣＞Cr 鞣＞裸皮。

4. 鞣制与革的表面等电点

鞣制效应保留但改变胶原蛋白的两性特征。鞣剂与革的特定基团结合，能够修正胶原纤维的表面电荷或改变表面的等电点 pI（表），使胶原表面等电点与胶原内部的等电点产生不同程度的差异。但事实上，鞣剂的可及性、鞣制要求的程度仍保留胶原纤维表面的两性特征。因此，pI（表）的概念更多地以表面电荷的形式表达，并成为革鞣后湿态加工过程中技术控制的重点。

研究表明，鞣剂与羧基结合为主的鞣制效应将提高革的 pI（表），与氨基结合为主的鞣制效应将降低革的 pI（表）。一些鞣剂鞣制后的皮或坯革的 pI（表）及 pH = 6.5 时革表面电势见表 6-5。

表 6-5　皮或坯革的 pI（表）和革表面电势

皮或坯革	pI（表）	表面电势 ψ/mV（pH = 6.5）	皮或坯革	pI（表）	表面电势 ψ/mV（pH = 6.5）
生皮	～7.6	—	甲醛鞣革	～4.6	–41
鞣前裸皮	～5.4	–31	荆树皮栲鞣革	～4.0	–85
Cr 鞣革	～6.8	+25	酚类合成鞣剂鞣革	～3.2	–119

6.2　金属离子鞣剂与鞣制

6.2.1　金属离子的鞣制效应

鉴于胶原蛋白的两性基团特征，无论从数量和可及度上讲，氨基及羧基是胶原参与化学反应最重要的活性基团标志。因此，导致胶原稳定性的物质可以是带正电荷的金属阳离子与羧基作用，也可以是阴离子酸根与氨基作用。公元前 1000 多年，我国将鞣制称为“硝皮”,“硝皮”就是阴离子 SO_4^{2-} 与胶原作用，脱水固定使革获得应用价值（鞣制效应）。尽管当时人们没有认识到金属离子的鞣制作用，或者说不知有机物的鞣制作用，但在公元前 200 年人们已经不经意地用金属汞作为鞣剂保存尸体（如长沙马王堆女尸）。从 8 世纪的俄罗斯用矾土作鞣剂制造皮革毛皮开始，至 15 世纪欧洲用 Al 鞣山羊皮革制造衣服与装饰，都可以认为是有意识地利用金属盐鞣制的开端。1770 年，英国发明 Fe 盐用以处理生皮，提高其耐热稳定性。1850 年起，欧洲用 Cr 盐防腐，这为金属盐鞣革奠定了基础。直至 1858 年，德国 Kinapp 教授真正从科学角度确定 Cr 盐具有优良的鞣性，以金属离子起主要作用来稳定胶原的鞣法，称为无机鞣或矿物鞣，确立了制革鞣剂最重要的鞣法地位。

然而，并非元素周期表中每一种金属离子均有独立稳定胶原结构的能力。1958 年，Chakravoty 对元素周期表中除在此之前已被认为是鞣剂的金属 Cr、Fe、Al、Zn 外，几乎所有金属离子做了鞣制实验，见表 6-6。表 6-6 中显示了当时在实验最佳条件下的最高 T_s。Chakravoty 发现具有良好鞣制效应的金属并不少，如果以 $T_s \geqslant 70$℃为标准，那么金属离子 Hg、Cu、Ti、Be 应该是有良好的鞣制效应的金属离子。当时，仅以金属对胶原的稳定化效果为目标，而不考虑金属的来源、价格、安全、社会价值的情况下，Cr 盐的优异鞣制作用结果被凸显。长期以来，金属离子鞣法基本上就是指 Cr 盐鞣法。直至 20 世纪中后期开始考虑环境友好、资源利用价值后，在世界范围内才开始努力进行无 Cr 或少 Cr 鞣制的研究。但是，要改变一个世纪的认知，还需要长期的过程。

表 6-6　各种金属离子的鞣制效应

名称	最终 pH	T_s/℃	名称	最终 pH	T_s/℃
氯化亚锡	4.0	60.0	硫酸铜铵	10.2	65.5
氯化锰	7.7	62.0	氯化锂	7.7	66.0
氯化钇	7.2	62.5	氯化锡	6.3	66.0

续表

名称	最终 pH	T_s/℃	名称	最终 pH	T_s/℃
硝酸银	7.8	63.0	硫酸镉	6.5	67.0
三氯化铈	7.7	63.0	氯氨合汞	7.3	67.0
氯化钍	3.8	63.0	硫酸铅	6.7	68.0
硝酸铅	6.9	63.0	硫酸钍	3.9	68.0
硝酸镧	8.6	63.5	硫酸镁	7.3	68.5
氢氧铜铵	10.9	63.5	氯氧化锑	5.1	67.0
硝酸钍	4.0	64.0	四氯化钛	6.3	71.0
草酸钛钾	5.6	64.0	硫酸铍	5.1	71.0
硫酸锌	7.0	65.0	硫酸铜	5.4	73.0
硝酸铵	7.5	65.0	乙酸汞	7.1	91.0

6.2.2　金属离子与鞣性

从理论角度讲，根据前述内容，金属离子与胶原作用时需要考虑过程中金属离子与胶原的化学物理性状以及环境条件，三者相匹配才能出现最佳的鞣制效应。简要判断金属离子鞣剂是否能够形成良好的鞣制效应，需要考虑在匹配条件下，使金属离子进入胶原，产生原位聚合，形成稳定的耐湿热构架，使胶原鞣制效应最大化。

如果将一些必要构成因素进行具体表达，则可以从金属盐水解特征、鞣制温度、pH、鞣剂浓度等方面进行归纳总结：

（1）胶原组织内具有必要纤维深层次构造上的渗透通道及鞣剂聚合空间。满足这一条件需要对鞣前生皮胶原进行预处理，清除无用物质，分离纤维。

（2）鞣性离子前驱尺寸能够被控制，使有效鞣性渗入胶原内最佳鞣制位置。满足这一条件需要考虑鞣性离子的物理化学行为及环境条件的可行性。

（3）改变环境条件，消除物理渗透与化学结合可能存在的不匹配状况，使鞣制效应最大化。

6.2.3　Cr(Ⅲ)盐鞣制

1885 年，Schultz 发明二浴鞣法，获得了真正意义上的 Cr(Ⅵ)鞣革，该法生产的革丰满性超过一浴鞣法，以致在世界范围内使用至 20 世纪 80 年代，最终因皮革或毛皮内 Cr(Ⅵ)过量及环境毒性而被禁止使用。在 Cr(Ⅵ)鞣革发明不久后的 1893 年，Dennis 发明了一浴 Cr(Ⅲ)鞣法，用 $CrCl_3$ 液鞣制，并用 Na_2CO_3 进行提碱，此方法申报了专利。继而 Kinapp 在该一浴鞣法的基础上进行了改进。Cr(Ⅲ)盐的鞣制方法最终应用至今。

经过一个多世纪的发展，Cr(Ⅲ)作为一种主鞣金属盐，被制革界公认为成革综合性能最好的一种鞣剂，并因此几乎完全取代了传统的植鞣，Cr 鞣成为轻革生产中不可或缺的生产方法。Cr(III)盐鞣革耐湿热稳定性好（T_S＞110℃），耐光，且鞣制条件温和，工艺简单，操作方便，因此 Cr(III)鞣革用途广泛。迄今，90%以上的皮革生产都采用 Cr(III)鞣制。

1. 溶液中 Cr 盐的聚集特性

1）水解聚合性

在第 2 章已叙述了罗勤慧等于 1986 年描述的低浓度下 Cr 配合物基本结构。pH 在 1.0～3.0，Cr 浓度在 0.0002～0.0025mol/L 结构如下：

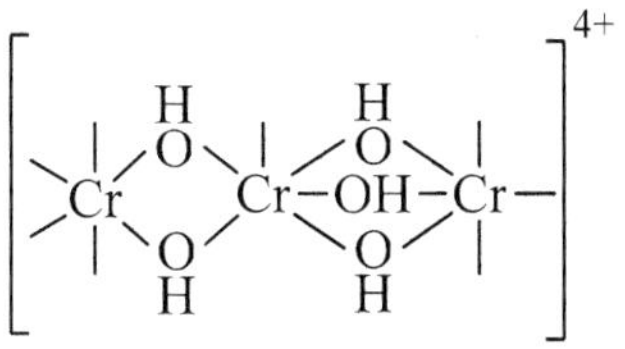

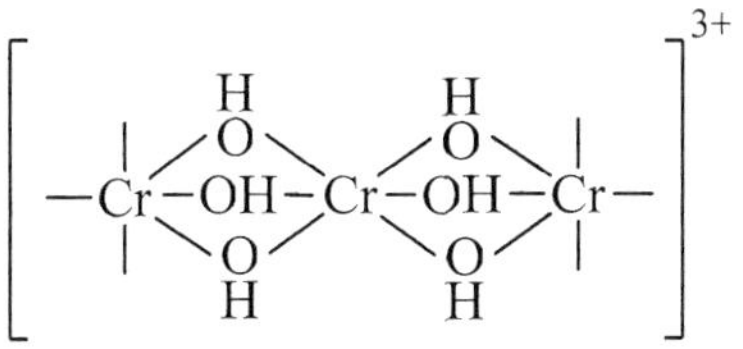

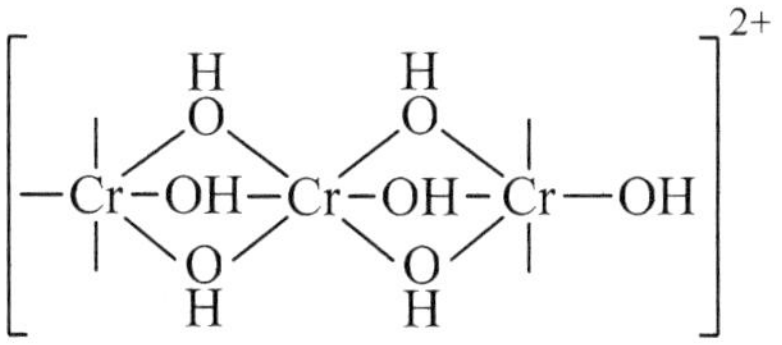

Cr 浓度在 0.005～0.04mol/L 多核物的结构如下：

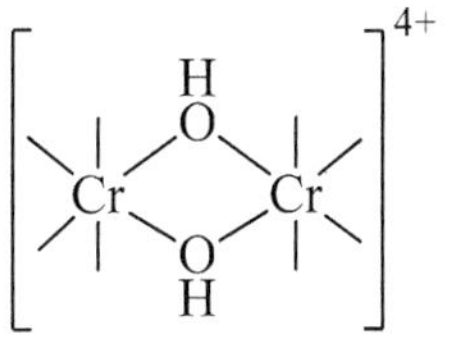

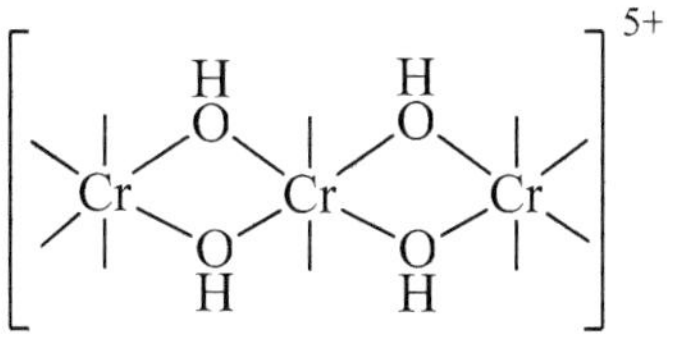

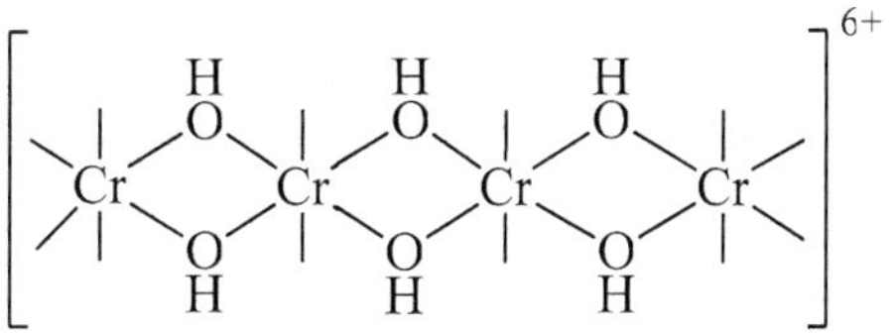

2）革内 Cr(III)形态

几乎不存在有关胶原结合的 Cr(III)配合物的尺寸大小和形状的直接证据。尽管溶液中 Cr(III)是以聚合度≥2 的形式存在，但是，根据 2007 年 Covington 等研究发现，Cr 鞣皮革中，Cr 以线性四聚体形式存在。由此可见，当 pH 变化时，Cr(III)离子在革内除进行简单的聚合外，更多的是在羟桥与氧桥之间进行质子交换。

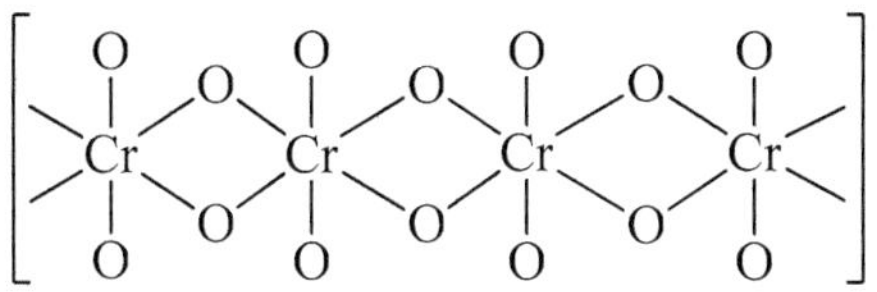

扩展 X 射线衍射吸收精细结构（extended X-ray absorption fine structure，EXAFS）研究得到的邻接原子的比值结果，说明了结合到胶原上的 Cr(III)配合物的线性本质和平均含 4 个 Cr(III)的情况，见表 6-7。

表 6-7　结合到胶原上的 Cr(III)配合物邻位 EXAFS

碱度/%	壳层	原子数	碱度/%	壳层	原子数	碱度/%	壳层	原子数
33	O	6.29	42	O	6.46	50	O	6.54
	Cr	1.45		Cr	1.42		Cr	1.45
	O	7.43		O	5.55		O	5.85

3）溶液中 Cr(III)形态

尽管革内结合的 Cr(III)以线性结构形式存在，但其在溶液中易形成非线性结构，Ramasami 认为，在 Cr 鞣废液中存在非线性结构，如下所示：

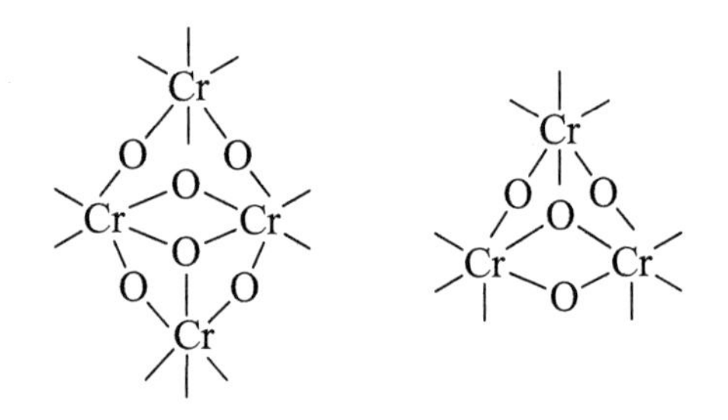

4）SO_4^{2-} 的配位

Covington 认为碱化时 SO_4^{2-} 参与形成多聚配合物，并且利用 EXAFS 法对 SO_4^{2-} 是否参与 Cr(III)配合物的配位进行了研究。该技术基于靶原子 Cr 的同步加速器 X 射线衍射光谱吸收。无证据证明 SO_4^{2-} 参与了 Cr(III)的配位。事实上，SO_4^{2-} 在 Cr(III)反应中瞬时双价配位使所有其他位置不稳定，使相连结构的交换反应变得更容易，促成非线性结构的形成，这说明在胶原内未发现 SO_4^{2-} 应该是正常的。

2. 溶液中 Cr 盐的特征描述

1）溶液中 Cr 的结构模型

Cr(III)作为一个重要的过渡金属离子，在 Bjerrum 于 1907 年的研究中描述 Cr 是一种惰性元素，Cr(III)的水解聚合作用很慢。罗勤慧（1983，1986）采用 Cr(III)浓度为 0.0002～0.32mol/L、平衡静置 pH（pH = 2.0～4.0）法，系统地研究了 Cr(III)的水解聚合状态。基本结果可以有以下表达：

（1）在较低浓度区，水解产物平衡代表物为

$$[Cr_3(OH)_4](OH)_n^{(5-n)+} \quad (n=1, 2, 3)$$

（2）在中等浓度区，水解产物平衡代表为

$$Cr[Cr(OH)_2]_n^{(3+n)+} \quad (n=1, 2, 3)$$

（3）在较高浓度区，水解产物平衡代表为

$$Cr[Cr(OH)]_n^{(3+2n)+} \quad (n=1, 2)$$

（4）低浓度/较高 pH，水解产物平衡代表为

$$\left[\begin{matrix} & \overset{\mathrm{H}}{\mathrm{O}} & \\ \mathrm{Cr} & & \mathrm{Cr} \\ & \underset{\mathrm{H}}{\mathrm{O}} & \end{matrix}\right]^{4+}$$

（5）较高浓度/低 pH，水解产物平衡代表为

$$\left[\mathrm{Cr}-\overset{\mathrm{H}}{\mathrm{O}}-\mathrm{Cr}\right]^{5+}$$

2）多级水解独立性

极慢的配体交换速度导致一、二级水解的相对独立性、稳定性。尽管在低浓度下 Cr(III)离子以多核形式存在，但在碱化过程中水解常数 k_1、k_2 的差别成为 Cr(III)渗透与结合的重要特征。一定碱化速度下 Cr(III)水解特征见图 6-5。

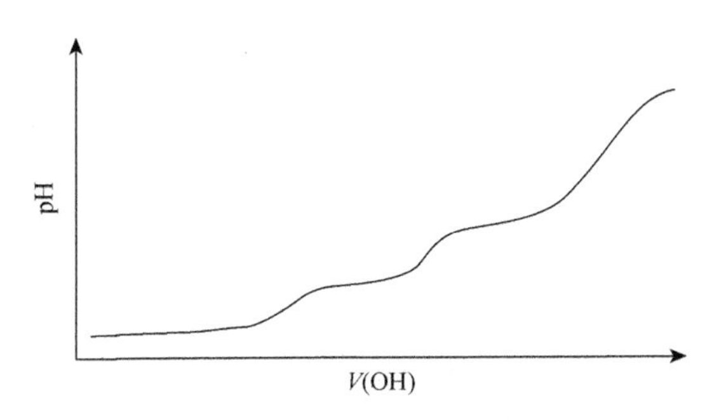

图 6-5　一定碱化速度下 Cr(III)水解特征

3. Cr 鞣的结合稳定描述

鞣制过程中，Cr(III)配合物与胶原的配位作用受水、酸根和羟基三类配位体的制约，这些因素决定配合物分子大小及配位活性。Cr(III)鞣制配合物对皮胶原的交联作用主要是通过 Cr(III)与胶原侧链羧基的两点或多点螯合配位实现的。尽管化学交联不能说明单独 Cr(III)鞣制有最高的 T_s（>100℃），但这是目前任何其他单一鞣剂所无法达到的温度。通过理论对比，研究者提出了用 3 种主要的配合物形成的化学键理论，即价键理论、晶体场理论和分子轨道理论，来解释这些鞣制效果的差异。这些解释是建立在因鞣制金属配合物中心离子和胶原形成的配位键破坏所致的皮革收缩基础之上的。相对而言，配位键的键能越大，革的 T_s 越高。因此，研究者认为，不同的金属鞣制配合物与胶原形成配位键的键能强度判断鞣性是一种解释方法。

1）价键理论解释

配合物的中心离子或原子和配位体 A 之间的配位化合一般是配体提供孤对电子与中心离子共用，形成 6 个配位键，其本质是共价性的。显然，作为配体至少应有一对孤对电子，而中心离子必须要有空的价电子轨道。例如，在配离子$[Cr(H_2O)_6]^{3+}$中，H_2O 有两对孤对电子，而基态 Cr(III)的外层电子结构为 $3d^34s^04p^0$，有 6 个空轨道。6 个空轨道预

先进行了 d^2sp^3 杂化，形成数目相同、能量相等、有一定方向性的新的杂化轨道，每个杂化轨道接受配位原子的一对孤对电子形成配位键，形成正八面体配离子。由于 d^2 属于（n–1）内层轨道，所以形成的键又称为内轨配键，相应的配合物称为内轨型配合物。

对于内轨型配合物，其配位电子对深入中心离子较内层的空 d 轨道，这种轨道能量较低，处于较稳定的状态，形成的配位键键能较强，接近于共价键（所以有时又把它当作共价键对待），配合物较稳定，这被认为是影响鞣剂鞣革 T_s 的因素。

2）晶体场理论和分子轨道理论

金属中心离子的 5 个 d 轨道在无配位场作用下，其能量是相等的（即简并状态）。但当配位场存在时，它们的能量就发生不同程度的分裂，称为配位场效应。下面以 6 个配体的正八面体配合物为例，按静电场模型分析其配位场效应。

在八面体配合物中，当 6 个配体分别沿着 3 个轴的方向靠近中心离子时，正好与 5 个 d 轨道中的 d_{z^2} 和 $d_{x^2-y^2}$ 轨道的极大值方向正面相遇，这两个轨道上的电子云就受到带负电或孤对电子的配体的强烈静电排斥作用，能量升高。而 d_{xy}、d_{xz} 和 d_{yz} 轨道的极大值方向却正好处于配体的空隙中间，恰好和配体错开，故受到较小的静电排斥作用。因此，这 3 个 d 轨道的能量较 d_{z^2}、$d_{x^2-y^2}$ 低，即在八面体配合物中配位场把原来五重简并的 d 轨道分裂为两组：能量较高的 d_{z^2} 和 $d_{x^2-y^2}$ 轨道，能量较低的 d_{xy}、d_{xz} 和 d_{yz} 轨道。

不同类型金属配合物的 d 轨道分裂情况不同，其分裂能值也不同，不同配体和中心离子的分裂能值也不同。一般来说，这种能量比未分裂前要低，给配合物带来额外的稳定化能，使配合物更稳定，配位键键能更大，其增加的键能称为配位场稳定化能，常用 LFSE 表示。Cr(Ⅲ)在八面体的配位场稳定化能 $E = -12\text{Dq}$，部分 d^n 电子的离子形成八面体的配位场稳定化能见表 6-8。

表 6-8　几种过渡配离子八面体的配位场稳定化能

d 电子数	离子种类	配位场稳定化能/Dq	d 电子数	离子种类	配位场稳定化能/Dq
0	Zr(Ⅳ)	0	6	Fe(Ⅱ)	–4.0
1	Ti(Ⅲ)	–4.0	7	Co(Ⅱ)	–8.0
2	Ti(Ⅱ)	–8.0	8	Pt(Ⅱ)	–12.0
3	Cr(Ⅲ)	–12.0	9	Ag(Ⅱ)	–6.0
4	Cr(Ⅱ)	–6.0	10	Ga(Ⅳ)	0
5	Fe(Ⅲ)	0			

同价 d^n 离子的配位化合物的稳定性取决于两个因素：配位场稳定化能大的配合物较稳定，过渡金属水溶液中水合离子的稳定性可用水合热表示。除去稳定化能的影响，从 d^0～d^{10} 的 2 价和 3 价金属离子的水合热随核电荷的增加而增加。将这两种因素结合起来考虑，可得到弱场配体配合物的稳定性顺序：$d^0 < d^1 < d^2 < d^3 < d^4 < d^5 < d^6 > d^7 > d^8 > d^9 > d^{10}$。

以上内容说明了 $3d^3$ 结构的 Cr(Ⅲ)配合物稳定性好，包括胶原羧基及其形成的配合物，优于 d^0 结构的 Zr(Ⅳ)、Ti(Ⅳ)和 d^5 高自旋（低场）的 Fe(Ⅲ)。

4. Cr 鞣过程皮胶原描述

经过准备过程处理的生皮胶原，等电点 pI = 4.5～5.0，当体系 pH 在 pI 附近时，皮胶原处于脱水及化学稳定状态。鞣制需要鞣剂的渗透及结合，为了增加可及度及化学活性，升高 pH 或降低 pH，获得充水膨胀、分离纤维、开拓通道成为必要条件。因此，获得鞣剂的渗透与结合，需要满足 4 个条件：

（1）纤维结合的水或离子可以被鞣剂交换。

（2）低 pH、低温条件下，配合物、鞣剂尺寸要有利于渗透迁移。

（3）配合物渗透与结合固定条件有适当的差别。

（4）皮胶原具有使鞣剂深度渗透的动力。

根据上述 4 个条件，在鞣制体系中，高浓度 Cr 与低 pH 时，无膨胀皮胶原有利于 Cr 渗透。因此，解决渗透动力成为必然要求。

在酸性条件下，作为大分子电解质的皮胶原显正电性，带负电荷的 Cr 配合物离子才能渗入皮内。虽然多电荷阴离子配体成为渗透首选，但 Cr 的结合却需要以带正电荷的形式接触胶原带负电荷的羧基。因此，阴离子适时的离去成为渗透与结合平衡的必要条件。自 1893 年使用 $CrCl_3$ 至 1917 年使用碱式 $Cr(OH)SO_4$，最终以 SO_4^{2-} 为负电荷的 Cr 配合物离子成为首选。理想的各种碱度 Cr 配合物离子在溶液中的结构及电荷特征示意可以表达如下：

$$^{-}O-S(=O)_2-O-\left[Cr\begin{matrix}OH\\ \\ OH\end{matrix}Cr\right]^{4+}-O-S(=O)_2-O^{-}$$

$$(H_2O)_4-\left[Cr\begin{matrix}OH\\ \\ OH\end{matrix}Cr\right]^{4+}-O-S(=O)_2-O^{-}\qquad (H_2O)_4-\left[Cr\begin{matrix}OH\\ \\ OH\end{matrix}Cr\right]^{4+}-(H_2O)_4$$

在制革物理化学理论中，渗透与结合是一对矛盾，但它们又是相继产生的，是化学动力学和化学热力学的宏观反映。迄今，Cr 鞣一直被认为是以阳离子配合物渗透为主而结合的，事实是否如此可以从上述配合物结构可知，Cr 盐鞣制需要渗入浸酸后的皮胶原内，Cr 鞣的过程可以按图 6-6 的 3 种方式与胶原接触：

（1）在低于胶原 pI 下，阴离子 Cr(Ⅲ)配合物鞣制。阴离子鞣剂渗透入皮内，然后转变为阳离子 Cr(Ⅲ)配合物与胶原结合。这在 20 世纪 80 年代用同位素跟踪草酸 Cr(Ⅲ)的鞣制中早已得到证明，也是目前正常鞣制过程。

（2）在高于胶原 pI 下，阴离子 Cr(Ⅲ)配合物鞣制。阴离子鞣剂先转变为零电荷或阳离子 Cr(Ⅲ)配合物获得渗透动力。Cr(Ⅲ)配合物离子依靠 Cr(Ⅲ)与胶原形成配合物的

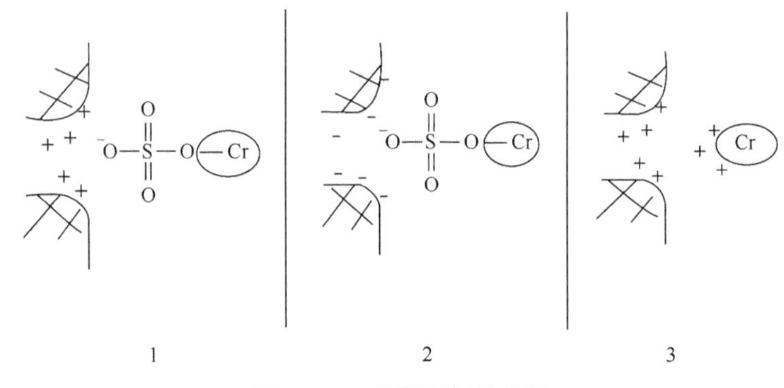

图 6-6　Cr 盐鞣制初始状况

1. 正常 Cr 鞣；2. 高 pH 鞣；3. 高碱鞣

惰性或与裸皮表面电势差获得渗透动力。这在高 pH 或称为不浸酸 Cr 鞣的研究中已有报道。

（3）在低于胶原 pI 下，高碱度 Cr 鞣剂的鞣制。大量的零价及正价态，甚至较高聚合度的 Cr(III)配合物要得到理想渗透较为困难。这种渗透需要靠 Cr 盐吸收胶原表面的反离子，由 Cr 阳离子转变成阴离子、非离子后扩散或渗透进皮胶原内。

在不断研究、实验、生产实践后，工业化生产的 Cr 鞣法最终选择了“在低于胶原 pI 下，阴离子 Cr 配合物渗透入皮内，然后转变为阳离子 Cr 配合物结合”的鞣制模式。在高于胶原 pI 下的不浸酸鞣制，可以产生在短时间内就让 Cr 盐吸收殆尽的快意鞣制现象。但其实结果仍无法与常规的鞣制比拟。

胶原的负电荷是在较高 pH 下形成的，表面的 OH^- 在阴性 Cr 配合物变为阳性的同时，水解聚合物，Cr 盐的聚合与交联自然在生皮表面织网或沉积，自阻尼结果由此而来。1960 年，Bayer 公司发明了自动提碱硫酸 Cr 粉。自动提碱使鞣制期间“（1）”和“（3）”两种情况同时存在。高碱度 Cr 盐受电荷及结构影响，只有严格的工艺条件控制，如机械作用、温度，才能使质量得到保障。

在皮胶原内，随着 Cr(III)浓度降低，体系中结合 SO_4^{2-} 机会增加，H^+浓度降低，促成 SO_4^{2-} 加速退出，Cr(III)配合物离子向阳性转变，水解加剧，最终构成如下以线性四聚体为主的结构（Anthony et al，2001）：

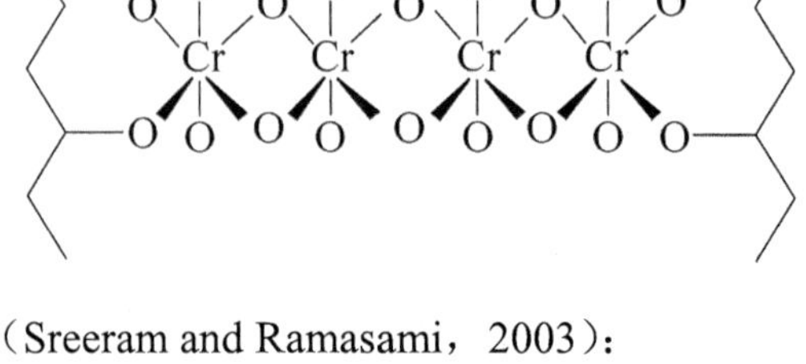

制鞣的结果表明（Sreeram and Ramasami，2003）：

（1）Cr(III)配合物在胶原纤维表面包裹，形成胶原分子内/分子间交联。

（2）Cr(III)配合物使胶原纤维表面脱水分离，通过胶原表面电荷与 Cr(III)产生离子键作用，使纤维长距离有序。

5. Cr(III)的鞣革结合点

从活性基团的解离性、电荷及数量方面考虑，Cr(III)在胶原内主要结合基团是羧基，但氨基是否与 Cr(III)作用？实验研究发现，增加胶原内游离羧基，Cr(III)的吸收上升，如果预先将胶原改性减少氨基，H^+浓度降低，Cr(III)的吸收将明显减低，见图 6-7。但是，去氨基胶原的 T_s 与正常胶原的 T_s 相近。从结合 Cr(III)的数量上看，去氨基胶原明显下降，但较去羧基结合量大。

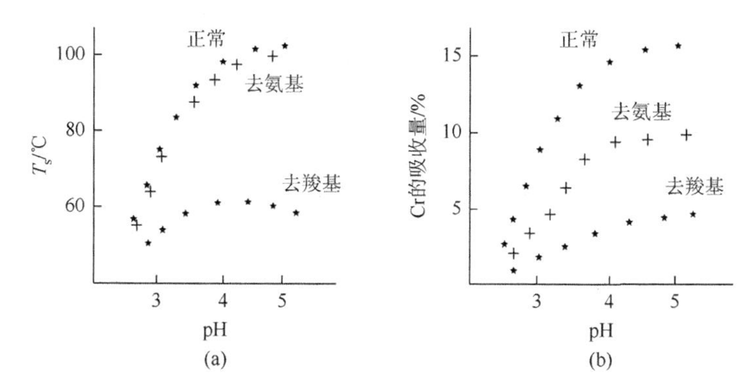

图 6-7　改性胶原 T_s（a）及结合 Cr(III)（b）与 H^+浓度的关系

根据配位化学理论，Cr(III)与—NH_2 能形成配位键。热力学研究可表明，Cr(III)与—NH_2 的配合物有很好的稳定性。但是，动力学研究表明，Cr(III)与—NH_3^+ 形成配合物的速度取决于—NH_3^+ 中 H^+ 的离去或—NH_3^+ HSO_4^- 中 HSO_4^- 的离去。从 Cr(III)配合物结构可以推测，配合物中心离子外界与—NH_3^+ 结合是显而易见的。去氨基最终导致 Cr(III)结合数量下降，只是这种结合在鞣制工艺的 pH 条件下对胶原的耐湿热稳定性作用的贡献是不重要的。

6. 提高 Cr(Ⅲ)鞣结合

Cr(III)盐作为当今制革工业鞣剂的“首席”，100 多年来人们认为 Cr(III)鞣制革的利大于弊。然而，1993 年 Sykes 在总结制革发展和存在问题的报告中表达了自己对生存环境的认识，Cr(III)盐制革造成积累性污染引起了全球性的关注，不得不使人们重新审视 Cr 鞣的利弊。

我国每年有 20 余万吨鞣剂 Cr(III)盐用于制革，有 1.2 万吨鞣剂 Cr(III)及 10 多万吨中性盐进入水环境。进入水环境中的 Cr(III)盐不易被回收，又会在中性的环境下经空气及微生物的作用向高毒性 Cr(VI)的转变，对植物及生物造成危害。常规鞣制工艺中 Cr(III)的利用率只有 65%～70%，因此提高皮胶原对 Cr(III)的吸收效率成为鞣制清洁工艺的关键。

真正 Cr(III)盐鞣制条件的完善应该从 1959 年固体硫酸 Cr(III)盐（Bayer）鞣制说起。为了提高 Cr(III)盐的吸收，1970 年，Bayer 发明了高吸收固体硫酸 Cr(III)盐。继而，常规 Cr(III)盐鞣制与高吸收 Cr(III)盐鞣制并存。随着清洁化改造要求提高，高吸收 Cr(III)盐鞣制经历了近半个世纪的不断改进，其成果主要归纳为几种方法，包括无添加方法（如改变鞣制条件、改变鞣剂结构）、有添加方法（利用鞣制助剂）和修正皮胶原结构方法。

1）无添加方法

（1）提高鞣制温度。

前已述及提高温度使氢离子交换速度加快，水离子化的增加又促使更多 Cr(III)配合物的形成，固定能力增强。温度从 0℃增到 50℃，皮蛋白质固定的 Cr_2O_3 的量增加约 4 倍。因此，升温的结果是：①铬鞣收缩温度提高，吸收 Cr(III)增加，但呈非线性的关系，见图 6-8；②没有完全鞣透的纤维收缩，革面积缩小；③表面结合过快，出现紧实粗糙的感官。

（2）少浴或无浴。

在 Cr 鞣过程中采用少浴，增加配合物渗透动力，向皮内快速、深入渗透，但后期充水易退出，少浴的结果是：①鞣制时间短，总吸收增加，Cr 盐分布均匀；②动力增加，提碱均匀性下降；③胶原脱水多，革面积缩小。

（3）提高 pH。

Cr 鞣初期的低 pH 能使胶原有足够的表面正电荷，也能避免水解聚合，使 Cr 顺利地渗透；后期提高 pH，完全以结合为目标。其结果是：①促进 Cr 的固定，使溶液内 Cr 进一步被吸收；②水解快于结合，导致表面过鞣，粒面紧实；③鞣制快速完成，坯革面积收缩增加。

Cr 鞣初期的高 pH，使胶原表面带负电荷，阻止阴性配合物渗透。需要通过高浓度 Cr 配合物的水解降低皮胶原表面 pH。但是，Cr 配合物的水解导致平衡向结合移动。结果是：①Cr 盐纵截面分布梯度增加；②革身紧实平整，厚度增大，色调深移；③提碱简捷。

Cr 鞣终端 pH 直接影响革内含 Cr 量，因此在一定的 pH 范围内，高 pH 可以提高 Cr_2O_3 结合，见图 6-9。

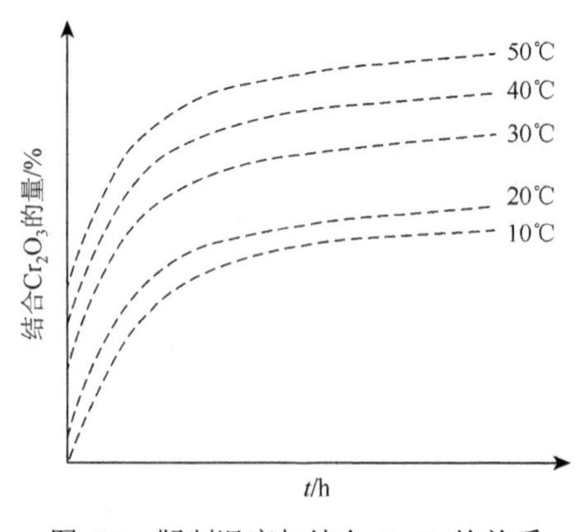

图 6-8　鞣制温度与结合 Cr_2O_3 的关系

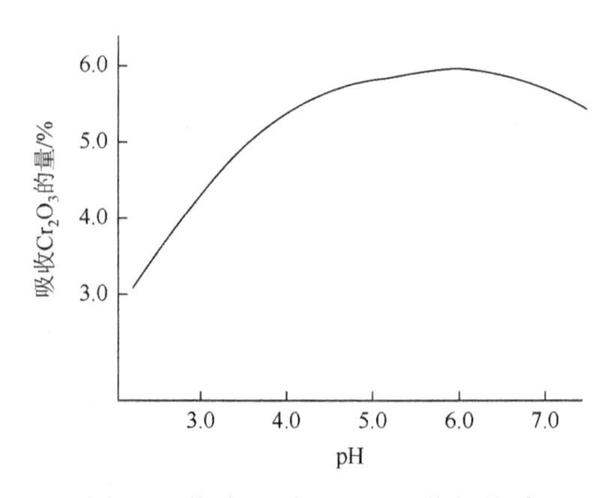

图 6-9　终端 pH 与 Cr_2O_3 吸收的关系

Covington 研究后提出，温度的升高使革内含 Cr_2O_3 量增加，从而减少废 Cr 液中的 Cr_2O_3 含量；pH 的升高，皮革的 T_s 升高。但是，在促使皮胶原具有相同含 Cr_2O_3 量的情况下，较高 pH、低温鞣制的革 T_s 较高，低 pH 与高温鞣制革的 T_s 相对较低。

（4）加强机械作用。

通过转鼓对皮进行挤压、拉伸与曲饶，加强 Cr 盐的吸收。转鼓长径比、转速、内构造均直接影响鞣制的效果，减少液体能增强机械力作用。相同的化学物理状态下，延长作用时间的结果是：①Cr 吸收增加，分布均匀度好；②表面光泽下降，粒面粗糙，部位差增大；③革中纤维长度增加，柔软度增加，革强度降低。

（5）高吸收 Cr 鞣剂。

利用高碱度或适当隐匿的 Cr 配合物鞣制。由于配聚物与胶原亲和力较高、鞣剂活动性较低，借助机械作用使之渗透到皮中，平衡向结合移动，产生高吸收。20 世纪 70 年代，德国 Bayer 公司就推出鞣剂鞣法。这种渗透与结合受配合物形态影响，结合位点受限，往往需要与低碱度配合，满足结合与分布的要求。

（6）Cr 用量。

鞣制 Cr 的吸收随着 Cr 用量的增加而降低，见表 6-9。主鞣使用 0.5%～2.0% Cr_2O_3 进行鞣制实验，以浴液含 Cr 计算（鞣后相同液体量），吸收 Cr_2O_3 的平衡为 68.5%～86.2%。而当主鞣与复鞣分开使用鞣剂（主鞣取出静置 24h 后再进行复鞣），前后总使用量为 2.5% Cr_2O_3 时，无论前后之间比例如何，经过中和水洗并测定浴液 Cr 含量，鞣制总吸收 Cr_2O_3 在 60.1%～66.6%。因此，要提高 Cr 的吸收率，只能减少用量。

表 6-9　主鞣复鞣方案的 Cr_2O_3 吸收 [a]

项目	$w(Cr_2O_3)$/%	吸收/%	T_s/℃	$w(Cr_2O_3)$/%	吸收/%	T_s/℃	$w(Cr_2O_3)$/%	吸收/%	T_s/℃	$w(Cr_2O_3)$/%	吸收/%	T_s/℃
主鞣	0.5	86.2	81.2	1.0	82.6	>90	1.5	76.7	>90	2.0	68.5	>90
复鞣	2.0	74.6	>90	1.5	67.9	>90	1.0	69.2	>90	0.5	79.3	>90
水洗		60.1			62.5			64.9			66.6	

a. 主鞣提碱至 pH = 3.8 后测定浴液含铬量；复鞣提碱至 pH = 4.0 后测定浴液含铬量；中和至 pH = 5.5～5.8 后，100% 水洗 20min，收集测定浴液含铬量。

（7）鞣液或鞣剂极性改变。

在弱极性溶剂中鞣制，鞣剂、胶原及溶液受极性或介电常数影响，鞣剂与胶原之间亲和力相对增大，吸收增加。Cr 鞣的媒介物，如二氧化碳超临界流体，正是利用了这一原理。非水弱极性溶剂条件下的 Cr 鞣，通过密度、极性及介电常数，使亲水 Cr 盐向含水皮胶原内聚集，平衡向高吸收方向移动。其中，高压使高度聚集（$\Delta S<0$）得以实现，吸收结合量显著提高。皮胶原以“萃取吸收”的形式使 Cr 盐迅速、大量地离开介质进入其中。但是，这种吸收到皮胶原中的 Cr 盐，因水的含量较低，Cr 离子的水解、转变难以理想地完成。因此，胶原与 Cr 盐未能够有良好的结合。该环境下“过饱和”吸收物往往因后续减压、充水的作用而退出。

2）添加助鞣剂方法

（1）羧酸类助鞣剂。

多羧酸类物质通过与Cr阳离子从静电至配位点结合，降低了Cr配合物的表面张力，稳定的阴离子配合物保持了与皮胶原的库仑引力，促进Cr渗透。多羧基化合物在皮胶原中与Cr阳离子结合，可增加Cr的固定，降低化学位，使外部Cr继续渗透，提高吸收量，但是Cr配合物的阳性转变出现阻碍，导致Cr与胶原结合变弱，鞣性下降。因此，多羧酸类助鞣剂用量是有限的。

大量研究表明，小分子二羧酸，如苯二甲酸、乙二酸、己二酸及其钠盐等，作为隐匿剂（又称为蒙囿剂）与Cr盐同浴鞣制，可增加Cr的吸收量。大分子多羧酸，如不同相对分子质量的丙烯酸树脂作为助鞣剂，可使Cr盐吸收增加，并迅速完成鞣制平衡。然而，其与树脂结合导致配合物体积增大，结果是革表面特征明显不同于单纯的Cr盐鞣制，如色调的紫移、Cr在粒面吸收较多。与小分子单体比较，多羧酸类树脂与皮胶原更易竞争Cr盐，导致鞣性降低。

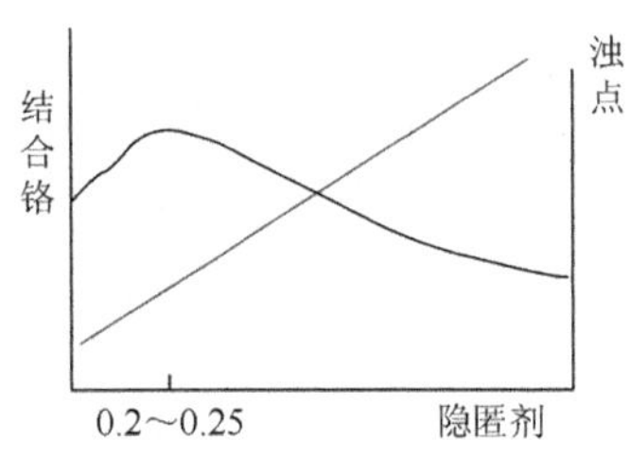

图 6-10　鞣剂的隐匿

事实上，这些助剂都可以视为隐匿剂，隐匿剂利用改变鞣剂极性的方式，使Cr(III)浊点升高，或者说以降低鞣剂表面活性的形式增加Cr(III)的吸收。只是良好的助剂在降低鞣剂极性的同时削弱了鞣剂的结合能力，因此隐匿剂用量被限制。控制用量是各种隐匿剂的重要因素，每种羧基隐匿剂都有一个最佳的使用量，见图6-10。

（2）醛基类助鞣剂。

酸性介质中醛基被激活，与负电性Cr配合物构成中性，降低了鞣剂表面张力，增强了鞣剂与胶原的渗透吸收能力，获得明显的Cr盐高吸收效果。提碱后，醛基结合氨基，使更多羧基暴露，增加正电性Cr盐的结合，形成醛-Cr协同效应。醛和Al鞣表面上看似不相关，其实醛-Al鞣早期就被利用。醛类与Cr盐的协同使一次性Cr鞣剂吸收量较多，结果是胶原的活性亲水基团减少，但革的状态良好，疏水性增加。在醛基类助鞣剂中，甲醛、戊二醛、噁唑烷等都有研究报道，效果明显。

（3）氨基类助鞣剂。

氨基或有机胺化合物进入皮胶原后，使皮胶原的暂时等电点降低，相同浸酸后正电性增加，给负电性Cr配合物更强的库仑引力，促使其结合并渗透，平衡向高吸收方向移动。

（4）金属盐。

鞣液中加入非Cr金属阳离子，大大增加了鞣液的电场强度或化学势。首先，混合金属溶液具有复杂的电荷特征，较强的非Cr金属阳离子替代了Cr阳离子，使平衡后Cr的负电性配合物增加，与皮胶原亲和力增强，渗透与结合都使溶液中Cr的质量分数下降。其次，一些交换速度快、解离能力强的阳离子显出明显的高Cr吸收特征，如Al(III)、Re(III)。溶液平衡后，这些阳离子最终被吸附在粒面上，较低的收敛性使粒面柔和、细致。

3）胶原修饰

据研究报道，Cr 鞣主要通过胶原上天冬氨酸和谷氨酸侧链的羧基与 Cr 配位，产生交联结构，提高皮革耐湿热稳定性。事实上，天冬氨酸和谷氨酸侧链的羧基很少，含量分别为 42/1000 及 73/1000，而只有经过碱酶处理后，精氨酸的胍基、带酰胺基氨基酸以及部分肽链水解才能有理想量的游离羧基，成为 Cr 阳离子的配合位点。但是，纤维束内的结合位点不易被 Cr 配合物触及，正常鞣制结合 Cr 量仅仅是理论值的 10%左右。在较大直径的胶原纤维表面增加结合位点，或进一步分离微纤维束以提高羟基可及度，这需要进行胶原的修饰改性处理。除准备工段的酸碱盐酶处理外，化学修饰也多有报道。

Gustavson 于 1961 年的研究报道了可以采用酸酐增加羧基，如引入丁二酸酐、苯二酸酐、苯均四酸二酐与裸皮进行反应，丁二酸酐的一端与皮胶原的氨基形成酰胺键，另一端则引入了羧基，但这个反应要求在碱性条件下进行。反应式：

$$P-NH_2+(CH_3CO)_2O \longrightarrow PNH-CO-CH_2CH_2-COOH$$

还可利用醛酸作用于皮胶原。Chang 与 Heidemann 等于 1991 年报道了用乙醛酸代替部分硫酸用于浸酸，可节约 50%的 Cr 盐。羧基的吸电子效应使醛基的活性增强，与胶原的氨基作用而引入羧基。与传统 Cr 鞣相比，羧基使 Cr 得到更好的吸收和固定，且使 Cr 分布均匀、颜色均匀。

利用羟乙基丙烯酸酯与皮胶原侧链氨基发生 Michael 亲核加成反应引入羧基，同样也可以改善 Cr 鞣效果，加强 Cr 的结合牢度。反应过程为

$$P-NH_2+CH_2{=}CHCOOCH_2CH_2COOH \longrightarrow P-NH-CH_2CH_2COOCH_2CH_2COOH$$

制革过程中，皮与革对化学品的吸收结合途径有多种，值得注意的是以下两个关键内容：

（1）高吸收要求有高结合。完成 Cr 盐在皮内高吸收的动力过程后，能获得良好结合并保留革内 Cr 必要的反应余力才是最终的目的，否则，达不到前者要求则后续水洗、反渗透扩散的机械作用将导致 Cr 的退出进而失去高吸收意义。

（2）高吸收要求保持活性。结合性高吸收使 Cr 失去活力或变得更为“惰性”，将使 Cr 鞣特征被迅速降低，显著改变了后续阴离子材料的渗透结合平衡，结果是 Cr 鞣成革的柔软度、丰满度多有逊色。

6.2.4　Zr 盐鞣制

1. Zr 鞣剂的特性

20 世纪 20 年代，Zr 鞣革已有报道。Zr 鞣革饱满、坚挺、抗切割。Zr 鞣剂是制造白色革，尤其是制造抗磨、坚实底革的优良鞣剂。与 Cr 盐鞣制的条件不同，Zr 鞣需要在 pH 为 1.5～2.5 时进行，在此 pH 范围内，Zr(Ⅳ)水合离子能与胶原发生牢固的结合。而 Cr 盐在 pH 为 1.0～2.0 时不但结合很少，而且容易被水洗去。

水合 Zr 离子$[Zr(H_2O)_{6\sim8}]^{4+}$水解为$[Zr(OH)(H_2O)_{5\sim7}]^{3+}$的同时，配位生成以四聚体为最小结构单元的多核配合物，四聚体进一步水解成多个四聚体的配合物，相互间可以是点连接、双桥线连接和 3 桥面连接，见图 6-11。其连接桥可以是羟基和氧，也可以是酸根离子及作蒙囿剂用的羟羧酸。

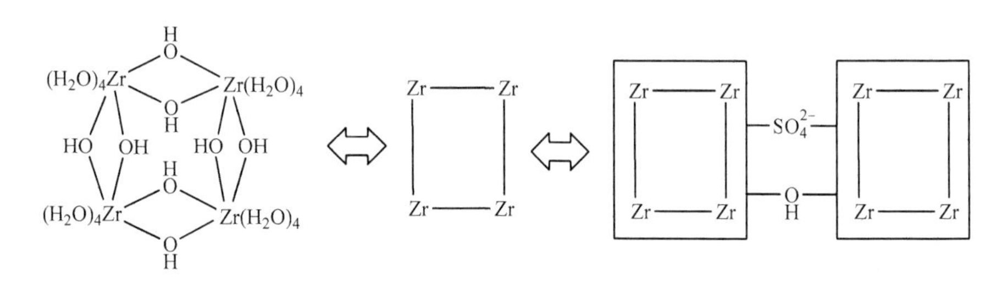

图 6-11　水溶液中 Zr(Ⅳ)盐水解结构示意

常用 Zr 鞣剂表示为$Na_2ZrO(SO_4)_2 \cdot nH_2O$或$(NH_4)_2ZrO(SO_4)_2 \cdot nH_2O$。Zr(Ⅳ)配合物的电荷导致其水解性强。碱滴定曲线见图 6-12，Zr(Ⅳ)配合物在胶原的等电点附近没有分级水解特征。例如，0.01mol/L 的 Zr(Ⅳ)配合物溶液在 pH 为 2.8 时出现沉淀。因此，一方面在 pH≤2.8，胶原远离等电点，氨基、羧基基团处于封闭状态；另一方面，无法逐级水解配聚，使得大分子聚合物难以渗入胶原内部，使 Zr(Ⅳ)的鞣性大大降低。

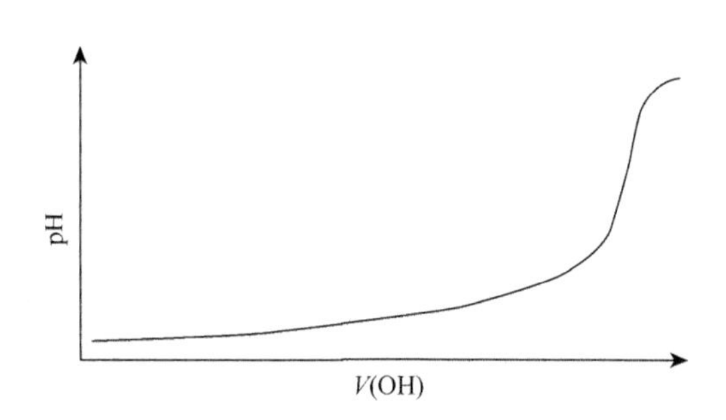

图 6-12　一定碱化速度下 0.1mol/L Zr(Ⅳ)的水解特征

对 Zr(Ⅳ)与胶原的反应存在不同的推测。与 Cr 盐溶液类似，水解的动态平衡无法确定溶液中各组分，因此对 Zr(Ⅳ)水合配合物组成的电荷分析结果只能作为参考。

经离子交换色谱和电泳实验分析，Цецнов 认为 Zr(Ⅳ)配合物主要是以阴离子组分为主，包含非离子和少部分阳离子。而 Heidemann 认为它们是阳离子，在非常低的 pH 条件下才获得有限的溶解度。阴离子化合物和阳离子发生静电反应，形成不溶性的沉淀。由于水溶液中 Zr(Ⅳ)配合物的电荷性质不同，得出其与胶原不同的作用结果：

（1）胶原经过氯氧化 Zr 与草酸 Zr 作用后经 DSC 检测，样品变性温度升高，而元二色谱中无变性位移，这证明 Zr(Ⅳ)与氨基酸以极性结合为主（Nishtar et al.，2003）。

（2）Zr(Ⅳ)配合物的多电荷特征是特有的。因此，阳离子与胶原的羧基氧结合或与胶原羧基形成共价配位也无可非议。蛋白质中仅涉及质子化氨基起稳定化作用是不真实的。

（3）Zr(Ⅳ)配合物的阴离子与胶原的质子化氨基极性结合。随着溶液 pH 升高，Zr(Ⅳ)配合物水解程度加快，Zr(Ⅳ)配合物将逐步失去负电荷而变成电中性状态，尽管阳离子氨基离子化程度降低缓慢，非离子之间结合也是可能的。

（4）对 Zr 鞣裸皮、血纤蛋白（带活性氨基蛋白链较胶原中少 5～6 倍）和聚酰胺进行比较，裸皮所固定的 Zr 量最大，血纤蛋白固定的 Zr 几乎只为裸皮所固定的 1/5，而聚酰胺 6(肽基)只有裸皮的 1/11～1/6。这说明 Zr 鞣时氨基和肽基的活性作用，以—NH_2为主，肽基次之。

（5）裸皮被酯化和乙酸化后与未处理的裸皮比较，Zr(Ⅳ)的吸收大大减少，引起成革的收缩温度降低，因此酯化胶原要增加 Zr(Ⅳ)被裸皮的吸收程度。

（6）经 Zr 盐饱和的革对 Cr 的吸收如同裸皮一样。Heidemann 认为，阳离子 Zr 配合物和胶原阴离子基团间的电荷-电荷作用不能排除，只是这个反应不是很强，不阻碍羧基和 Cr 的配位固定。

事实上，Zr 鞣机理的研究存在多种解释结果，这可能是由实验条件不同、Zr 盐组分不同、Zr 盐不同在溶液中的稳定程度不同所致。隐匿使 Zr(Ⅳ)水合离子水解析出高碱度的 Zr 化合物，并沉积在革纤维之间，而化学键的结合是次要的，这难以用一种机制解释。但是在低 pH 条件下鞣制时，自然正电荷的库仑力是渗透与结合的主导力。

无论何种解释，对于 Zr(Ⅳ)鞣革能力而言，其在高酸度溶液中能形成稳定的水溶性配合物，从 Zr(Ⅳ)的水合离子水解后结构可以推断，Zr(Ⅳ)至少可通过 $Zr_4O_8H_m$ 的结构与胶原结合，见图 6-13，使得 Zr(Ⅳ)鞣革的收缩温度高于 90℃。

2. Zr 鞣剂和胶原的结合

正如 Cr(Ⅲ)水合离子与胶原的配位结合一样，Zr(Ⅳ)水合离子无论是和氨基配位，还是和羧基配位；或是先电价结合，然后转化成配位结合；或 Zr 鞣剂在纤维间的沉积和弱键吸附，这些对 Zr 鞣革的耐湿热稳定性均有贡献。因此，Zr(Ⅳ)配位结合的化学本质一直被人们所关注。Zr(Ⅳ)与胶原的配位能力和特征也可以从图 6-13 中看出。虽然 Zr(Ⅳ)水合离子和 Cr(Ⅲ)水合离子一样，同属内轨型，但 Zr(Ⅳ)水合离子和胶原基团形成的配合物稳定性较 Cr(Ⅲ)水合离子差一些，更何况其配位基团可能存在氨基和羧基的差别。

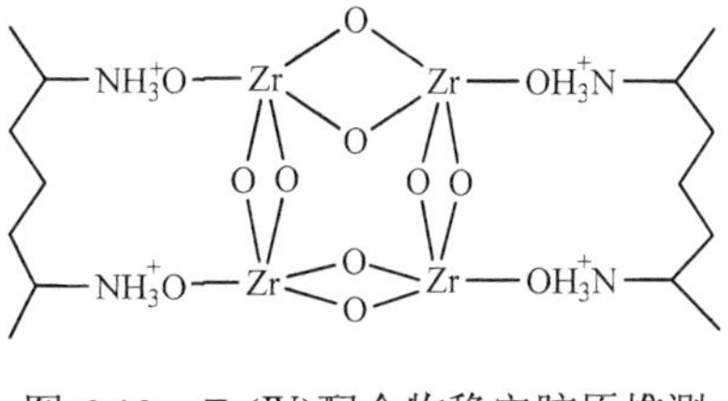

图 6-13　Zr(Ⅳ)配合物稳定胶原推测

6.2.5　Al 盐鞣制

1. Al 鞣剂的特性

除 Cr 鞣外，Al 鞣的研究报道是最多的。其实，在 Cr 鞣之前就有 Al 鞣。早在公元

8 世纪就发明出 Al 鞣。鞣革使用的 Al 盐是其复盐，称为 Al 矾或明矾，如硫酸钾铝（钾明矾）、硫酸铵铝（铵明矾）。随后有碱式氯化铝、碱式硫酸铝。氯化铝比硫酸铝更稳定，易制备成适于鞣革的高碱度的 Al 盐。但是，直接使用 Al 盐时，通常还是采用硫酸铝 $[Al_2(SO_4)_3 \cdot nH_2O]$。

由于 Al(III)特定的电子结构，其水解反应较快，难以获得逐级水解过程，对其水解配聚程度难以控制。在溶液碱性提高时 Al(III)易从低碱度直接进入高碱度，最终产生沉淀，即特定碱度的稳定性较差，见图 6-14。

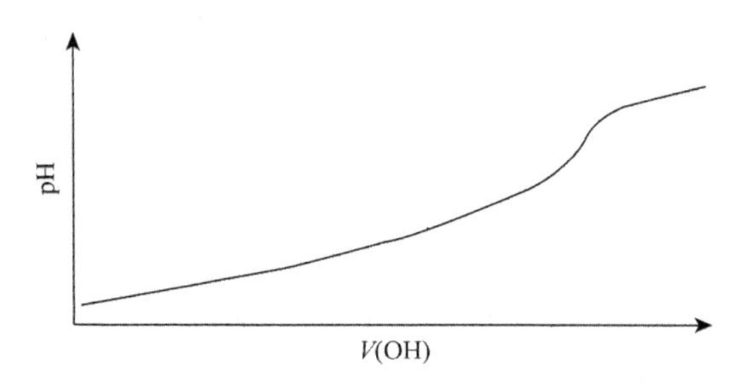

图 6-14　一定碱化速度下 0.2mol/L Al(III)的水解特征

Al(III)的快速交换使得其难以获得有效隐匿。Al(III)水溶液主要是阳离子配合物，始终对阴离子物质敏感。

2. Al(Ⅲ)的水解聚合反应

Al(III)进入水中即刻产生水解反应，生成羟基 Al(III)水合离子并迅速趋于聚合反应，生成羟基聚合物。随溶液 pH 的升高，Al(III)水合离子进一步进行水解聚合反应生成复杂多变的各种羟基聚合物。聚合反应可概括为以下反应步骤：

（1）单体水解缩聚生成二聚体。

（2）单体与二聚体沿二聚体的晶轴方向进一步定向水解聚合，生成二维羟基聚合物。

（3）二维羟基聚合物生成具有三维结构的各种羟基聚合物。

（4）各形态聚合物间继续进行聚合生成无定形凝胶沉淀物。

实验研究和分析表明，Al(III)水合离子水解产生多种物质：

单体形态　Al^{3+}、$Al(OH)^{2+}$、$Al(OH)_2^+$、$Al(OH)_3(aq)$、$Al(OH)_3(s)$、$Al(OH)_4^-$

聚合形态　$[Al_2(OH)_2]^{4+}$、$[Al_3(OH)_4]^{5+}$、$[AlO_4Al_{12}(OH)_{24}(H_2O)_{12}]^{7+}$

少量不确定的水解聚合形态结构如下：

$(H_2O)_4Al(\mu\text{-}OH)_2Al(H_2O)_4$　　$(H_2O)_4Al(\mu\text{-}OH)_2Al(OH)_2(\mu\text{-}OH)_2Al(H_2O)_4$

Al(III)水合离子中具有的 Al_{13} 聚合物絮凝成分$[AlO_4Al_{12}(OH)_{24}(H_2O)_{12}]^{7+}$，被认为是在酸性 Al(III)水合离子溶液的 pH 突变升高后生成的。Al_{13} 聚合物是絮凝剂的有效组分，但非鞣制组分。在 Al_{13} 聚合物的核环（Keggin）结构中，Al 的四面体构成核心，其外围是 12 个八面体，如图 6-15 所示。因此，Al(Ⅲ)溶液鞣制需要控制水解过程，防止局部 pH 急剧升高而形成强烈水解。

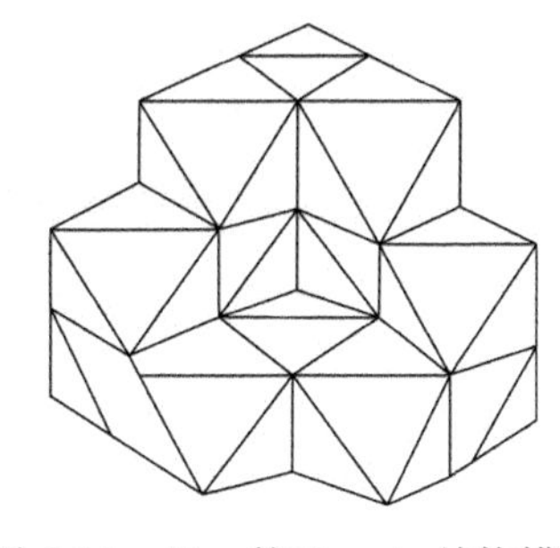

图 6-15 Al_{13} 的 Keggin 结构模型

事实上，在鞣制提碱的条件下，Al(Ⅲ)溶液水解以低聚物为主，难以产生 Al_{13} 聚合物。而 Al(Ⅲ)在溶液中仅仅生成低分子聚合物，在皮胶原内更难形成有效聚合物，导致其鞣性不足。Al(Ⅲ)鞣革最大收缩温度出现在 pH≈4.5，T_s≤78℃。

Heidemann 则认为，中和到 pH≈5.5 时革内 Al 含量最大。在 Al 鞣革内的 Al(Ⅲ)配合物以多核的大分子形式存在。

3. Al 盐与胶原的结合

由于 d 轨道在最外层，形成外轨配位键的化合物称为外轨型配合物。其键能类似共价键的键能，稳定性较共价键的内轨型配合物差一些。前述的 Al(Ⅲ)配合物交换机制及配合物形成活化能都已说明了 Al(Ⅲ)配合物的稳定性。因此，Al(Ⅲ)配合物与胶原羧基及羟基的结合能力也可以在 Al(Ⅲ)盐鞣性中理解。

6.2.6 Ti 盐鞣制

1. Ti 鞣剂特征

1902 年，英国就有 Ti 鞣的专利，由于 Ti 是贵重金属，当时没有更多的研究。Ti 鞣革饱满、紧实，且有良好的撕裂强度及崩裂强度。Ti 是制造白色革的优良鞣剂。Ti 鞣剂在化学方面有许多和 Zr 鞣剂相似之处。例如，鞣剂 $TiO(NH_3)_2(SO_4)_2$ 是典型的 Ti 鞣剂，其硫酸盐水溶液中配合物离子的电性，因条件不同而不同。在一定的用量条件下（4%～6%），硫酸氧钛铵复盐的水溶液以阴离子配合物为主，少数为中性。Ti 鞣剂通常在 pH≤1.0 的溶液中进行鞣制。因此，Ti 鞣剂必须在强酸性介质中保持稳定。

与 Zr(Ⅳ)相似，Ti(Ⅳ)水解性也极强。当 Ti(Ⅳ)液稀释到一定程度或用碱中和至 pH = 0.5 时，在常温下也能发生水解反应而生成白色絮状的正钛酸沉淀。另外，只要将 Ti(Ⅳ)液加热维持沸腾状态，即使酸度较大，仍能发生热水解反应而生成白色的偏钛酸沉淀。碱滴定曲线见图 6-16，在胶原的等电点附近没有分级水解特征。例如，0.02mol/L 的

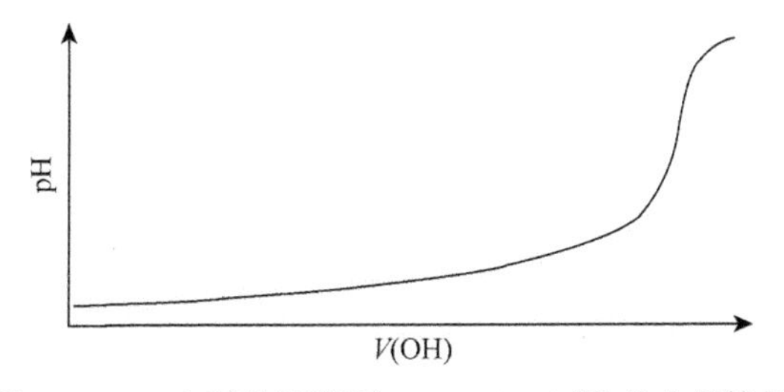

图 6-16 一定碱化速度下 0.1mol/L Ti(Ⅳ)的水解特征

Ti(Ⅳ)溶液在 pH = 1.5 时就出现沉淀。一方面，胶原浊点远离等电点，氨基、羧基基团处于封闭状态；另一方面，Ti(Ⅳ)无法逐级水解配聚，使大分子聚合物难以渗入胶原内部，这使 Ti(Ⅳ)的鞣法条件复杂化。

2. Ti(Ⅳ)水解聚合反应

Ti(Ⅳ)是高电荷的离子，在强酸性水溶液中水解易形成 TiO_2 的水合物，可以进一步通过脱水制备 TiO_2。描述 Ti(Ⅳ)水合离子水解物的报道较多，由于 Ti(Ⅳ)水合离子浓度及环境条件不同，结果均有区别。但配聚过程形成的水溶性多核配合物有线型及体型两种，结构如下：

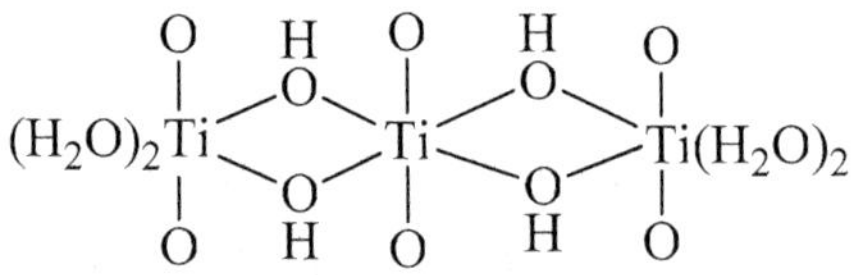

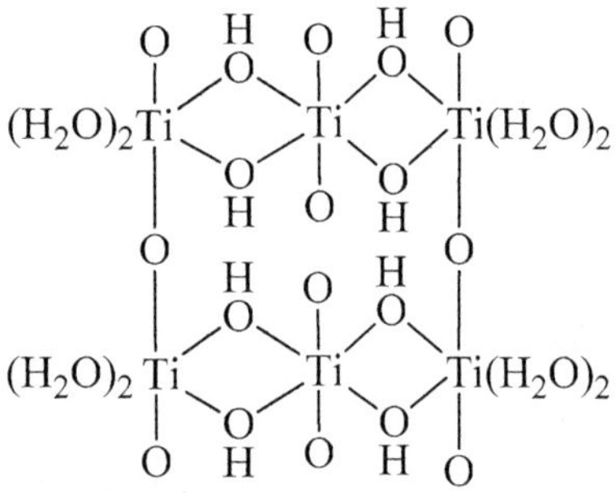

溶液中其他阴离子配体的存在会影响 Ti(Ⅳ)水解配聚作用。例如，溶液中的 SO_4^{2-} 含量增多，对 Ti(Ⅳ)水合离子的水解有一定的抑制作用。有机配体特别是与 Ti(Ⅳ)水合离子能形成较稳定的配合物的配体，取代 H_2O 分子配体后形成混配化合物，破坏羟桥和氧桥的形成，使配聚作用不易发生。提高 Ti(Ⅳ)水合离子溶液的稳定性，与 Ti(Ⅳ)形成较稳定配合物的配体主要含 O 元素，即含羟基、羧基的有机分子。由于 Ti(Ⅳ)水合离子在 1mol/L 的强酸溶液中就会发生水解，而在此酸性条件下 COO^-由于加质子作用与 Ti(Ⅳ)的配位作用很小，因此，有机羧酸，如甲酸、乙酸、草酸几乎不能提高 Ti(Ⅳ)溶液的稳定性，除非在 pH≤1 时出现解离的多羧酸。

由于 Ti 鞣剂的电荷组成与 Zr 鞣剂类似，去氨基、乙酰化、甲基化、去胍基胶原及模拟物尼龙 6 与 Ti 鞣剂的作用表明，Ti 鞣剂主要也是与氨基、胍基反应，少量地与羧基以电价键结合。尽管如此，Ti(Ⅳ)在高酸度溶液中具有良好的配聚能力，使得 Ti(Ⅳ)鞣革的收缩温度≤90℃。

3. Ti(Ⅳ)与胶原的配位结合

Ti(Ⅳ)与 Zr(Ⅳ)同族，有相同的外层电子结构。但 Ti(Ⅳ)水合离子的半径更小，其离子势（电荷与半径比 z/r）比 Zr(Ⅳ)的大，在水溶液中 Ti(Ⅳ)水合离子形成 TiO(Ⅱ)的趋势比 Zr(Ⅳ)形成 ZrO(Ⅱ)的趋势大。Ti(Ⅳ)在溶液中以 TiO(Ⅱ)形式存在时，正电荷减少一半，且 TiO(Ⅱ)离子较 Ti(Ⅳ)水合离子体积更大，TiO(Ⅱ)水合离子的渗透性及与配聚物结合能力减弱，因此 TiO(Ⅱ)水合离子与胶原配位结合能力较 Zr(Ⅳ)低。

6.2.7　Fe(Ⅲ)盐鞣制

1. Fe(III)鞣剂特征

Fe 鞣的产生早于 Cr 鞣。1770 年，英国专利提出 Fe(III)鞣革 T_s 最高达 97℃，而 Fe(Ⅱ)鞣革 T_s 为 76℃。从环保的观点出发，Fe 既无毒，又价廉。Fe 鞣有较好的丰满性和柔软性。由于 Fe(III)与 Fe(Ⅱ)之间的氧化还原电位很小，互相转换难以控制，因此氧化还原不时地发生，这使得革周边的化学环境极不稳定，革易出现氧化、黄变、表面 Fe 斑，所以在制革中 Fe(III)往往作为杂质被去除。Fe(III)与多数有机物反应形成有色产物，其鞣制的革又称为棕色革。更特殊的是，Fe(III)盐鞣革具有难以接受的 Fe 腥味，这使 Fe 鞣革一直未获得实质性的工业应用。

根据 Fe(III)在水溶液中的平衡，实验发现，Fe(III)的水溶液形成一级水解物$[Fe(OH)]^{2+}$的 $\lg K_{11} = -3.05$，二级水解物$[Fe(OH)_2]^+$ 的 $\lg K_{12} = -6.31$，三级水解物 $Fe(OH)_3$ 的 $\lg K_{13} = -3.96$，因此要形成单独分级水解物是困难的，见图 6-17。

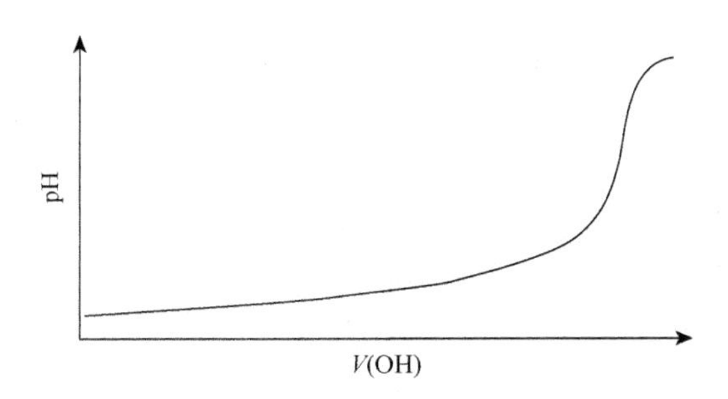

图 6-17　一定碱化速度下 0.03mol/L Fe(III)的水解特征

2. Fe(Ⅲ)的水解聚合

Fe(III)在水溶液中会发生水解反应，当满足$[Fe][OH]^3 = 4\times10^{-38}$时则形成 $Fe(OH)_3$ 凝胶沉淀。在不发生沉淀的酸性条件下，根据浓度及溶液 pH 的不同，Fe(III)水合离子可能存在多种形态，如 Fe^{3+}、$[Fe(OH)]^{2+}$、$[Fe(OH)_2]^+$、$[Fe_2(OH)_2]^{4+}$、$[Fe_3(OH)_4]^{5+}$等羟基配离子。由于获得双核水解物$[Fe_2(OH)_2]^{4+}$的 $\lg K_{22} = -2.91$，较二级水解更容易达到。因此，低碱度下 Fe(III)更易在高级水解前获得多核聚合物，这对鞣制是有益的。

$(H_2O)_4Fe(\mu\text{-}OH)_2Fe(H_2O)_4$

$(H_2O)_4Fe(\mu\text{-}O)_2Fe(OH)_2(\mu\text{-}O)_2Fe(H_2O)_4$

3. Fe(III)与胶原的结合

一方面，Fe(III)水合离子的水解聚合趋势比 Al(III)水合离子更强。Fe(III)水合离子高级水解 pH≈3.0，接近胶原等电点，以阳离子形式和羧基反应，形成比 Al(III)、Zr(Ⅳ)、

Ti(Ⅳ)稳定得多的配合物。然而，Fe(Ⅲ)水合离子的水解聚合能力低于 Cr(Ⅲ)、Zr(Ⅳ)、Ti(Ⅳ)，综合结果 Fe(Ⅲ)鞣革的 T_s≤90℃。

另一方面，Fe(Ⅱ)配合物稳定性小，且 Fe(Ⅱ)易氧化，难以作为鞣剂。Fe(Ⅲ)的最外层和次外层的电子结构是 $d^5s^0p^0$，它可以两种方式使用空轨道接受配位体的孤对电子，即内轨型与外轨型。例如，Fe(Ⅲ)与 CN^-的配合物是内轨型的，而以 SO_4^{2-}、OH^-和 H_2O 等为配体的配合物是外轨型配合物，外轨型配合物稳定性小，与胶原活性基团形成的配位键稳定性较低，鞣革的 T_s 受到影响。

6.2.8 金属盐鞣剂鞣法探索

1. Al(Ⅲ)盐鞣剂鞣法——分析实验法

目的：由于 Al(Ⅲ)水解难以分级进行（图 6-14），需要通过隐匿增加 Al(Ⅲ)配合物稳定性，同时尽可能使其获得与胶原最大的结合。

1）实验方法

鞣液：33%碱度 $AlCl_3$ 与 $Al_2(SO_4)_3$ 配制成 0.1mol/L 的 Al(Ⅲ)水溶液，室温存放 7d。

凝胶色谱：葡聚糖凝胶 G25 色谱柱，填 85cm×2.5cm，取 5mL 鞣液样品注入色谱柱；用 0.1mol/L 的 NaCl 溶液洗脱，50mL/h，5mL 收集；用二甲酚橙方法检测。

离子色谱：ICS-C25 阳离子交换柱，填 20cm×1.6cm，取 5mL 鞣液样品注入色谱柱；用 3mol/L 的 NaCl 溶液洗脱，30mL/h，5mL 收集；用二甲酚橙方法检测。

鞣制：皮粉 4g，浸入 100mL 的 $NaClO_4$ 溶液；$HClO_4$/KOH 调 pH 分别为 3.0、4.0、5.0；隐匿的 Al(Ⅲ)溶液 80mL，30℃，22h。

结合量：采用 $H_2SO_4/HClO_4$ 皮粉湿氧化；EDTA 配位滴定；胶原含量测定。

2）Al(Ⅲ)鞣液的隐匿

（1）$AlCl_3$ 溶液。

无碱度 $AlCl_3$ 溶液凝胶色谱：未隐匿是单组分小分子；隐匿后是多组分。

33%碱度 $AlCl_3$ 溶液凝胶色谱：未隐匿是双组分；0.3mol/L 柠檬酸隐匿是单组分；若柠檬酸浓度再增加，导致隐匿程度增加，也使双组分的分子质量增加（有多核物）。

无碱度 $AlCl_3$ 溶液离子色谱：未隐匿是单组分（同电荷）；隐匿后是双正电荷组分；隐匿程度增加，负电荷组分出现并增加。

（2）$Al_2(SO_4)_3$ 溶液。

$Al_2(SO_4)_3$ 溶液凝胶色谱：相同碱度 $Al_2(SO_4)_3$ 溶液与 $AlCl_3$ 溶液有相同的趋势。

隐匿程度与组分变化同 $AlCl_3$ 溶液，稳定组分时间较长。

3）Al(Ⅲ)鞣液的鞣制

（1）$AlCl_3$ 溶液鞣制。

无碱度 $AlCl_3$ 溶液：pH = 3.0，不隐匿，结合量最少，随隐匿程度增加，结合 Al(Ⅲ)增加；pH = 4.0，不隐匿，结合量最大，随隐匿程度增加，结合 Al(Ⅲ)降低；pH = 5.0，不隐匿，结合量中等，0.5mol/L 隐匿结合量最大。

33%碱度 $AlCl_3$ 溶液：pH≈3.0，情况同无碱度 $AlCl_3$ 溶液；pH≈4.0，结合量最大在 0.5mol/L 隐匿（结合量中等）；pH≈5.0，不隐匿，结合量中等，0.3mol/L 隐匿结合量最大。

（2）$Al_2(SO_4)_3$ 溶液鞣制。

无碱度 $Al_2(SO_4)_3$ 溶液：pH≈3.0，不隐匿，结合量最少，隐匿程度增加，结合 Al(Ⅲ)有增加；pH≈4.0，不隐匿，结合量最大，隐匿程度增加，结合 Al(Ⅲ)降低；pH≈5.0，不隐匿，结合量中等，0.3mol/L 隐匿结合量最大。

4）Al(Ⅲ)鞣剂鞣法结论

用 $AlCl_3$、$Al(OH)Cl_3$、$Al_2(SO_4)_3$ 鞣剂鞣制：pH = 3.0 或 5.0 鞣制时，0.3～0.4mol/L 隐匿效果最好；pH = 4.0 鞣制时，不隐匿最好；根据隐匿与鞣性关系，鞣剂 $Al(OH)Cl_3$ 及 pH≈5.0 鞣制最好。

2. Fe(Ⅲ)盐鞣法研究——鞣制实验法

1）工艺特点

（1）裸皮浸酸：软化黄牛皮常规浸酸。

（2）预处理：含羧酸聚合物。

（3）转鼓鞣制：13.5% $Fe(OH)SO_4$（B = 45%），转动 120min，全透，浴液 pH≈1.7，Na_2CO_3 提碱至 pH≈4.2。

（4）棕湿革机械加工：削匀、称量。

（5）染整湿处理：漂洗、中和、复鞣、染色、加脂、固定、水洗。

2）工艺过程

鞣法工艺见表 6-10 与表 6-11。

表 6-10　Fe 鞣家具革鞣制工艺方案（牛皮灰皮，厚 2.5mm）

<table>
<tr><th>工序</th><th>用量/%</th><th>化学材料</th><th>温度/℃</th><th>时间/min</th><th>备注</th></tr>
<tr><td>水洗</td><td>150</td><td>水</td><td>35</td><td>20</td><td>—</td></tr>
<tr><td rowspan="4">脱灰</td><td>100</td><td>水</td><td rowspan="5">35</td><td rowspan="3">30</td><td rowspan="4">完成后 pH≈9.0</td></tr>
<tr><td>2.0</td><td>硫酸铵</td></tr>
<tr><td>0.3</td><td>亚硫酸氢钠</td></tr>
<tr><td>0.2</td><td>脱脂剂</td><td>30</td></tr>
<tr><td>软化</td><td>1.1</td><td>软化酶</td><td>90</td><td>pH≈7.8，排水</td></tr>
<tr><td>水洗</td><td>100</td><td>水</td><td>20</td><td>20</td><td>—</td></tr>
<tr><td rowspan="5">浸酸</td><td>50</td><td>水</td><td rowspan="5">25</td><td rowspan="2">5</td><td rowspan="2">溶液浓度＞6 波美度（°Bé）</td></tr>
<tr><td>6.0</td><td>氯化钠</td></tr>
<tr><td>0.3</td><td>防腐剂</td><td rowspan="3">60</td><td rowspan="3">pH≈4.4</td></tr>
<tr><td>2.0</td><td>耐光加脂剂</td></tr>
<tr><td>2.5</td><td>多羧酸隐匿剂</td></tr>
</table>

续表

工序	用量/%	化学材料	温度/℃	时间/min	备注
浸酸	1.0	甲酸（85%，稀至10%）	25	15	完成后pH≈3.2
	0.5	硫酸		60	
鞣制	13.5	Fe（OH）SO_4粉	25	120	鞣透，pH≈1.7
提碱	100	水		30	pH≈2.3
	1.5	Na_2CO_3（稀至10%）		30	pH≈2.6
	1.5	Na_2CO_3（稀至10%）		60	pH≈3.2
	1.5	Na_2CO_3（稀至10%）		60	pH≈3.7，排水
水洗	100	水	20	10	—
机械处理	挤水，削匀（1.0mm），称量，漂洗				

表 6-11　Fe 鞣家具革复鞣工艺方案（牛皮灰皮，厚 2.5mm）

工序	用量/%	化学材料	温度/℃	时间/min	备注
水洗	200	水	40	15	排水
中和	100	水	30	30	完成后pH≈6.2，排水
	3.0	中和合成鞣剂			
	2.0	碳酸氢钠		60	
复鞣	100	水	30	30	完成后排水
	4.0	树脂鞣剂			
	7.0	耐光合成鞣剂		60	
染色	150	水	50	30	pH≈6.0
	2.0	染料			
加脂	5.0	耐光加脂剂A		60	
	4.0	耐光加脂剂B			
固定	1.0	甲酸（85%）		15	1∶10稀释
	1.5	甲酸（85%）		30	pH≈3.7，排水
水洗	150	水	20	5	排水
整理	真空干燥、挂晾、拉软、绷板、磨面、涂饰				

3）检验结果

（1）Fe(Ⅲ)鞣工艺中抗氧化合成鞣剂的加入可提高成革的丰满性、耐光性和耐热性。

（2）尽管Fe(Ⅲ)鞣制后坯革不是白色，但是Fe(Ⅲ)鞣革经涂饰后可获得浅淡颜色的成革。

（3）Fe(Ⅲ)鞣革可以染出明亮的颜色（包括各种棕色）。坯革具有极好的耐PVC迁移坚牢度。

（4）需要将 Fe(III)鞣革染成黑色时，往往要加入植物栲胶，耐湿擦坚牢度达 3～4 级。

（5）将 Fe(III)鞣坯革经丙烯酸树脂及聚氨酯树脂处理，成革的物理机械性能增强。

（6）通过测定 Fe(III)鞣坯革的耐湿热稳定性，可以表征鞣制效果的稳定性。

（7）在 70℃、95% RH 条件下作用 7d，坯革革身软度及 T_s 稳定性排序：Cr(III)鞣≈Fe(III)鞣＞醛-植鞣［其中：Cr(III)鞣为 2.5% Cr_2O_3 鞣制；醛-植鞣为 3%戊二醛＋15%荆树皮栲胶］。

（8）在干态 150℃受热 1h，坯革革身收缩及 T_s 稳定：Cr(III)鞣＞Fe(III)鞣＞醛-植鞣。

4）Fe(III)鞣法总结

（1）3.6% Fe(III)鞣制：$T_s = (80\pm2)$℃；pH = 3.7～3.9；挤水、削匀；耐光 4～5 级；耐 PVC 迁移 5 级；抗生物侵袭性同蓝湿革。

（2）干坯革：撕裂强度达到要求；湿热稳定性（70℃，95%RH，7d）比醛-植鞣革强，但不如 Cr(III)鞣革；压花性能好。

（3）涂饰后的革：涂层黏着性较差；耐曲挠及摩擦性能达标。

（4）Fe(III)鞣工艺总费用高于 Cr(III)鞣，与无 Cr 鞣比具竞争优势。

Fe(III)鞣作为 Cr(III)鞣的替代鞣剂实现无 Cr 鞣制具有相当大的潜力。同时也应该清楚地认识到，对于任何一种无 Cr 鞣制方法所鞣制的坯革都无法具有 Cr 鞣革的所有性能。

3. Cr(III)鞣法研究——助剂实验法

提碱是 Cr(III)鞣法中 Cr(III)水解与结合的重要过程，直接关系到 Cr(III)的吸收与分布。使用提碱剂及环境条件不当会对鞣制造成不良化学反应结果，如蓝斑、白斑、粒面、条痕等现象。对各种提碱剂的应用进行研究，优化提碱工艺得到以下效果：

（1）使 Cr(III)最大程度固定于皮革内，鞣液中 Cr(III)浓度达到最低程度。

（2）在皮革截面上使 Cr(III)均匀分布。

（3）蓝湿革在 T_s、化学后整理的性能方面最佳。

4. 鞣制后期提碱

1）4 种提碱剂基本特征：

（1）MgO（a）：粒径小，比表面积为 15m²/g。

（2）MgO（b）：粒径大，比表面积为 0.9m²/g。

（3）白云石：$m(MgCO_3):m(CaCO_3) = 1:1$，比表面积为 2m²/g。

（4）$NaHCO_3$：工业级产品。

2）电势滴定

实验时将各种用于提碱的化学品分别与 0.1mol/L HCl 反应，然后测其 pH 随时间的变化。测得一系列电势滴定曲线，如图 6-18 所示。白云石与酸反应最慢，比表面积大且粒径小的 MgO（a）与酸反应最快，迅速达到最大 pH。

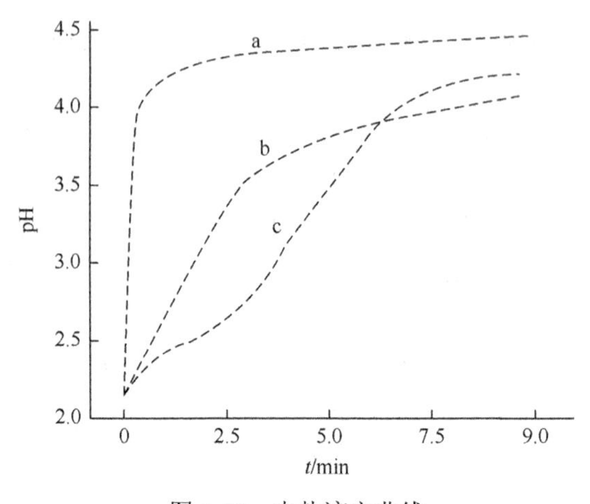

图 6-18　电势滴定曲线

a. MgO（a）；b. MgO（b）；c. 白云石

3）提碱剂应用

提碱工艺操作描述见表 6-12。

表 6-12　提碱工艺

工序	操作条件	备注
浸酸	80%水，25℃，溶液浓度＞6°Bé；1.0%甲酸钠，1.2%硫酸，要求 pH 达到 3.0	用量按裸皮重计
鞣制	7.0% Cr 鞣剂（碱度为 33%），转 2h，检测鞣透后，加入 *X*%提碱剂	
提碱	粉状提碱剂直接加进；小苏打先用水以 1∶10 稀释，再缓慢加进	

4）提碱剂提碱特征

等质量同时加入各种提碱剂，溶液 pH 随时间及温度的变化见图 6-19。由图 6-19 可以得出结论：

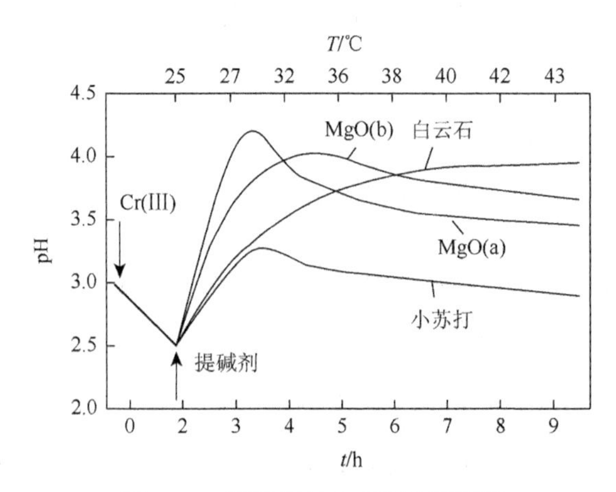

图 6-19　提碱剂与 Cr(III)反应特征

（1）白云石比表面积中等，中和最慢，最终水解 pH 最高，对 Cr(III)水解作用最温和。

（2）小粒子 MgO（a）比表面积大，与 Cr(III)反应最快，1.5h 内 pH 升至最高，然后 pH 下降速度也快。

（3）小苏打反应最激烈，使 Cr(III)迅速、大量水解，浴液 pH 最低。

（4）当需要获得一致的提碱效果，pH 范围在 3.8～4.0，中和反应的速度与 pH 高低恰好相反。

5）提碱剂与 Cr 在革内的分布

采用不同提碱剂提碱。在鞣制过程中，Cr_2O_3（～2h）被吸收 60%后进行提碱，最终 pH≈4.1，鞣制 10h 后，不经水洗，测定 Cr_2O_3 在革内分布，见图 6-20，检测结果显示，不同提碱剂在革内的分布差别较大。

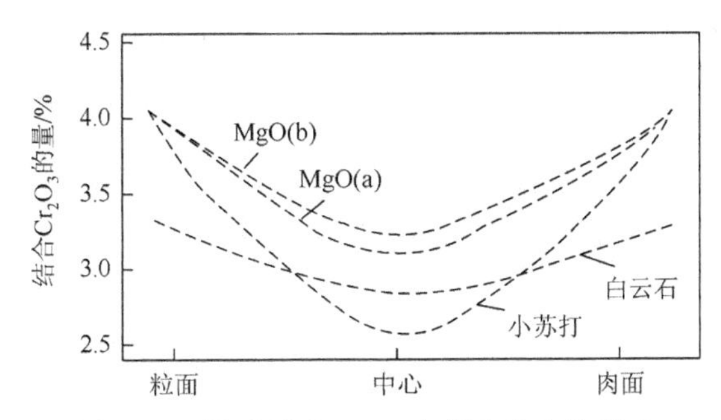

图 6-20　提碱剂对 Cr_2O_3 在革内分布的影响

结论与 Cr(III)的水解对应：

（1）与 Cr(III)作用最强、水解最快的小苏打分布最不均匀。

（2）提碱剂 MgO（a）比表面积大，水解反应快，比 MgO（b）分布效果差。

（3）白云石溶解差、pH 低，与 Cr(III)作用慢，分布最均匀。但最终 pH 低，总吸收量低。

6）提碱与抗水洗能力

吸收的概念包含了渗透与结合两种不同平衡的结果。鞣剂鞣法最主要的目标是结合效果。提碱助剂决定了 Cr(III)盐的水解聚合速度与程度，在改变以 pH、温度、时间为主的工艺条件下结合平衡。表 6-13 是提碱条件为 pH = 4.0、存放时间 10h 或 20h、100%水、35℃、水洗 30min 后 Cr 盐的结合平衡。

表 6-13　提碱剂对 Cr (III) 盐结合平衡的影响

提碱剂	结合 Cr_2O_3/%		结合 ΔCr_2O_3/%[a]	结合 Cr_2O_3/%	结合 ΔCr_2O_3/%	结合 Cr_2O_3/%	结合 ΔCr_2O_3/%
	存放 10h	水洗后		存放 20h		水洗后	
MgO（a）	3.6	3.3	−8.3	3.62	+ 1	3.6	0.0
MgO（b）	3.9	3.8	−2.6	4.5	+ 15	4.2	+ 7.7
白云石	3.3	3.5	+ 6.1	3.9	+ 18	3.7	+ 12
小苏打	3.7	3.2	−14	3.9	+ 5	3.5	+ 5.4

a. 与存放 10h 结合比较。

表 6-13 所示内容说明：

（1）分别使用 MgO（a）、MgO（b）与小苏打提碱，存放 10h，水洗使皮内 Cr_2O_3 量减少。其原因是提碱过程中 Cr(III)盐水解速度快，未增加固定的 Cr(III)，经水洗多数 Cr(III)被洗出，洗出量与提碱速度成正比。

（2）使用白云石情况下 Cr_2O_3 结合量增加了 6.1%，这可能是由于沉积于皮层的 Cr(III)在水洗中进一步发生水解而在皮内固定。

（3）白云石提碱是在低 pH 下完成的（pH≤4.0），低 pH 导致革内 Cr(III)水解不足。由此，水洗过程难以洗出革内的 Cr(III)，也可以说，在牛皮革中水解速度高于洗出速度。

（4）同样条件下水洗，存放时间延长使革 Cr_2O_3 结合量增加，小苏打的增加效果不明显。低 pH 提碱后存放对增加 Cr_2O_3 结合量的影响最明显。

（5）提碱慢，最终 pH 合适时，结合 Cr_2O_3 量最高，吸收平衡最好。

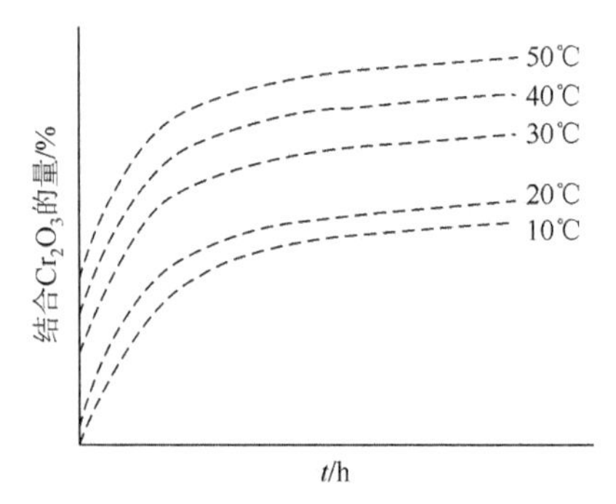

图 6-21 提碱后温度与结合 Cr_2O_3 量的关系

7）提碱后的温度

温度对许多现有粉状提碱剂有较大影响，在 Cr 鞣提碱后期提高温度，Cr（III）配合物水解能力增加，固定能力增强，平衡渗透与结合同时加强，但是温度与吸收是非线性增加的。提碱后温度与结合 Cr_2O_3 量的关系见图 6-21。温度高于 20℃后结合增加较快，可见鞣制后期升温是合理的。这可能是在温度升高时提碱最初阶段的 pH 会有相应提高，从而使皮对 Cr 的吸收发生不均匀现象。

6.3 有机鞣剂与鞣制

有机鞣剂包括植物单宁、合成芳族鞣剂、聚合物树脂鞣剂、醛类、噁唑烷等。自 Cr 鞣发明以来，除特殊皮革外，有机鞣剂较少单独被用来鞣革，但一直都是重要的制革辅助材料。

6.3.1 阳性碳亲电鞣剂鞣制

曼尼希反应（Mannich reaction）或胺甲基化反应，是指一个含有活泼氢原子的化合物与甲醛（或其他醛）及氨或胺（通常是伯、仲胺）的缩合反应，结果得到 β-氨基羰基化合物（1），称为 Mannich 碱。但（1）作为反应中间体，首先形成（2），然后在一定条件下脱水形成（3）。

$$\mathrm{RN-H + HCOH + RX-H \longrightarrow \underset{(1)}{RNH-CH_2XR} + H_2O}$$

$$\mathrm{RN-H + HCOH \longrightarrow \underset{(2)}{RNH-CH_2OH} \longrightarrow \underset{(3)}{RN{=}CH_2}}$$

含醛基鞣剂中 $C^{\delta+}$具有亲电性：

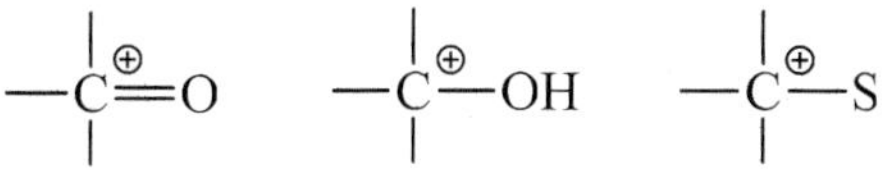

$$-\overset{|}{\underset{|}{C}}{}^{\oplus}{=}O \qquad -\overset{|}{\underset{|}{C}}{}^{\oplus}{-}OH \qquad -\overset{|}{\underset{|}{C}}{}^{\oplus}{-}S$$

胶原结构中的亲核基团较为丰富：

$$-NH_2 \qquad -NH- \qquad HO-$$

这些基团主要源于赖氨酸、羟赖氨酸、精氨酸、丝氨酸侧链以及链的端基等。鞣剂浓度较高时，肽键参加反应。鉴于胶原大分子结构特征，需要激活氨基才能使氨基的亲核反应有效进行。对醛而言，分子质量、亲水性、空间结构都是影响鞣性的因素，常见的小分子醛鞣性对比见表 6-14。

表 6-14　一些常见醛的鞣性

名称	T_s/℃	名称	T_s/℃
空白	56～58	甲醛	86～88
乙醛	74～76	乙二醛	82～84
正丙醛	65～67	丙烯醛	80～82
正丁醛	63～65	丁烯醛	77～79
正戊醛	56～58	戊二醛（改性戊二醛）	85～87（82～84）
苯甲醛	61～63	水杨醛	61～63

1. 甲醛鞣剂与鞣制

1）甲醛基本特征

甲醛为无色水溶液或气体，有刺激性气味，能与水、乙醇、丙酮等有机溶剂按任意比例混溶。其液体在较冷时久储易混浊，在低温时则形成三聚甲醛沉淀。甲醛为强还原剂，在微碱性条件时还原性更强。甲醛在空气中能缓慢氧化成甲酸，pH = 2.8～4.0，密度为 1.081～1.085g/mL，沸点为−19.5℃，闪点为 60℃。甲醛在生产及储存过程中形成聚甲醛是不可避免的，因为储存过程中温度、压力、pH、杂质都有可能诱导其聚合。

聚甲醛分子链完全由—C—O—键连续构成，包括羟基缩合（半缩醛）、线性聚合、三氧杂环等，见下式：

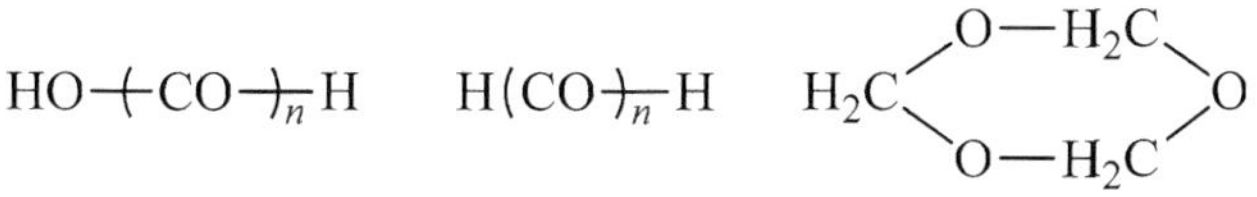

$$HO\!\left[CO\right]_n\!H \qquad H\left(CO\right]_n\!H \qquad H_2C\langle{}^{O-H_2C}_{O-H_2C}\rangle O$$

2）甲醛的游离

甲醛与氨基之间形成的共价键是完全耐沸水的。甲醛与胶原侧链氨基形成的共价键在 6mol/L HCl 溶液中煮沸过夜仍然是稳定的。但是，两种情况下甲醛鞣制后易解聚，分析原因：一是甲醛与氨基初步结合、未脱水形成席夫碱前，易逆反还原；二是多聚甲醛作连接桥时，聚甲醛之间易受多种外界因素作用而分解断链。

热解聚：一旦聚甲醛生成后，进一步分解是较为困难的，热处理或稀释可以获得解聚，溶液中聚甲醛的解聚条件及效果见表 6-15。

表 6-15　溶液中聚甲醛的解聚

样品	处理温度/℃	解聚时间/h	含单甲醛/%
未聚合甲醛液	20	—	34.54
聚甲醛的上清液	8	—	27.91
处理甲醛原液	60	58	29.71
处理甲醛原液	80	58	30.88
50%稀释后处理甲醛原液	60	58	31.74

自动氧化解聚：由于氧的攻击引起分子链的断裂，在聚甲醛自氧化过程中产生的氢过氧化物导致分子链按 β 断裂机理发生解聚。

由氧化剂解聚：在有氧化剂存在下，甲醛单体被氧化为甲酸，而甲酸能促使聚甲醛发生无规酸解反应，导致分子链断裂，分子质量迅速降低。

酸解和水解：体系中存在的 H^+可以引发酸解和水解，加速聚甲醛的分解。

干态光热解聚：光照及高温形成自由基，引发分子链无规断裂。

3）甲醛鞣制

稳定的共价反应主要发生在赖氨酸、羟赖氨酸、精氨酸的胍基上，这是甲醛鞣革对 T_s 的主要贡献。甲醛单独鞣制的 $T_s = 86\sim87℃$；其鞣革的密度较小，成革扁薄、较轻，耐洗性好，适合制造服装、手套，撕裂强度较 Cr 鞣革低。但是，单独甲醛交联概率较小，形成席夫碱需要脱水，根据可能的结果列出一些甲醛鞣产物如下所示。可以看出，甲醛鞣制后随着环境变化，聚甲醛（具有不稳定性）释放游离甲醛的机会是较大的。

$$\sim NH_2 + mCH_2O \longrightarrow \underset{(1)}{\sim NH-CH_2(OH)} + \underset{(2)}{\sim NH\text{-}(CH_2O)_n\text{-}H} + \underset{(3)}{\sim NH-CH(OH)O\text{-}(CH_2O)_x\text{-}H}$$

$$\longrightarrow \underset{(4)}{\sim N{=}CH_2} + \underset{(5)}{\sim NH-CH_2-NH\sim} + \underset{(6)}{\sim NH\text{-}(CH_2O)_y\text{-}CH_2-NH\sim} +$$

$$\sim NH-CH_2O-(CH_2O)_z-CH_2-NH\sim + \cdots$$

(7)

2. 戊二醛鞣剂与鞣制

1）戊二醛鞣剂

戊二醛易溶于水、乙醇，能溶于苯，能随水蒸气挥发。纯度在 98%以上的戊二醛在室温下可保存数日不变，但纯度低时易聚合成不溶性玻璃体。戊二醛在水溶液中以游离态存在的不多，在质量分数≤50%和弱酸条件下存在大量不同形式的水合物，而大多数是环状结构的水合物。50%戊二醛水溶液聚合反应不显著，但高浓度或偏碱性的戊二醛溶液易聚合而不易保存。常用的戊二醛鞣剂溶液的质量分数为 25%～50%。

$$\underset{(4\%)}{OHC-(CH_2)_3-CHO} \underset{-H_2O}{\overset{+H_2O}{\rightleftharpoons}} \underset{(16\%)}{HC(OH)_2-(CH_2)_3-CHO} \underset{-H_2O}{\overset{+H_2O}{\rightleftharpoons}} \underset{(9\%)}{HC(OH)_2-(CH_2)_3-HC(OH)_2} \overset{-H_2O}{\rightleftharpoons} \underset{(71\%)}{\text{2,6-二羟基四氢吡喃 (HO, O, OH)}}$$

溶液中组分越多，反应过程越复杂，产物也越多。根据目前戊二醛鞣剂的浓度及鞣制反应过程，反应产物举例见戊二醛鞣制。液体戊二醛在碱性条件下或有氧状态下，环状物结构出现变化，经过脱氢、脱水、聚合，最后出现变色，由黄色直至棕色。

2）戊二醛鞣制

1957 年，人们就认识到戊二醛的优良鞣制效果。戊二醛鞣制的革密度小、质量轻，适用于服装革和毛皮的生产。戊二醛鞣制的革有良好的多孔性，且耐洗、耐汗，即使革处于碱性条件下也是稳定的。

戊二醛在较大的 pH 范围（3.5～8.0）内均具有良好的鞣性，鞣革的 T_s 为 85～87℃。利用戊二醛进行鞣革加工时，革较易获得丰满柔软的感官特征，与甲醛鞣革类似，具有耐洗耐汗性。用以环状物为主的戊二醛进行鞣革，革内可以形成多种复杂交联体，随着鞣制体系 pH 提高或存放后进一步交联、自聚，产生芳香性（$4n+2$）或超共轭效应，结果是宏观上鞣革逐渐变黄。鞣制特征示意见下式：

$$\sim NH_2 + HC(OH)_2-(CH_2)_3-CH_2O \longrightarrow \sim NHCHOH-(CH_2)_3-HC(OH)_2 + \sim NH{=}CH-(CH_2)_3-HC(OH)_2 + \sim NH-CH_2(-(CH_2)_3-HC(OH)_2)-HN\sim$$

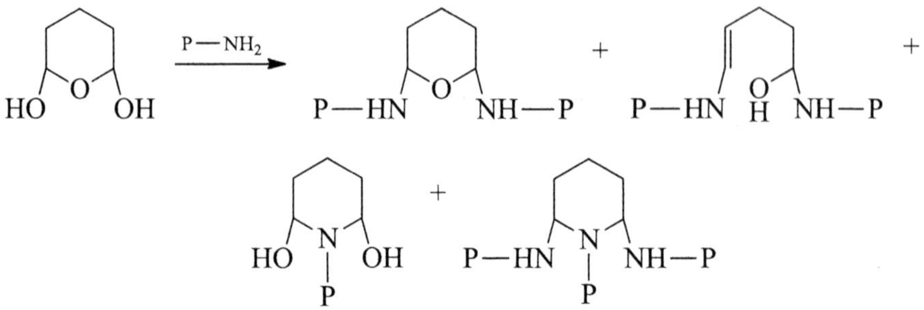

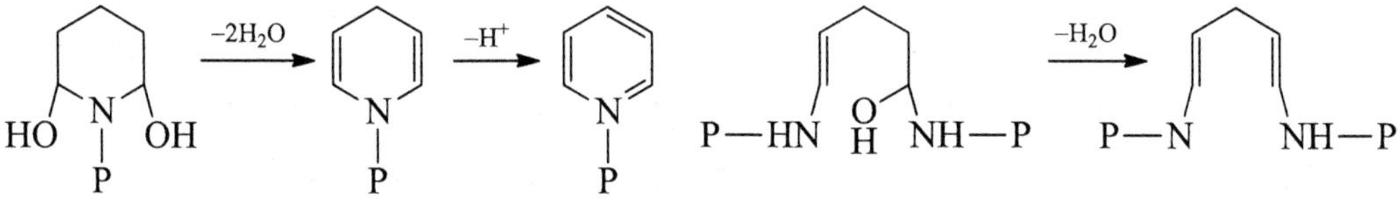

戊二醛鞣制效应随 pH 的增高而加大。图 6-22 为浸酸山羊皮的鞣制条件与 T_s 的关系。当 pH = 7.5 时，戊二醛鞣革 T_s 迅速上升，鞣剂对皮的表面作用太快太强，使革的粒面粗糙，这种方法常作为皱纹革生产的方法。研究表明，高 pH 可以使醛与肽键结合。

随着鞣制 pH 的升高，革对戊二醛的吸收量也有明显的增大。在较低 pH 条件下，尽管也能鞣制，但由于戊二醛缺乏渗透动力，吸收较慢，残留多，因此在较低 pH 条件下使用戊二醛需要考虑足够的时间满足渗透，三者之间的关系见图 6-23。

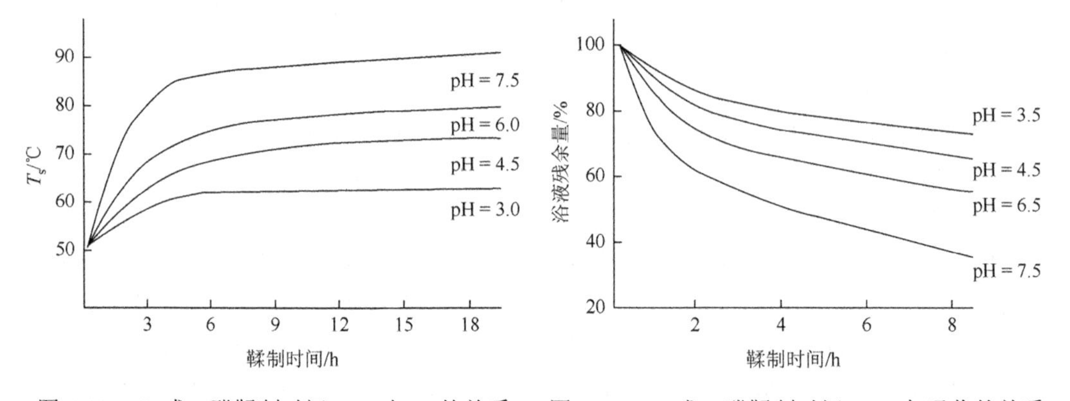

图 6-22　4%戊二醛鞣制时间、pH 与 T_s 的关系　　图 6-23　4%戊二醛鞣制时间、pH 与吸收的关系

为了加速或促进吸收及缩短鞣制完成时间，可以提高鞣制温度，使体系快速达到最高的 T_s，见图 6-24。但是戊二醛的渗透动力不足，渗透速度有限，过高温度的快速鞣制极易导致表面结合过多戊二醛，这对粒面革制造影响较大。

与甲醛比较，戊二醛的鞣制能力稍低，但鞣革的可整理性较好，尤其是戊二醛低毒性，使其被制革工业广泛接受。只是戊二醛鞣制的革易黄变，不能得到纯白色的革，最终在浅色革的制造中受到限制。

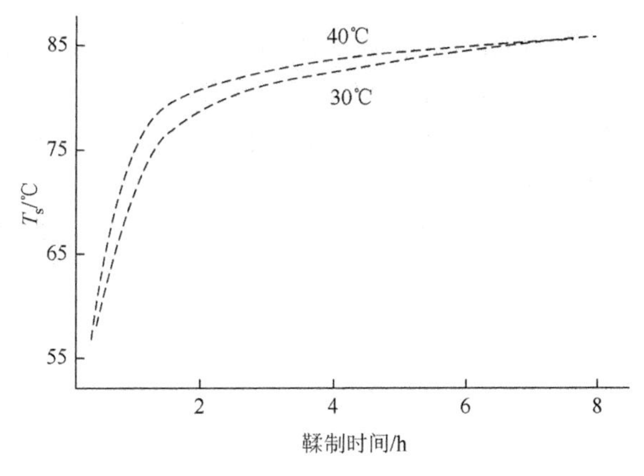

图 6-24　4%戊二醛鞣制温度、T_s 与时间的关系

3）戊二醛鞣剂改性

根据戊二醛鞣剂成环、聚合形成有色物质的原理，对戊二醛进行化学改性。一种较好的方法，也是目前最常用的方法是利用甲醛进行缩合，按照最主要的戊二醛组分进行表达，反应示意见下式：

$$\mathrm{HCO{-}(CH_2)_3{-}CH_2O} + \mathrm{CH_2O} \longrightarrow \text{(吡喃环：}\mathrm{HOH_2C},\ \mathrm{CH_2OH},\ \mathrm{OH_2C},\ \mathrm{OCH_3}\text{)} +$$

$$\text{(六元环：}\mathrm{H{-}(OH_2C)_n{-}OH_2C},\ \mathrm{CH_2O{-}(CH_2O)_h{-}H},\ \mathrm{H_3CO{-}(CH_2O)_g{-}CH_2O},\ \mathrm{OCH_2{-}(OCH_2)_m{-}OCH_3}\text{)} +$$

$$\mathrm{HO(CH_2O)_2CH(CHO)OCH_2OCH(CHO)OCH_2OH} + \mathrm{HO(CH_2O)_2CHO{-}(CH_2{-}O)_x{-}CH_2O}\ \ (\mathrm{CH{-}CH_2OCH(CH_2OH)O{-}(CH_2{-}O)_y{-}CH_2O})$$

经过改性后的戊二醛称为改性戊二醛。改性戊二醛溶液的 pH 约为 5.0。从分子结构看，改性戊二醛的结构明显增大并复杂化。改性戊二醛一般以水溶液形式存在，为无色或淡黄色透明溶液。与戊二醛不同，改性戊二醛由于含有大量羟甲基，所以不仅易溶于水，而且与水强烈缔合，降低了它的挥发性，使改性戊二醛无明显刺激性味道。改性戊二醛水溶液虽然不易氧化也很难发生不可逆的聚合反应。但从改性后结构看，其受热仍可分解出甲醛。因此，良好的改性戊二醛应没有大量聚合的甲醛，释放甲醛较少。

4）改性戊二醛鞣制

改性戊二醛稳定性，如耐氧化、不聚合的性质是甲醛和戊二醛所不具备的。改性戊二醛具有醛基化合物的一般反应特性。根据化学结构，改性戊二醛鞣制能力应该更强，但鉴于结构形态，鞣制能力却较戊二醛弱。BASF 公司的 Relugan GTW 就是甲醛和戊二醛反应的产品。改性戊二醛鞣革不易出现黄色，甚至当鞣制体系 pH 达 11 时也能存放多日。因此，改性戊二醛鞣制时所允许 pH 范围更宽，适于白色及浅色革制备。当鞣制体系 pH = 3 时，改性戊二醛即可表现出鞣性，在 Cr 复鞣或浸酸鞣都可以使用，pH = 7.5 时鞣性可达到最佳。鞣革的 T_s 可达 86℃，较戊二醛鞣革略高，见图 6-25。

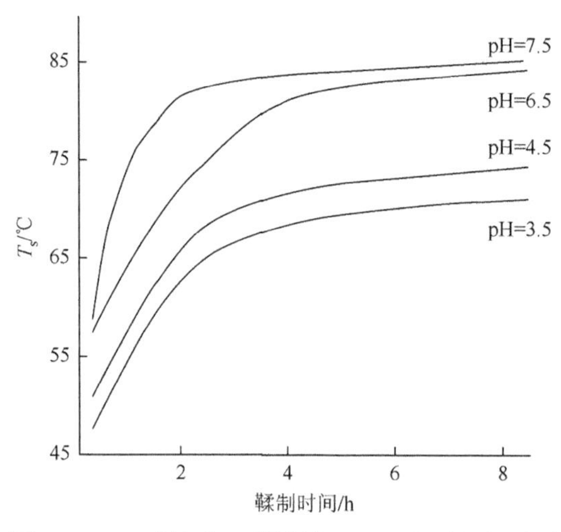

图 6-25　4%改性戊二醛鞣制 pH、T_s 与时间的关系

但是，改性后分子体积明显增大，改性戊二醛渗透困难，导致其浴液残留量较多，见图 6-26。改性戊二醛鞣革如果作为主鞣，需要大比例地加入鞣制，才能达到最佳鞣制效应，否则难以获得理想的 T_s；改性戊二醛显示明显不足，见图 6-27。

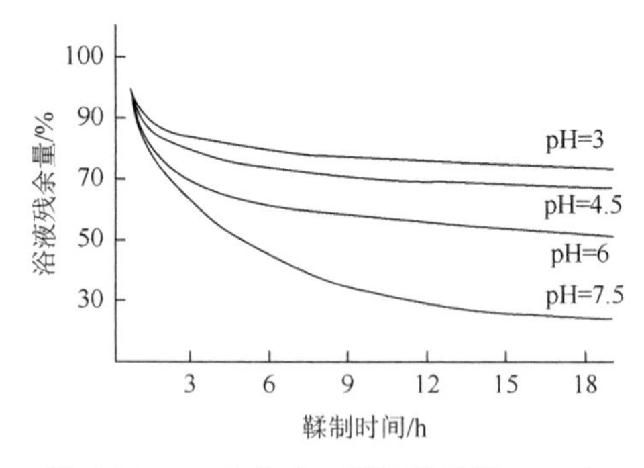

图 6-26　4%改性戊二醛鞣制时间、pH 与吸收率的关系

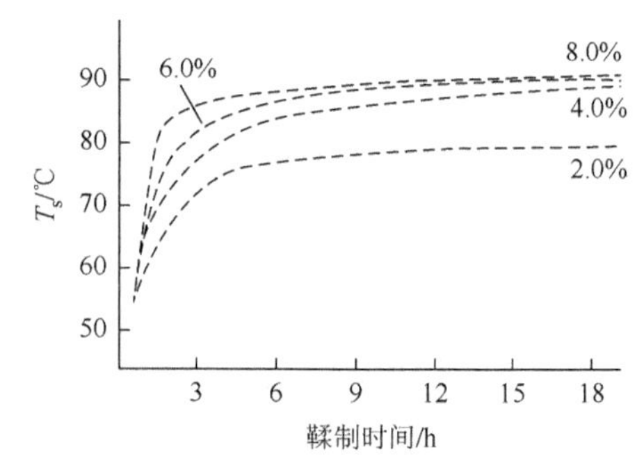

图 6-27　改性戊二醛用量、鞣制时间与鞣性的关系

3. 噁唑烷鞣剂与鞣制

1）噁唑烷鞣剂

20 世纪 70 年代，噁唑烷引入皮革工业，一时被认为是继醛鞣剂后最理想的鞣剂。噁唑烷能在宽的 pH 和温度范围获得良好的鞣制效应，明显提高皮胶原的 T_s。鞣革的柔

软度、丰满度高于其他醛鞣剂。

噁唑烷又称为氧氮杂环戊烷，具有双官能团，是一个大系列产品的统称。用于制革的噁唑烷鞣剂主要有两种：4, 4-二甲基-1, 3-氧氮杂环戊烷（噁唑烷 A）和 1-氮杂-3, 7-二氧杂二环-5-乙基（3, 3, 0）辛烷（噁唑烷 E），基本结构如下：

```
        CH3                        C2H5
         |                           |
  H3C—C—CH2               H2C—C—CH2
         |     |                |    |    |
        HN    O                O    N    O
          \  /                  \  / \  /
          CH2                   CH2  CH2
     噁唑烷 A                  噁唑烷 E
```

噁唑烷反应时可以在“CH_2—NH”或“CH_2—O”处断开，与亲核试剂生成席夫碱，如 CH_2═N—，然后进行亲电加成获得再结合或交联。值得注意的是，如果噁唑烷水解发生后没有完成交联，就会出现游离甲醛，因此大量使用是不适合的。正常使用量的范围为≤2%。

2）噁唑烷鞣制

噁唑烷 A 与胶原的反应速率快，受 pH 的影响小，鞣革 pH 在 2～10 与胶原纤维有良好的反应，鞣革的 T_s 在 84～86℃；噁唑烷 E 相对来说反应较慢，尤其鞣性表现出低 pH 下反应慢，pH 升高鞣速加快。当鞣制体系中的 pH 升高到 7.5～8.0 时，鞣革的 T_s 在 82～84℃。它们的用量与鞣革 T_s 的关系见图 6-28。

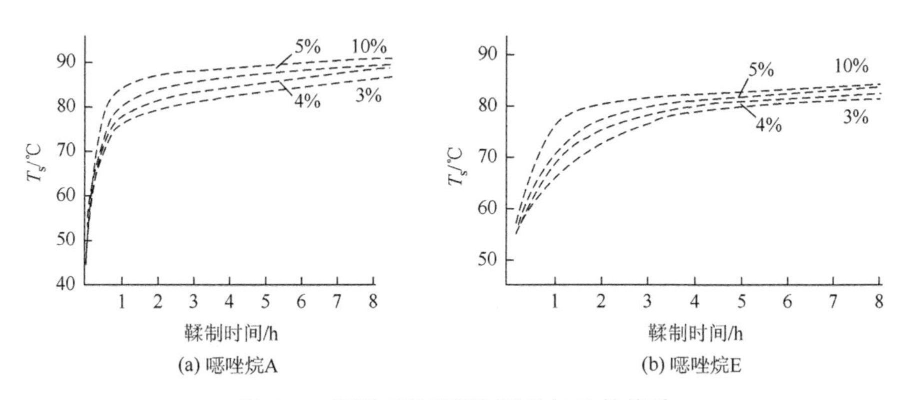

图 6-28　两种噁唑烷鞣制用量与 T_s 的关系

改变鞣制体系 pH，对鞣革的 T_s 而言，噁唑烷 A 或噁唑烷 E 在不同 pH 下鞣制差距较小。这说明 pH 变化分别对两种噁唑烷鞣制影响较小，尤其是噁唑烷 E 鞣制，可以在不改变 pH（提碱）情况下就能得到理想的鞣革 T_s。

关于噁唑烷的鞣制机制已有报道，以噁唑烷 A、噁唑烷 E 与多肽反应的研究发现，反应可以形成亚胺基，从赖氨酸的含量分析表明反应是可逆的，而与酪氨酸反应是不可逆的。由此也说明双环噁唑烷 A、噁唑烷 E 与胶原反应均有相同的结果存在，见图 6-29。

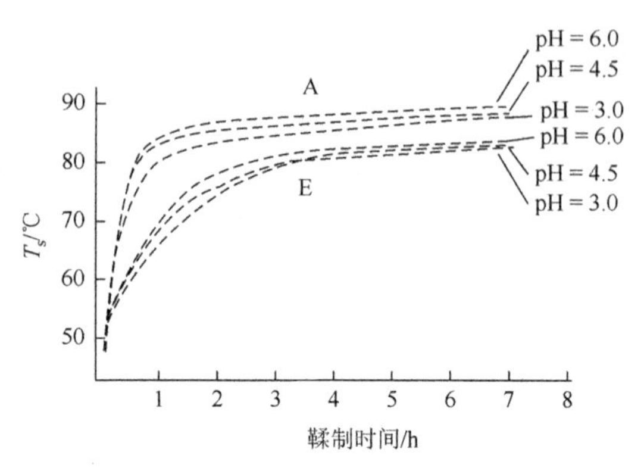

图 6-29　噁唑烷鞣制与 pH 关系

尽管一般鞣制实验的 T_s 曲线表明噁唑烷 A 鞣性较噁唑烷 E 强。若有足够时间及用量，噁唑烷 E 鞣革的耐热稳定性更好，可获得＞90℃的革。因此，这两种噁唑烷的鞣制机制是不同的。根据研究报道，噁唑烷 A、噁唑烷 E 与皮胶原蛋白作用过程推测如下式：

$$\mathrm{H_3C{-}\underset{HN\!-\!CH_2\!-\!O}{\overset{CH_3}{C}}{-}CH_2} + \mathrm{H_2N{-}R} \longrightarrow \mathrm{H_3C{-}\underset{H_2N}{\overset{CH_3}{C}}{-}CH_2{-}O{-}CH_2{-}NH{-}R} \longrightarrow$$

$$\mathrm{H_3C{-}\underset{H_2N}{\overset{CH_3}{C}}{-}CH_2OH} + \mathrm{H_2C{=}N{-}R}$$

$$\mathrm{R{-}N{=}CH_2} + \mathrm{HO{-}C_6H_4{-}R'} \longrightarrow \mathrm{R{-}NH{-}CH_2{-}C_6H_3(OH){-}R'}$$

噁唑烷 A 鞣制过程

$$\mathrm{H_2C{-}\underset{N}{\overset{C_2H_5}{C}}{-}CH_2}\ (\mathrm{O{-}CH_2{-}N{-}CH_2{-}O}) \xrightarrow{H^+} \mathrm{HOH_2C{-}\underset{N(CH_2OH)_2}{\overset{C_2H_5}{C}}{-}CH_2OH}$$

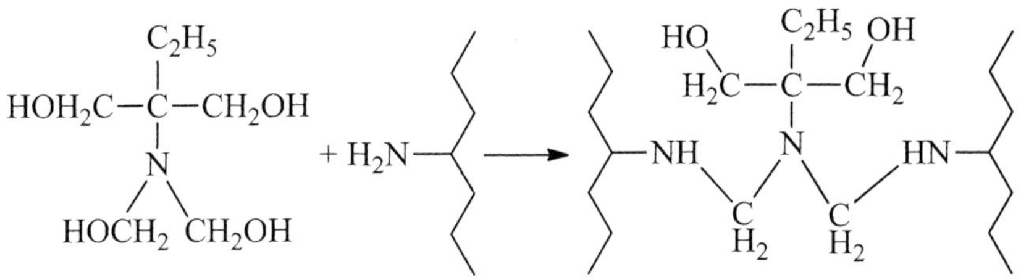

$$HOH_2C-\overset{C_2H_5}{\underset{\underset{HOCH_2\ \ CH_2OH}{N}}{C}}-CH_2OH + H_2N-\text{(胶原)} \longrightarrow \text{(胶原)}-NH-CH_2-\overset{HOH_2C-\overset{C_2H_5}{C}-CH_2OH}{N}-CH_2-HN-\text{(胶原)}$$

噁唑烷 E 鞣制过程

从鞣制过程可以看出，这种反应过程是比较理想的。噁唑烷鞣剂鞣革的 T_s 与其他醛鞣相近，使用条件也与醛鞣剂相似。主要问题是它们的渗透，尤其是噁唑烷 E 用于复鞣时需要考虑足够的时间与机械作用，其成革的柔软度、丰满性，以及耐汗、耐洗、抗撕裂性均比用戊二醛复鞣好。

4. 四羟甲基鏻盐鞣剂与鞣制

1）四羟甲基鏻盐鞣剂

四羟甲基鏻复鞣是一个以醛鞣为反应特征并提高坯革阳离子特征的过程。四羟甲基鏻（tetrakis hydroxymethyl phosphonium）是一种特殊的季鏻盐，简称 THP 盐。其中，硫酸盐称为 THPS，氯化盐称为 THPC，结构见下式：

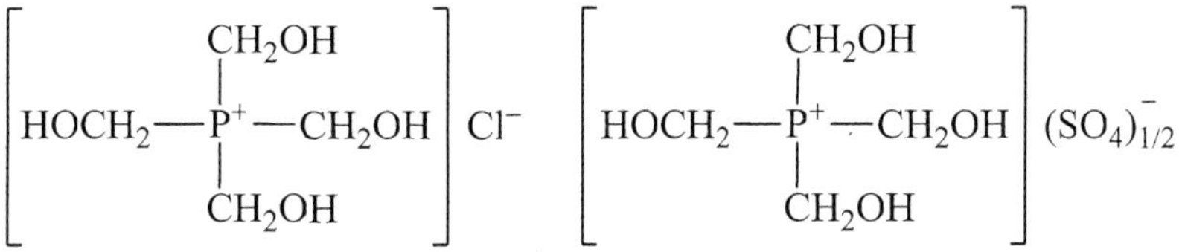

$$\left[HOCH_2-\overset{CH_2OH}{\underset{CH_2OH}{P^+}}-CH_2OH\right]Cl^- \qquad \left[HOCH_2-\overset{CH_2OH}{\underset{CH_2OH}{P^+}}-CH_2OH\right](SO_4)^-_{1/2}$$

THP 盐是由 Offman 于 1921 年在实验室发明的。直到 1961 年，美国专利 US 2992879 推荐使用 THPC 和酚（如间苯二酚）进行鞣革，使两种物质在原鞣液中随着 pH 的提高而反应生成一种有效的鞣剂。迄今，这些鏻盐鞣剂都是以 THP 为基本单元进行缩合而成的。

THP 盐还具有良好的还原性，其羟甲基具有较高的化学反应活性，阳离子 P 的存在使得该盐具有良好的杀菌、阻燃及阴离子絮凝沉淀功能。从 20 世纪 60 年代起，THP 盐就作为广谱杀菌剂应用于各大农场中，对各种苔藓植物、地衣、联胞藻、霉菌或微生物植物病菌有很好的抑制或控制作用。但是，THP 盐氧化后的产品是三羟甲基氧化膦（THPO），THPO 无生物毒性，被生物降解成正磷酸盐。

2）四羟甲基鏻盐鞣制

随着对无 Cr 鞣需求的紧迫，THP 盐鞣革开始被真正地关注。THP 盐虽为阳离子，而其鞣制的原理与醛鞣相同，与胶原的氨基作用形成席夫碱后脱水交联或通过羟甲基形成氢键结合，如下所示：

虽然与甲醛鞣类似，THP 鞣剂与氨基结合会降低革的等电点，但是中心鏻阳离子（P^+）却使鞣革的等电点明显回升。这种较高等电点的坯革类似 Cr 鞣后坯革，给鞣

O

HO—CH_2—P^+(CH_2OH)(CH_2OH)—$HOCH_2$

HN—CH_2—P^+($HOCH_2$)(CH_2OH)—CH_2—NH

CH_2OH—P^+($HOCH_2$)(CH_2OH)—CH_2—O—C(=O)—N(H)

制后期的染色、加脂创造了很好的渗透与结合机会，图 6-30 为三种鞣剂采用不同用量鞣制后水洗坯革的等电点变化，图中可以证明 THP 鞣剂在 4%用量时鞣革等电点降低甚至低于甲醛鞣制；之后随着 THP 鞣剂用量，增加等电点逐渐升高，这成为 THP 鞣剂鞣制的独特特点。

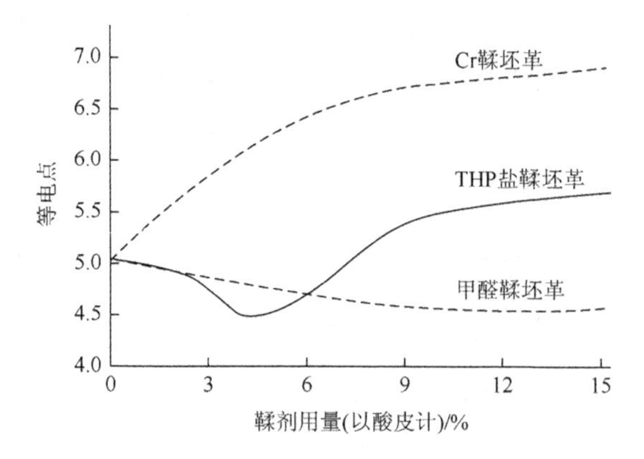

图 6-30　三种鞣剂鞣制后坯革等电点

pH 对 THP 鞣剂溶液中的游离甲醛含量影响很大，随着 pH 的升高，溶液中的游离甲醛含量增加。在碱及氧的作用下，THP 盐分解并被迅速氧化成 THPO，见下式：

$$(CH_2OH)_4P^+ + OH^- \longrightarrow (CH_2OH)_3P + HCHO + H_2O$$

$$(CH_2OH)_3P \xrightarrow[OH^-]{[O]} (CH_2OH)_3P=O$$

甲醛的释放或分解是 THP 盐作为鞣剂应用的关键，分析表明这种分解的关键 pH 区域在 5.5～6.5。低于这个区域，THP 盐分解小，甲醛不多，高于这个区域甲醛浓度降低，见图 6-31。这种甲醛减少的现象不能认为分解停止，而是分解、氧化及聚合过程复杂化了。

鞣制过程中，分析鞣液 pH 与鞣剂的吸收及坯革 T_s 之间的关系由图 6-32 可以看出，pH 升高达到 8 后 THP 盐吸收量开始降低，这与渗透动力或者渗透空间相关，成为 THP

鞣剂鞣制特有的现象。尽管如此，坯革的 T_s 并未受到影响，保持在 82～83℃，这也许与分解出的甲醛仍然能以自身能力进行鞣制有关，但是这种分解出的游离甲醛的鞣性是较小的。

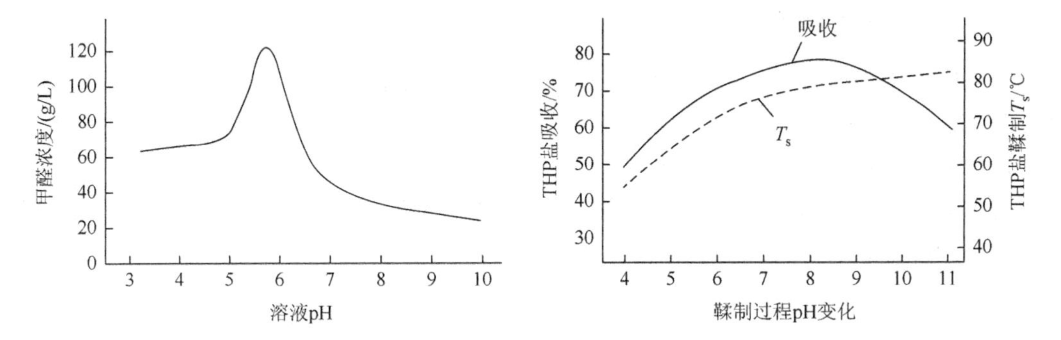

图 6-31　THPC 水溶液 pH 与游离甲醛的关系　　图 6-32　鞣制 pH 与 THP 盐吸收及坯革 T_s 的关系

尽管鞣性部分是羟甲基，由于中心鏻阳离子带正电，配合离子带负电，相对醛鞣剂，THP 鞣剂的渗透能力较强。与醛鞣一样，为了提高 THP 鞣剂的结合能力，必须提高 pH；为了获得高效吸收，pH 范围及用量需要考虑，以免结合与分解的平衡失调；关键是尽可能避免落入分解速度高的 pH 范围。

THP 鞣剂鞣制过程易出现甲醛释放导致鞣制坯革内游离甲醛含量较高的现象，难以达到皮革质量要求。例如，用 8%的 THP 鞣剂鞣制后坯革的甲醛含量见表 6-16。

表 6-16　THP 鞣剂鞣革中的 pH 与甲醛含量

无双氧水				1%双氧水			
坯革 pH	甲醛/(mg/kg)	坯革 pH	甲醛/(mg/kg)	坯革 pH	甲醛/(mg/kg)	坯革 pH	甲醛/(mg/kg)
2.4	239	6.0	335	2.4	39.7	6.0	135
3.2	242	8.0	296	3.2	44.3	8.0	235
4.9	208	8.3	280	4.9	50.0	8.3	216
5.3	165	9.0	258	5.3	65.8	9.0	229

为了解决这一问题，实践中通过加入氧化剂消除这种游离甲醛，如过氧化氢、过硼酸钠等，降低坯革因鞣制提碱引起的甲醛含量，见表 6-16。

值得注意的是，虽然加入氧化剂可以使坯革的甲醛含量达标，但是由氧化剂加入而带来的负面影响也需要考虑。由此，THP 鞣剂在一些场合被限制使用。虽然提高 pH 可以增加结合，但随着 pH 升高，甲醛释放及氧化都向着不利于革质量的方向发展。尽管可以采用氧化剂除去释放出的甲醛，但氧化反应对革的副作用难以控制。因此，THP 盐用于复鞣时，其用量及 pH 控制非常重要。

THP 鞣剂鞣革为白色，用于复鞣与醛鞣剂作用相同，不仅能够与儿茶类单宁有良好结合，还能与其他一些亲核基团结合。由于 THP 等电点较醛鞣高以及季鏻的正电荷作用，合理地控制 THP 鞣剂鞣制条件能够对阴离子材料有很好的结合作用。

5. 其他阳碳类鞣剂

一些大分子醛类也能作为鞣剂提高皮胶原湿热稳定性。为了提高鞣性，渗透为主要因素，因此除在用量上要求较多外，温度及 pH 都是辅助条件。

1）双醛淀粉（DAS）/纤维素

淀粉与纤维素糖环的 3, 4 碳位被专一性氧化剂氧化，如高碘酸，产生双醛结构，得到双醛淀粉或双醛纤维素，见下式：

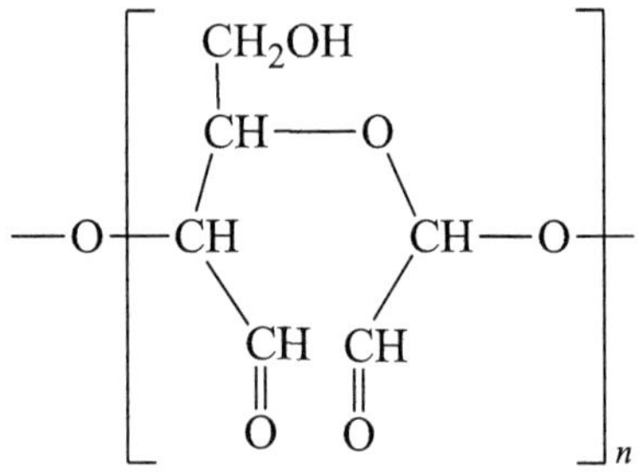

CH_2OH
CH—O
—O—CH　　CH—O—
CH　CH
‖　‖
O　O
$]_n$

分子中的醛基官能团赋予双醛物许多优越的物理、生物化学特性，其可应用于纸张的涂层、皮革鞣制等方面。双醛物能与皮革中蛋白质骨胶原的氨基和亚氨基发生交联反应，是良好的鞣革剂，鞣制的革具有色浅、质软和耐水洗等优点。用醛基含量分别为 40%、80%、90%、120%的 DAC 鞣革时，发现皮革增厚，粒面紧实，手感丰满。醛基含量越高，鞣制效应越好。但是双醛淀粉或双醛纤维素的相对分子质量在 50000 左右，溶解、分散性均不好，不利于渗透和结合，鞣制后废液中残留较多。对双醛淀粉或双醛纤维素进行改性，改善它的渗透和结合，提高鞣剂的鞣制效果和吸收率的方法有：

（1）利用亚硫酸钠与醛基发生加成反应，反应原理如下：

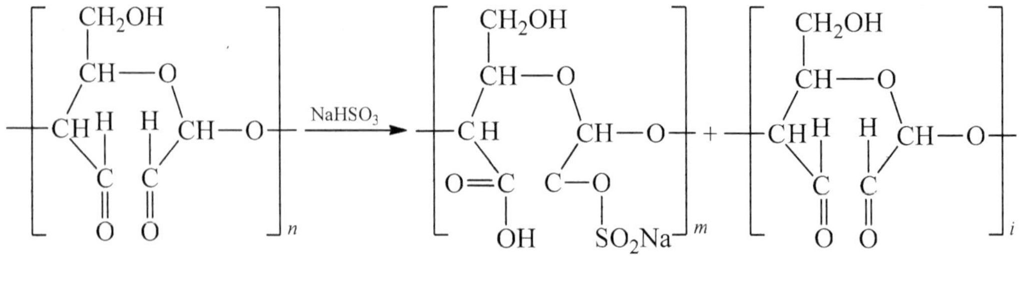

CH_2OH / CH—O / —CH H　H CH—O— / C　C / ‖　‖ / O　O $]_n$ $\xrightarrow{NaHSO_3}$ CH_2OH / CH—O / —CH　　CH—O— / O═C　C—O / OH　SO_2Na $]_m$ + CH_2OH / CH—O / —CH H　H CH—O— / C　C / ‖　‖ / O　O $]_i$

（2）利用次氯酸钠将醛基部分氧化成羧基，反应原理如下：

（3）利用酸水解使糖苷键断裂，平均相对分子质量下降，同时部分醛基会在反应过程中被破坏；采用甲酸/盐酸混合酸和稀硫酸对纤维素进行水解改性，反应原理如下：

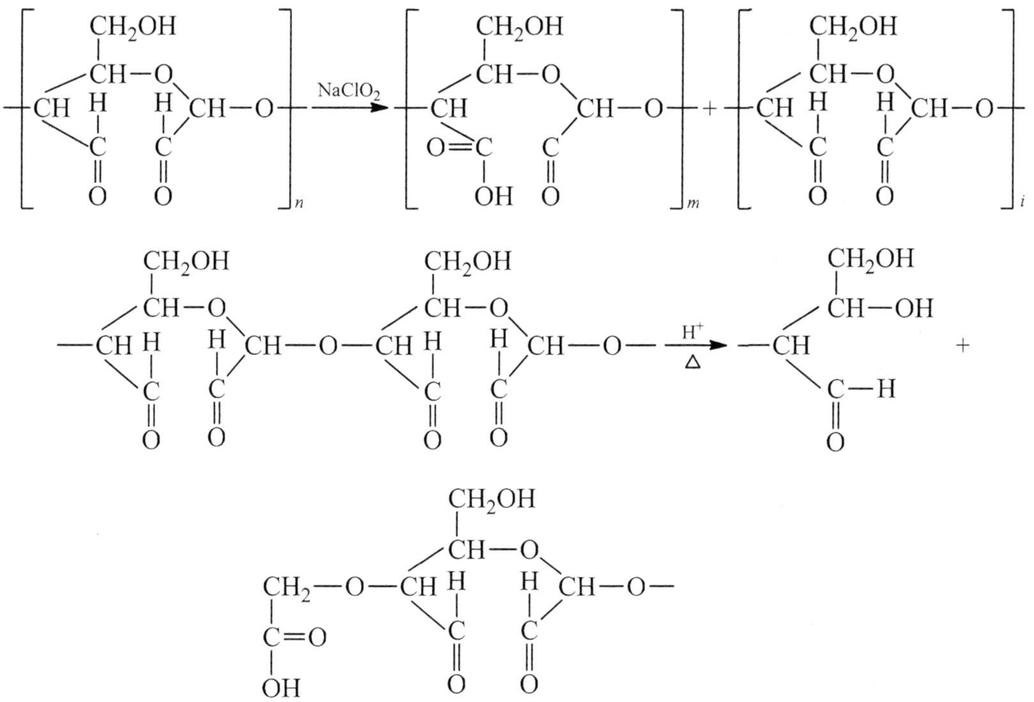

改性的双醛物相对分子质量约为 20000，对胶原蛋白有良好的稳定作用，鞣制革的 T_s 较宽，这与醛基含量、颗粒大小有关。双醛淀粉的鞣制效应可使鞣革的 T_s 达 83℃，双醛纤维素 T_s 最高可超过 90℃。尽管双醛淀粉或双醛纤维素有环境友好的特征，仍存在两个方面的问题需要解决：

（1）双醛淀粉/纤维素相对分子质量与水分散稳定时间问题。在目前鞣剂的相对分子质量下，仍然存在淀粉的回生及纤维素的聚集，颗粒的表面醛基并没有阻止聚合功能，随着时间延长，鞣性将下降。

（2）氧化剂高碘酸价格高及反应物纯化困难，以及难以解决变色问题。因此，双醛淀粉/纤维素难以规模化实施。

2）烷基脂肪族醛

（1）油醛：不饱和脂肪酸经过氧化断键产生的长链脂肪醛具有弱鞣性，可以使生皮具有革的主要特征。油鞣革是最早的鞣法，迄今还被少量应用。无论是自动氧化还是人工催化氧化，油醛带有各种令人难以接受的气味，不宜专门制备及使用。

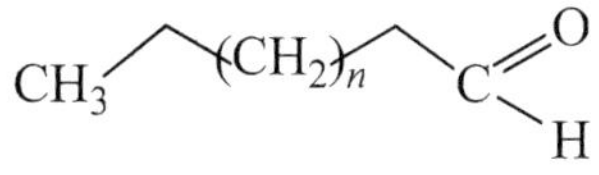

$$CH_3(CH_2)_nCHO$$

油醛

（2）甘醇二醛：将乙二醛与乙二醇缩合获得甘醇二醛。甘醇二醛具有与乙二醛相近的鞣性，鞣革的 T_s 可达 75～77℃，低于改性戊二醛，是一种温和的鞣剂。

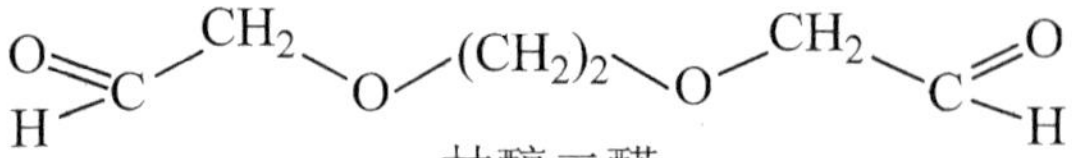

$$OHC-CH_2-O-(CH_2)_2-O-CH_2-CHO$$

甘醇二醛

6. 氮羟甲基鞣剂与鞣制

甲醛与氨基反应可以获得氮羟甲基。与噁唑烷类似，该甲基碳具有强的正电性，与亲核试剂进行反应的过程与醛鞣剂类似。该类鞣剂常见的是采用脲、双氰胺及三聚氰胺与甲醛反应制得。

1）氮羟甲基鞣剂

（1）脲醛鞣剂。脲醛是由脲与甲醛缩合形成的鞣剂。以环状形态存在主链中的脲醛称为脲环鞣剂，它们的化学结构式如下：

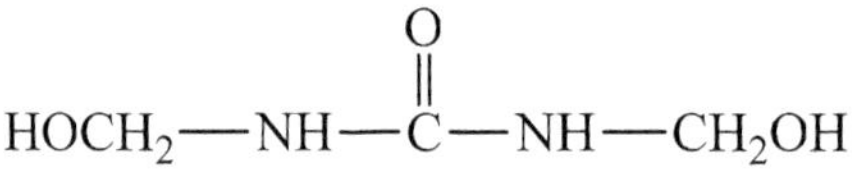

$$HOCH_2-NH-\overset{\overset{O}{\|}}{C}-NH-CH_2OH$$

脲醛鞣剂

O, C, $HOCH_2-N$, $N-CH_2OH$, CH_2, CH_2, O

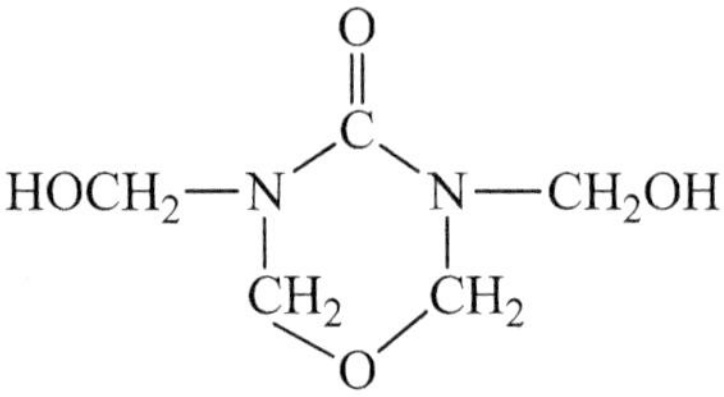

脲环鞣剂

（2）双氰胺醛鞣剂。由双氰胺与甲醛缩合形成的鞣剂的化学结构式如下：

$$HOCH_2-NH-\overset{\overset{NH}{\|}}{C}-N(-C\equiv N)-CH_2OH$$

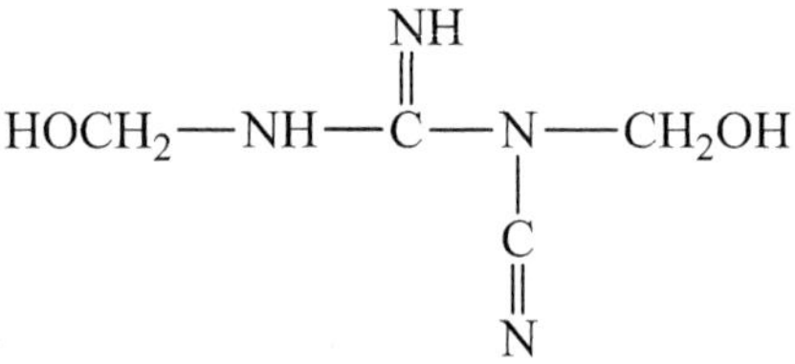

双氰胺醛鞣剂

（3）三聚氰胺醛鞣剂。由三聚氰胺与甲醛缩合形成的鞣剂的化学结构式如下：

$NHCH_2OH$, C, N, N, $HOCH_2-NH-C$, N, $C-NH-CH_2OH$

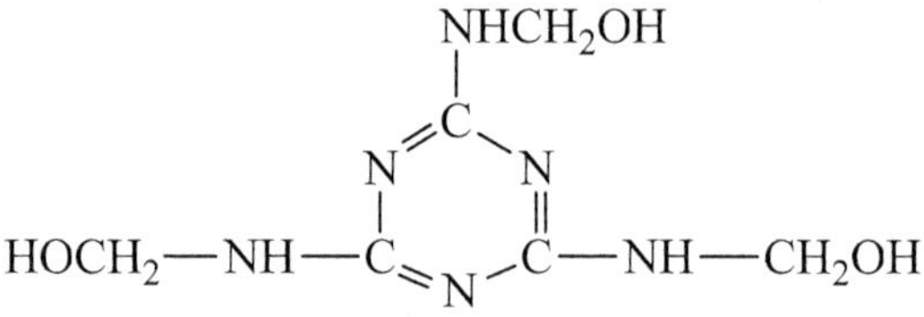

三聚氰胺醛鞣剂

（4）*N*-羟甲基丙烯酰胺鞣剂。通过丙烯酰胺获得 *N*-羟甲基丙烯酰胺鞣剂的化学结构式如下：

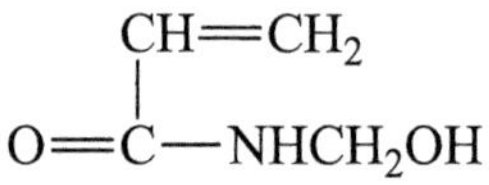

$$CH_2=CH-C(=O)-NHCH_2OH$$

N-羟甲基丙烯酰胺鞣剂

2）氮羟甲基鞣剂鞣制

氮羟甲基鞣剂具有良好的鞣性，原因是氮羟甲基能够与皮胶原亲核基团进行反应，如与氨基进行反应形成交联，见下式：

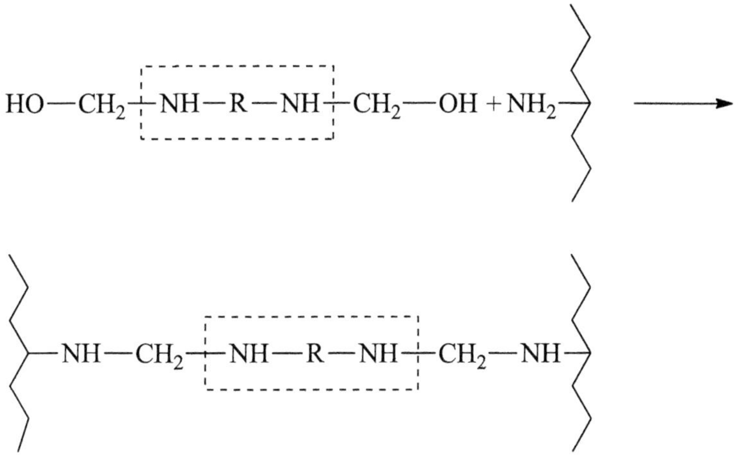

$$HO-CH_2-NH-R-NH-CH_2-OH + NH_2- \longrightarrow$$

$$-NH-CH_2-NH-R-NH-CH_2-NH-$$

较小的分子及分子的极性使这些鞣剂能够深入渗透，因此脲醛鞣革的 T_S 高于 80℃，双氰胺醛鞣剂及三聚氰胺醛鞣剂鞣革的 T_S 高于 90℃。与甲醛鞣制不同的是，*N*-羟甲基在 pH≥2.5 时就能与胶原反应良好，只是鞣剂本身存放不稳定。

N-羟甲基丙烯酰胺处理皮粉时 T_S 提高到 88℃。由于已证明鞣剂主要与氨基，尤其是精氨酸胍基结合，因此鞣制产物不耐水解。该类鞣剂不仅能与蛋白质强烈地交联，也易在革内形成聚合，与金属鞣剂鞣制类似，可以获得原位聚合结构。与金属盐鞣剂不同的是，该类鞣剂分子较大，不仅鞣性好而且具有一定的饱满性，鞣制后的革紧实，撕裂强度下降。

7. 苯醌鞣剂与鞣制

1）苯醌鞣剂

苯醌是 19 世纪开始研究的鞣剂，它是从植物鞣研究过程中衍变而来的。苯醌的鞣性已被确证，鉴于气味与毒性而未被制革采用。探索苯醌的鞣性在于探索其化学结构特征和出现这种结构时考虑可能的鞣制作用。常见的苯醌结构有如下几种：

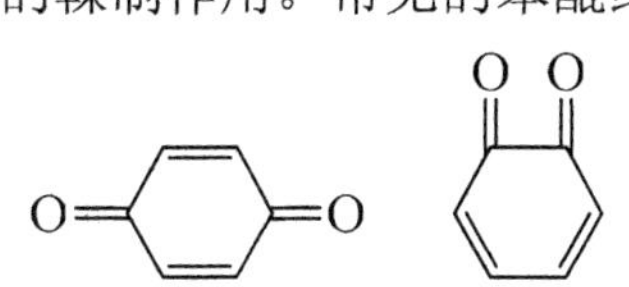

它们源于苯二酚的氧化：

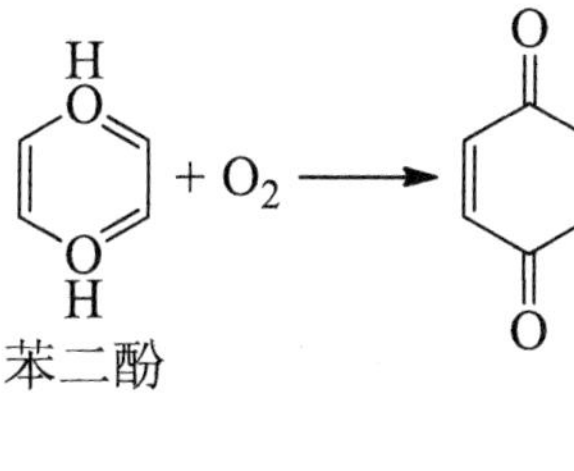

$$+ O_2 \longrightarrow$$

苯二酚

从结构上看，在极性环境中，苯醌的共轭结构导致 2，3 位碳处于正负交替之中，亲电加成成为苯醌与亲核试剂有目标地进攻的行为。因此，在碱性及酸性条件下，2，5 位碳处均可以获得良好的亲电反应，反应见下式。但在碱性条件下，苯醌会发生氧化聚合，导致产物颜色变深。

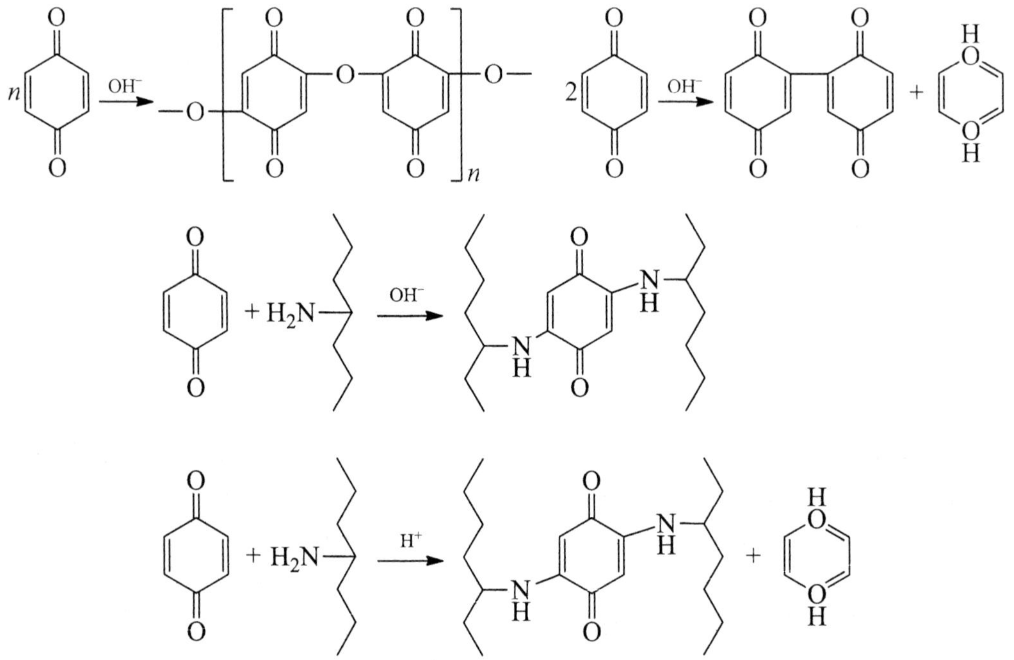

2）苯醌的鞣制

苯醌的鞣制反应在 pH = 6～9 条件下由 3 位碳进行交联，见图 6-33。弱碱性环境有利于反应形成二聚体，反应随 pH 升高，反应趋势增加。鞣革的收缩温度可达 85℃，这显然是由苯醌和胶原的结合点增加所致。当 3 位碳位置被取代后，醌无鞣性。

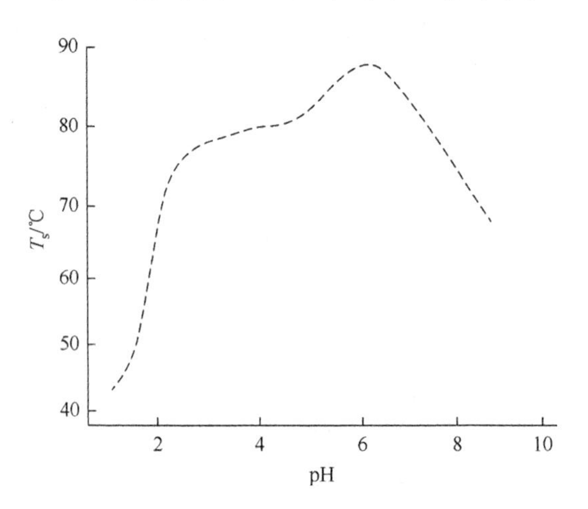

图 6-33　苯醌鞣制 pH 与 T_s 的关系

8. 京尼平鞣剂与鞣制

1）京尼平鞣剂

京尼平（Genipin）是栀子苷经 β-葡萄糖苷酶水解后的产物。它是一种优良的天然生物交联剂，可以与蛋白质亲核基团反应。其毒性远低于戊二醛和其他常用化学交联剂，多用于生物、医药领域。鞣制通过京尼平分子中 2 个位置反应完成，一个是京尼平上的烯碳原子受到氨基的亲核攻击，开环形成杂环胺化合物；另一个是发生亲核取代反应，即京尼平上的酯基团与氨基反应生成酰胺，同时释放出甲醇，从而产生交联作用。反应过程如下所示：

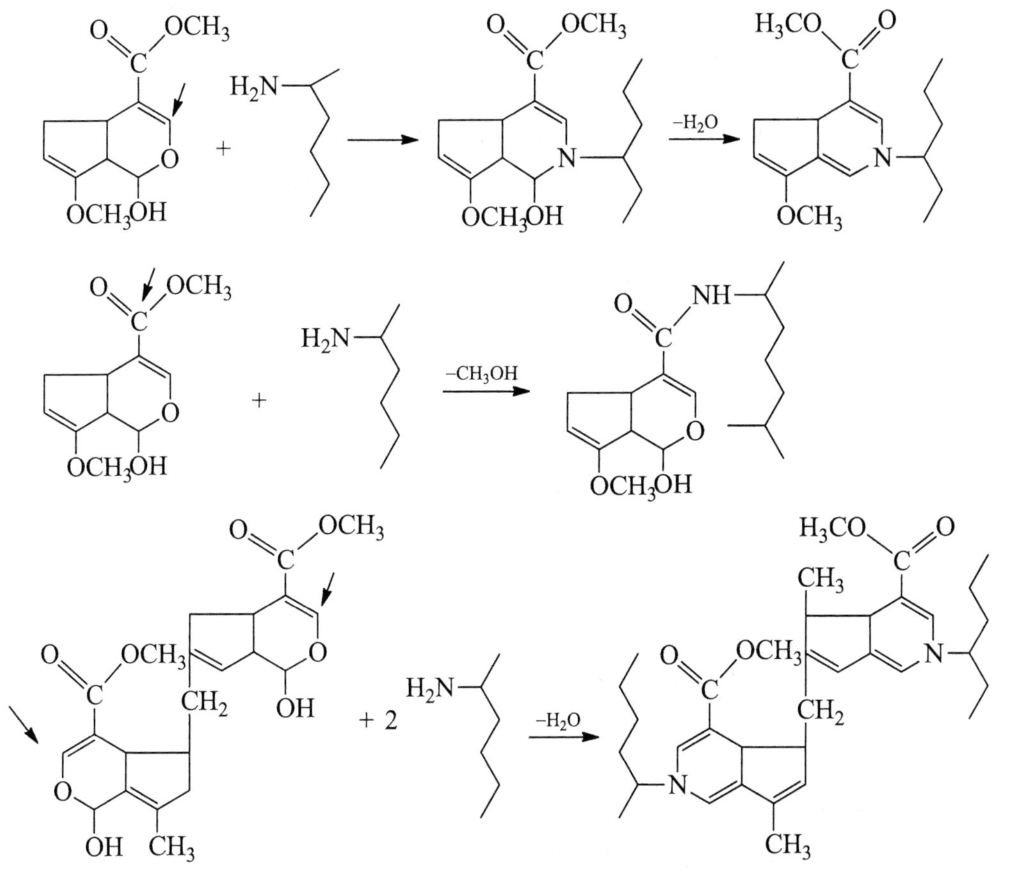

2）京尼平鞣制

根据京尼平反应特征，可以在弱酸条件下进行鞣制。由于京尼平分子较大，需要鞣革的时间较长。考虑到渗透需要，鞣制在酸性下渗透，然后提碱至偏碱性条件终止，鞣革最佳 T_s 超过 80℃。可以认为京尼平是一种良好的、可开发的鞣剂。

9. 异氰酸酯鞣剂与鞣制

用二异氰酸酯处理裸皮后，能得到柔软的、在干态时呈多孔隙的半成品革。半成品革有油鞣革的特点，收缩温度可高达 85℃。

用异氰酸酯鞣制裸皮时，通常是应用其水乳液的形式。

有机异氰酸酯化合物中因含有异氰酸酯基团（—NCO，结构式为—N═C═O）而具有高度的不饱和结构，碳元素始终以高正电形式存在，故其化学性质非常活泼。异氰酸酯基团中，氧吸引活性氢生成羟基，异氰酸酯形成烯醇式的不稳定中间体结构，进而重排生成氨基甲酸酯（若反应物为醇）或脲（若反应物为胺）。反应式如下：

$$R-N=C=O + R'-H \longrightarrow R-N=\underset{\displaystyle R'}{\underset{|}{C}}-OH \longrightarrow R-\underset{\displaystyle H}{\underset{|}{N}}-\overset{\displaystyle O}{\overset{\|}{\underset{\displaystyle R}{\underset{|}{C}}}}-R'$$

二异氰酸酯是一种高反应活性的单体，很容易和胶原氨基反应形成脲结构，也和水反应，最终主要形成脲结构和 *N*-酰基脲。与胶原作用时，二异氰酸酯可以与多种带有活性氢物质反应，包括氨基、酰胺基、羟基、羧基等，举例如下：

$$O=C=N-R-N=C=O$$

$$RNCO + NH_2- \longrightarrow RNHCONH-$$

$$RNCO + OH- \longrightarrow RNHCOO-$$

$$RNCO + HOOC- \longrightarrow RNHCOC-$$

异氰酸酯和芳香胺的反应速率是其和水反应速率的 50 倍，异氰酸酯和脂肪胺的反应速率是其和水反应速率的 1000 倍，异氰酸酯和尿素、酰胺的反应速率与其和水的反应速率相近。

脱灰裸皮经脱氨基后用异氰酸酯处理，没有出现鞣制作用，这可以证明异氰酸酯和胶原氨基反应的可能性最大。

值得注意的是，用六次甲基二异氰酸酯鞣制后，水浸提液 pH = 7，其酸容量为起始裸皮的 2 倍多，这相似于 Cr 鞣革。

异氰酸酯的鞣性与其结构有关。芳香族异氰酸酯和简单的脂肪族异氰酸酯不如 4～6 个碳原子的脂肪族二异氰酸酯适合鞣制。但如果脂肪族二异氰酸酯的碳数多于 6，鞣性将变差。尽管是共价交联，它们鞣制革的 $T_s \leqslant 80℃$。

六次甲基二异氰酸酯、苯撑二甲基二异氰酸酯、环己烷二异氰酸酯和 3, 5, 5-三甲基环己烯-2-酮-1-二异氰酸酯鞣革的 $T_s \leqslant 75℃$，呈白色，对酸、碱、苯的作用很稳定，耐洗涤，特别柔软，有好的磨革性能、高的断裂强度和收缩温度。

因此，多碳脂族异氰酸酯及芳香族异氰酸酯和水的反应活性导致渗透与结合平衡失调，至少鞣制难以在水溶液中进行，它们无法成为主鞣剂。

10. 磺酰氯鞣制

脂肪族烷基磺酰氯也称为石油磺酰氯，是一种多磺酰氯的烷烃。由石油烷烃在光照下与二氧化硫及氯气合成制备，基本结构见下式：

$$C_nH_{2n+1}SO_2Cl$$

在对生皮进行鞣制时，一方面烷基磺酰氯反应活性较高，氯解离产生的硫正离子具有强的亲电性，另一方面为了保证生皮胶原不变性（鞣制时放出 HCl），往往采用低于 30℃条件作用，见下式：

SO₂Cl　SO₂Cl　+ H₂N— ⟶ —NH—SO₂　O₂S—HN— + HCl

工业脂肪族烷基磺酰氯是混合物，其链含 15～30 个碳，有单磺酰氯、双磺酰氯等。用碱中和反应产生的酸后，它们与胶原氨基、羟基发生酰基化反应，形成共价结合，但反应时间很长，鞣革 T_s 较低，一般 $\Delta T_s \leqslant 5℃$。

磺酰氯所鞣皮的外观像革，交联距离长及长链所赋予的润滑性造成胶原结构间容易相互移动，因此磺酰氯鞣皮又称为油鞣革。

实际工作中利用磺酰氯赋予革其他一些特性，如纯白色、耐光、柔软、多孔结构、很好的延伸性。

11. 环氧化合物鞣制

双环氧化合物以双官能团形式与胶原进行鞣制和交联。例如，二环氧丁烷有很高反应活性，在碱性条件下，用量为 2%（按照质量计），鞣革后 ΔT_s 为 15～17℃。其中，两个环氧官能团之间的距离短时鞣革 T_s 高，即短距离交联鞣制效应高。当然，在用量相同时，环氧基鞣制更快，鞣性更好。双环氧化合物鞣制中，渗透是关键。例如，3-氯-1, 2-环氧丙烷的反应活性高，鞣革 ΔT_s 为 6～8℃。因此，改变结构以提高渗透能力是有意义的。

6.3.2　有机弱键反应鞣剂与鞣制

所谓弱键鞣制主要包括氢键、离子键、超共轭键、弱配位键等弱键形成的鞣制效应。能产生这种鞣制效应的鞣剂主要包括植物鞣剂、合成鞣剂、丙烯酸树脂鞣剂等。在制革过程中，改变胶原化学性质及耐湿热稳定性作为化学鞣制效应是生皮转变成为革的一个重要标志。但是，具有理想使用价值的皮革，还需要具有良好的强度、丰满度和柔软度等。因此，化学与物理功能平衡是完善制革过程或者制造有用皮革的综合效应。制革中应用大量的弱键结合的鞣剂更多起着鞣制与填充平衡的作用。

1. 植物单宁与鞣制

植物单宁也称为植物鞣质，其与蛋白质的作用发现于古埃及（公元前 5000 年），真正用植物鞣液作为鞣剂鞣制的报道是在 1794 年。自然，在发明 Cr 鞣法之前，植物单宁一直是最主要的制革鞣料。尽管 Cr 鞣法应用后其重要性降低，用量减少，但仍为不可或缺的制革工业原材料。随着环保压力的增加，植物单宁这一绿色可再生资源再次被重视，在取代 Cr 鞣剂方面起着重要作用。

1）植物鞣剂

鞣革用植物鞣剂或栲胶中鞣革中有效成分是单宁，单宁是天然产物。单宁结构类型不同，用其鞣的革的特征存在差别；同类单宁来源不同，组成也存在区别。

植物单宁通常分成水解单宁和缩合单宁。水解单宁通常是以一个多元醇为核心，通过酯键与多个酚羧酸连接而成，水解单宁在酸、碱、酶的作用下易水解。缩合单宁是黄烷醇的聚合物，分子中的芳环都以 C—C 键连接，在强酸性条件下缩合成不溶于水的物质。

根据水解后产生的多元酚羧酸的不同，水解单宁又分为棓单宁和鞣花单宁，前者水解后得到棓酸（没食子酸），后者水解后产生鞣花酸或其他与六羟基联苯二酸有生源关系的物质。

水解单宁的多元醇核心种类很多，如葡萄糖、金缕梅糖、果糖、木糖、奎尼酸等，但最常见的是 D-葡萄糖；鞣花单宁的多元醇核心基本都是 D-葡萄糖，见图 6-34。

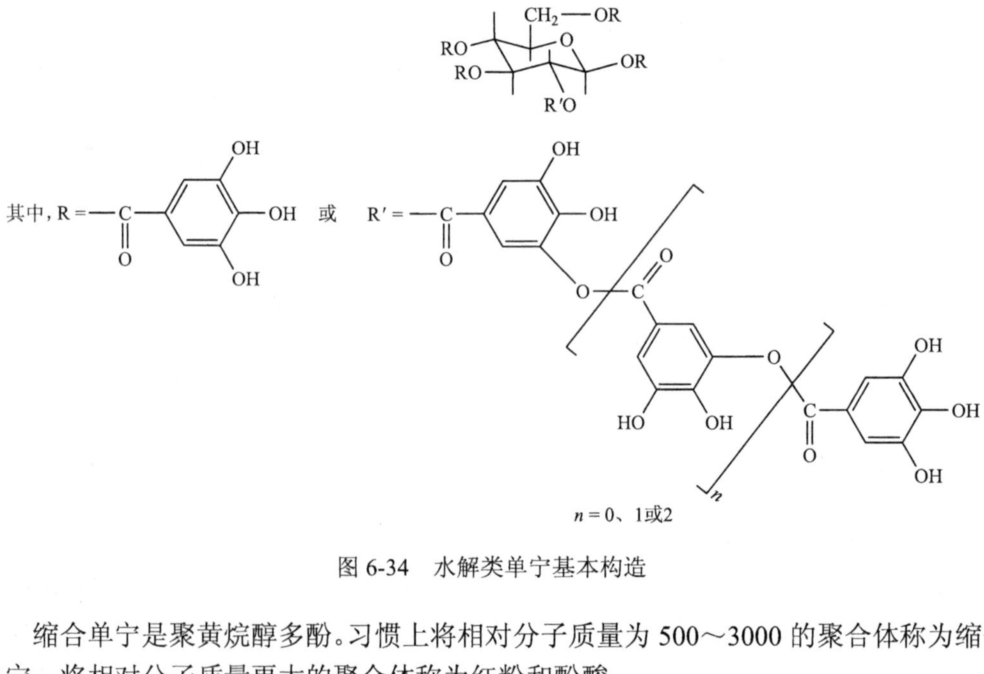

$n = 0$、1或2

图 6-34　水解类单宁基本构造

缩合单宁是聚黄烷醇多酚。习惯上将相对分子质量为 500～3000 的聚合体称为缩合单宁，将相对分子质量更大的聚合体称为红粉和酚酸。

根据黄烷醇 A 环和 B 环羟基的取代情况的不同，黄烷-3-醇有几种类型，如儿茶素、棓儿茶素等，见图 6-35。

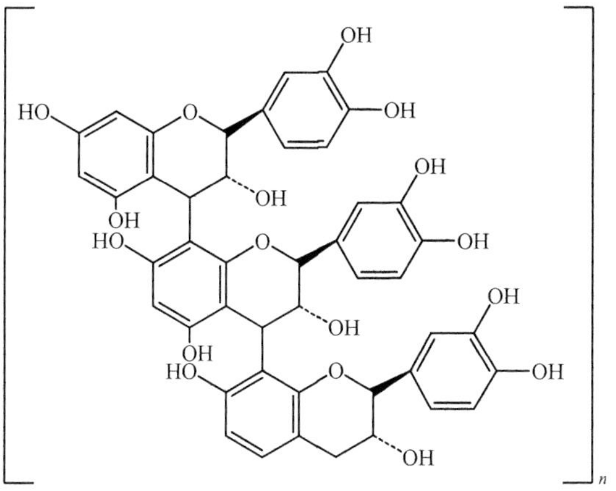

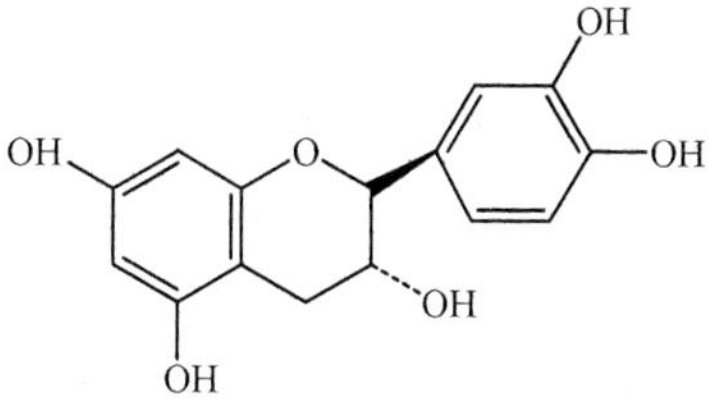

儿茶素

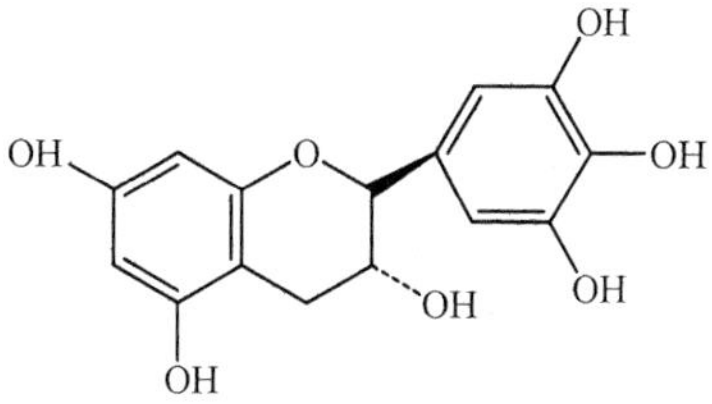

棓儿茶素

图 6-35　儿茶类单宁基本结构

缩合单宁的结构是极其复杂的。与水解单宁相比，缩合单宁单元间是以 C—C 键连接的，由于有空间位阻的存在，C—C 键往往不能自由旋转，分子表现为较大的构象稳定性，分子构型僵硬。图 6-36 是黑荆树皮单宁的代表结构，其结构在缩合单宁中研究

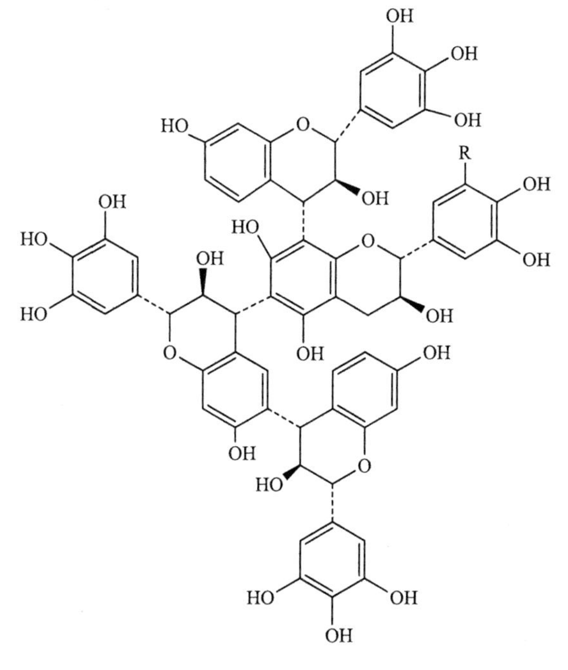

图 6-36　黑荆树皮单宁的代表结构

最多。它是相对分子质量为 500～3000 的混合物，数均相对分子质量为 1250，相当于四聚体，具有“支链型”结构。落叶松单宁、杨梅单宁都属于缩合单宁。

2）植物鞣剂和胶原的反应

植物单宁与胶原的反应描述较多，分为以下几种：

（1）单宁的酚羟基能与多点氢键结合。能产生氢键的胶原官能团是肽基，这是反应主体；侧链上带有羟基的氨基酸，如羟脯氨酸、苏氨酸、酪氨酸；侧链上带有氨基的氨基酸，如精氨酸、组氨酸；侧链上带有羧基的氨基酸，如天冬氨酸，谷氨酸。

（2）疏水结合也是植物鞣机理的一部分，且疏水结合对氢键结合有协同作用。

植物单宁的芳环上虽然有酚羟基，但整体上其仍有一定的疏水性，如水解单宁中的棓酰基就有较强的疏水性，而鞣花酰基的疏水性更强。胶原中丙氨酸、缬氨酸、亮氨酸和脯氨酸残基的脂肪链侧基在肽链上形成局部疏水区。对水解单宁与氨基酸反应的研究表明，植物单宁对这些脂肪侧基的亲和力随脂肪侧基碳原子数的增加而增强，证明了这种疏水亲和力的存在。

（3）离子键结合是不可缺少的。植物单宁在弱酸性条件下产生负电性氧离子是渗透的动力。水解单宁的酚羟基第一解离 pH 在 2～3，远低于鞣制及结合 pH，儿茶类单宁经亚硫酸酸化后的酸根阴离子也是形成库仑力的来源。

（4）其他结合包括共价键及配位键结合。随着水的脱去，植物单宁接近胶原各基团，达到共价及配位距离后，在碱、热、氧及机械力的作用下形成超氧负离子自由基，从而形成共价键或配位键，这也是可以推测的。

由于植物单宁的结构缺乏柔性及胶原纤维间有限的空间，除氢键外，鞣革的 T_s 靠某个键贡献是不科学的，也是难以证明的。因此，用氢键的多点结合进行解释是可以接受的。其中，缩合单宁比水解单宁表现出更强的构象稳定性，通常比用水解单宁鞣革的 T_s 更高些。

3）植物单宁鞣制

植物单宁鞣制过程基本特征表现在：

（1）在鞣剂溶液分散稳定性方面，由于多酚羟基的亲水性不足以溶解整体分子，植物单宁需要与小分子亲水物互溶，或加入一些极性溶剂助溶。良好的缓冲能力使植物单宁在水溶液中均以缔合体形式存在，直径为 1～100nm。

（2）鞣剂在皮内渗透方面，渗透分子结构中各酚羟基解离常数不同，不同 pH 下亲水性、电荷特征不同。因此，鞣制时植物单宁在皮胶原内部的渗透速度不同，刚性缔合的分子基团也使渗透困难。

（3）在与胶原结合方面，由于受结合方式影响，在过低的 pH 下植物单宁无法与胶原结合，在过高的 pH 下也难与胶原亲核。因此，鞣制需要适当的 pH，而且不同植物单宁结合，pH 略有差别。

（4）良好的聚集及密集的氢键使得植物单宁在弱键结合的鞣剂中具有较高的鞣革 T_s（84～86℃）。

（5）单宁的刚性大分子结构难以与胶原“贴切”，为了保证渗透、稳定支撑和提高

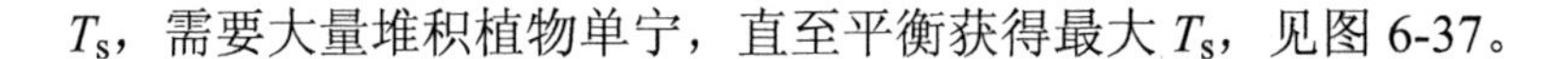

T_s，需要大量堆积植物单宁，直至平衡获得最大 T_s，见图 6-37。

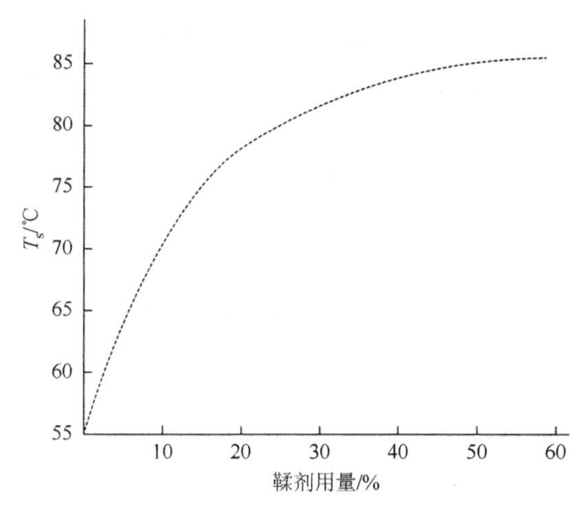

图 6-37　植物鞣剂用量与鞣革 T_s 的关系

（6）鞣制是两个亲水胶体脱水后相互吸附的过程，胶原先脱水使植物单宁渗透，然后植物单宁胶粒脱水降低活度，完成吸附。

（7）调整 pH、温度并辅以机械作用保证植物单宁在皮胶原中含量最大化，随着水分脱除，植物单宁之间形成最紧密疏水聚集支撑结构，这使 T_s 提高，皮革饱满，通透性增加。植物单宁鞣制的示意图见图 6-38。

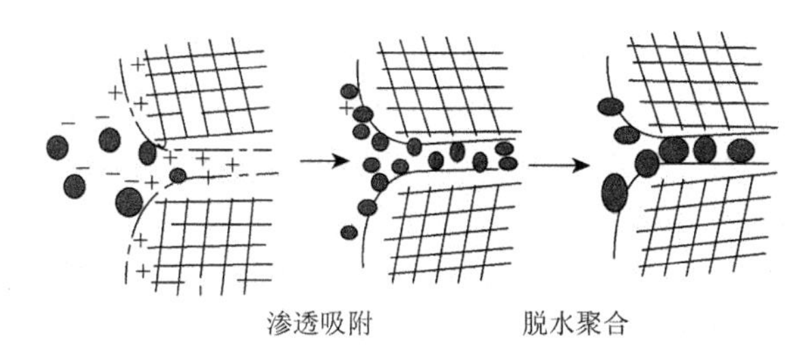

图 6-38　植物鞣剂渗透、结合和聚集

（8）种类与改性确定方案。植物鞣剂有很多种类，可分为水解类、缩合类、混合类；高鞣质及低鞣质含量鞣剂；未亚硫酸化、亚硫酸化（轻/重度）鞣剂；化学修饰与改性栲胶鞣剂。

2. 木素磺酸盐

木质素是一种复杂的天然芳香族聚合物，和植物单宁一同广泛存在于植物体内，它被认为是自然界中数量仅次于纤维素的可再生芳基物。一般认为木质素是由多个苯丙烷单元组成，与单宁具有相似的分子结构。木素磺酸是造纸工业中亚硫酸法制浆生产过程的废弃物，其基本结构式为如下。

木素磺酸盐的极性与非极性基团在空间上无规分布，难以稳定地聚集。制革中木素磺酸盐无法作为鞣剂使用，而更多地作为分散剂，减弱相似结构鞣剂的鞣性，作为辅助型合成鞣剂在制革中应用。

3. 芳香族合成鞣剂鞣制

1）芳香族合成鞣剂

第二次世界大战时德国开始大量使用芳香族合成鞣剂。当时缺乏植物单宁，拟用人工合成的方法生产栲胶代替物。Bayer 和 Shiff 以酚为原料，制备了有鞣性的物质。1911 年，Stiasny 制成了世界上第一个商品 Syntan，1912 年以 Neradol D 为代号申请了第一个生产 Syntan 的专利，它是由混甲酚经磺化再缩合得到的，但它没有鞣性，不能代替栲胶，只起溶化植物鞣剂沉淀、防止氧化、提高栲胶利用率的作用。1933～1955 年，用二羟基二苯砜、酚磺酸和木素磺酸经甲醛缩合得到了鞣剂 Tanigan Extra A，其能代替栲胶使用，成为当时最重要的一种商品。

1943～1945 年，美国 Rohm & Hass 公司及苏联制造了一些磺化酚醛树脂鞣剂产品，鞣革的 T_s 在 80～84℃，完全达到植物单宁鞣革的耐湿热稳定性。1945 年后，合成鞣剂已向功能多样化发展，对产品性能的要求包括漂白、中和、匀染、加脂、染色等。

2）芳香族合成单宁的结构特点

芳香族合成单宁是以简单酚、混合酚、萘、萘酚及其衍生物等为基本原料，经甲醛缩合而成的多核芳香族物质，其相对分子质量是几百至几千。通常用浓硫酸磺化直接在芳环上得到磺酸基，或原料和甲醛、亚硫酸钠反应进行次甲基磺化，从而使产品获得水溶性。通常，为了提高产品的耐光性，常常在芳核间引入砜桥、二亚甲基脲、丙基、醚键、磺酰胺桥。芳香族鞣剂具有以下基本单体结构及桥结构：

主要单体：　CH_2O

结构示例：

R：$-CH_2-$　$-CH_2NH-$　$-SO_2-$　$-CH_2NHC(=O)NHCH_2-$

$-CH(CH_3)-$　$-C(CH_3)_2-$　$-O-$

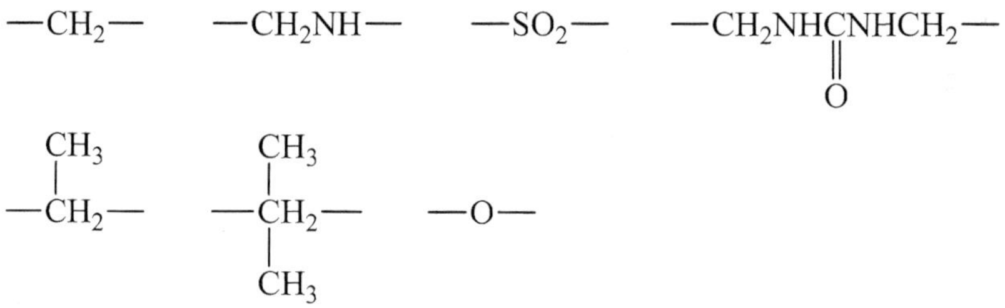

根据结构特征，如酚羟基的数量和位置、磺酸（磺甲基）数量、聚合度等，芳族合成鞣剂被分为辅助型、综合型及替代型，结构如下：

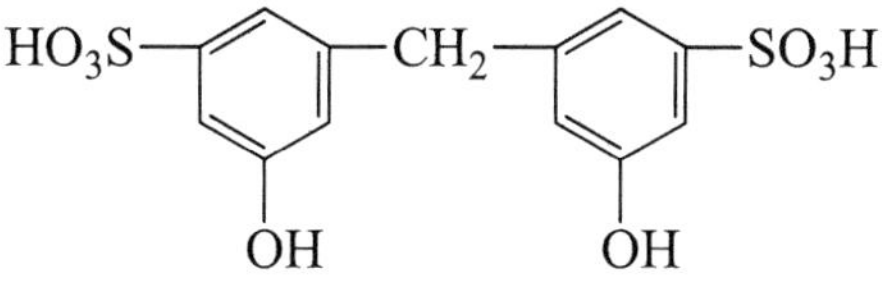

辅助型

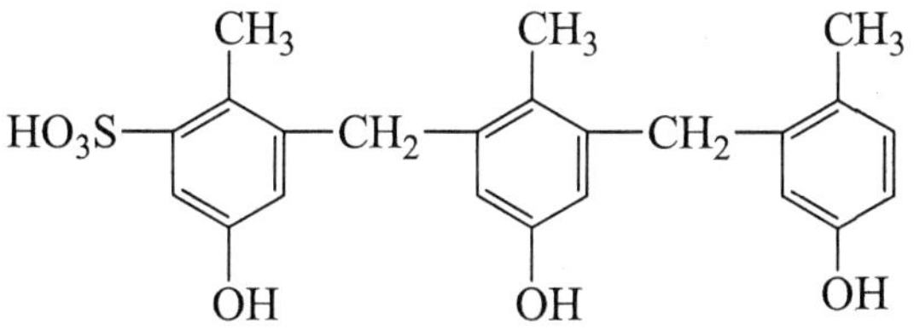

综合型

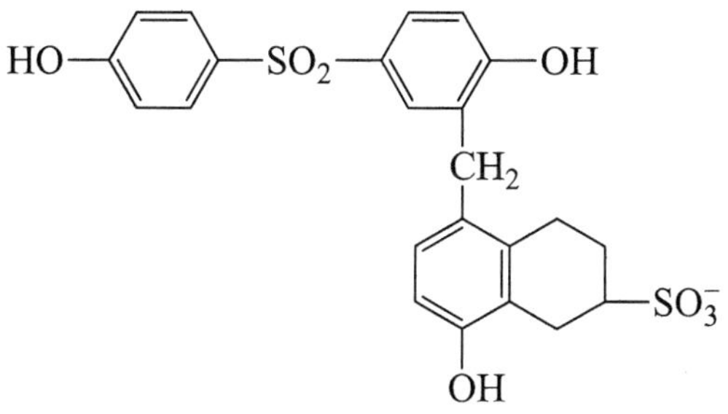

替代型

同一连接下的鞣剂中，酚羟基的数目、位置及磺酸基对鞣性均有较大影响。磺酸基可以使鞣剂良好地溶解与分散，但也降低了鞣剂的鞣性，无磺酸基酚醛树脂有好的鞣性。间苯二酚类鞣剂在获得良好渗透后，其鞣革的 $T_s>90℃$。

3）芳香族合成单宁鞣制

从芳香族合成单宁结构特点看，有较明显的鞣制作用的基团主要是酚羟基，这与天然植物单宁相似，以氢键、离子键及疏水键等与胶原结合。此外，芳环也可以通过疏水键进行结合，如无羟基的多环芳族磺酸比单环芳族磺酸有更好的结合作用。这些键的结合特征及结合牢度与 pH 相关。对于弱键鞣制，结合点数量及分子的聚集能力成为鞣制效应的关键。在分子结构确定后，关键问题在于鞣制体系的 pH。不同 pH 下，芳香族合成鞣剂与胶原的结合特征是不同的，以下列举 3 种结合情况，当 pH≈pI 情况时，式（6-1）条件下交联（或收敛）效果最好。

$$\text{pH}\approx\text{pI}\qquad \left[\text{HO-}C_6H_4\right]\text{-}SO_3^-H^+NH_2\text{—}\text{(protein)}\text{—}COO^-HO\text{-}\left[C_6H_4\right]\text{-}SO_3^- \tag{6-1}$$

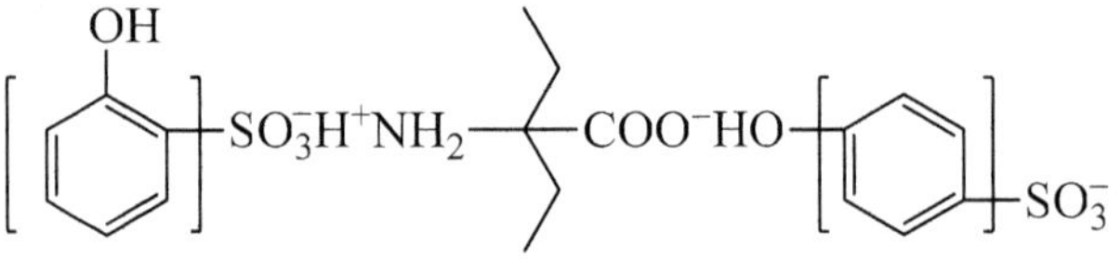

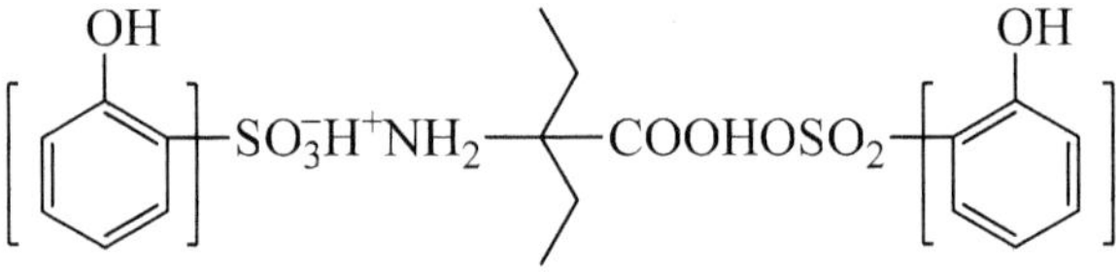

$$\text{p}K_1<\text{pH}<\text{pI}\qquad \left[\text{HO-}C_6H_4\right]\text{-}SO_3^-H^+NH_2\text{—}\text{(protein)}\text{—}COOHOSO_2\text{-}\left[C_6H_4\text{-OH}\right] \tag{6-2}$$

$$\text{p}K_2>\text{pH}>\text{pI}\qquad \left[{}^-O_2S\text{-}C_6H_4\right]\text{-}OHOCO\text{—}\text{(protein)}\text{—}H_2NHO\text{-}\left[C_6H_4\text{-}SO_2^-\right] \tag{6-3}$$

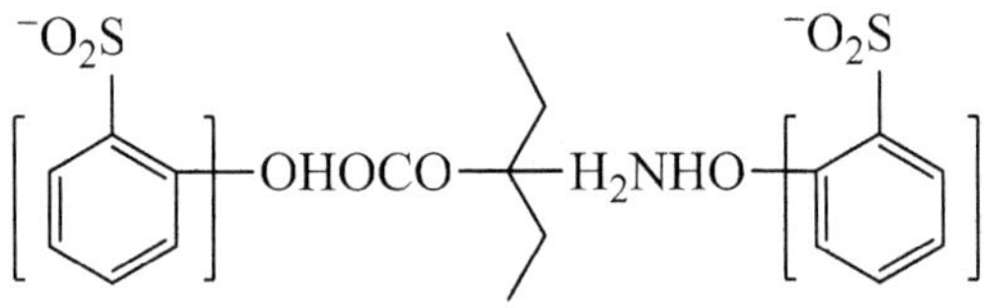

同等条件下大分子芳香族合成鞣剂有更强的鞣性。但是，刚性结构及弱键结合需要的使用量大才能提高 T_s，这使得渗透成为重要的过程。因此，采用芳香族合成鞣剂获得较高 T_s 的结果也伴随着成革的饱满。Helidman 发现，良好结合的替代型合成单宁鞣的革，经长达 1 周的水洗也只能洗出 10%～20%的单宁，升高 pH 仅可轻微提高单宁水洗出量，鞣剂表现出良好的结合能力。

4. 氨基树脂鞣剂鞣制

1）氨基树脂鞣剂

氨基树脂鞣剂是指将脲、双氰胺、三聚氰胺通过甲醛进行缩合，形成较大分子的聚合物树脂，它也是在氮羟甲基鞣剂的基础上进一步缩合而成。其共性结构如下式：

$$2n\text{HOCH}_2\text{NH—R—NHCH}_2\text{OH}\longrightarrow\begin{cases}\text{HOCH}_2\text{NH}\text{+}\!\left[\text{R—NHCH}_2\text{OCH}_2\text{NH—R—NHCH}_2\right]_n\text{OH}+n\text{H}_2\text{O}\\ \text{HOCH}_2\text{NH}\text{+}\!\left[\text{R—NHCH}_2\text{NH—R—NHCH}_2\right]_n\text{OH}+n\text{CH}_2\text{O}+n\text{H}_2\text{O}\\ \text{HOCH}_2\text{NH}\text{+}\!\left[\text{R—NHCH}_2\text{N(CH}_2\text{OH)—R—NHCH}_2\right]_n\text{OH}+n\text{H}_2\text{O}\end{cases}$$

事实上，游离的氮羟甲基是一种不稳定结构，在溶液中或干态下，尤其在酸性环境中，都会很快进一步缩合成大分子。因此，为了阻止在存放期间的进一步缩合，制革用氨基树脂都需要封端，一般封端方法有多种，如用醇、氨基磺酸、芳香族羟基酸、酚类、合成鞣剂、硫酸盐、亚硫酸钠封闭羟甲基化合物的羟甲基。举例如下：

（1）醚化：用醇与氨基树脂的羟甲基缩合脱水成醚。

（2）磺化：用亚硫酸盐等处理活性羟甲基制得磺甲基化产品。

（3）羧基化：用氨羧类化合物与活性羟甲基作用使产品带羧基。

相应反应示意如下：

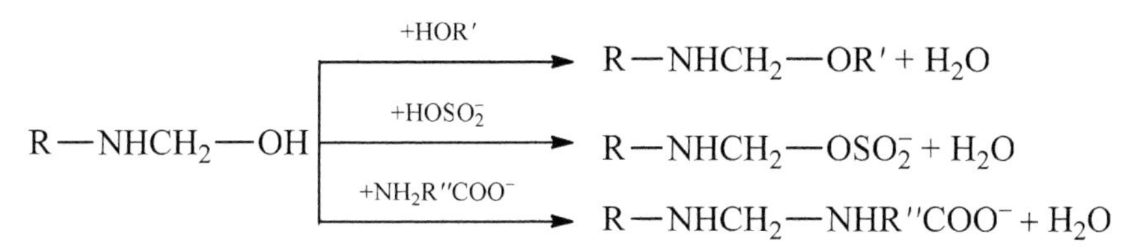

2）氨基树脂鞣剂鞣制

氨基树脂被封端后失去了与胶原结合的能力，缺乏鞣制效应，仅通过分子极性与胶原结合，以及通过分子间的聚集获得良好的饱满效果。但是，分子内存在醚键、不对称结构及大量氨基，导致以下情况极易发生：

（1）氨基树脂鞣剂尽管是两性树脂，但因两端分离，使氨基正电荷获得极大的亲核机会。在鞣制条件范围内，酸性环境作用下氨基树脂水解重新产生氮羟甲基，形成进一步聚合条件，树脂间亲和力大于树脂与胶原亲和力，进而进入皮胶原中，被洗出较多。

（2）在鞣制条件范围内，接近中性环境作用下氨基树脂鞣剂显示出树脂间亲和胶原能力增强，通常鞣革在 pH≈8.0 时终止。其进入皮胶原中被洗出较少，体现出氮羟甲基反应特征，树脂鞣制 pH 与结合量的关系见图 6-39。

（3）被封端后的氨基树脂在理想条件下进行渗透与鞣制，树脂可以使生皮的 T_s 增加 8～10℃，而且增厚率十分明显，显示出树脂能够很好地被吸收、结合，见图 6-40。这种现象在皮革存放过程中，当环境条件适合时，树脂通过自身聚集导致在皮革微结构上分布不均，树脂聚集与皮革纤维分离，最终导致皮革的感官硬化，抗撕裂能力下降。

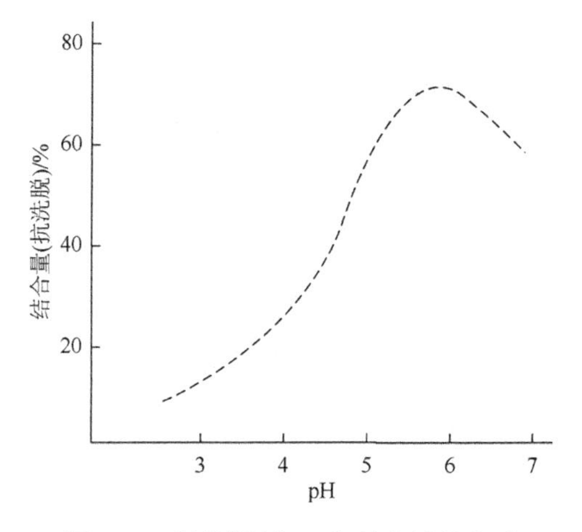

图 6-39　树脂鞣制 pH 与结合量的关系

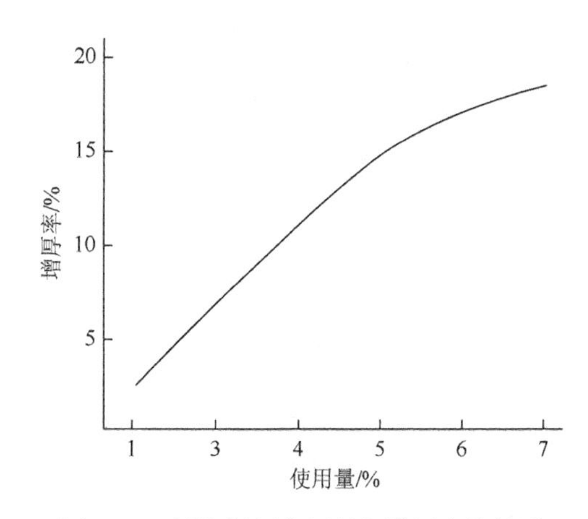

图 6-40　树脂鞣剂使用量与增厚率的关系

3）水性聚氨酯树脂

水性聚氨酯树脂可用于复鞣，是近年来被制革工业接受的技术产品。二异氰酸酯与亲水单体进行扩链缩合，如多氨基物、多羟基物等，获得水乳液型树脂，基本结构见下式：

$$\left[\text{OCNHRNHCONHR}'\right]_n \text{NH}_2$$

$$\left[\text{OCNHRNHCOOR}'\right]_n \text{OH}$$

由于异氰酸酯的反应活性强，扩链单体、封端剂的选择面宽，可以根据应用需要改变树脂的电荷特征及结构。20 世纪末，德国 Bayer 开发了系列的 Levotan 复鞣剂，功能各异的聚氨酯树脂鞣剂已成为开发的目标。

带多氨基甲酸酯基或多脲基的化合物沉积在皮纤维结构中时有微弱的鞣制效果。Heidman 研究发现，这是由于 var der Waals 力的作用。当用无游离异氰酸酯基的聚氨酯水溶胶鞣制裸皮后，裸皮的 T_s 提高 8～10℃。如果进一步将该水溶胶与甲醛结合则可以制备成鞣剂，其鞣革 T_s＞80℃，见下式：

$$\left[\text{OCNHRNHCOOR}'\right]_n \text{OH} + \text{H}_2\text{CO} \longrightarrow \left[\text{OCNHR}\underset{\substack{|\\ \text{CH}_2\text{OH}}}{\text{N}}\text{COOR}'\right]_n \text{OH}$$

5. 乙烯基树脂鞣剂鞣制

1）乙烯基树脂鞣剂

乙烯基树脂以阴离子为主起步，是目前制革中应用最广最多的树脂。为了开发该类多功能树脂，关于其与 Cr 鞣配套使用的两性及阳性树脂也有报道。本节以阴离子型乙烯基树脂为代表进行描述。

（1）聚丙烯酸树脂鞣剂。

该类鞣剂单体主要来自丙烯酸及其酯、甲基丙烯酸及其酯、丙烯腈、丙烯酰胺及苯乙烯等。聚丙烯酸树脂有溶液与乳液两种类型。自 20 世纪 60 年代中期，以美国 Rohm & Hass 公司开始应用于皮革复鞣或填充的丙烯酸类单体共聚物为代表，其基本结构见下式：

$$\left[\underset{\substack{|\\ \text{COO}^-}}{\overset{\substack{\text{Z}\\ |}}{\text{CH}}}-\text{CH}_2-\underset{\substack{|\\ \text{X}}}{\overset{\substack{\text{Y}\\ |}}{\text{C}}}-\text{CH}_2\right]_n$$

X表示—COO、—COR、—CONH$_2$、—OH

Y表示—H、—CH$_3$、—C$_6$H$_5$

Z表示—H、—CH$_3$

（2）马来酸酐与苯乙烯单体的共聚物。

该类共聚物是一种特殊的制革用共聚物树脂鞣剂。这类树脂以溶液型或乳液型外观存在，其基本结构单元见下式：

$$\left[\underset{\displaystyle COO^-}{\underset{|}{CH}} - \underset{\displaystyle COO^-}{\underset{|}{CH}} - CH_2 - \underset{\displaystyle C_6H_5}{\underset{|}{CH}} \right]_n$$

乙烯基树脂鞣剂作为阴离子型树脂，亲水基以羧基为主，树脂对胶原耐湿热稳定性作用小，只能作为填充复鞣。由于有较大的疏水基团、较规整的构象，其单独作用于皮胶原的结合能力较差，依靠金属鞣剂封闭羧基，其疏水作用增强，皮革表面能降低，丰满作用高于聚丙烯酸树脂。

2）乙烯基树脂鞣剂鞣制

聚丙烯酸树脂与苯乙烯-马来酸酐共聚物树脂均为聚电解质。这些聚合物分子以线型为主，分子的柔性与离子特征使它们与胶原的相互作用，在一定程度上不同于刚性大分子。这表现在中性水溶液中树脂可与稀明胶溶液共存而不沉淀，但可被有机溶剂，如丙酮或甲醇作用后沉淀，经分析证明这些沉淀是共沉淀。而直接将混合溶液酸化后出现的沉淀中还存在明胶成分。因此，这些树脂与胶原蛋白可以以离子键或氢键结合在一起。

聚丙烯酸、苯乙烯-马来酸酐共聚物处理裸皮的实验证明，聚丙烯酸没有鞣性；苯乙烯-马来酸酐共聚物作用于裸皮后 T_s 仅升高 4℃，不足以“成”革。以聚丙烯酸树脂为代表，通过与胶原弱键结合后，表现出干态坯革的表面能较芳族类大分子作用后高。根据乙烯基的自由基聚合物应用研究，该类树脂拥有以下基本共性特征：

（1）无论是均聚物还是共聚物，分子以线型结构为主，即使相对分子质量＞10^5 也能够获得较好的复鞣功能。

（2）调节环境的 pH 与温度可以以较大程度改变溶液中树脂舒张与收缩的形态，直接改变其渗透吸收性质，以获得感官差别较大的应用效果，见图 6-41。分子收缩后极性基团集中，对同性电荷产生强大的排斥，导致后续阴离子材料吸附困难。

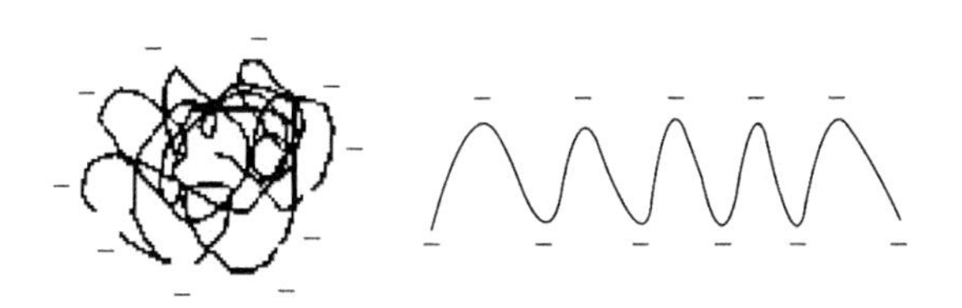

图 6-41　乙烯基树脂在水溶液中形态与 pH 对其的影响

（3）树脂鞣剂分子链上有大量的羧基，对正电性金属盐鞣剂形成强的离子键及共价键，达到脱水收缩与疏水膨胀的平衡，这最终成为皮革定型质量的重要指标。

（4）羧基的亲水能力相对较弱，在 pH 低于 3.6 时酸性小分子树脂可以稳定；中性树脂鞣剂则发生沉淀或混浊；乳液型树脂对酸盐较为敏感，在 pH 低于 5.0 时即出现破乳、絮凝，甚至表面成膜。

（5）鉴于线型树脂的热塑性，用于复鞣填充后的坯革易受热，以及压、绷等机械作

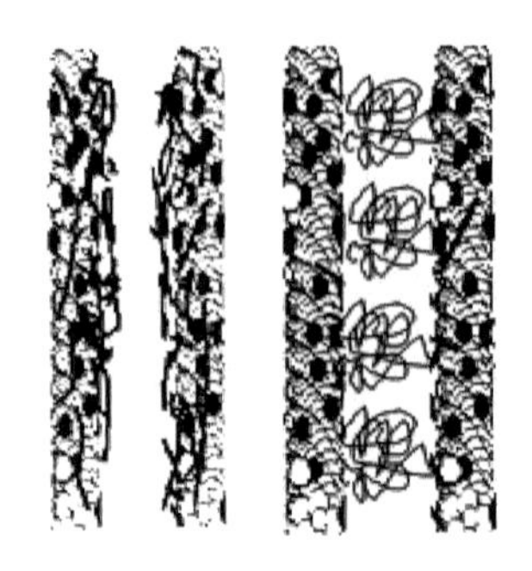

图 6-42　革内树脂存在形式示意

用时出现树脂的流变迁移及黏结，造成不可逆形变，严重时会出现坏革松壳、板硬、失去延弹性等缺陷。

（6）通过树脂在纤维表面的铺展或自身球状化，革获得不同感官的效果。这种平衡需要根据应用条件确定，革内树脂存在形式见图 6-42。

3）自鞣性树脂鞣剂

能够单独进行鞣制的乙烯基树脂鞣剂称为自鞣性树脂鞣剂。例如，利用甲基丙烯酸、氮羟甲基丙烯酸参与聚合，可以获得鞣性树脂，鞣革 T_s 均可达到 75℃，该类树脂也可用于复鞣增加成革稳定性。

聚甲基丙烯酸和聚丙烯酸不同，聚甲基丙烯酸有很好的鞣性，原因是两者空间结构稳定性存在差异。聚甲基丙烯酸分子链是螺旋结构，羧基隐蔽在螺旋圈内，亲水元素向外形成以下几种论述：

（1）由于脱水后甲基的疏水性突出，鞣剂的疏水中心与皮胶原肽链的疏水区段通过疏水亲和力作用，形成稳定胶原作用。

（2）与 Cr 鞣或合成单宁鞣时一样，通过横向交联或多点氢键结合，并以聚合物缠绕在纤维上的形式填充在纤维空隙中。

（3）聚甲基丙烯酸的鞣性是指在胶原纤维周围形成包裹层，提高了纤维的刚性结构，使其在受湿热时不易垮。

第 7 章 鞣制协同效应

7.1 多鞣剂鞣法

7.1.1 少铬无铬目的

经过一个多世纪的发展，Cr 被制革界公认为成革综合性能最好的一种鞣剂，因此其完全占有了主鞣地位。Cr 鞣革耐热稳定性好（T_s＞110℃），且鞣制条件温和，工艺简单，操作方便。然而，多年来人们认识到含 Cr 废液及固体难以处理，Cr(Ⅲ)又有氧化为 Cr(Ⅵ)的潜在危险。为消除因 Cr 鞣造成的含 Cr 废水及固体污染，自 20 世纪 70 年代起，制革化学家及工艺师有目的地为替代Cr盐鞣革进行大量的无Cr鞣剂鞣法研究。研究最有效的是多鞣剂鞣法。

7.1.2 无机-无机鞣法

无机-无机鞣法，目的在于少用或不用 Cr。常用的无机金属鞣剂主要有 Cr(Ⅲ)盐、Al(Ⅲ)盐、Ti(Ⅳ)盐、Zr(Ⅳ)盐、Fe(Ⅲ)盐等。这些金属盐用于联合鞣制时，通过不同的配体来隐匿，如柠檬酸盐、苯二甲酸盐、酒石酸盐等。已经研究和使用的无机-无机多鞣剂鞣法主要有以下几种：

（1）Cr-Al 鞣：Cr(Ⅲ)与 Al(Ⅲ)水解，pH 接近，可以连续或混合使用。习惯上用 Al(Ⅲ)代替部分 Cr(Ⅲ)，节约 Cr(Ⅲ)用量，利用 Al(Ⅲ)盐参与作用使革的粒面获得略为平细、浅色的效果。应用的 Cr-Al 鞣制方法主要包括 3 种情况：先 Cr(Ⅲ)鞣后 Al(Ⅲ)鞣；先 Al(Ⅲ)鞣后 Cr(Ⅲ)鞣；Cr(Ⅲ)、Al(Ⅲ)混合鞣制。

（2）Cr-Re 鞣：Re(Ⅲ)的水解 pH 高于 Cr(Ⅲ)，以 Cr(Ⅲ)为主鞣时，Re(Ⅲ)起到电荷平衡作用，可以较大程度减少废液中 Cr(Ⅲ)浓度。但是，Re(Ⅲ)成本较高。

（3）Zr-Ti 鞣：Ti(Ⅳ)与 Zr(Ⅳ)水解，pH 接近，可以连续或混合使用。两者合用的共性是鞣革白色及紧实。但是，Ti(Ⅳ)与 Zr(Ⅳ)都是贵重金属，规模化价值不大。

（4）Zr-Al 鞣：该鞣法用于生产白色革，采用 Al(Ⅲ)解决 Zr(Ⅳ)鞣革表面过于紧实的问题。然而，两种金属的水解点相差较大，难以协调配合使用，需要用隐匿剂调节，但隐匿剂影响鞣性。

（5）Si-Al 鞣：Si(Ⅳ)与 Al(Ⅲ)之间水解点相差较大，通常采用羧基化合物强化 Al(Ⅲ)盐，Al(Ⅲ)与 Si(Ⅳ)需要先形成复合物，再同时鞣制。该方法制成的白湿革色白、成型性好。鞣后加工要求较高，否则易产生 Si(Ⅳ)盐的矿化，使革硬化。

（6）Cr-Al-Zr 鞣：在 Cr(Ⅲ)与 Al(Ⅲ)配合情况下增加了 Zr(Ⅳ)盐。为了满足 Cr(Ⅲ)盐鞣制，Al(Ⅲ)盐与 Zr(Ⅳ)盐对革表面的综合效果是松紧混合，结果使鞣制过程中 pH 和混合金属中隐匿剂种类及用量获得调节，实际过程中主要还是 Al(Ⅲ)用于调节溶液离子平衡，Zr(Ⅳ)用于获得粒面白色及紧实目的。但是，Zr(Ⅳ)盐仍为贵重金属。

（7）Al-Ti-Zr 鞣：多金属混合鞣制。Ti(Ⅳ)与 Zr(Ⅳ)可以混合使用，Al(III)起到调节革表面及溶液离子平衡的作用，且节省了 Ti(Ⅳ)与 Zr(Ⅳ)的用量。Ti(Ⅳ)与 Zr(Ⅳ)为贵重金属。

多种金属无机鞣法是以兼顾共同的水解平衡为基础，获得综合鞣制效果。迄今，还没有证据证实存在异核金属离子直接由氧桥或羟桥连接的聚合物。混合鞣的结果区别于结合鞣协同效应，虽然缺乏各自最佳鞣制条件，但可以通过各金属鞣制特点，分别获得各金属盐的部分鞣革效应。

7.1.3　有机-无机鞣法

有机-无机鞣法是研究较多的一类多鞣剂鞣法。采用的有机鞣剂主要有植物单宁、醛鞣剂、合成鞣剂等；采用的无机物主要有 Al(III)盐、Ti(Ⅳ)盐、Zr(Ⅳ)盐、Fe(III)盐、Zn(Ⅱ)盐、Cu(Ⅱ)盐、Ni(Ⅱ)盐等。

1. 植物单宁-金属鞣

植物单宁-金属鞣是最典型的结合鞣制，也是生产高热稳定性鞣革的鞣法。植物单宁-Al(III)鞣是这一类鞣法的典型代表，其鞣革 T_s 可达 124℃。用栲胶与 Zn(Ⅱ)盐鞣制绵羊皮，成革的物理机械性能增加，T_s 超过 100℃，成革具有防水性能。植物单宁与金属鞣的实现需要两者渗透与结合的 pH 匹配。否则将会出现两种现象：

（1）植物单宁先鞣，鞣制后需要降低 pH，保证金属盐水解前进入皮内。由此易导致植物单宁收敛性作用增强使成革过度紧实，且后继金属离子渗透困难。

（2）金属鞣剂先鞣，植物单宁与金属离子的反应将阻止植物单宁足够的渗透，难以完成有效的结合鞣。

事实上，植物单宁与金属鞣较难协调渗透与结合的平衡。

2. 合成鞣剂-金属鞣

该类鞣剂包括合成芳族鞣剂与金属鞣、乙烯基树脂鞣剂与金属鞣。这些多鞣剂鞣制均有一些研究报道。在这些鞣法中各鞣剂的渗透与结合协调进行，发挥两种鞣剂各自及协同的结果，具有良好的开发前景。但要获得高耐湿热稳定性效果的产品还有待于深入研究。

7.1.4　有机-有机鞣法

参与多鞣剂鞣法的常用有机鞣剂有植物单宁、合成鞣剂、醛类鞣剂（甲醛、戊二醛、噁唑烷）、乙烯基树脂鞣剂等。

典型的有机-有机鞣是用植物单宁与醛类鞣剂联合鞣，可使成革 T_s 较其中高鞣性鞣剂单独鞣的 T_s 提高 20℃以上，其中植物单宁以缩合类为佳，如荆树皮栲胶与噁唑烷、戊二醛联合鞣可使成革 T_s≥110℃；丙烯酸树脂鞣剂与植物单宁结合鞣可使鞣革 T_s 比单独植鞣提高 10℃以上，而其植物单宁的吸收率也较单独植鞣有明显提高。聚氨酯树脂鞣剂与植物单宁相继使用，除提高 T_s 外，还可以得到细腻、平滑、柔软、色浅、饱满的轻革，几乎综合两个鞣剂的特征。

7.2 鞣制的协同效应

两种鞣性不佳的鞣剂结合使用，得到的革比任何一种鞣剂单独鞣有更高的耐湿热稳定性的现象称为结合鞣法协同效应（synergistic effect），该鞣法称为结合鞣法。“协同效应”仅仅考虑鞣制后坯革的耐湿热稳定性的提高，而忽略皮革因多材料处理后其他感官及物理化学性能的变化。当多种鞣剂或材料联合/复合使用，皮革显示各自鞣剂特征引起的综合效果，而非耐湿热稳定性的协同效应时，这种鞣制可以称为多鞣剂复合鞣/联合鞣，如多金属鞣制、各种制革的复鞣。由此可以区别其他多种材料处理后引起皮革的特殊变化。

研究并利用协同效应最早、最多的是 Al-植结合鞣，单独 Al(III)鞣最高 T_s≤78℃，单独植鞣 T_s≤86℃，而两者联合鞣制得到的成革 T_s 可达 125℃。自 20 世纪 40 年代，在制革工业中人类就已经利用结合鞣的协同效应制造高耐湿热稳定性皮革。例如，英国人采用 Al-植结合鞣替代 Cr 鞣制造鞋面革，德国人及美国人用戊二醛-植结合鞣制造无 Cr 软鞋面革及高档轿车座套革。

7.2.1 鞣剂键合稳定性理论

没有任何单一的鞣剂可以取代 Cr(III)鞣革而获得高 T_s 的皮革。通过各种途径研究发现，这关键在于 Cr(III)与胶原的键合稳定。有观点认为，鞣剂与胶原蛋白之间的交联键合力直接关系着鞣革的 T_s。加强这种键合力，如提供共价或配位结合、增加键合点及交联数量，都可使胶原蛋白热稳定性提高，图 7-1 为键合力对 T_s 的影响的示意图。

这种观点有一定的合理性。就单独金属离子鞣革而言，最直接的证明是 Cr(III)、Fe(III)、Al(III)鞣革的结果。由于这些无机盐与胶原蛋白在结合稳定性方面存在 Cr(III)＞Fe(III)＞Al(III)，因而，当它们各自鞣革时，结果为 T_s（Cr）＞T_s（Fe）＞T_s（Al），若用图 7-1 进行示意，这意味着 T_s（A）＞T_s（B）、T_s（C）＞T_s（D），且随鞣剂用量增加，T_s 增加。

Al(III)盐鞣革是以 Al(III)与胶原的羧基配位结合为基础的。事实上，即使利用一些完全没有鞣性的金属离子，如 Co(Ⅱ)、Mg(Ⅱ)、Ni(Ⅱ)与植物单宁结合，获得的革也有较高的耐湿热稳定性，T_s 接近或高于 100℃。这种现象证明，结合鞣中金属盐与胶原键合力关系并不明显。假设这种效应是因为植物单宁加入后，鞣剂在胶原之间交联的数量增加而使胶原的耐湿热稳定性上升。如下所示，用分子（A）与 Al(III)结合作用胶原，T_s 为 108℃。这种现象的原因推测是由酚羟基与胶原的氨基及肽键可形成

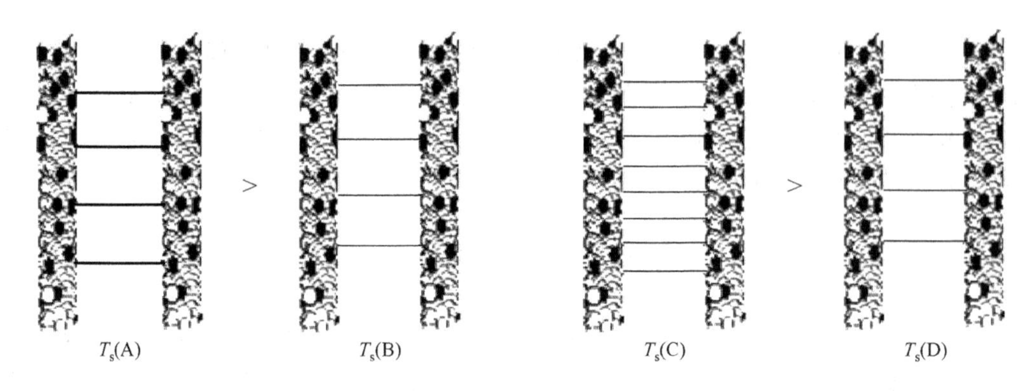

图 7-1　键合力对 T_s 的影响

分子(A)　　分子(B)

牢固氢键引起的。但是，这又从分子（B）与 Al(III)作用胶原的 T_s 达 106℃而失去可靠性。

7.2.2　结合鞣框架理论

除金属盐与一些多酚、多羧基有机物能产生结合鞣协同效应外，这种协同效应也出现在熟知的戊二醛与植物单宁、噁唑烷与植物单宁结合鞣中，以及 THPS 与三聚氰胺等都可使结合鞣的 T_s 近于 100℃，这些现象均不能简单地用某个物质键合数及键合力表示鞣制能力进行理解。通过以下几个实验研究发现：

(1)
植物单宁 + 正常胶原 + Al(III) —鞣制→ $T_s \approx 124$℃
植物单宁 + 去羧基胶原 + Al(III) —鞣制→ $T_s \approx 124$℃

(2)
植物单宁 + 正常胶原 + 噁唑烷E —鞣制→ $T_s \approx 115$℃
植物单宁 + 去氨基胶原 + 噁唑烷E —鞣制→ $T_s \approx 115$℃

对上述结合鞣的协同效应结果进行推测发现，传统的鞣剂交联与鞣性的概念需要更正。无论是单一鞣剂鞣法还是结合鞣鞣法，产生高 T_s 及协同效应的结果主要起因是胶原纤维间的“多支撑稳定结构（poly-strut firm structure）”，或更形象地被 Covington 描述为刚性的模块（rigid matrix），以下简称 R-Matrix。研究发现：

（1）同样条件下单独植鞣可洗脱 95%，当植鞣与噁唑烷结合鞣后，仅可洗脱 70%～80%。实验证明，在溶液中，当儿茶素与噁唑烷相遇时，即刻形成一种疏水弹性胶体。随着水的脱去可以获得坚硬的、沸水中也不溶解的塑型（性）物。

（2）当金属离子 Cr(III)、Al(III)、Re(III)与没食子酸结合后，其热分解温度均大于单独没食子酸。

因此，这种 R-Matrix 中的物质自身以交联网络（螯合）形式构成，具有较高的抗湿热变性温度。虽然这些 R-Matrix 在皮胶原纤维间并非与胶原纤维有特别牢固的结合，但在湿热变性温度前能够支撑胶原的组织构型及构象，最终导致皮胶原获得高 T_s，见图 7-2。

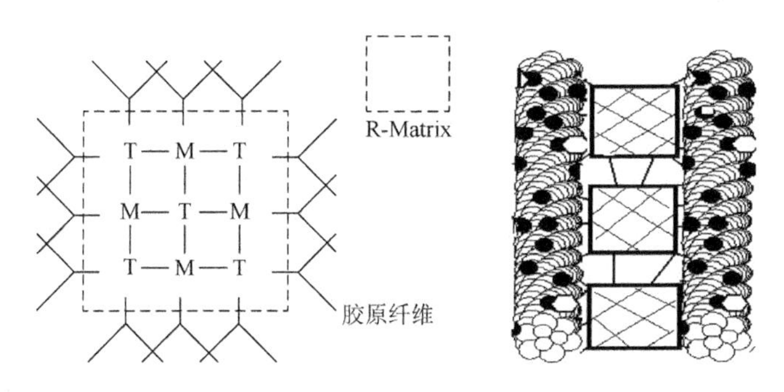

图 7-2　结合鞣多支撑稳定结构或 R-Matrix

M. 金属离子；T. 植物单宁

事实上，1997 年英国 BSLT 研究小组的 Ramasami 等在对 Cr(III)盐的配合物组分、结构深入研究后，对 Cr(III)鞣机理提出了一种全新的见解，认为 Cr(III)鞣革的高 T_s 并不仅仅是通过 Cr(III)配合物分子链与皮胶原纤维交联引起的，很有可能是由 Cr(III)水合离子水解聚合成三维稳定的体形分子所贡献。他们用 X 射线衍射研究证实了 Cr(III)鞣革存在的三维 Cr(III)水解配聚的体型分子与胶原仅有微弱的结合力。2000 年，Covington 引用 Kronick 和 Cook 对胶原被矿物质固化的骨及一些动物壳的研究，这些矿物质主要是氢氧化磷灰石充实在胶原纤维间，氢氧化磷灰石并没有与胶原发生反应，只是沿着胶原纤维的主轴晶化，但可使骨胶原的热变性温度达 155℃，分析表明该温度确实为胶原纤维的 T_s。

根据高分子科学中马克三角形原理，要提高高聚物耐热性应满足：

（1）增加链的刚性（如引进耐热的刚性链、环状物）。

（2）进行交联（减少链运动的空间、运动可能性）。

（3）使其结晶（对晶体而言）。

根据各种结合鞣实践及现有机理的研究发现，在结合鞣法中的两种鞣剂能够进行良好反应，形成某种稳定的化合物，当这种化合物与皮胶原有一定的结合，或能够稳定的、在适当的位置存在并靠近，或填充于纤维间隙时，皮胶原受热，只要填入的化合物不受热破坏，则胶原纤维构象转变就会受到阻碍，表现在宏观上为 T_s 的升高。由此可见，“R-Matrix”或“多支撑稳定结构”对产生结合鞣协同效应的解释完全满足了马克三角形原理。

7.2.3 协同效应与结合鞣

1. 结合鞣 R-Matrix 的构造

协同效应说明，结合鞣的目的是鞣剂之间或鞣剂与某些化合物之间形成稳定的新物质。

在有机-无机结合鞣中，一种耐热稳定性结构中存在一种具有金属螯合结构的化合物作为 R-Matrix，这种物质可以是平面型或立体型，如下所示：

HO　O　OH　O　O
O　S　O　Al　O　C　C　O　Al
Al　O　O　O　Al　O　C　C　O
O

HO
OH
O　O
M
HO　O　O　O
OH

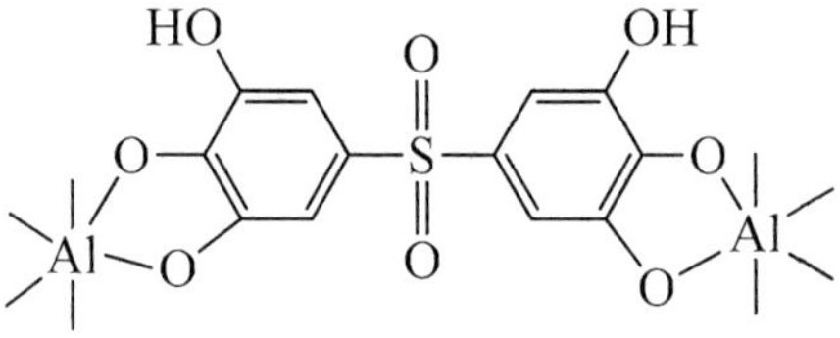

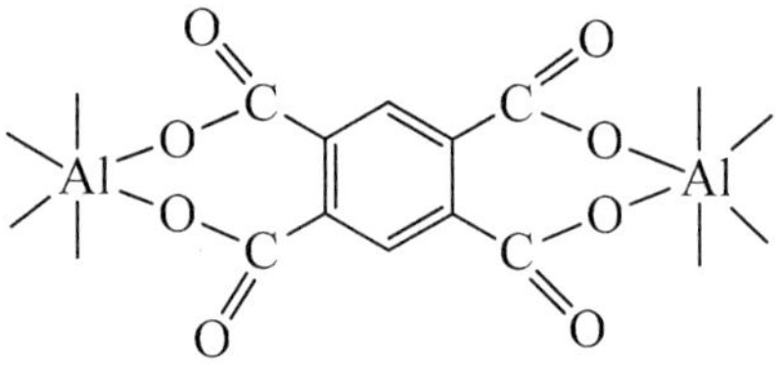

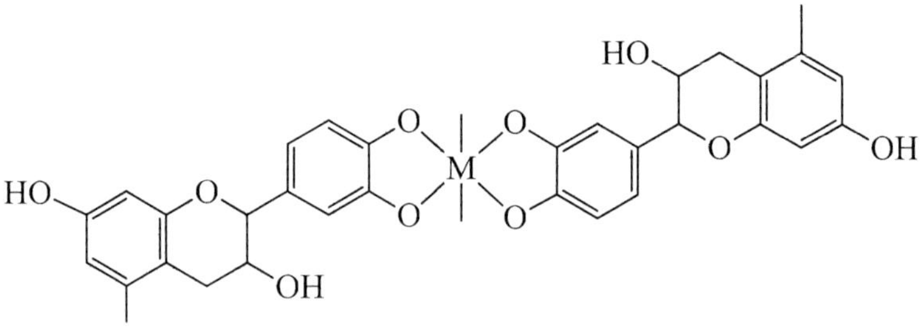

在有机-有机结合鞣中，耐热稳定性结构需要一种网状结构的化合物作为 R-Matrix 才能稳定，这种物质也可以是平面型或立体型，如下所示：

OH
HO　8　O　1
HO　7　2　OH
HO　CH_2　CH_2
6　3　OH
HO　O　OH　N　5　4
OH
HO　$HOH_2C—C—CH_2OH$
C_2H_5

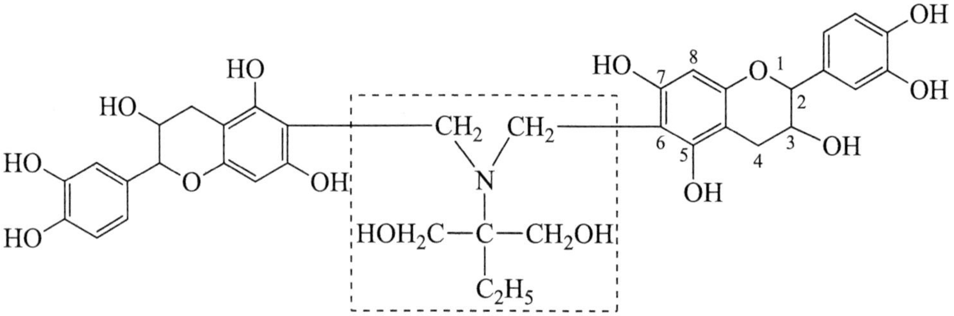

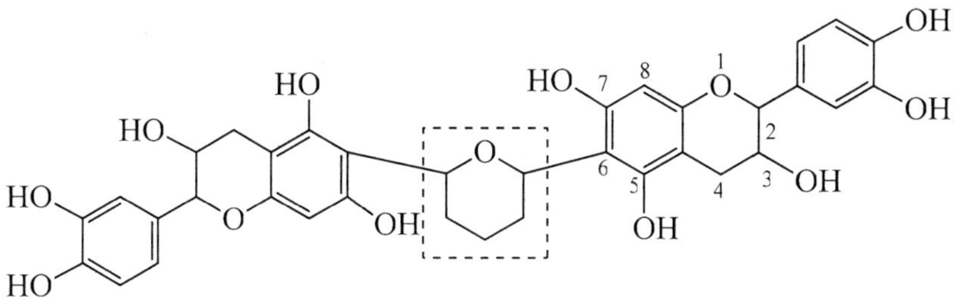

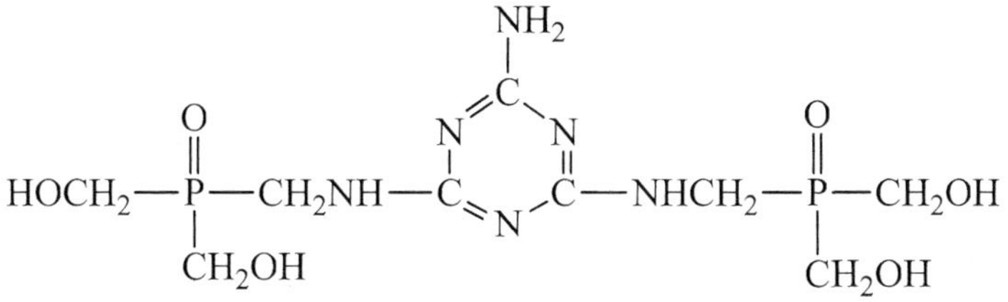

无机-无机鞣制在相同金属盐鞣制时，已被证实的情况如（A）式，通过水解以氧桥作为交联，形成一种特殊的“R-Matrix”，获得高的鞣革 T_s，如果能够在皮胶原内原位水解聚合则更有效。这种鞣制仅为单独鞣，前已讨论。虽然单独金属鞣制作用未被定义为协同效应，但也与结合鞣相似。而（B）、（C）、（D）三种结构形式在溶液及皮胶原中由于没有被证实存在，结合鞣的协同效应也没有体现，因此作为结合鞣没有被考虑。

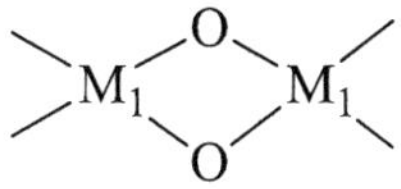

(A) 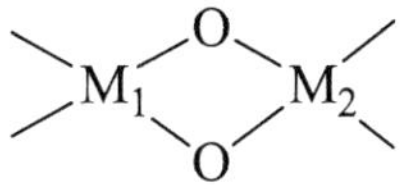　(B)

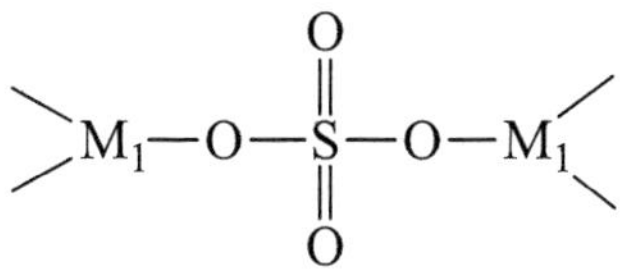

$M_1—O—SO_2—O—M_1$　(C)

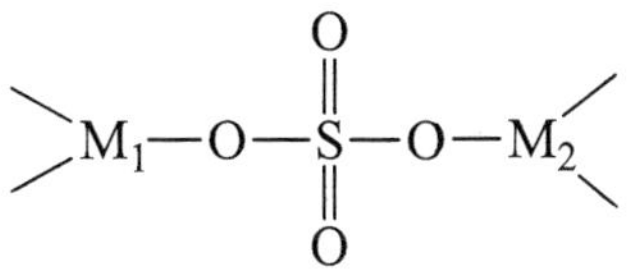

$M_1—O—SO_2—O—M_2$　(D)

2. 结合鞣 R-Matrix 与鞣革 T_s

R-Matrix 的形成是结合鞣获得协同效应的必要条件。但是，当确定 R-Matrix 可以形成时，判断结合鞣革的 T_s 或协同效应的大小，还有两个方面需要考虑：

1）R-Matrix 的自身稳定性

对植物单宁-金属盐结合鞣而言，胶原与植物单宁结合为主、金属为交联剂时（后讨论），结合鞣革有：T_s（Cr）＞T_s（Fe）＞T_s（Al）；T_s（Cr-植物）＞T_s（Fe-植物）＞T_s（Al-植物）。其中，T_s（Cr-植物）、T_s（Fe-植物）、T_s（Al-植物）＞T_s（Cr）。

2）R-Matrix 的稳定性与鞣制 T_s

磺基水杨酸（sulfosalicylic acid，Sa）与 Cr(Ⅲ)、Al(Ⅲ)、Cu(Ⅱ)体外构成的螯合物（R-Matrix）有

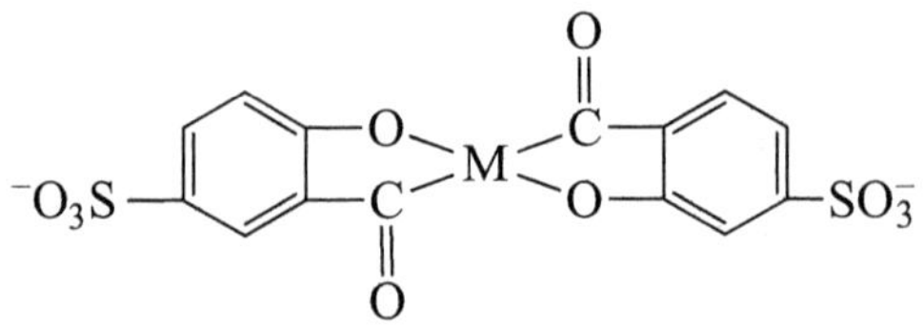

M = Cr(Ⅲ)、Al(Ⅲ)、Cu(Ⅱ)

分析测定，得

$$\lg\beta(\text{Cr-Sa})>\lg\beta(\text{Al-Sa})>\lg\beta(\text{Cu-Sa})$$

其中，β 为稳定常数。将三个螯合物与胶原反应，差示扫描量热分析法（DSC）测得变性温度（T_d）有

$$T_d(\text{Cr-Sa})\approx 133℃>T_d(\text{Al-Sa})\approx 127℃>T_d(\text{Cu-Sa})\approx 91℃$$

3）R-Matrix 与胶原结合能力

对三聚氰胺-醛类结合鞣而言，两种材料形成 R-Matrix 后，醛与胶原结合必不可少。以戊二醛、THPS 为例，由于单独鞣革的 T_s 有

$$T_s（戊二醛）>T_s（THPS）$$

结合鞣革必然结果为

$$T_s（三聚氰胺-戊二醛）>T_s（三聚氰胺-THPS）>T_s（戊二醛）>T_s（THPS）$$

3. 结合鞣的 T_s 与 T_d

1）T_s 与 T_d 的差别

皮革的相变温度 T_d 与收缩温度 T_s 具有较大的差别，分析一种结合鞣样品测试结果：

$$T_s（儿茶素-噁唑烷）= 83.2℃$$
$$T_d（儿茶素-噁唑烷）= 133.7℃$$

由此可以认为，T_s 与 T_d 存在两个方面的不同：

（1）T_d 是在程序控制温度下，测量输入物质和参比物的功率差与温度的关系的一种技术。近代测试技术使用 DSC 测定皮胶原相态改变时的活化参数，测定样品在无水或低水分下的吸热变化规律。

（2）T_s 是胶原固体受热后在宏观上尺寸的变化，包括相态改变、脱水、硬化，是测定样品在充水或者水分子参与时胶原吸热变化的规律。

这种 $T_d>T_s$ 现象的原因可以推测为：

（1）放热在先，收缩在后。

（2）水分促使胶原变性，缺少水分使变性温度升高。

因此，利用 T_d 代表 T_s 是难以表达鞣制效应的。

2）T_s 与革含水的关系

鞣制在水中完成，鞣剂与水交换，可以说水协助了鞣剂的结合，但是水也可以逆反应，在热的作用下干扰、破坏鞣剂的结合，降低鞣制效应。不同含水的结合鞣革的 T_s 明确地表达了这种结果，见图 7-3。

由图 7-3 可以发现，当革含水量增加至 70%～80%时，出现一个转折，高于该含水量后，T_s 缓慢降低。其中，单独噁唑烷鞣制的革，这种转折较显著，而植物单宁（荆树皮栲胶）与噁唑烷结合鞣显得不明显。

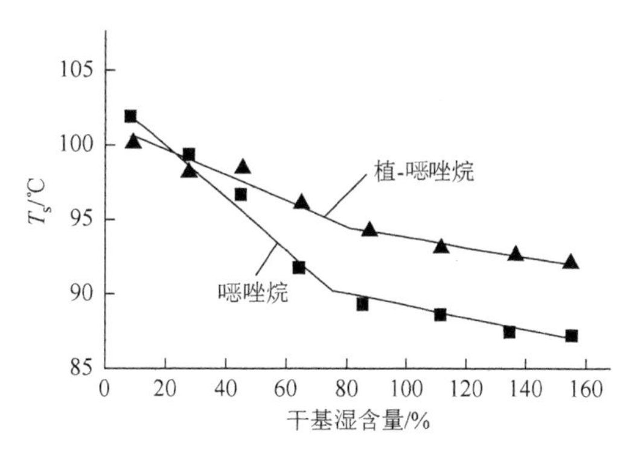

图 7-3　革样湿含量与 T_s 的关系

4. 结合鞣 R-Matrix 的形成特征

结合鞣能够在“体外”形成理想的 R-Matrix，但不一定能够在体内形成有效的 R-Matrix，见图 7-4～图 7-6。这种现象使得鞣剂间协同效应提高不足，具体表现在以下 3 个方面。

1）A 类现象

结合鞣 A 类现象如图 7-4 所示。

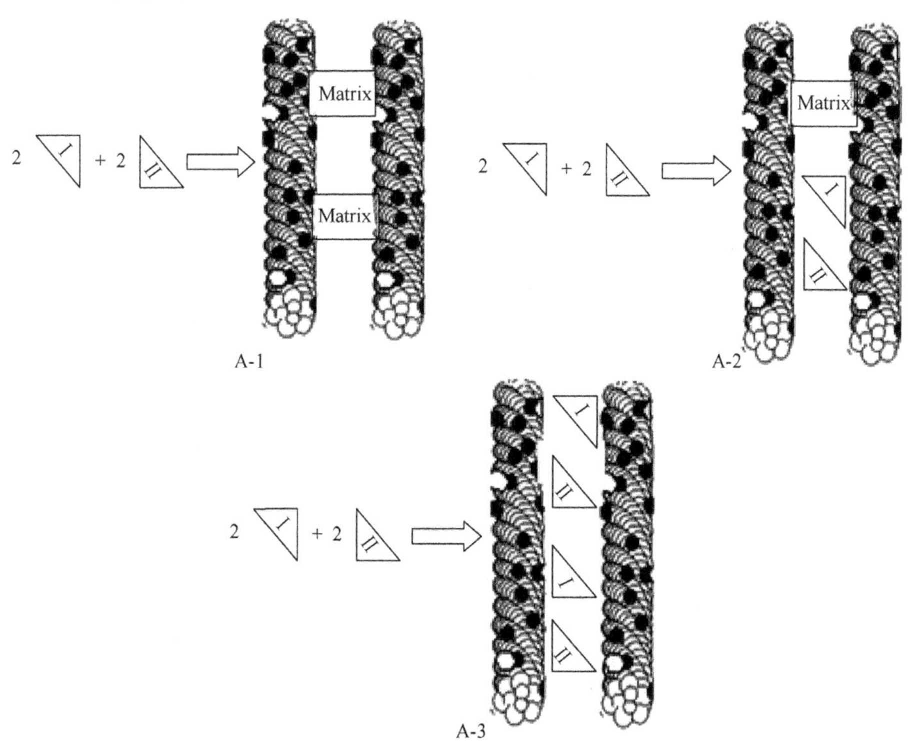

图 7-4　结合鞣 A 类现象示意图

A-1 是最理想的结合鞣。双组分都进入胶原组织内，有效形成 R-Matrix，获得最大化协同效应。

A-2 形成部分 R-Matrix。可能的原因有：

（1）在胶原内双组分受空间、环境、势能的影响，鞣剂组分运动受限。

（2）鞣剂分子过大，双鞣剂之间结合力不足。

（3）外部条件限制（温度、机械作用、浓度等）。

（4）双鞣剂组分渗透与结合条件相差较大。

A-3 不形成 R-Matrix。部分与 A-2 相似外，其中一种鞣剂与胶原的亲和力远高于双鞣剂之间的亲和力。

A 类现象结合鞣中两种鞣剂没有明确的先后顺序，无论谁先渗入，后者都能与其形成 R-Matrix，关键在于工艺条件及鞣剂或材料的形态。通常一种没有鞣性的材料与一种有鞣性的材料构成“结合鞣”时常见 A 类情况。

2）B 类现象

结合鞣 B 类现象如图 7-5 所示。

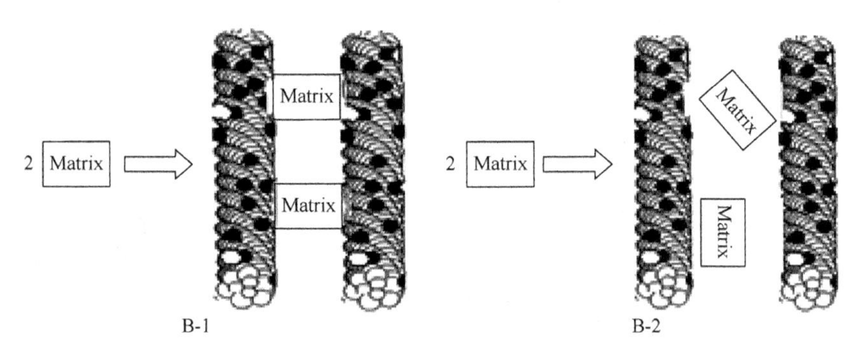

图 7-5　结合鞣 B 类现象示意图

B-1 体外形成的 R-Matrix 直接渗入胶原组织形成结合鞣。这是一种理想的方法，可以在体外设计 R-Matrix 结构，除获得结合鞣协同效应外，还可以得到设想的综合效果。但这种情况较为少见。

B-2 体外形成的 R-Matrix 直接渗入胶原组织后部分 R-Matrix 形成结合鞣。由于 R-Matrix 的体积大以及形成 R-Matrix 后失去渗透动力，吸收低或者没有理想空间，造成结合鞣协同效应降低。

B 类现象结合鞣中 R-Matrix 需要的是良好的渗透。但是，大体积 R-Matrix 即使进入皮胶原中也难以理想分布或进入必要的结合点，实践中难以用于鞣制，如 B-2。工艺中一些鞣剂、复鞣剂、络合染料都是 B 类现象的代表，仅用于解决感官品质使用。

3）C 类现象

结合鞣 C 类现象如图 7-6 所示。

C-1 与 A-1 类似，只是确定了两种鞣剂进入胶原的顺序。第一鞣剂进入胶原，在保证良好渗透与分布的情况下与胶原结合，并且保持与第二鞣剂形成 R-Matrix 的活性基团，待第二鞣剂进入后获得结合鞣协同效应。

C-2 有正确的结合鞣顺序，但是第二鞣剂渗透困难或在革内翻转机会小，造成 R-Matrix 数量上不足，如环境条件阻碍、第二鞣剂体积阻碍。

（1）环境条件阻碍。比较植-Cr、植-Re、植-Zr 结合鞣，稳定性最好的是植-Cr，Cr(III) 水解稳定性好，pH 在 4.0 左右可以顾及植物丹宁的结合及 Cr(III)的渗透；植-Re 中 Re(III) 更是能够理想渗透；而植-Zr 中，Zr（IV）在 pH 为 4.0 左右几乎水解聚合，难以渗透。

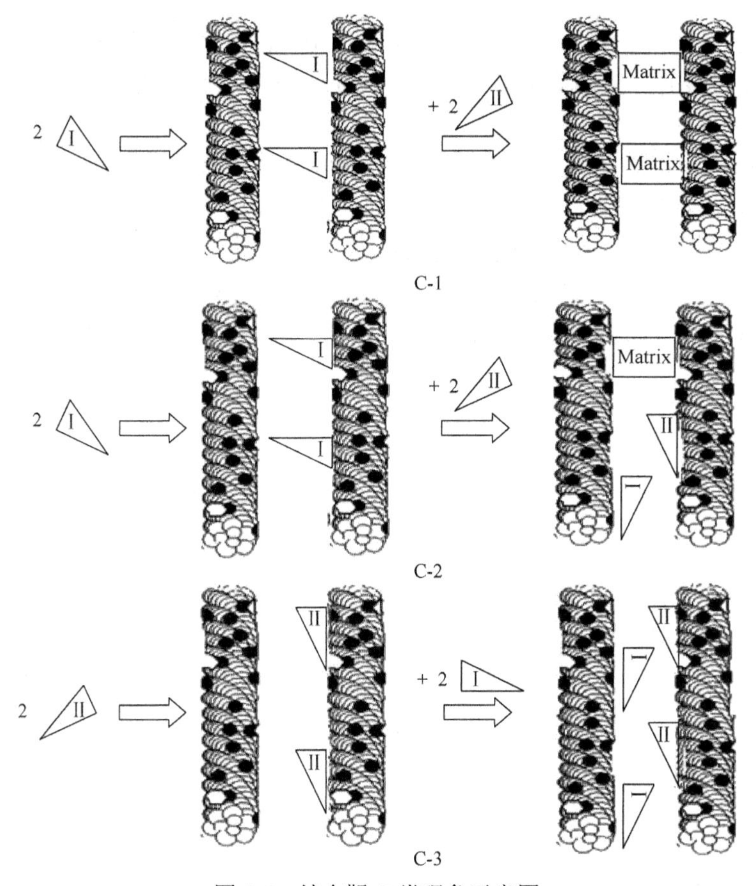

图 7-6　结合鞣 C 类现象示意图

尽管 Zr（IV）鞣性远高于 Re(Ⅲ)，但结合鞣协同效应为植-Cr（ΔT_s≈70℃）＞植-Re（ΔT_s≈32℃）＞植-Zr（ΔT_s≈20℃）。

（2）第二鞣剂体积阻碍。在植-戊二醛与植-甲醛结合鞣对比中发现，体积的阻碍使得协同效应为植-甲醛（ΔT_s≈35℃）＞植-戊二醛（ΔT_s≈27℃）。

C-3 出现顺序错误，难以形成 R-Matrix。分析原因如下：

（1）当第一鞣剂与胶原之间反应能力较第二鞣剂相当或更强时，第二鞣剂进入难以形成 R-Matrix，即使第一鞣剂过量使用也难以形成有效的 R-Matrix。

（2）第一鞣剂渗透结合的条件，如 pH、用量等直接影响第二鞣剂的渗透，甚至影响第二鞣剂与第一鞣剂的结合。

（3）当第一鞣剂反应基团有限时，其先进入与胶原作用后失去活性，或因结合发生钝化后，无法与第二鞣剂形成 R-Matrix。

C-3 的现象常出现在如下情况中：

（1）金属盐主鞣后，植物单宁、合成鞣剂复鞣。例如，铬鞣提碱、中和后，用植物单宁或复鞣剂处理，仅是复鞣或填充，难以形成结合鞣特征。

（2）进行植物单宁-金属结合鞣。先金属盐鞣制，如果金属盐的水解 pH 较低，提碱引起水解顿化，情况同（1）；不提碱，则植物单宁无法渗透完成均匀结合。例如，植-Al结合鞣时，先Al(Ⅲ)后植物单宁的鞣革 T_s 为86～120℃，而先植物单宁后Al(Ⅲ)的鞣革 T_s 为125℃。

（3）进行植物单宁-醛类结合鞣。先醛鞣剂结合皮胶原，然后加入植物单宁，此种顺序的结合鞣革 T_s 低于先植物单宁后醛鞣剂的 T_s，如以下对比实验结果：

T_s（儿茶素-戊二醛）= 94.8℃

T_s（戊二醛-儿茶素）= 78.7℃

即使采用DSC在无水条件下测定的 T_d 也存在明显差别，即 $\Delta T_d(163.9-156.2) = 7.7℃$，见图7-7。

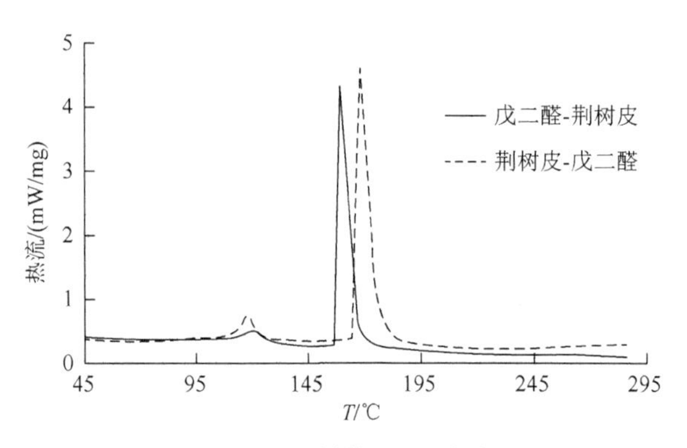

图7-7　革样的DSC曲线

5. *皮胶原与结合鞣R-Matrix的形成*

测定在儿茶素、噁唑烷、皮胶原三者之间各种情况下皮胶原的 T_s 时发现：

T_s（儿茶素-正常胶原）= T_s（儿茶素-去氨基胶原）

T_s（去氨基胶原）= T_s（噁唑烷-去氨基胶原）

T_s（儿茶素-去氨基胶原）＜T_s（儿茶素-噁唑烷-去氨基胶原）＜T_s（儿茶素-噁唑烷-正常胶原）

由此说明，儿茶素和噁唑烷与皮胶原氨基结合对获得鞣制效应并非必要条件。儿茶素与噁唑烷进行结合鞣可以获得协同效应，但是与胶原的化学结构相关。胶原氨基的存在使得结合鞣协同效应增加。此外，被R-Matrix作用的底物也影响R-Matrix的效能。

7.3　复鞣的协同效应

T_s 是皮革制造中最重要的指标之一，是坯革后续湿热加工及商品使用功能的体现所需。鞣制的协同效应是描述两种以上物质作用胶原获得的 T_s 较任何单一物质作用后获得更高的 T_s 效果。对于高质量皮革而言，T_s 并非唯一指标，当主鞣坯革的 T_s 达到了要求，进一步加工需要解决最终坯革的感官、化学及物理力学指标，如丰满、饱满、延弹、平整、均匀等。这些指标都是判断制品加工或最终商品使用性能必需的指标，且因产品品种不同而异。因此，鞣制的坯革再次采用鞣剂处理称为复鞣或再鞣（retanning）。与鞣制协同效应类似，复鞣后坯革并非以 T_S 升高为唯一目的，还包括鞣后坯革获得较单一作用后更突出的特征效果。这种效应可以认为是非鞣制特征的协同效应，或复鞣效应。复鞣效应获得的前提也是两种或两种以上鞣剂的协同作用。

鞣剂与坯革进行作用，获得复鞣效应，成为鞣后物理化学的基础。100 余年来，经过产品研究开发与实践，与铬鞣坯革配套能够形成复鞣效应的处理工艺已经十分完善，鞣制后坯革的加工方法与终端产品品质之间也建立了明确的化学物理关联。

对非结合鞣而言，复鞣是主鞣的补充。理论上，当主鞣完成后，革的组织构造基本定型，或者说已确定了需要的组织构型。再使用其他鞣剂的目的仅为革组织的修正，或者说修饰组织构象。图 7-8 表明无论鞣制效应强弱，主鞣是确定组织最重要的步骤，不管组织变性与否。Cr(III)主鞣确定了组织的结构；醛主鞣不同于 Cr 主鞣，但也确定了其组织结构。

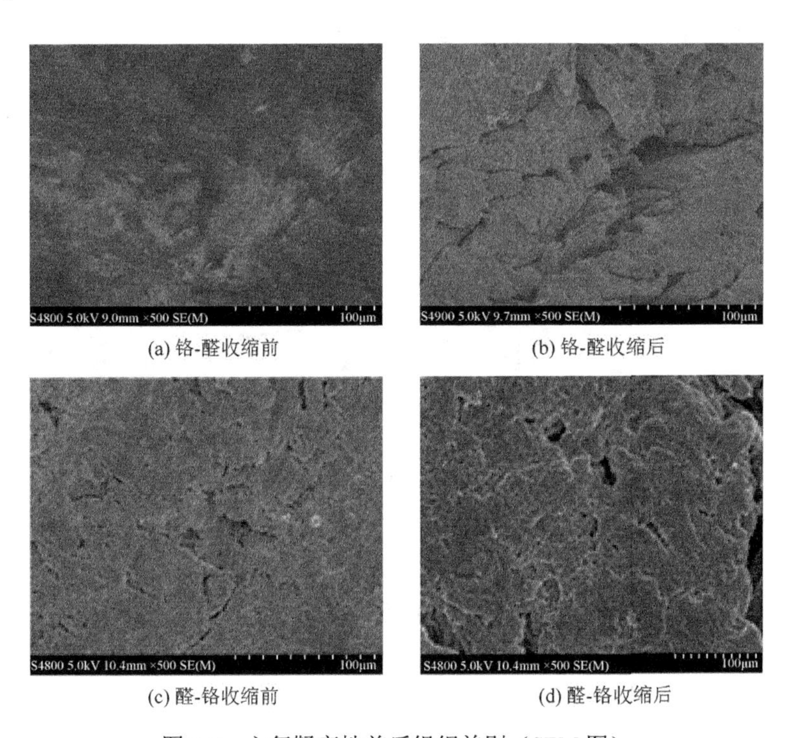

(a) 铬-醛收缩前　(b) 铬-醛收缩后

(c) 醛-铬收缩前　(d) 醛-铬收缩后

图 7-8　主复鞣变性前后组织差别（SEM 图）

因此，除结合鞣外，在主鞣后引入的鞣剂无须或难以替代主鞣剂功能，其只需在可及的空间内与主鞣剂和胶原的“剩余”活性点作用。结果形成复鞣协同效应，通过可以数字化表征的指标，如密度、厚度、硬度、热稳定性、透水性、含水量、强度、牢度等，对坯革进行改进。例如，Cr(III)、Al(III)鞣制后再用乙烯基树脂处理坯革，可以降低坯革密度，提高疏水能力，使坯革具有丰满、暖感的特征。

7.3.1　复鞣剂与复鞣效应

1. 复鞣剂结合增加

鞣剂在不同 pH 下与生皮及 Cr 革作用的吸收率如图 7-9 所示。主鞣：用 10%鞣剂（以酸皮重计）对 20g 浸酸黄牛皮在 25℃、200%水、2h 条件下进行鞣制，固定 pH（横坐标），200%水洗 10min，收集总废液，测定废液含鞣剂量，计算鞣剂吸收率（纵坐标）。复鞣：用 10%鞣剂（以牛蓝湿坯革重计）对 20g 含 3.2% Cr_2O_3 的牛蓝湿坯革在 25℃、200%水、2h 条件下进行鞣制，固定 pH（横坐标），200%水洗 10min，收集总废液，测定废液含鞣剂量，计算鞣剂吸收率（纵坐标）。

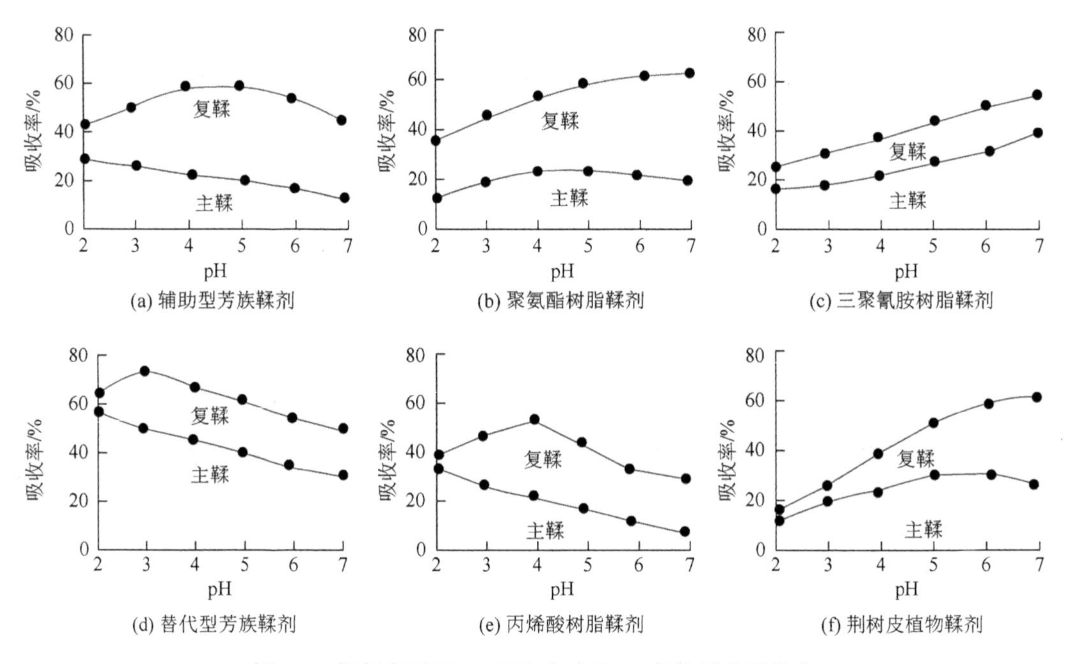

图 7-9　鞣剂在不同 pH 下与生皮及 Cr 革作用的吸收率

在 pH = 2～7，各种鞣剂与生皮作用的吸收率都低于鞣剂与 Cr(III)鞣坯革作用的吸收率。这种吸收增加的共性特点虽然不能作为结合鞣协同效应，但构成了复鞣协同效应的基础，这种明显变化的吸收率可以得到如下结论：

（1）与生皮作用对比，复鞣中鞣剂与 Cr(III)的化学作用引起结合增加。

（2）多数鞣剂结合坯革规律与结合生皮规律存在较大不同。

因此，上述结论证明了复鞣剂与 Cr(III)鞣坯革的复鞣效应各有明显的不同。

2. 复鞣坯革（湿态）吸水

复鞣后坯革的含水量涉及后续材料渗透与结合以及干燥后成革的密度。脱水使坯革紧实，充水坯革的干燥表现出空松或难以控制的感官变化。通过复鞣使坯革获得不同的含水特征，能够改变后续湿态加工及干态整理的坯革的感官。

复鞣后坯革的含水比较实验：蓝湿革称量，加水（35℃），中和，水洗，加入复鞣剂，2h 吸收平衡，固定，水洗，干燥，10h 恒湿（25℃，65%RH），称量，计算。计算公式如下：

$$充水度 =（含水质量/干固质量）\times 100\%$$

实验结果见表 7-1：

表 7-1　复鞣结合水测定结果

鞣剂	坯革充水度/%	
	pH = 3.8～4.0	pH = 3.2～3.5
替代型芳族鞣剂	～17	～30
含 Cr 合成芳族鞣剂	～20	～25
聚丙烯酸树脂	～15	～13
荆树皮栲胶	～25	～20
戊二醛	～8	～10
双氰胺树脂	～17	～20

3. 复鞣坯革（干态）疏水

各种复鞣剂对 Cr 鞣坯革复鞣后都会改变革对水的结合。复鞣剂进入后引起坯革亲水性发生改变，表现为成革的亲/疏水特征变化。复鞣导致成革的透水性及吸水率降低，称为复鞣的疏水效应。

复鞣的亲/疏水效应可以源于复鞣剂、鞣剂与胶原的两两作用，也可以是三者联合作用。可以根据皮革最终成革使用性能要求选择复鞣剂，也可以根据成革的质量要求将复鞣剂配比使用。测试各种复鞣剂的疏水效应，见第 1 章表 1-8，为了对比，表 1-8 中添加了几种疏水材料并测出其疏水特征。

复鞣后坯革的疏水比较实验：蓝湿革称量，加水（35℃），中和，水洗，加入复鞣剂，2h 吸收平衡，固定，水洗，干燥，48h 恒湿（25℃，65%RH），进行 Bally 透吸水检测，测得不同透水与吸水的复鞣效应指标值，检测结果见第 1 章表 1-8。

4. 羧基树脂复鞣效应

乙烯基树脂如聚丙烯酸基树脂、苯乙烯-马来酸酐共聚物含有大量的羧基。单凭聚丙烯酸自身的结构及组成难以与生皮作用获得良好吸收效果（图 7-10），而通过坯革的复鞣，吸收率及渗透才能显示出理想结果。这类羧基树脂进行复鞣后与金属鞣剂间形成牢固的、耐水的化合键，在革内产生不可逆的结合，这对自身固定及金属鞣剂固定均有重要作用，形成两者之间复鞣协同效应，可以明显改变坯革及成革的物理力学性能。羧基树脂与 Cr(III)离子作用的共性表现在：

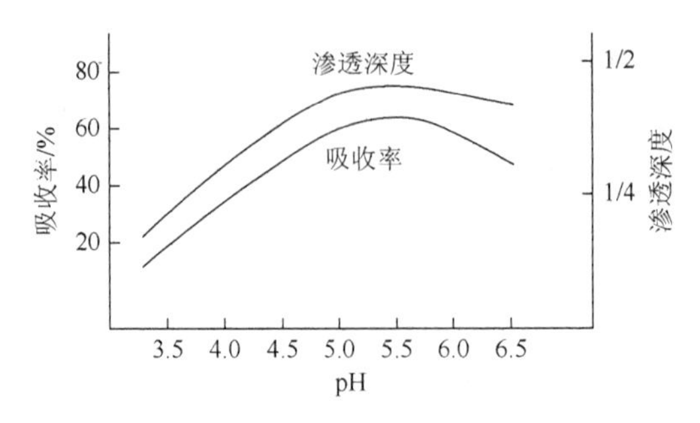

图 7-10 树脂吸收渗透与体系 pH 的关系

（1）坯革中和 pH 偏低、树脂聚集度高，以表面吸收并填充效应为主；中和 pH 偏高、树脂舒张，表面吸收并覆盖后纤维分离，以弹性泡感为主。

（2）多羧基树脂能够取代 SO_4^{2-}，生成 -[COO — Cr] 配合物，pH、温度是决定反应的重要因素。

（3）胶原纤维束外表面的 Cr(III)离子是乙烯基树脂主要结合的地方。乙烯基树脂的表面沉积表现为纤维束的直径增大（可使原纤维直径增加到 130～180nm）。

（4）每克革按原纤维计有 1～3m^2 的表面积。乙烯基树脂的铺展量与自聚集平衡直接决定坯革的化学性能与成革密度，是两种协同效应的平衡。

（5）羧基与 Cr 按比例结合后产生强烈疏水收缩，尤其是高分子质量的聚丙烯酸基树脂能使皮革收缩、增厚与延弹性增强。

（6）多羧基树脂与 Cr 鞣革亲和性强，结合后难以分离，雾化值低，耐光热性强，皮革的使用寿命延长。

（7）树脂中亲水羧基不足时，易被钙镁离子沉淀，也可以被过渡金属离子沉淀。

乙烯基树脂无色，与试剂显色困难，溶液吸收在紫外区，缺乏特征吸收。电子扫描图无法分辨乙烯基树脂深入纤维的等级。精细研究其渗入程度，可用“光声光谱仪”测定，测定步骤：革的粒面先用远红外光辐射，远红外光与聚丙烯酸酯的羧基偶合反射出一定的频率和一定强度的声波；译成与聚合物成比例的数码；然后削去一定的厚度，再测定新表面，获得一组数字。

5. 羟基化合物的复鞣效应

1）酚羟基化合物复鞣特征

有机酚羟基化合物包括天然植物多酚及合成的酚类聚合物鞣剂。然而，无论是天然的还是合成的酚类，它们均以相似的方式与皮或革作用，小分子鞣质或非鞣质有利于渗透、扩散的概念仍可为复鞣所用。合成酚类产品从替代天然栲胶开始，最终以功能可调性而超越天然栲胶并广泛用于制革。饱满、坚挺、增加塑性是两类羟基鞣剂主要的复鞣效应。

酚羟基、亚硫酸/磺酸根、超氧负游离基及苯环空位与胶原的结合方式前已述及。当坯革复鞣增加金属离子后，结构是：

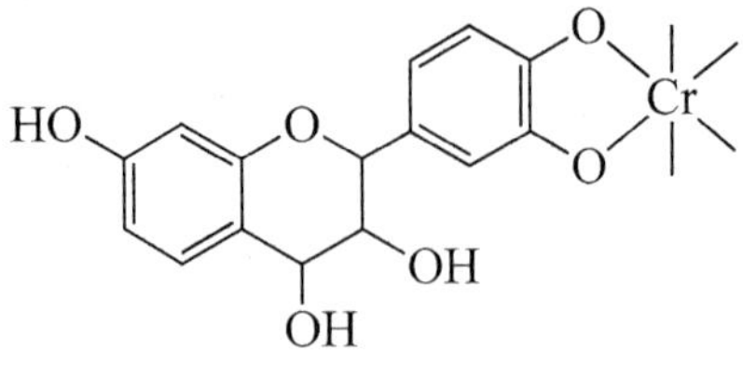

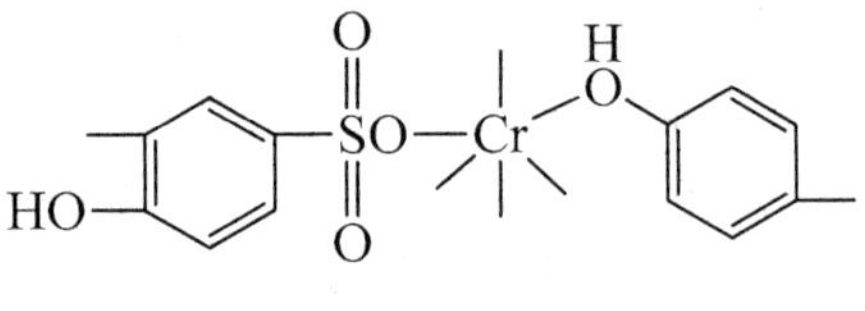

天然植物多酚及合成的酚类聚合物共同的复鞣效应表现在：

（1）两者对金属鞣制坯革有较强的敏感性。尤其是天然植物鞣剂与多价金属阳离子螯合直接影响坯革的性能，如 Al(Ⅲ)、Fe(Ⅲ)、Ca(Ⅱ)、Mg(Ⅱ)等。这不仅从空间上对后续材料造成渗透困难，还给坯革表面硬化造成影响。合成酚类聚合物的这种敏感性相对较弱。

（2）坯革具有良好饱满度及紧实性。天然植物多酚及合成的酚类聚合物均可与胶原发生多点结合，两者的收敛性使坯革粒面变粗，革身变硬，其中合成酚类聚合物的这种效应相对较弱。

（3）坯革的浅色效应及吸水性。植物鞣剂湿态下的负电性给阴离子染料上染带来困难，加上鞣剂自身色调影响，导致浓度、艳度降低（如果复鞣剂带色）；大量的酚羟基在水中具有良好的亲水性，导致坯革快速浸润膨胀。

（4）两者与 Cr 过度结合，使坯革表面性能被修饰。较强的收敛性及聚集性使坯革表面的物理化学性质出现变化。成革耐光性、抗氧化、抗霉变、抗崩与抗撕裂能力都随之降低。

（5）坯革良好的成型性。天然植物多酚及合成的酚类聚合物均以多点弱键结合为主，在含湿情况下，加热与压力可以转变分子的聚集与结合形式，宏观表现在压花成型性好。

为了使酚羟基化合物获得理想复鞣效应，复鞣前坯革需要掩蔽电荷及降低盐浓度，防止表面结合与絮凝。

2）多聚糖化合物复鞣特征

除双醛淀粉、双醛纤维素外，多聚糖化合物如淀粉、纤维素、聚乙烯醇没有鞣性。当它们用于 Cr 鞣坯革的复鞣，干燥后可显示出良好的结合稳定性。分析证明，羟基与 Cr(Ⅲ)、Al(Ⅲ)等鞣性金属在疏水情况下发生配位，产生不可逆结合，具有稳定的复鞣效应，如增厚、密度增加及革的抗水性提高。具有这些结果的速度、程度与形成条件相关，如复鞣的 pH、温度、多聚糖化合物的分子质量。在多糖的大分子链中，糖环上存在的醛基、羧基都是稳定胶原的主要基团。

6. 氨基树脂的复鞣效应

氨基树脂常用于Cr鞣坯革的复鞣。一般认为双氰胺树脂在Cr鞣坯革的等电点以下，不与阳离子碱式 Cr(Ⅲ)结合。实际上研究表明，不论氨基树脂的电荷如何，氨基树脂都与 Cr(Ⅲ)反应。例如，溶液中双氰胺树脂与碱式 Cr(Ⅲ)作用形成蓝色的沉淀。结合物不溶于热水，对弱酸、弱碱溶液稳定，这些证明在双氰胺树脂与 Cr(Ⅲ)之间形成牢固的化学键。光谱研究证明，双氰胺树脂使 Cr(Ⅲ)配合物的最大吸收峰的绝对值提高，峰值紫移，且随时间延长而加强。

双氰胺树脂有多种官能团（$—NH_2$、$—CH_2OH$、$=NH$、—CN、$—SO_3^-$等），很难确定结合 Cr 时哪些官能团起主要作用。尽管 Cr(Ⅲ)鞣制时带电荷的氨基不形成配位键，但 Cr(Ⅲ)与—CN、$—CH_2OH$ 和$—SO_3^-$反应是最明显的。双氰胺树脂与 Cr(Ⅲ)可以形成环形化合物：

阳离子区-Cr(III)　　阴离子区-Cr(III)

形成的环状结构表明：

（1）阳离子双氰胺树脂与 Cr(III)配位形成六环，阴离子双氰胺树脂与 Cr(III)配位形成七环，六环比七环更稳定。这表明了 Cr(III)与树脂内部结合牢度的差别。将 Cr(III)加到双氰胺树脂溶液后形成沉淀，洗涤、分析沉淀后所得的结果表明，100g 阳离子的双氰胺树脂可以结合 2.2～7.4g 的 Cr_2O_3。

（2）氨基树脂复鞣大大增加了坯革的韧性及紧实性。刚性树脂分子与 Cr(III)结合防止了纤维的收缩，降低了成革的延伸性及丰满性。

7. 多重复鞣的协同效应

用适当量芳族合成鞣剂或植物单宁处理Cr鞣坯革后发现，氨基树脂结合量大大增加。图 7-11 是蓝湿革中和后，用 10%三聚氰胺树脂（以蓝湿革重计）复鞣，以及先用 4%荆树皮栲胶复鞣再用 10%三聚氰胺树脂（以蓝湿革重计）复鞣。不考虑坯革的紧实程度，氨基树脂再复鞣可以提高其吸收率。对溶液中现沉淀进行分析发现，其原因是形成共价键及氢键。与芳族合成鞣剂比较，植物单宁与氨基树脂作用较为强烈，结构示意如下：

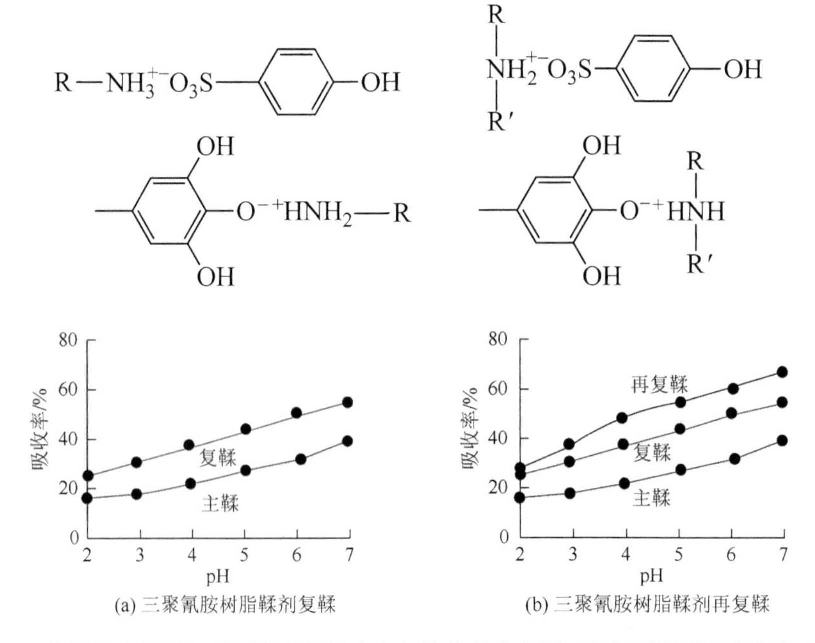

图 7-11　蓝湿革直接用氨基树脂复鞣结合率与植物单宁复鞣后用氨基树脂再复鞣的吸收率

7.3.2　复鞣效应的实现与控制

在复鞣中，随复鞣剂的吸收结合，坯革发生的各种变化可以证明复鞣剂与坯革发生了作用。由于复鞣剂的品种多、结构复杂，它们的吸收及其与坯革的作用难以明确表达。实践中复鞣效应来自复鞣后对坯革或成革变化的直观效果判别。

成革的质量，如粒面平细、革身饱满、不松面、色泽均匀、坯革可磨性好、绒面革起绒好、绒毛细软均匀、压花成型性好等，都是可以在复鞣中完成。如果复鞣材料的选择或使用不合适，渗透与结合平衡不当，就难以获得复鞣协同效应，甚至带来质量负面效应或导致成本增加。良好的复鞣效应必须满足复鞣剂有效地渗透与结合，控制良好的复鞣效应可以归纳为以下几个条件。

1. 稳定主鞣

复鞣效应要求在主鞣的基础上进行鞣制，复鞣效应也是稳定主鞣的重要措施。复鞣可以出现结合鞣效应，但不能是主导的，否则难以控制产品质量。

（1）Cr鞣坯革采用植物单宁复鞣时，如果有较多的游离Cr与植物单宁形成螯合物（前称R-Matrix），虽然影响植物单宁的复鞣渗透与分布，但可以稳定Cr鞣剂的结合。

（2）用Cr与羧酸类乙烯基树脂同时复鞣，形成较强疏水性的R-Matrix结构，一方面稳定了弹性特征及感官，另一方面阻止了Cr被洗出。

（3）先用戊二醛鞣，没有完成主鞣稳定结合时加入儿茶类单宁，形成醛-单宁R-Matrix，阻止Cr的迁移。

2. 复鞣剂渗透

复鞣材料被坯革吸收的渗透动力来源较多，同时存在共同作用或交替作用。这些力主要包括：

（1）库仑力。复鞣剂与坯革之间的静电引力，包括机械作用的动电作用。

（2）毛细作用力。复鞣剂粒子在坯革纤维表面的吸附与铺展能力。

（3）机械压力。机械力导致坯革孔经扩缩形成的吸收力。

（4）渗透压。浓度差造成溶液的势力。

3. 复鞣剂结合

在电解质溶液中，电荷作用是物质之间最先、最敏感的现象。库仑定律表明，两个点电荷作用力量的大小直接与电量成正比，又与两个点电荷之间距离的平方成反比。对于运动中的电解质而言，各种形式的电荷无处不在。因此，就成键作用距离而言，存在离子键≥van der Waals力≥配位键≥共价键≥氢键。由此可知，引起材料在坯革内结合的特征为静电作用优先，离子键需要优先考虑。

4. 复鞣的环境条件控制

1）复鞣温度

升温增加物质内能，使复鞣剂粒子分散性、活动性增加，水分子活动性增加。与此同时，坯革被增塑、孔隙形变能力增加，这有助于机械力作用。鉴于渗透与结合平衡的矛盾，最佳渗透、结合的温度条件是：①坯革内“游离物”与复鞣剂交换；②外界复鞣剂以最小单位分散，使渗透吸收的能力加强。

2）复鞣的 pH

制革湿操作体系的 pH 通常指浴液及坯革的 pH。与温度类似，pH 涉及电解质的溶解、分散、粒子表面电荷，也与坯革的表面电荷相关。为了保证渗透，鞣剂粒子电荷密度与坯革表面电荷密度差十分重要。因此，对于复鞣剂良好的渗透与结合效果，需要考虑的 pH 条件为：①保持结合的电势差；②减少鞣剂聚集，即氨基树脂、植物单宁、芳族鞣剂等应保持最佳解聚分散状态；③控制柔性大分子鞣剂的伸缩作用。

3）复鞣的鞣剂用量

复鞣时鞣剂用量涉及非鞣性协同效应及个体功能的凸显。复鞣协同效应与可及度相关。未参与协同作用的鞣剂只能自身聚合产生填充作用。根据质量作用定律，过高用量的复鞣剂可以引起主鞣与复鞣的局部逆转，这种结果表现为：①改变坯革表面的 T_s，甚至整体向复鞣协同效应偏向；②坯革表面的感官向复鞣剂鞣制的特征偏向，甚至使坯革退鞣或变性；③辅助型鞣剂形成不良的占有，干扰鞣剂的结合与聚集，导致后续复鞣效应下降。

4）复鞣的时间

通常所谓复鞣过程的平衡是笼统意义上的平衡，可以表达的是溶液中鞣剂浓度变化减小至近似恒定。事实上，工艺中这种平衡更多的是表面意义上的吸附平衡，执行中真正的平衡难以达到，延长时间可以达到坯革内及各部位渗透与结合再平衡（根据条件优化）。上述平衡与坯革特征、鞣剂种类、复鞣的环境条件相关。

5. 复鞣的顺序

在染整的湿操作中，鞣剂进入坯革内的顺序根据需要的功能决定。与结合鞣协同效应的顺序性类似，复鞣效应需要良好的顺序以调整皮革纤维密度及有效填充。不同顺序将形成效应差异。这种顺序的结果可以描述如下：

1）先入为主

先形成的效应具有最重要的功能。根据化学反应的能量转化规律，先形成的 R-Matrix 具有最凸显的功能。否则，在有限可及度的情况下进行化学转变需要更高的反应活化能。先入为主成为规律，可以从以下几个例子说明：①Cr 完成主鞣后，其他鞣剂难以改变 Cr 鞣革特征，即使半 Cr 鞣革也是如此。植物单宁主鞣的坯革也难以被修饰为其他鞣剂的鞣革特征。②先加入聚丙烯酸类树脂进行 Cr 鞣坯革复鞣固定，成革丰满弹性占主要；先加入植物单宁进行 Cr 鞣坯革复鞣固定，成革饱满紧实占主要；先加入氨基树脂进行 Cr 鞣坯革复鞣固定，成革平整紧实占主要。后续芳族鞣剂、植物单宁的加入对成革功能的改变明显减弱。③根据顺序调整上染率。阴离子型复鞣处理不当使坯革上染率下降，这给染色带来不同的结果。不同复鞣方式下阴离子染料的上染率见表 7-2。

表 7-2　不同复鞣方式下阴离子染料的上染率范围

复鞣方式	上染率/%
Cr 鞣剂	100
戊二醛鞣剂	60～80
合成鞣剂	20～90
丙烯酸类鞣剂	40～60
氨基树脂鞣剂	60～80
植物鞣剂	20～40

2）结合相竟

两种相同电荷及相近密度的材料先后进入，或互相吸附或互为排斥，尤其易发生在相同结合点的鞣剂使用时。然而，实践中，不同类型的鞣剂虽然有相同的电荷，可以通过改变环境条件，调整渗入方式进入坯革，包括库仑力、毛细渗透、表面吸附、亲/疏水等。但是，有限的空间也需要适当的顺序才能保证最大密度的结合。

3）先强后弱

如果要保证各种鞣剂的复鞣效应，需要先弱后强的顺序处理。鞣性或协同效应弱的优先是平衡高吸收的方法，但前提是不影响复鞣效应。否则通过弱的结合或吸附占有空间，阻止后续复鞣效应的形成，最终造成功能的互相分散，互相减弱。因此，通常需要考虑的顺序是：①先复鞣后填充；②先紧实后松弛；③先强鞣后弱鞣。

4）同入相容

同入需要相容，互阻需要分离。在同浴连续处理或同浴混合处理时，对具有不同复鞣效应或不同电荷的两种鞣剂，需要在一种鞣剂完成固定后，另一种再进入或混合（包括在坯革内、外），否则形成絮凝后难以进行后续材料渗透。当需要面对混合不相容或互聚的材料时，必须按以下几种方法进行解决：①过渡处理。通过环境调节，减弱或阻止互聚作用，如温度与 pH 调节、表面电荷掩蔽、表面活性处理。②隔开处理。防止互相接触，利用水洗、换液、静置、加入介质的方法。③顺序处理。根据复鞣反应特征确定顺序，如先醛鞣剂后植物单宁。④先大后小。小分子在先，占有空间，大分子难以有效渗透、聚集与结合，这将形成表面复鞣效应，导致皮革密度不够。

多重复鞣效应给予工艺不必要的复杂化，减少步骤与材料品种能更好地提高可控性。多鞣剂、多改性、多功能材料的使用，不但质量稳定性受到影响，还造成生产成本增加、工艺复杂化，顾此失彼。因此，简化工艺是明智的，但在不清楚作用机理时这往往又是难以做到的。

第 8 章　坯革整理化学

8.1　坯革纤维的分散

准备生皮时，在酸碱盐酶的水浴处理过程中，胶原的极性基数量增加，极性区扩大。尤其在碱、酶的作用后，皮胶原纤维得到了必要的分散，多级编织的纤维束表面的极性基团游离出来，裸皮的亲水性增强，等电点降低。水性鞣剂、复鞣剂及各种助剂渗透到生皮中，通过吸附或键合固定在纤维表面，坯革对水的通透与亲和性处于绝对优势状态。

8.1.1　坯革纤维湿态分散

1. 胶原的亲/疏水区

随着极性区扩大，胶原的疏水区或者非极性区缩小、收缩、屏蔽。当最终的坯革在干燥后失去水分时，极性区收缩，纤维间互相结合，成革表现为坚韧、薄硬。在鞣制效应强、极性强的鞣剂鞣制后的坯革中，这种情况尤为突出，如 Cr 鞣、醛鞣。因此，疏水区的纤维分散，阻止纤维黏结成为防止出现此类情况的十分重要的手段。

事实上，远古的油鞣制革已经提示了油脂对皮纤维作用的功能。第 1 章中已经提及的表面活性剂具有使纤维黏接性能降低、减小纤维表面摩擦力的能力，使坯革柔软。人工加入表面活性剂及中性油脂对两种区域进行功能化处理，可以达到如下效果：

（1）增加胶原疏水区纤维束的分散。

（2）限制极性区内各极性基团的连接。

针对两种区域特征，以表面活性剂为分散剂、中性油脂为润滑分散剂的组合为代表，能改善皮革最终柔软度、丰满度特性及相关物理力学性能的材料称为制革加脂剂。加脂前后的示意见图 8-1 及图 8-2。

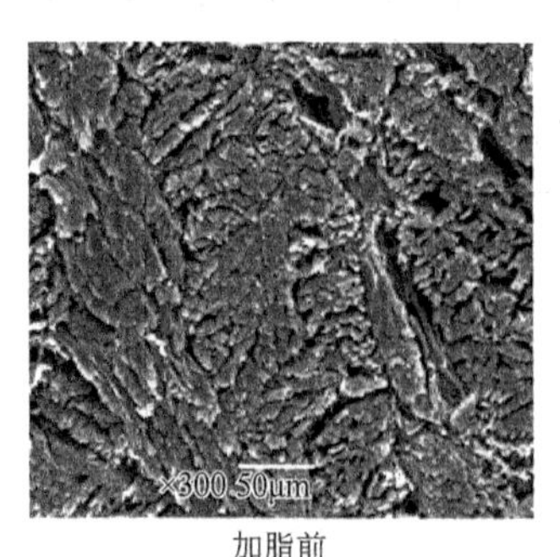

加脂前

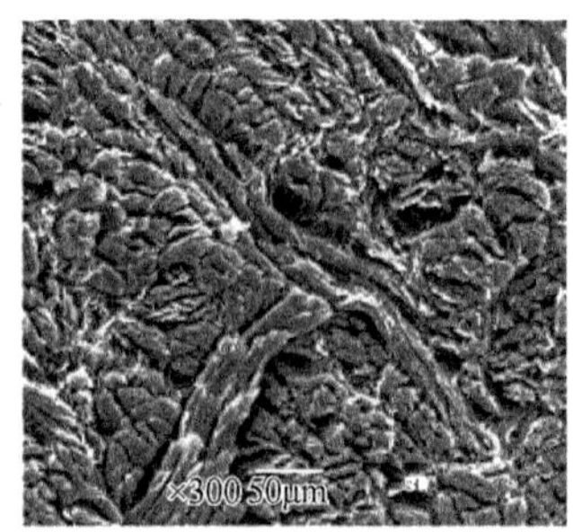

加脂后

图 8-1　加脂前后纤维束的 SEM 截面

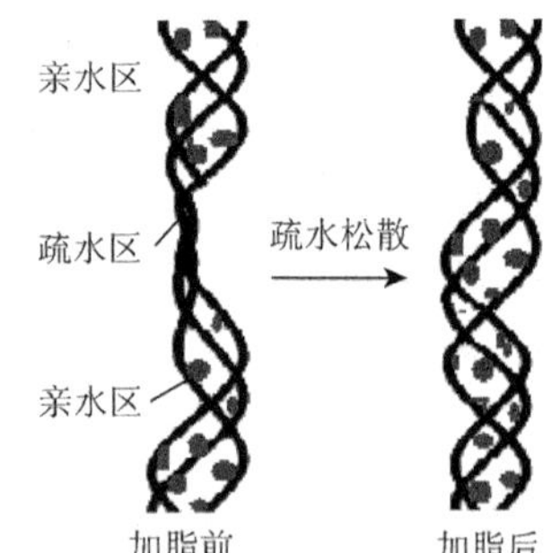

图 8-2　加脂前后纤维疏水区的松散示意图

2. 两亲助剂的基本特征

1）助剂的组成

制革常用的两亲助剂又称为加脂剂，其组成见图 8-3。

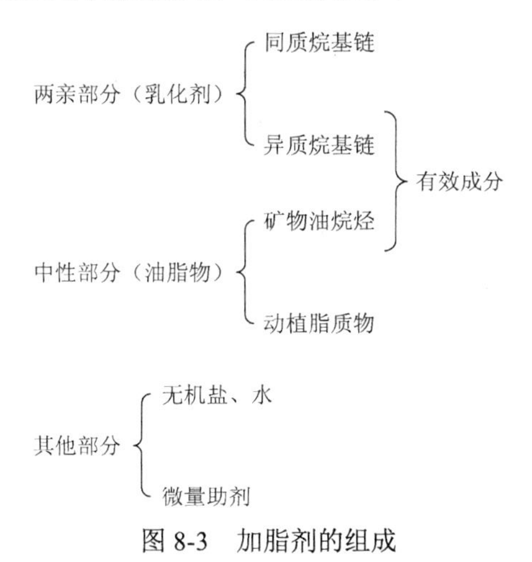

图 8-3　加脂剂的组成

2）有效物组成

乳化剂/中性油脂（或中性脂质）= 15%～50%

乳化剂 + 中性油脂（或中性脂质）= 50%～100%

其中，乳化剂可以是内乳化或外乳化，图 8-4 是水包油的乳化剂构成。

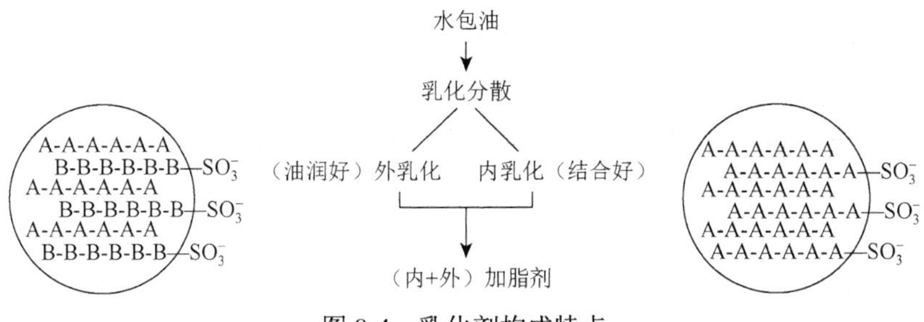

图 8-4　乳化剂构成特点

3. 乳化组分的结合特征

用于解释蛋白质表面活性剂复合过程的模型主要有三种：

（1）Shirahaman 等提出的“珍珠项链”模型（necklace modle），即胶束状聚集体沿蛋白质链排列形成类似项链状的结构。该模型理论认为，聚肽链在体相中是非常灵活的，表面活性剂的类胶束分布于展开的肽链之间。对于“珍珠项链”模型，表面活性剂的极性头和疏水尾链在蛋白质肽链上有不同的定位，表面活性剂的极性头结合极性部位，疏水尾链插在蛋白质的疏水位点。图 8-5 描述了由“珍珠项链”模型导出的表面活性剂与胶原蛋白纤维束结合特征。

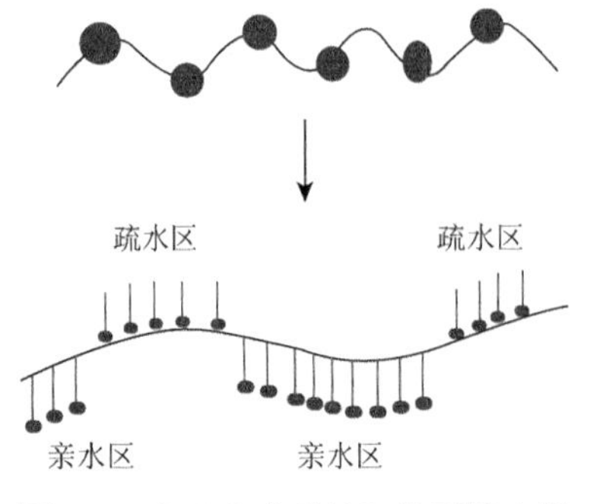

图 8-5　由“珍珠项链”模型导出的结合特征

（2）1981 年，Ross 等根据热力学参数来判断蛋白质的结合作用认为，蛋白质的结合主要有两种方式，包括疏水作用和部分固定作用。结合等温线是研究表面活性剂与蛋白质相互作用最常用的方法之一。它是蛋白质与表面活性剂相互作用及其结合程度的直观反映，并体现出了两者相互作用的特征。图 8-6 是典型的表面活性剂与蛋白质的结合等温线。它显示了游离的表面活性剂浓度的对数与表面活性剂结合量的函数关系，表达了平均每单位纤维素结合的表面活性剂的数量。

图 8-6 表明了随着表面活性剂浓度的增加，结合等温线通常分为三个区域：

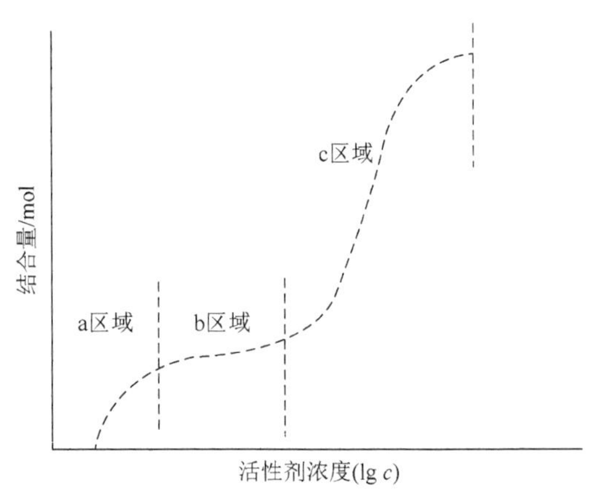

图 8-6　表面活性剂浓度与蛋白结合关系

（1）a 区域为特异性结合区域。表面活性剂随浓度增加，迅速结合到蛋白质的高亲和位点。这种特异性结合主要是电荷作用，即表面活性剂的极性基团结合在蛋白质表面的反电性基团上。表面活性剂的烃链长短对特异性结合有较大的影响，烃链越长，越容易发生特异性结合。20 世纪 80 年代初，比利时专家研究加脂后坯革曲饶时发出的声呐表明，坯革用 1.5%～2% 的加脂剂后就达到了稳定，即摩擦发出的声呐已经达到稳定。

（2）b 区域为非协同模式结合区域。表面活性剂稳定地结合到蛋白质上，似乎是一种自聚。非协同性结合是当表面活性剂达到一定浓度后出现的，表面活性剂诱导蛋白质的分子链伸展，虽然没有表现出结合量急剧增加，但给表面活性剂以分子聚集体形式结合到蛋白质上创造了条件。通常表面活性剂使蛋白质变性也发生在这一阶段。

（3）c 区域为协同结合区域。结合迅速增加，最终达到饱和。达到饱和结合后，继续增加表面活性剂浓度时，表面活性剂形成胶束并与表面活性剂-蛋白质复合物共存。

1999 年，Vasilescu 等的研究发现，在 pH 小于蛋白质等电点的溶液中，十二烷基硫酸钠（SDS）带负电，而蛋白质主要以正电荷为主。在相互作用的开始，SDS 的浓度比较低时，结合主要依靠静电作用。SDS 负电离子结合到正电的氨基酸残基上，中和了蛋白质表面的电荷，导致沉淀产生和溶液的浊度增加。随着蛋白质的净电荷减少，SDS 的疏水尾链插入蛋白质并最终导致蛋白质在 SDS 浓度较高时产生构象的变化。

4. 加脂剂乳液特征

1）油脂的分散与表面能

假设革纤维表面积为 1.0m^2，用 5%的加脂剂加脂，形成的水包油型乳液的粒径在 200nm，则纤维表面有 1.5×10^{16} 个粒子，表面能增加 10^7 倍；1mm^2 革表面，就有约 7.5×10^9 个乳液粒子需要被吸附。随着粒子增加，粒径减小，表面能增加，形成更大的结合动力。表 8-1 显示了硫酸化蓖麻油加脂剂乳化分散与表面能的变化关系。

表 8-1　20℃时硫酸化蓖麻油加脂剂乳化分散与表面能的关系

乳液半径/nm	粒数/个	比表面积/nm^{-1}	表面能/J
10	1	3×10^2	4.9×10^{-5}
1	10^3	3×10^3	4.9×10^{-4}
10^{-2}	10^9	3×10^5	4.9×10^{-2}
10^{-4}	10^{15}	3×10^7	4.9
10^{-6}	10^{21}	3×10^9	490

2）加脂剂乳液的稳定性

制革要求加脂剂乳液良好地渗透到鞣制后的坯革中，通过破乳到达非极性端或非极性组分区域，进入已经收缩的、细小的纤维束内是较为困难的。对于已经获得良好填充的坯革更是如此。这些都要求乳液粒子有足够的渗透动力及稳定性，以保证良好的渗透与结合平衡。根据加脂剂乳液特征，在环境条件、坯革状态不变的情况下，加脂剂乳液粒子的渗透取决于以下 6 个条件：

（1）乳液粒子的尺寸。

（2）乳液粒子的表面电荷特征（密度与类型）。

（3）乳液粒子的可变形性。

（4）乳液粒子的表面张力。

（5）乳液粒子的亲水性。

（6）乳液粒子的浓度。

事实上，对某一种乳液粒子而言，上述 6 种情况中的几种存在相互关联性，如乳液粒子的硬度与电荷特征、乳液粒子的硬度与粒径、电荷密度与稳定性等。图 8-7 表达了乳液粒子尺寸与可变形性的重要性，以及在有限空间内，乳液粒子渗透需要变形的情况。

加脂剂渗透与破乳平衡也受环境条件（pH、温度、机械力、离子强度等）、坯革状态（电荷、空间、表面张力等）及加脂剂组分（乳化剂结构、电荷特征、加脂剂组分等）的影响。

综上所述，（1）～（5）均对加脂剂乳液粒子的渗透有影响，而实际生产中，乳液粒子的浓度也是重要的，直接影响渗透动力。高浓度乳液中，粒子粒径大，表面能低，易渗透；低浓度乳液粒子粒径小，表面能高，渗透能力减小，见表 8-2。

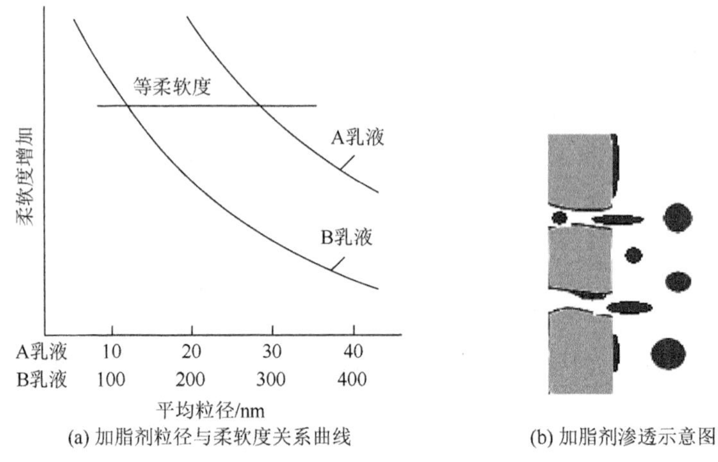

(a) 加脂剂粒径与柔软度关系曲线　(b) 加脂剂渗透示意图

图 8-7　加脂剂乳液粒径与柔软度的关系

表 8-2　硫酸化蓖麻油加脂剂乳液与分布

液体/%	各层含油脂量/%		
	粒面	皮心	肉面
0	5.80	2.71	9.84
100	4.10	1.00	5.31
200	4.10	0.92	3.64
300	4.28	0.52	3.30

5. 加脂剂的结合特征

2005 年，Shulgin 用优先结合参数表达了胶原蛋白对不同物质的亲和特征。由于加脂剂组成及坯革内多种鞣剂作用，坯革在加脂剂乳液中的优先作用关系变得复杂。需要通过分析坯革的亲水区及疏水区作用分别进行表达。

1）与亲水区作用

在水浴中，来自鞣剂、助剂离解的基团，保持坯革内水的稳定，形成皮革内极性亲水区。该区域是加脂剂乳液渗透的必经关隘。由离子化构成的高表面能是加脂剂乳液扩散、结合的动力。根据 Shulgin 的优先结合参数及表面活性剂的特异性结合特性，当 pH 降低时，H^+作为中介，导致乳化剂极性亲水端迅速消除坯革表面电荷，乳化剂非极性亲油端及乳液粒子内中性部分开始向疏水区渗透与结合。

2）与疏水区作用

Shulgin 分析，完成鞣制的胶原蛋白表面尽管水分子含量超过其他分子，但亲水能力小于亲溶剂能力，因为在坯革内存在多个疏水区，这些疏水区可以分为:

（1）胶原组织的疏水区。

（2）鞣剂分子与胶原极性基团结合后产生的疏水区。

（3）表面活性剂极性基团与坯革胶原极性基团及鞣剂极性基团结合后形成的中性疏水区。

当表面活性剂完成渗透并与极性区作用后，表面活性剂的疏水端及中性油脂向疏水区进行渗透、结合，完成各种疏水区的分散作用。

8.1.2　坯革纤维分散的表征

制革中坯革纤维分散，湿态采用材料（加脂）处理为主，干态采用机械处理（做软）。两种形式结合使皮革达到丰满、柔软、延弹的理想的指标。

1. 坯革的湿态柔软整理

19 世纪前叶，制革技术直接采用中性油脂获得柔软的皮革，由于皮革在湿态时中性油无法进入，需要干燥或接近干燥时涂抹，容易出现不均匀的感官品质。德国 Munzing 公司采用硬脂酸作为皮革柔软材料，可以使坯革在溶液中进行乳液加脂。但这种最简单的表面活性剂结合性强，只能略微增加皮革的柔软度，而且脂肪酸盐需要高 pH（碱性条件下乳化），且抗多价金属离子不足，难以渗透。由于纤维分散的重要标志是坯革纤维具有较弱的初始抗应变力。纤维束在外力作用下能够加快引力集中速度，抵抗外力能力增强。直到 19 世纪中后期，德国研究者将表面活性剂与中性油结合，研发出硫酸化加脂剂，丰满、柔软的革感官才开始出现。由此表明，作为加脂剂的两种有效组分分别起不同作用，缺一不可。发展至今，常用典型加脂剂样品见表 8-3。

表 8-3　常用典型加脂剂种类

加脂剂种类	英文名	碘值/[g(I_2)/100g]	编号
亚硫酸化卵磷脂	sulfited lecithin	22	Si-L
亚硫酸化马来酸烷醇酰胺	sulfited maleic acid alkanol amide	15	Si-M
亚硫酸化鱼油	sulfited fish oil	59	Si-F
亚硫酸化植物油	sulfited vegetable oil	30	Si-V
硫酸化植物油	sulfated vegetable oil	38	Sa-V
脂肪酸磷脂	phospholipid fatty acid	35	P-F
烷基磺酸铵	ammonium alkyl sulfonate	28	A-So
硫酸化牛蹄油	sulfated neatsfoot oil	40	Sa-N
亚硫酸化羊毛脂	sulfited lanoline	23	Si-La

1）乳化剂比例

（1）研究方法：①制备硫酸化植物油内乳化加脂剂，其中，m(表面活性组分)/m（中性油组分）＝100/0、65/35、55/45、45/55、35/65。②牛蓝湿革含 3.6% Cr_2O_3，1.1mm 厚，称量，用小苏打、甲酸钠中和至 pH＝5.5。③用 10%（按纯有效物计）加脂剂于 50℃下加脂，固定。④空白试样不加加脂剂。⑤水洗，真空干燥，挂晾干燥，摔软 6h，恒湿。

（2）分析结果：①加脂剂有良好的分散增厚作用，随着中性油比例增加，坯革增厚，见图 8-8。②乳化剂比例为 65/35 时，加脂剂平均结合量最高，坯革平均抗张强度最大。③乳化剂比例为 55/45 时，坯革平均撕裂强度最大。④坯革 T_s 降低 5～7℃，乳化剂比例为 65/35 平均降低最多。⑤乳化剂比例为 35/65、45/55 的平均柔软度接近，且较乳化剂比例为 55/45、65/35 的大。

2）加脂剂用量

加脂剂用量增加，可润滑的表面积增大。坯革吸收不同量的加脂剂后，将体现出不同的纤维分散与润滑的结果，实验通过加脂剂用量与柔软度进行表达。

（1）研究方法：①3 种加脂剂：亚硫酸化植物油、硫酸化牛蹄油、烷基磺酸铵。②牛蓝湿革含 3.6% Cr_2O_3，1.1mm 厚，称量，用小苏打、甲酸钠中和至 pH = 5.5。③分别用 8%、12%（按纯有效物计）加脂剂于 50℃下加脂，固定。④空白试样不加加脂剂。⑤水洗，真空干燥，挂晾干燥，摔软 6h，恒湿。

（2）分析结果：①加脂后坯革柔软度大幅增加，见图 8-9。②不同加脂剂及使用量具有不同柔软度效果。用量增加，柔软度差值增大。

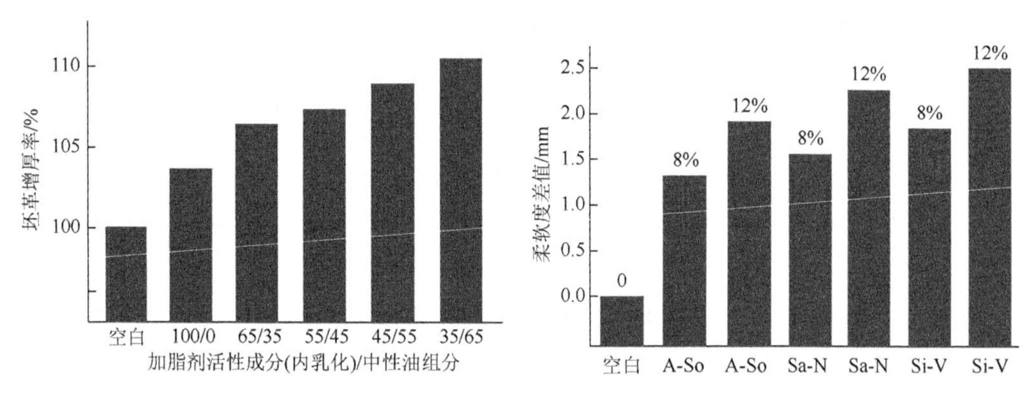

图 8-8　加脂剂组分与坯革增厚　　　　图 8-9　加脂剂品种、用量与柔软度变化

3）加脂剂种类

不同种类加脂剂具有不同化学结构的乳化剂及中性油，将会对同一种革产生不同的作用，包括结合、分散，获得不同的柔软度、强度及延伸特性。按照上述方式对不同种类加脂剂相同用量（12%的加脂剂）进行研究，结果见图 8-10 和图 8-11。对图中所示内容进行分析得到：

（1）面积收缩：加脂剂种类不同，面积收缩在 9%～12%，较空白（未加加脂剂）收缩（16%）小，即得革率增加。

（2）各种加脂剂加脂后柔软度均增加。柔软度顺序：硫酸化植物油＞亚硫酸化卵磷脂＞亚硫酸化植物油＞亚硫酸化鱼油＞硫酸化牛蹄油＞烷基磺酸铵。

（3）坯革加加脂剂后柔软度与密度的一般规律是柔软度高，密度高，但也有与此不一致的现象。硫酸化植物油柔软度好，但密度大；硫酸化牛蹄油柔软度一般，但密度最小。

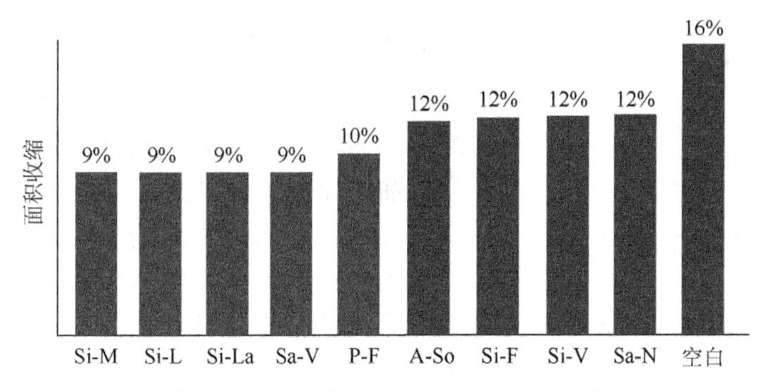

图 8-10　加脂剂品种、用量与面积收缩

2. 坯革的干态整理

坯革在干燥过程中，随水分减少，纤维间隙减小，大量的化学键形成，纤维黏结，难以获得使用价值。采用机械曲饶与摩擦作用，重新撕开或分散纤维，获得柔软与丰满感官是重要的过程。

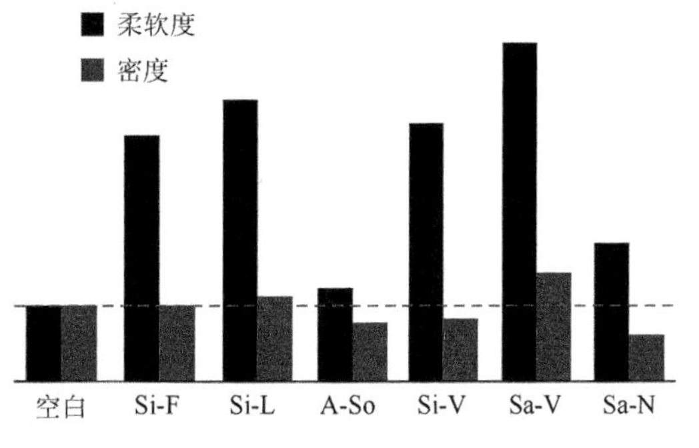

图 8-11　加脂剂与坯革的柔软度及密度

Cr 鞣黄牛坯革，厚度为 1.2mm，经 12% 亚硫酸化植物油加脂、真空干燥、挂晾干燥后，在 35℃、50% RH 恒湿后进行转鼓摔软 10h。对样品进行如下项目分析：

（1）进行抗张强度、杨氏模量及韧性的测定，其平均值见表 8-4。

表 8-4　摔软前后的物理力学性能

试样	抗张强度/MPa	延伸率/%	杨氏模量/MPa	韧性/(J/cm)
未摔软	14.4	34.0	29.8	2.38
已摔软	16.3	37.6	16.9	1.70

（2）进行循环张力测试，获得应力-应变曲线的面积图，见图 8-12。

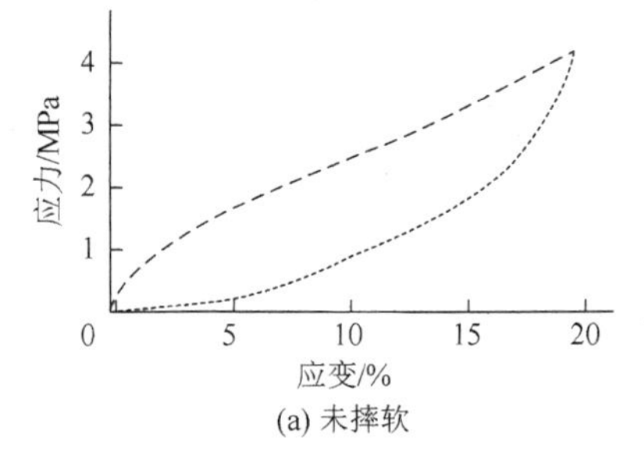

(a) 未摔软

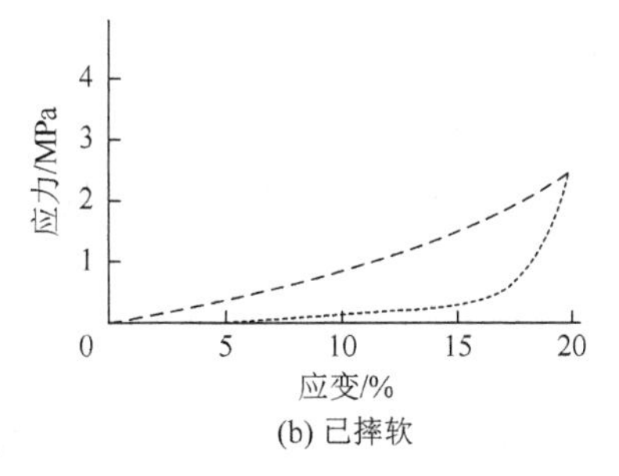

(b) 已摔软

图 8-12　应力-应变曲线

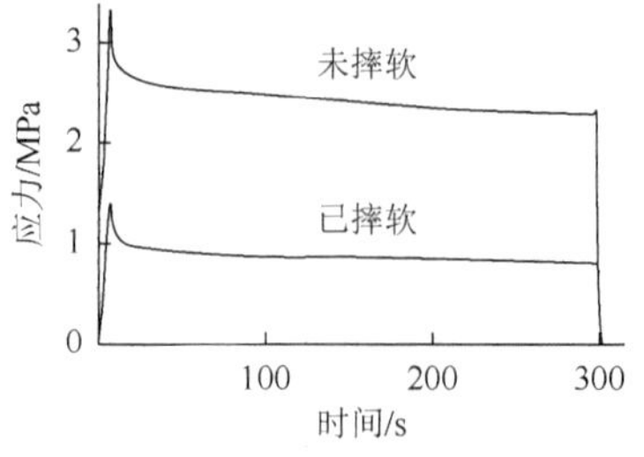

图 8-13　坯革摔软前后的应力衰退

（3）进行摔软前后的应力衰退测试，结果见图 8-13。

（4）摔软后撕裂强度增加。按图 8-14 所示的顺序：亚硫酸化卵磷脂＞亚硫酸化植物油＞烷基磺酸铵＞硫酸化牛蹄油＞硫酸化植物油＞亚硫酸化鱼油。

（5）采用 MES 观察革样的微结构，结果见图 8-15。坯革受机械外力、摩擦牵拉作用，当外力大于坯革中部分纤维本身的强度、纤维之间的抱合力时，纤维被勾拉成圈环状，纤维端部暴露出纤维束表面，使极性黏结的纤维束表面出现纤维圈环和茸毛，纤维束出现分离、分散。

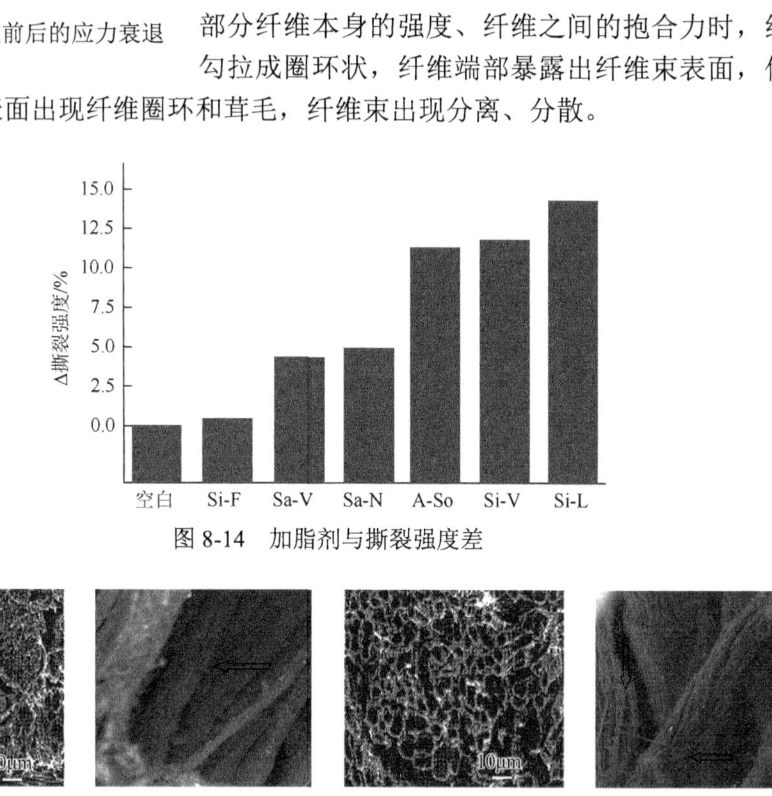

图 8-14　加脂剂与撕裂强度差

图 8-15　12%亚硫酸化植物油加脂坯革摔软前后纤维组织形态变化

经过干燥、脱水的坯革，一方面，纤维表面定向吸附的油脂在机械作用下进一步渗透，使纤维束松散；另一方面，中性疏水分子或疏水组分进入毛细，保持孔隙稳定，在机械作用下进一步使间隙最大化。

中性烷基主链具有优异的柔顺性，分子间作用力小，摩尔体积大，表面张力小，降低了纤维之间的摩擦系数，赋予坯革优异的柔软性、平滑性、疏松特征。

8.2　坯革的整理与退化

坯革干燥后难以达到使用要求（油鞣革除外），需要进行干、湿态的整理，如加脂、染色、干燥、做软。但是，由于整理过程中材料的物理化学特性、热及机械力的作用将引起一些负面的、相反的结果，称为皮革性能的退化，因此了解并控制这些现象成为必需。

8.2.1　自由基的种类及来源

第一种被发现和证实的自由基是由 Gomberg 在 1900 年发现的三苯甲基自由基。研究证明，自由基参与空气中的光化学反应及光化学烟雾的形成。自由基反应是大气化学反应的核心过程之一，大气中存在大量的自由基，如•OH、HO_2•、R•、RO•等。这些自由基的单电子结构使其具有形成化学键的强烈趋势，有极强的反应活性。因此，大多数自由基寿命极其短暂，又称为瞬时性自由基。1977 年，Heimer 在研究中发现，四氰乙烯与次磺酰胺反应产生的自由基不会立即消失，将这种具有一定寿命且能够稳定存在的自由基称为 PFRs（persistent free radicals）。

活性氧（又称为游离基、自由基或氧自由基）是直接或间接由分子氧转化而来，具有未配对电子，其化学反应活性比分子氧更活泼，能进行链式反应，具有强氧化能力、不稳定、寿命极短及顺磁性等特点。活性氧主要包括 $^1O_2$（单线态氧）、O_2^-•（超氧自由基）、HO_2•（氢过氧自由基）、•OH（羟基自由基）、H_2O_2、RO•（烷氧基）、ROO•（烷过氧基）和 RO•OH（氢过氧化物）等。各种环境介质（大气、水和土壤等）和生命体中存在许多与活性氧密切相关的微观化学过程，以其为核心的反应化学已成为当今研究化学物质的环境行为和致毒分子作用机理的重要领域，也是环境化学向分子、原子和基团水平发展的突破点。

1. 自由基种类

1）单线态氧

$^1O_2$ 分子具有反磁性，是强亲电子性的氧化剂。制备 $^1O_2$ 可采用化学方法、H_2O_2 氧化和光敏反应等方法。常用的光敏剂有亚甲蓝、玫瑰红和甲苯胺蓝等。生成的 $^1O_2$ 通过化学结合和能量转移能与其他分子发生反应。

2）臭氧

O_3 是氧元素的一种同素异形体。它是比普通氧更强的氧化剂，可在较低的温度下进行氧化。在水体中，O_3 在 254nm 波长处光解生成 H_2O_2，进一步与 O_3 反应生成高活性的•OH。

3）超氧自由基

O_2^-•是一个瞬间产物，其寿命极短，仅在微秒级范围内存在，是高反应活性氧的前体，其接受一个质子形成共轭酸 HO_2•，pK_a 为 4.8。在 $pH<4.8$ 条件下，大部分以 O_2^-•形式存在。

4）羟基自由基

•OH 具有顺磁性，是化学性质最活泼的活性氧，其反应特点是非选择性。它的标准电极电位为 2.80V，仅次于氟（2.87V）。•OH 具有很高的电负性与亲电性，电子亲和能为 569.3kJ，容易进攻高电子云密度点，具有加成反应特征。•OH 参与反应生成的活性氧不活泼。•OH 可发生如下几种反应：

（1）去 H 反应。•OH 从醇类化合物上夺走一个氢原子，并与之结合生成 H_2O，使醇碳原子带有一个不成对电子。

（2）双键加成反应。•OH 与芳香族环状结构发生加成反应，能加到芳香族环状结构的双键上。

（3）电子转移反应。•OH 可以与无机物或有机物发生电子转移。

5）脂类过氧化物

不饱和脂肪酸被上述自由基氧化生成过氧化脂质（RO•、ROO•、RO•OH），经放射线照射生成 R•或再进行链式反应，加速氧化。过氧化脂质化学性质活泼，易进一步使脂类分解发生活性氧反应，而本身变成较稳定的 RO•OH。RO•在水溶液中很不稳定，可以扩散到生成部位以外。ROO•可与 RH 反应生成 RO•OH，也可转变为环过氧化物。

2. 自由基来源

1）辐射分解

辐射分解是通过 α 射线、γ 射线、X 射线或 β 射线等高能量电子流，使化合物共价键均裂而产生活性氧的过程。水经电离辐射可产生 $^1O_2$、H_2O_2 及•OH。大多数有机化合物的键能为 250～450kJ·mol^{-1}，采用可见光或紫外光照射就可使这些分子的共价键断裂，发生光化学反应，即分子利用从外界吸收的光能，跃迁到激发态，此时化学键的势能上升，稳定性减弱，因而在室温下即可裂解。

2）热解

热解即加热使分子中的共价键发生均裂产生活性氧。均裂所需的温度取决于共价键的裂解能。裂解能越大，均裂产生活性氧所需的温度就越高，生成的活性氧也越不稳定。热解产生活性氧的适宜温度范围为 50～150℃，也就是化合物的键强度为 100～150kJ·mol^{-1}。常见的热解产生活性氧的化合物有过氧化物、偶氮化合物及金属有机化合物等。

3）过渡金属诱导

过渡金属元素是自由基的重要生成介质。

（1）过渡金属氧化物。

过渡金属氧化物复合颗粒物，如 CuO、Fe_2O_3、NiO、ZnO、Al_2O_3 及 TiO_2，在它们表面吸附的某些有机芳香类化合物受热产生醌式自由基，生物质中有机物组分裂解也能生成自由基甚至含金属生物质酚游离基 EPFRs，见图 8-16。

在过渡金属氧化物表面能形成自由基的有机组分称为前驱体，前驱体有木质素、绿原酸、芳香类化合物（苯酚、苯多酚、氯苯、多氯苯酚）等，以及其他一些有机大分子。生物质大分子前驱体在环境 pH、加热、紫外辐射、微波辐射影响下促使 EPFRs 的生成。

（2）过渡金属离子。

过渡金属离子作为氧化还原剂可以在相对较低温度下分解过氧化物，产生活性氧。这是一种在室温下产生活性氧的常用方法。研究证明，将含有 EPFRs 的颗粒投入 H_2O_2 和 $S_2O_8^{2-}$ 的水溶液中，发生类似 Fenton 试剂的反应，能够激发产生对应的•OH 和•SO_4^-。

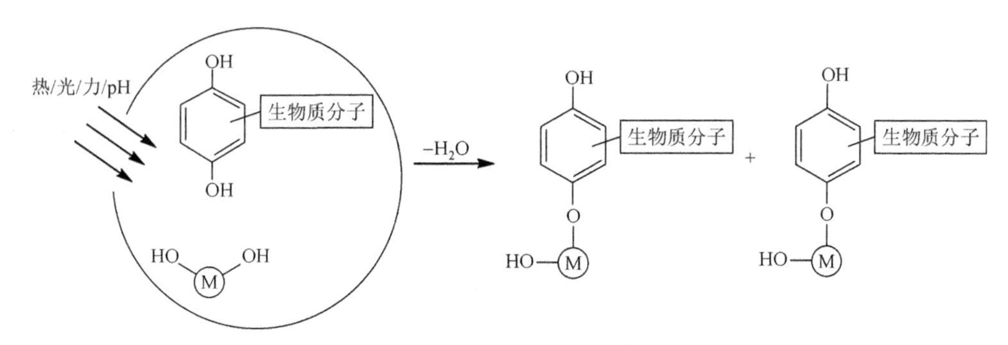

图 8-16　EPFRs 生成示意

体系中存在微量的变价过渡金属离子，如 Mn(Ⅱ)、Cu(Ⅱ)、Fe(Ⅱ)、Cr(Ⅲ)等，可以产生一系列自由基。

$$H_2O_2 + M^{n+} \longrightarrow M^{(n+1)+} + HO\bullet + HO^-$$

$$H_2O_2 + M^{(n+1)+} \longrightarrow M^{n+} + HOO\bullet + H^+$$

$$HOO\bullet + M^{(n+1)+} \longrightarrow M^{n+} + O_2\bullet + H^+$$

过氧化物或过酸酯等有机过氧化物都可与过渡金属离子进行单电子氧化还原反应，生成活性氧，如下式：

$$M^{n+} + R^1O—OR^2 \longrightarrow M^{(n+1)+} + R^1O\bullet + R^2O^-$$

式中，R^1 表示烷基或芳基，R^2 表示烷基、芳基或氢。

3. H_2O_2 的生成途径

H_2O_2 是较强的氧化剂和高水溶性物质，具有杀菌、防腐的功效。它也是温和的还原剂，可以自发发生歧化反应，生成 O_2 和 H_2O。在 pH<5 条件下，H_2O_2 的强氧化性是生物质变性的主要因素，也是引起皮革质量退化的重要因素。制革过程中除加 H_2O_2 外，其主要来自自然界的空气、水汽与水。

自然界的 H_2O_2 主要是由 2 个 $HO_2\bullet$ 自身结合而生成：

$$HO_2\bullet + HO_2\bullet \longrightarrow H_2O_2 + O_2$$

自然界有不少途径能产生 $HO_2\bullet$，这些途径主要包括：

（1）O_3 光解后与 H_2O 反应生成 $\bullet OH$，$\bullet OH$ 与 CO、碳氢化合物等物质反应可生成 $HO_2\bullet$。

（2）人为产生的和天然存在的 VOCs 和 NO_x 等污染气体，经过光化学反应可生成 $\bullet OH$、$HO_2\bullet$。

（3）甲醛光解（$h\nu$，$\lambda \leqslant 370nm$）或与 $\bullet OH$ 反应，产生 $H\bullet$、$HCO\bullet$、$HO_2\bullet$。

（4）饱和及不饱和碳氢化合物与 $\bullet OH$、O_3 反应也可生成 $R\bullet$、$HO_2\bullet$。

（5）无光照时 HCHO 及碳氢化合物与 $NO_3\bullet$ 反应也可生成 $HO_2\bullet$。

（6）聚丙烯腈的热解、多环芳烃的光解等反应也可生成 $HO_2\bullet$。

上述途径成为合成自然界的雨水、地面水中 H_2O_2 的主要缘由。

4. 自然界的 H_2O_2

自 19 世纪末，已报道了自然界空气、雨水中 H_2O_2 的存在与含量。1874 年，Schone 分析发现雨水和雪水样品 H_2O_2 浓度为 1～30μmol/L。1961 年，Perschke 首次报道了天然地表水中存在 H_2O_2。1989 年，Cooper 发现在晴天中午之后湖表层水中 H_2O_2 的浓度可达 200～400nmol/L。

各种报道表明，地面水 H_2O_2 浓度的昼夜变化情况是下午高，晚上低；夏天高，冬天低；南方高于北方。

5. 坯革中的自由基

一方面，自由基的稳定性与持久性决定了其在环境中停留的时间；另一方面，自由基随时间推移，在环境介质中迁移转化，扩大其危害及影响范围。因此，掌握环境中自由基的寿命十分必要。通过一些手段缩短自由基寿命或消除自由基是值得关注的。

无论是用地面水或地下水制造坯革，坯革均含大量的过渡金属，如 Cr(III)以及因水富集在革内的 Fe(III)、Mn(II)、Cu(II)等。H_2O_2 的标准氧化还原电位为 1.77V，仅次于高锰酸钾、次氯酸和二氧化氯。变价过渡金属与 H_2O_2 接触产生氧化性极强的羟基自由基•OH（氧化还原电位为 2.8V）。坯革经过干燥、加热、熨压、机械摔软，将有更多的自由基。

在湿态时，坯革的自由基十分微弱，随着水分失去，氢离子活度降低，坯革相对 pH 升高，自由基增加。用电子顺磁共振波谱通过参数 Lande-g 因子进行判断，结果见图 8-17。

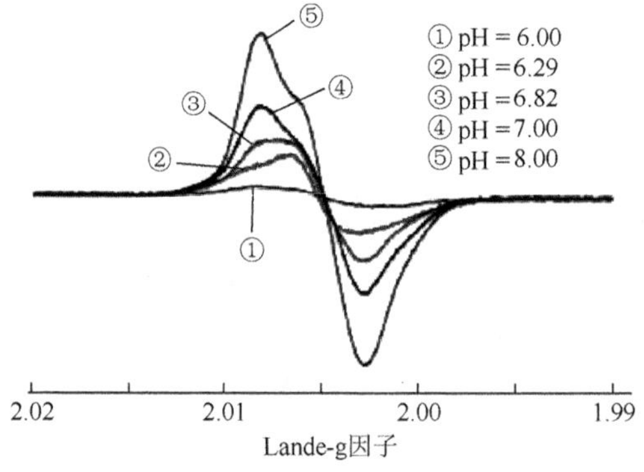

图 8-17　坯革 pH 与自由基含量

因整理操作产生的游离基会导致胶原纤维、鞣剂、加脂剂及其他材料的变性。本节介绍两种主要自由基形成特征。

1）胶原纤维自由基

胶原蛋白中的芳香族与杂环氨基酸很容易被氧化。坯革受机械、光、热作用后，其分子结构中的长链逐渐断裂形成活泼的游离基，蛋白质在与 HO•、O_2 接触后，肽链上的 α-H 或 β-H（脯氨酸）产生过氧化物、醛酮物，最终导致肽键断裂。

如图 8-18 所示，胶原纤维形态或组织构造产生微妙的变化：纤维二级、三级结构受损，纤维束内自身黏结程度降低，出现细小纤维的分离，纤维束发生卷曲、变形，规整性降低，革的物理性能发生变化，如湿热作用使 T_s 降低。

2）脂质物自由基

由于天然加脂剂中含有多种类型的不饱和双键，尤其是共轭双键最易于被氧攻击，老化通常从加入加脂剂反应开始，自动氧化促使加脂剂生成过氧化氢，将 Cr(III)氧化生成 Cr(VI)，见下式：

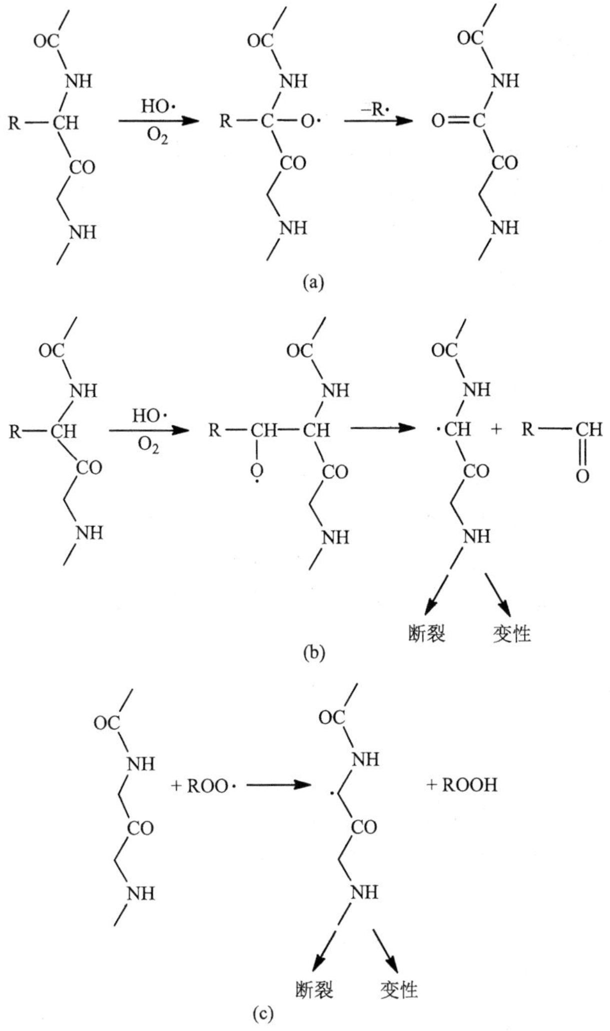

(a)

断裂　变性

(b)

断裂　变性

(c)

图 8-18　蛋白质肽链的氧化降解

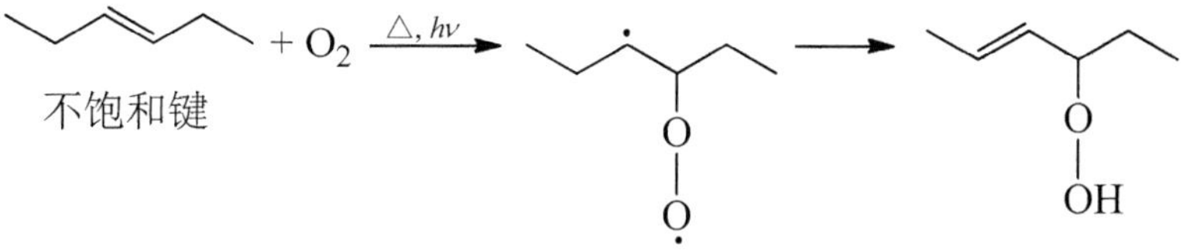

不饱和键　$+ O_2 \xrightarrow{\triangle, h\nu}$

除自由基产生连锁反应外，过氧化物使油酸氧化产生辛醛、壬醛和葵醛；亚麻酸和花生酸氧化产生丙醛和己醛；亚油酸氧化产生两个氢过氧化物，都经历裂解产生己醛过程。醛类易进一步反应，导致皮革的物理化学变性、产生异味（己醛相互结合生成强臭味三戊基三烷）。

现代丰满、柔软皮革产品制造要求使用大量的加脂剂，诱发坯革内游离基、过氧化物的副作用随之增长。

8.2.2 坯革中的 Cr(Ⅵ)

由于 Cr(Ⅵ)有毒性，欧盟法规《化学品的注册、评估、授权和限制》（registration，evaluation，authorization and restriction of chemicals，REACH）要求皮革 Cr(Ⅵ)含量不高于 3mg/kg。对现代软革而言，这是一个值得重视的指标。制革采用 Cr(Ⅲ)盐进行鞣制，在正常的制革过程中 Cr(Ⅲ)是难以转变为 Cr(Ⅵ)的。但相对而言，在一些情况下 Cr(Ⅲ)与 Cr(Ⅵ)之间易出现转变。

1. 浴液 pH 与转动时间

pH 的变化可以使 Cr(Ⅲ)转变为 Cr(Ⅵ)变得容易，见以下氧化还原式：

酸性（pH＜4.0）： Cr(Ⅲ) $\longrightarrow$ Cr(Ⅵ) $\Delta E \approx 1.33\text{V}$

碱性（pH＞6.0）： Cr(Ⅲ) $\longrightarrow$ Cr(Ⅵ) $\Delta E \approx 0.13\text{V}$

较高的 pH 来自于含铬坯革的碱化过程，如 Cr 鞣提碱、复鞣前中和。浴液 pH、转动时间、温度与坯革含 Cr(Ⅲ)量都影响坯革内自由基的变化。而事实是，酸皮用 5% Cr 粉鞣制，小苏打分 5 次提碱，液体 250%，总时间 13h，转动 8h。坯革水洗、真空干燥、挂晾干燥、恒湿。按 DIN 53314 法测定 Cr(Ⅵ)，结果见图 8-19。可以推测，与 Fenton 反应比较，pH 升高使 Cr(Ⅲ)转变为 Cr(Ⅵ)更明显。

2. 干态温度与转动时间

摔软利用拉伸、曲饶、摩擦等复杂的物理机械作用，使坯革内材料迁移并与胶原相互作用，如加脂剂进一步深入、纤维因电荷和游离基而分离。其中，温度、湿度、时间成为重要的影响因素。

牛皮鞋面革含 3.5% Cr_2O_3，浸出 pH≈4.31，含水分≈20%，对其进行摔软。分别调整转鼓温度为 35℃和 50℃，实验得到转动时间与 Cr(Ⅵ)含量的关系曲线，由曲线可知，摔软可以迅速提高 Cr(Ⅵ)含量（测定方法同上）。这种低水分含量下的转变主要来自自由基作用，随着温度上升转变量增加，见图 8-20。

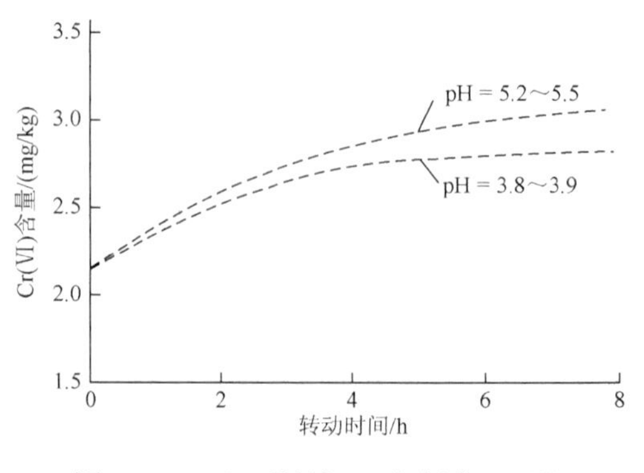

图 8-19 35℃下溶液 pH 与坯革 Cr(Ⅵ)含量的关系

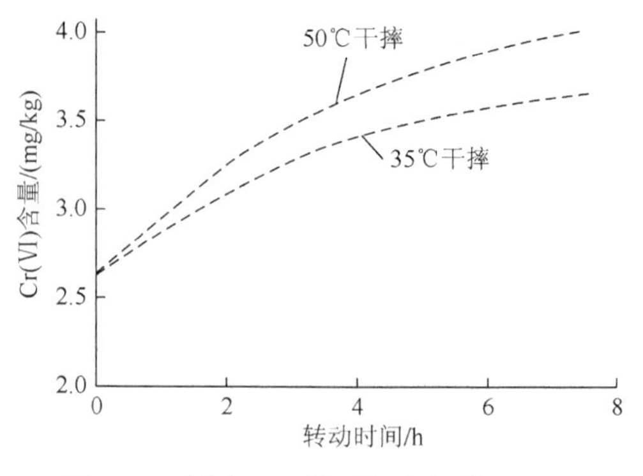

图 8-20 温度、干摔时间与坯革 Cr(Ⅵ)含量的关系

3. 温度与受热时间

高温处理与坯革 Cr(Ⅵ)含量变化已经成为判断商品质量的重要手段。80℃、24h 的热处理后，相关法规要求皮革的 Cr(Ⅵ)含量≤3mg/kg。主要考虑皮件制造及运输过程中热的作用。图 8-21 是在恒温恒湿下皮革经处理后 Cr(Ⅵ)升高的结果（测定方法同上）。结果表明，随着处理时间延长、温度升高，坯革 Cr(Ⅵ)含量升高。在有氧情况下，氧化反应成为转变的动力。

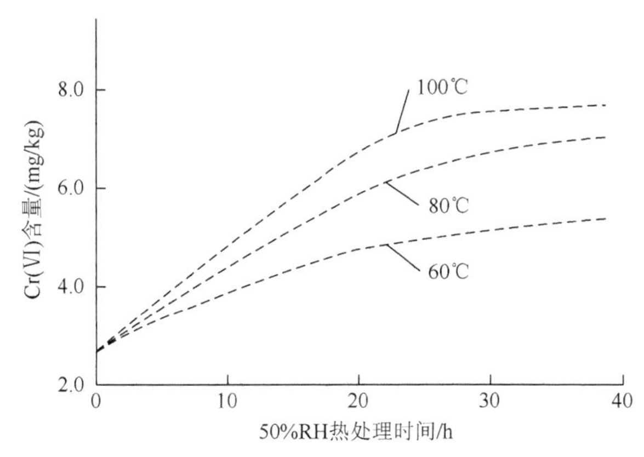

图 8-21　干燥温度、时间与坯革 Cr(Ⅵ)含量的关系

4. 油脂的不饱和度

1）油脂碘值的影响

革内的 Cr(Ⅵ)主要是由 Cr(III)氧化而来，其中最关键的起因是由革内的过氧自由基造成的。用高/低碘值的加脂剂进行加脂，坯革受热后引起一系列变化。例如，坯革在 80℃的两种亚硫酸化鱼油作用 24h 后的指标变化结果见图 8-22，对作用结果进行分析可知：

（1）高碘值油脂使坯革收缩较大。

（2）高碘值油脂使坯革 ΔT_s 增大较多。

（3）高碘值油脂使坯革抗张强度升高较少。

（4）高碘值油脂使坯革 Cr(Ⅵ)升高更多。

（5）高碘值油脂使坯革气味增加较多。

（6）高碘值油脂使坯革黄变程度增加较多。

2）油脂碘值与 Cr(Ⅵ)

用不同的中性油质与非离子表面活性剂外乳化，按常规、等量方式加入 Cr 鞣革内，制成的成革在 80℃烘箱内处理 24h 后测定 Cr(Ⅵ)含量（测定方法同上）。

根据各种油脂的碘值分析，梓油碘值为 170g(I_2)/100g 左右；豆油碘值为 100g(I_2)/100g 左右；鱼油碘值为 145g(I_2)/100g；菜籽油碘值为 85g(I_2)/100g 左右；鲸脑油碘值为 88g(I_2)/100g 左右；米糠油碘值为 100g(I_2)/100g 左右；烷基磺酰胺碘值为 28g(I_2)/100g 左右。由图 8-23 可见，油脂的碘值与 Cr(Ⅵ)有直接关联，但也与油脂结构及杂质有关。

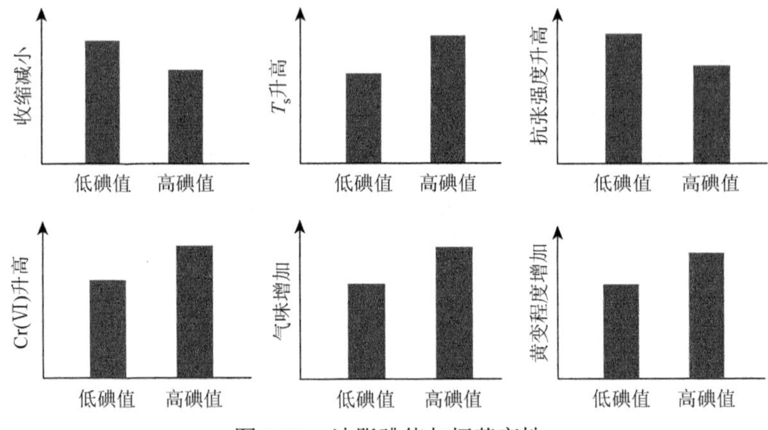

图 8-22 油脂碘值与坯革变性

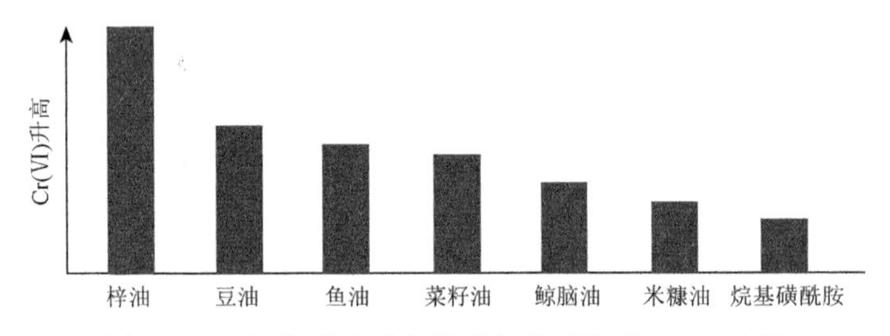

图 8-23 不同加脂组分加脂的坯革受热后 Cr(Ⅵ)含量

8.2.3 坯革的退化变质

如前所述，皮革的加脂剂是一类重要的也是必要的助剂。加脂分散纤维会导致坯革多种形式的质量退化，也会使坯革抵抗外界作用的能力下降。除油脂种类影响坯革内Cr(Ⅵ)变化外，内乳化加脂剂也与坯革的面积、抗黄变相关。

1. 加脂与鞣制效应退化

坯革经漂洗，甲酸钠及小苏打中和至 pH = 5.5，加入 12%加脂剂（有效物），甲酸固定 pH = 3.8，水洗，搭码 24h，真空干燥，挂晾干燥，于 25℃、65%RH 条件下测定 T_s，结果见图 8-24。

Cr 鞣坯革 T_s 为 102℃，经过加脂坯革的 T_s 具有不同程度降低：

（1）亚硫酸化卵磷脂及亚硫酸化马来酸烷醇酰胺退化最大。前者是因为电荷结构造成鞣制效应退化，而后者推测是结构中羧基及醇胺的影响。

（2）硫酸化牛蹄油、亚硫酸化羊毛脂及硫酸化植物油体现出较低的鞣制效应退化作用。

2. 坯革受热、光的作用

1）受热黄变

8.2.3 节 1 中样品在 80℃、65%RH 条件下处理 48h 后，按 DIN 53314 法测定 Cr(Ⅵ)。

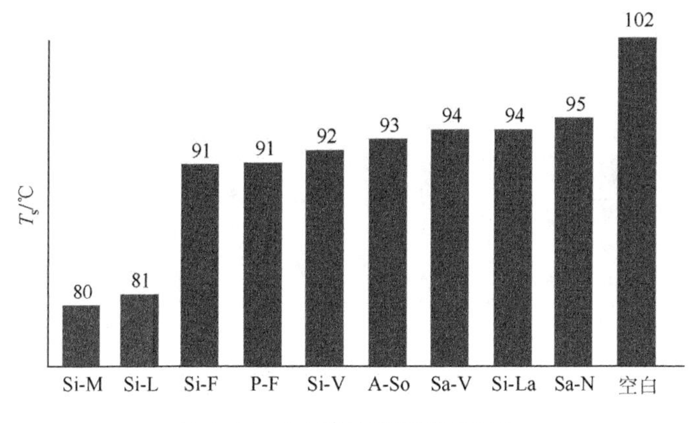

图 8-24　加脂剂与鞣制效应退化

采用色度色差仪测定，图中 Δb 相对于黄-蓝轴的变化量作为皮革发黄的指标，Δb 越大，黄变越严重。测定结果见图 8-25，对结果进行分析：

（1）亚硫酸化卵磷脂及亚硫酸化马来酸烷醇酰胺最易受自由基作用而变质黄变。

（2）硫酸化牛蹄油、亚硫酸化羊毛脂及烷基磺酸铵黄变效应最小。

碘值并非唯一的稳定性标准。例如，硫酸化牛蹄油的碘值属于中等，但结构稳定性却是其成为加脂剂的重要特征指标。

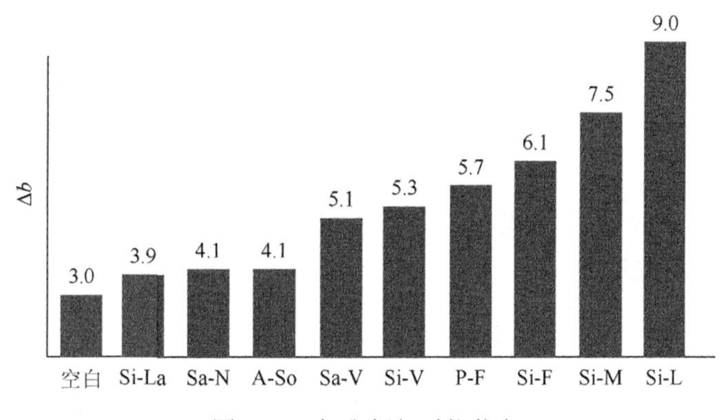

图 8-25　加脂剂与耐热黄变

2）受热与面积收缩

加脂坯革处理同 8.2.3 节受热变黄的实验样品，测定结果见图 8-26，可能的解释是：

（1）未加脂受热面积收缩最大，加脂后收缩均有不同程度减小。

（2）亚硫酸化卵磷脂、亚硫酸化羊毛脂等受热面积收缩较大。

可以推测，虽然硫酸化牛蹄油、烷基磺酸铵两者碘值相差较大，但自身结构稳定，受热产生迁移位移大，造成坯革收缩相对较大；亚硫酸化植物油与亚硫酸化鱼油由于碘值较高，受热产生迁移小，坯革面积影响小。

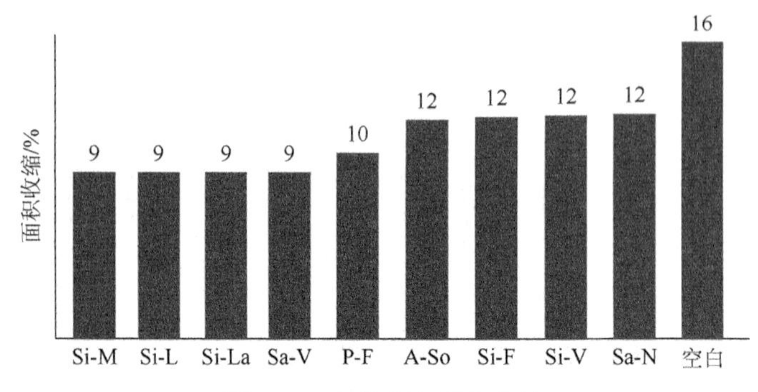

图 8-26　加脂剂与面积收缩

3）UV 光照与黄变

8.2.3 节 1 中样品在 50℃、65%RH、280nm 波长、1000W 的紫外灯照射条件下处理 72h，采用色度色差仪测定，结果表达见图 8-27。由于光照主要是自由基反应，反应结果与坯革内自由基传递速度及是否形成 EPFRs 有关，而非是否易产生自由基。实验结果分析如下：

（1）植物油加脂剂及烷醇酰胺加脂剂易受光照影响。

（2）脂肪酸磷脂、烷基磺酸铵、亚硫酸化羊毛脂及硫酸化牛蹄油耐光照稳定性好。

（3）烷基磺酸铵光照有褪色现象。

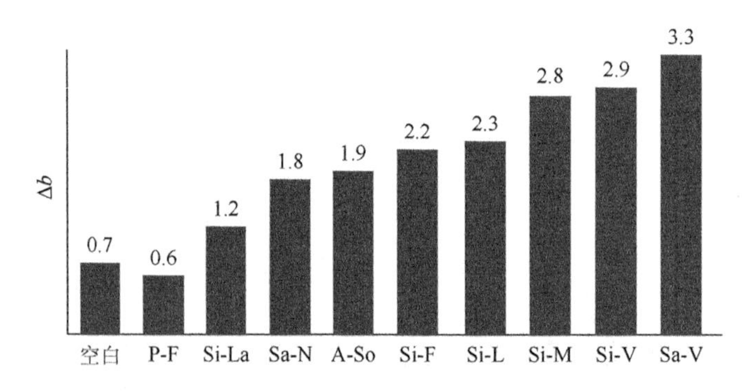

图 8-27　UV 作用 72h 与加脂坯革黄变

3. 复鞣坯革受热

Cr 鞣坯革经过 Cr 复鞣，中和，按照常规工艺分别单独处理，各种材料以含固量及有效物计，其中丙烯酸树脂鞣剂 1.5%，芳族合成鞣剂 4%，氨基树脂鞣剂 4%，植物单宁（荆树皮栲胶）4%。坯革经过水洗，搭码 24h，真空干燥，挂晾干燥，烘箱 80℃处理 24h，采用 DIN 53314 法测定 Cr(Ⅵ)，结果见图 8-28，其中，将中和后干燥坯革含 2.21mg/kg Cr(Ⅵ)设为 0，复鞣的影响有：

（1）丙烯酸树脂鞣剂促使自由基生成，导致 Cr(Ⅵ)升高。

（2）相对而言，植物单宁能够阻止 Cr(Ⅵ)升高。

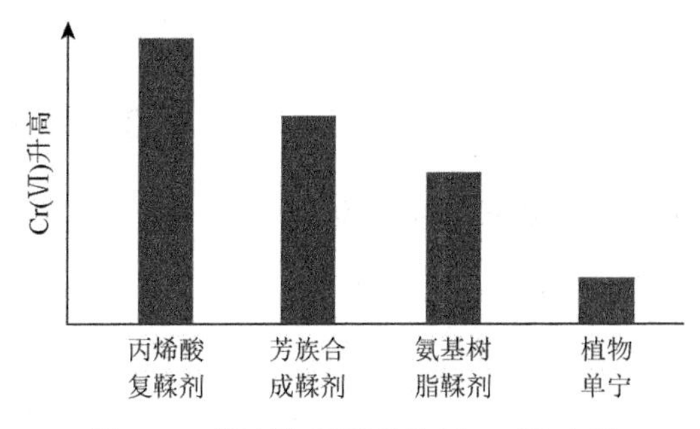

图 8-28　鞣剂与坯革受热后 Cr(Ⅵ)含量

4. 染料的影响

Cr 鞣坯革经过 Cr 复鞣，中和，按照常规工艺分别单独染色处理，染料用量为 2%（以蓝坯革重计），合成加脂剂 8%（以有效物计），甲酸固定 pH = 4.0，干燥，40℃恒温摔软。采用 DIN 53314 法测定 Cr(Ⅵ)，其中蓝坯革样品仅加脂后摔软。结果见图 8-29，分析可知：

（1）直接蓝、酸性黑染色后 Cr(Ⅵ)高于蓝坯革，证明两者是自由基的前驱体。

（2）直接黑、直接棕、络合黄染料染色后 Cr(Ⅵ)含量较蓝坯革的低。从某种角度讲，三者都是减缓坯革自由基或氧化作用的助剂。

染料是重要的制革助剂，使用不当将导致 Cr(Ⅵ)含量升高，需要与抗氧化助剂配合使用，如植物单宁、氨基树脂。

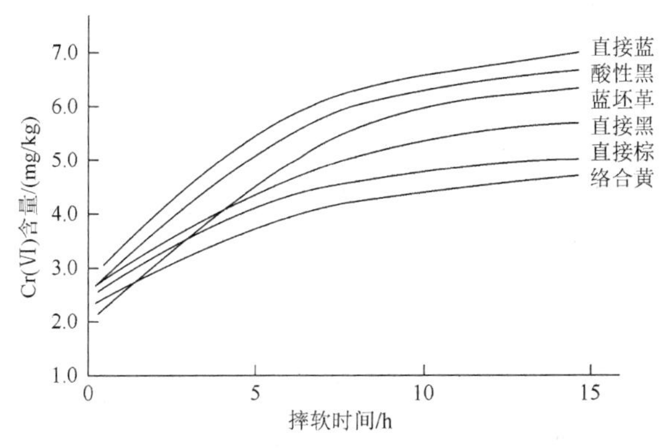

图 8-29　35℃时染料加入与坯革 Cr(Ⅵ)含量

5. 还原酶作用

在潮湿及一定的温度环境下，加脂坯革表面有时会出现白色油霜。经过分析表明，其为饱和脂肪酸絮凝物。尽管加入坯革的油脂中含有饱和脂肪酸，但是能够产生油霜的饱和脂肪酸量远远超过加入量，分析可知：

（1）油霜主要来自 18 碳原子的不饱和脂肪酸，如油酸（一烯酸）、亚油酸（二烯酸）和亚麻酸（三烯酸）。

（2）坯革内甘油三酯水解，形成不饱和脂肪酸，在微生物酶（霉菌、细菌）的作用下，不饱和脂肪酸氢化加成形成饱和脂肪酸。

（3）坯革内甘油三酯在微生物霉菌、细菌产生的还原酶的作用下氢化加成，然后水解形成饱和脂肪酸。

（4）通过甘油三酯直接加氢饱和或先由一分子水加成再由还原酶加氢形成饱和脂肪酸。

由此可见，控制微生物及水分可以阻止油霜生成。

8.3　鞣制效应退化

8.3.1　助剂作用的退化

1. 氢键破坏作用

尿素是公认的蛋白质氢键破坏剂。作为一类典型的植物鞣剂，荆树皮栲胶与皮胶原纤维的结合方式主要以多点氢键结合，破坏氢键自然破坏鞣剂的结合。选用不同浓度的尿素作用于鞣制前后的皮胶原，耐热稳定性产生变化，作用结果见表 8-5。

表 8-5　鞣革受脲溶液作用的 T_s

鞣法	T_s/℃			
	空白	0.5mol/L 脲	1.5mol/L 脲	2.5mol/L 脲
Cr 鞣	110.0	106.1	103.2	99.7
结合鞣	105.0	86.9	83.6	81.7

由表 8-5 可知，无论是 Cr 鞣还是结合鞣的坯革均易受脲溶液的作用而降低 T_s。因此，脲不仅是胶原的变性剂，也是鞣制后革的变性剂。这种革的变性是源于胶原变性，还是源于鞣剂与胶原结合的变性，甚至是鞣剂变性还有待于研究。目前，关注这种变性、把握变性程度是掌握制革化学物理性质的关键。

2. 加脂剂变性作用

与尿素类似，加脂剂可以分散疏水区，也就是说它可使胶原变性。P. D. Ross 提出，表面活性剂与蛋白质以非协同模式结合，当表面活性剂达到一定浓度后，蛋白质的分子链伸展，使两者结合量急剧增加，最后形成共混物，蛋白质显示出先变性再结合的特点。这与尿素有异曲同工之处。

通常，加脂剂有效成分以表面活性剂、中性油为主。两种组分相当，更多的是中性油组分。利用 12%常用油脂构成的加脂剂（以坯革质量为基础）对坯革加脂，坯革受加脂剂作用后的 T_s 见表 8-6。

表 8-6　坯革受加脂剂作用后的 T_s

鞣法	T_s/℃			
	空白	植物油加脂剂	动物油加脂剂	矿物油加脂剂
Cr 鞣	110.0	100.0	102.4	105.3
有机结合鞣	105.0	85.1	88.2	95.2
有机鞣	85.1	79.2	80.1	80.7

这种因加脂剂作用后使 T_s 降低的现象，称为革的变性，也称为退鞣。按照鞣制机理的不同，对退鞣现象进行分析，可以得到以下三种情况：

（1）加脂剂组分进入疏水区，使该区纤维分散，改变了鞣剂或结合鞣 R-Matrix 在纤维间的位置，使结合牢固度下降，鞣制效应降低。

（2）加脂剂组分改变或替代了鞣剂或结合鞣 R-Matrix 与胶原纤维的结合点，减少了鞣剂或结合鞣 R-Matrix 的总结合点的数量。

（3）加脂剂组分直接与鞣剂或结合鞣 R-Matrix 作用，改变了它们的结构，使之活性降低甚至失去鞣性，导致鞣制效应降低。

3. 助剂退化解释

制革加脂过程对于结合鞣革内 R-Matrix 的作用可以模拟为表面活性剂与聚合物的作用。表面活性剂与聚合物的相互作用是一个重要的研究领域。20 世纪 50 年代起，研究者开始研究离子型、非离子型表面活性剂与天然及合成聚合物的作用；90 年代，研究两性表面活性剂作用。研究目标是聚合物链的构象变化、体系的疏水聚集、溶解分散等。这两大类物质品种众多，可组成无数的研究体系；各液体体系构成、物理化学性质及介质条件等关系复杂，需要逐个探索，因此少有普遍性规律可循。综合表达表面活性剂对不同聚合物的作用：有促进或协同作用；抑制或反协同作用；不产生任何影响或非协同作用。例如，阳离子表面活性剂与非离子聚合物之间几乎没有相互作用；离子表面活性剂与带同种电荷的聚电解质之间存在强烈的排斥作用，不能形成表面活性剂-聚合物络合物；离子表面活性剂与带相反电荷聚电解质的相互作用主要是靠静电相互作用产生，界面形成聚凝层而产生沉淀。

衡量溶剂与聚合物之间相容性的重要参数之一是溶解度。对于给定的聚合物，可以采用混合溶剂来溶胀或溶解，或通过改变环境条件调整溶剂溶解度参数来改变聚合物的构象。对混合溶剂来说，如果知道各组分的溶解度参数值，就可以按已知的溶解度参数值和混合比例来计算混合溶剂的溶解度参数，预测混合溶剂的实际溶解性能。在水相中，如果聚合物不溶于水或部分溶于水时，选择部分溶于水的表面活性剂能均匀进入聚合物产生部分溶解。相反，聚合物分子通过极性、化学稳定性差别抵抗“杂质”介入，稳定交联网络的密度或空间上的有序微区，就能在结构“体态”及特定位置上增强抵抗力，保证热稳定性而得到热固性材料。

脂质表面活性剂与结构型鞣剂的 R-Matrix 之间的相互作用极其复杂，迄今，还没有研究报道，有待于研究。鉴于上述内容及已有的鞣剂鞣法、表面活性剂与聚合物及固型物作用的文献报道，以及脂质表面活性剂降低结合鞣 T_s 的结果（表 8-6），对两者之间的关系比较明确的看法有下列两种：一种是，脂质表面活性剂与 R-Matrix 存在非协同作用，在 R-Matrix 表面吸附或沉积，形成胶原网状组织与 R-Matrix 之间的中介，改变了 R-Matrix 受湿热迁徙的行为；另一种是，结合鞣革在湿态下及干燥过程中脂质表面活性剂已经渗入了鞣剂结合区间，造成潜在的退化、软化或形变，降低了结合鞣革的 T_s，见图 8-30。

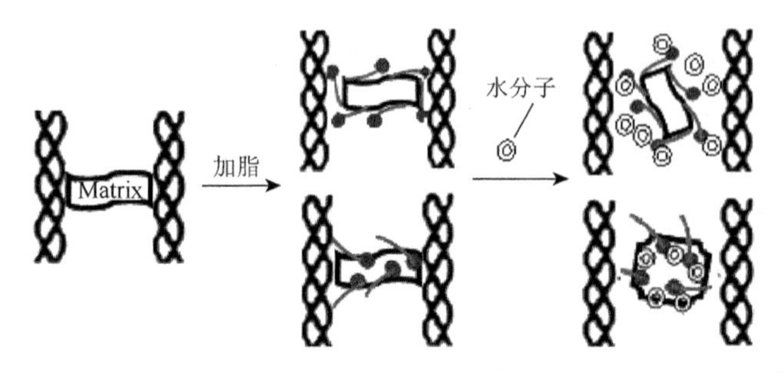

图 8-30　结合鞣 R-Matrix 经加脂、水作用变性示意图

8.3.2　受热作用的退化

结合鞣革的 T_s 由协同效应决定，其 R-Matrix 受热稳定性成为重要的条件。上节讨论了加脂在分散纤维的同时，影响鞣制协同效应。本小节进一步考察，完成湿加工的结合鞣坯革在后期受热后 T_s 及物理化学特征的改变。

1. 坯革样品制备

1）Cr 鞣革

牛蓝湿革含 3.6% Cr_2O_3，1.1mm 厚，称量，用小苏打、甲酸钠中和至 pH = 5.5，漂洗除盐，2%分散单宁，3%丙烯酸树脂复鞣剂（35%固体），3%替代单宁，4%荆树皮单宁，3%氨基树脂，12%加脂剂处理，固定，真空干燥，挂晾干燥，摔软 6h。

2）合成鞣剂鞣革（简称合成鞣）

牛浸酸皮，1.1～1.2mm 厚，称量，增量 30%，用小苏打、甲酸钠中和至 pH≈5.0，4%分散单宁，15%替代型合成鞣剂，固定，挤水削匀至 1.1mm 厚，8%栲胶，3%丙烯酸树脂复鞣剂（35%固体），3%氨基树脂，12%加脂剂处理，固定，真空干燥，挂晾干燥，摔软 6h。

3）植-醛结合鞣革（简称植-醛鞣）

牛浸酸皮，1.1～1.2mm 厚，称量，增量 30%，用小苏打、甲酸钠中和至 pH≈5.0，4%分散单宁，20%栲胶，3%戊二醛，3%丙烯酸树脂复鞣剂（35%固体），3%氨基树脂，12%加脂剂处理，固定，真空干燥，挂晾干燥，摔软 6h。

4）植-铝鞣结合鞣革（简称植-铝鞣）

牛浸酸皮，1.1～1.2mm 厚，称量，增量 30%，用小苏打、甲酸钠中和至 pH≈5.0，4%分散单宁，20%栲胶，5%铵明矾（Al_2O_3 计），3%丙烯酸树脂复鞣剂（35%固体），3%氨基树脂，12%加脂剂处理，固定，真空干燥，挂晾干燥，摔软 6h。

2. 样品处理

（1）湿热作用前的样品：50% RH 恒湿 24h 的坯革，取样进行各种物性测试。

（2）湿热作用后的样品：在温度 65℃、65% RH 恒温恒湿箱内作用 72h，取出，50% RH 恒湿 24h，取样进行各种物性测试。

1）T_s变化

恒温恒湿处理前后革 T_s 的变化见表 8-7。

表 8-7　湿热作用前后革的 T_s

革样	T_s(甘油-水/水)/℃	
	作用前	作用后
合成鞣革	86.6/83.2	80.2/78.2
植-醛鞣革	101.9/104.5	91.3/86.8
植-铝鞣革	105.2/>100.0	100.0/85.0
Cr 鞣革	111.1/>100.0	105.2/>100.0

从表 8-7 中数据可以看出，革在湿热作用后，4 种鞣剂的鞣制效应均有降低，Cr 鞣革、合成鞣革及植-醛鞣革发生降解或造成结合鞣模块发生损坏，致使革的 T_s 下降。

2）伸长率的变化

65℃、72h 热作用前后革的负荷（10N）延伸率的变化见图 8-31。经过热作用后坯革的延伸率增加，其中，Cr 鞣革相对变化较小。

3）柔软度的变化

革经热作用后，纤维、鞣剂、油脂等都可能发生物理或化学上的变化，影响革柔软度。热作用前后革的柔软度变化情况见图 8-32。从图 8-32 可以看出，3 种革经热作用后结果不同。根据热作用前后数据可以计算出：

（1）Cr 鞣革柔软度增加约 5.1%。

（2）合成鞣剂鞣革光热作用后柔软度下降了约 3.5%。

（3）植-醛鞣革柔软度下降了约 9.4%。

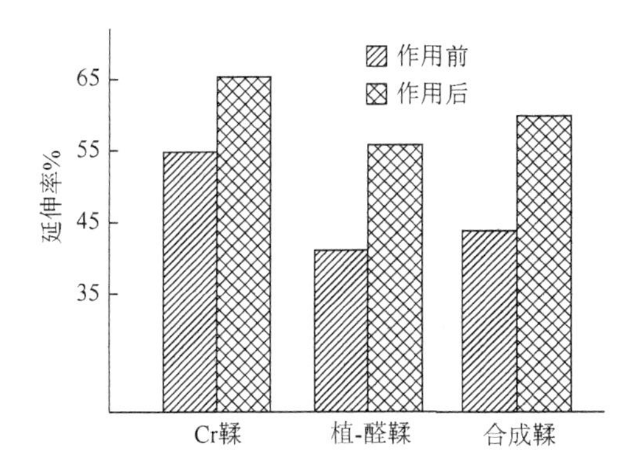

图 8-31　热作用前后坯革延伸率的变化

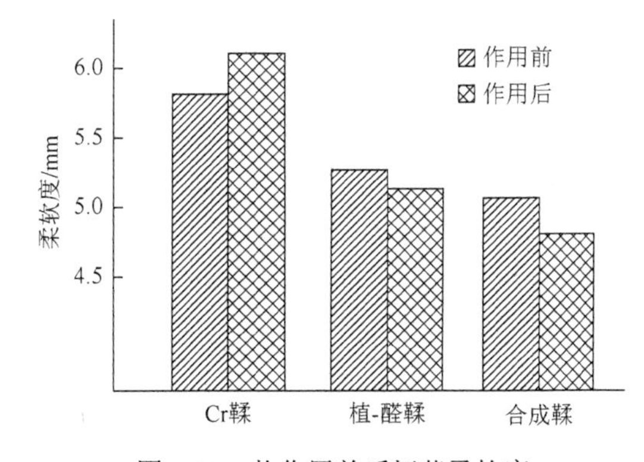

图 8-32　热作用前后坯革柔软度

柔软度的大小与纤维的分散以及油脂的润滑效果密切相关，革经热作用后，革内纤维、鞣剂和油脂发生降解、分布及键合重组。如果革能保持油脂分子结构稳定，在热的作用下其更好分散渗透，结果使柔软增加；相反，如果油脂作用使鞣剂结合改变（T_s降低），纤维束收缩，造成油脂润滑效果降低，革变硬，柔软度下降。

4）透气性能的变化

4 种鞣革热处理前后透气性能变化见图 8-33。由图 8-33 可看出，随热处理时间增加，透气增加，Cr 鞣革最佳，变化最小；植-铝鞣革透气性最低，但变化最大。

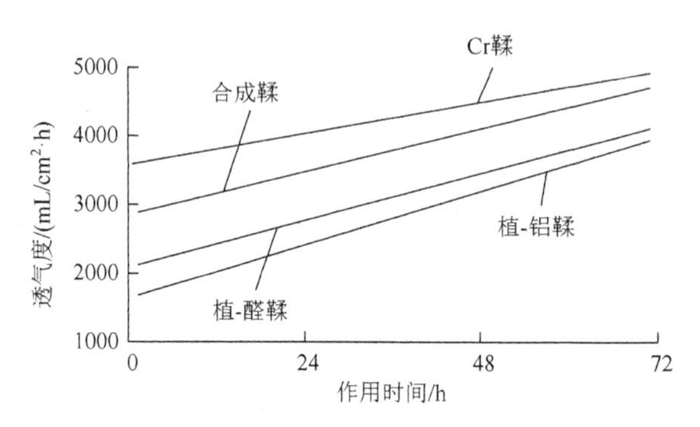

图 8-33　热作用前后革透气性

皮革透气的机理是空气在压力作用下通过皮革的微孔在皮革内外两侧传递的过程。皮革的孔隙大小不一，分布不均，压力恒定的情况下，空气透过皮革的速率取决于通道的数量和其最小孔径。热处理后透气增加，证明革纤维具有分散、纤维间空隙增大的变化。从变化量看，结合鞣稳定性较单纯合成鞣剂好。

5）透水汽性能的变化

4 种鞣革热作用前后透水汽性能变化见图 8-34。由图 8-34 可见，热处理随时间增加，透水汽值均增加，且与透气性的规律相似。热作用后革的透水汽值增加，说明革纤维间孔隙增大或纤维表面极性基团增多，革传递水分子的能力增强，透水汽值增加。

由图 8-33 和图 8-34 可以看出，热作用后，革的透气性和透水汽性均增加，由于革透气和透水汽的机理有所不同，这表明纤维束之间的孔隙增加。

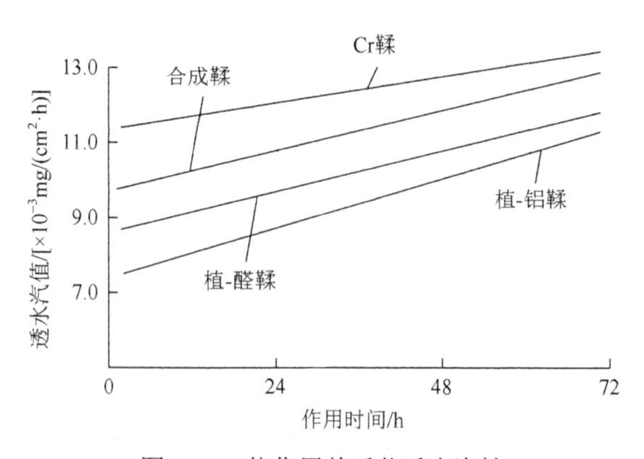

图 8-34　热作用前后革透水汽性

6）热作用并摔软前后纤维形态

将热作用前后的坯革样品进行 3 个条件下的 SEM 观察对比：①热作用前；②热作用前摔软后；③热作用后并摔软 6h。

透气性能和透水汽性能的改变是老化的宏观体现，而宏观上的改变可归结为微观上的变化。以 Cr 鞣革为例，借助 SEM 对革微观结构进行观察，其变化情况见图 8-35。

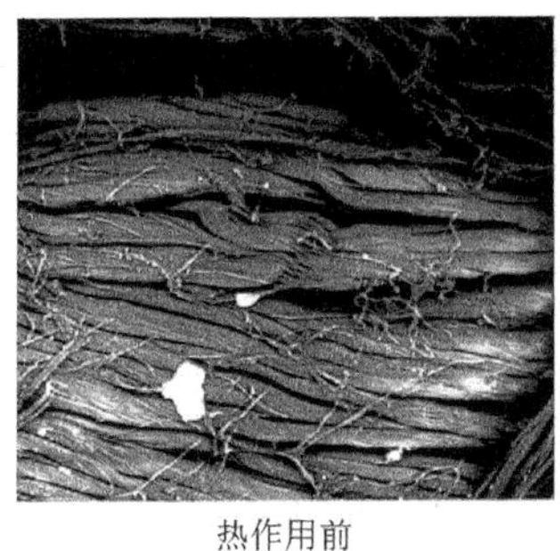

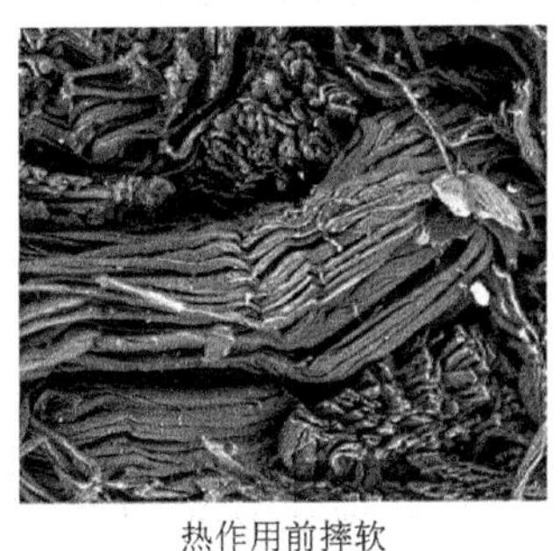
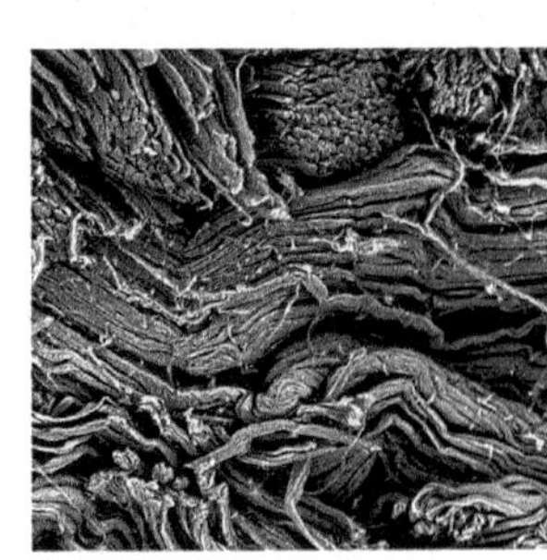

热作用前　　热作用前摔软　　热作用后摔软

图 8-35　热作用与摔软后的 SEM（×1000）

从图 8-35 可以看出，在热作用前坯革经过 6h 摔软，纤维几乎以一定聚集单位松散；坯革在 65℃、65%RH 条件下 2h 后进行摔软，革纤维出现明显分散，而且规整性降低。

第 9 章　皮革中常见有害物质

制革是一个多工序及多材料使用的生产过程。皮革在制造过程中各类材料进入生皮，最终以多种形式被固定在皮革内。这些材料经历坯革的后整理加工、商品制造加工、多种形式的存放及使用。皮革内的材料包括胶原纤维均要受到湿热、干热、机械力及光的作用。以下几方面是影响皮革品质的关键点：

（1）保持皮革产品感官指标的稳定性。

（2）保持皮革产品理化指标的稳定性。

（3）皮革商品使用过程的卫生安全性。

任何一项出现不稳定，皮革内化学组分就会出现变性、迁移，游离至表面。这些变性、迁移发生后，皮革就失去了价值，主要体现在：

（1）完全失去了皮革产品一般使用性能，如破损、变质等。

（2）没有失去一般使用性能，但产品有碍于健康、造成环境的污染，如有害物的接触、挥发等。

事实上，皮革制品质量的耐久性是无可厚非的，除非在特殊环境下使用才能出现（1）的情况。而近年来，随着人们对生态环境的重视，上述（2）已成为最为关注的产品品质。自 2008 年 10 月 28 日，欧盟化学品管理局首次公布第一批 SVHC（substances of very high concern）候选清单，至 2017 年 07 月 07 日，欧盟化学品管理局官方网站上公布 17 批 SVHC，共 174 种物质，包括多种无机物和有机物，应用遍布各个行业。一旦进入清单，随时都有可能进行化学品注册、评估、许可和限制（REACH）。如果未能在相应的截止日期前完成注册的企业，则不能将对应产品继续投放欧盟市场。REACH 是一项涉及产品质量、生态安全和人类健康的、新型贸易的技术性措施，主要影响的是欧盟范围外的化工生产企业及向欧盟境内提供化工产品的企业，包括皮革和皮革制品生产商。由此对我国的化工行业，以及印染、制药、皮革、纺织、服装等下游行业产生极为广泛的影响。

随着对产品使用性能的认知，皮革中的一些化学物质已被列入 SVHC 清单。这些化学物质是否超标已成为判断皮革产品是否合格、能否获得市场准入的关键。

9.1　皮革制品中常见有毒有害化学品及其来源

9.1.1　有毒有害化学品确定

皮革制造中采用了多种类单体及合成高分子化合物。随着人们认知的进步，越来越多的物质被列入 SVHC 清单，这使得皮革受 REACH 的限制，不合规定的产品失去了进入欧洲市场的机会。

因此，按照现有的国际认可的实验资料，皮革制品中有毒有害物的界定可以根据 REACH 中物质为基础或参考 SVHC 清单分析。

SVHC 清单以三类物质为主：

（1）按照欧盟指令 67/548/EEC 被分类为 1 类及 2 类的致癌物质、致畸变物质和生殖毒性物质。

（2）按照 REACH 附件 XIII确定的持久生物累积的有毒物质（PBT）和强持久性、强生物累积的物质（VPVB）。

（3）其他有实际案例证明对人类及环境有严重危害影响的物质（如内分泌干扰素）。

随着 REACH 附件中材料品种增加，准入标准不断增加，导致皮革产品的要求更为精细、准确、安全、环保。企业必须支付大量的检测、评估、仪器设备购买费，承担昂贵的认证申请和标志使用等费用。

9.1.2　检出

认定皮革制品内存在有毒有害物的关键是通过一定的手段将其检出。除少量的特殊实验外，目前皮革制品检验常见的方法是：

（1）一些“游离”在皮革内的有机或无机的化学物：可以对样品进行溶剂的萃取或气体的抽提，然后借助化学分析或仪器检测确定物质名称。

（2）一些无机盐或金属离子：可以对样品进行化学消解或高温灰化，然后借助化学分析或仪器检测确定物质名称。

9.1.3　有毒有害物来源

皮革制造中大量材料的使用，使得制品中含有 30%～35%的化学品。除水分外，制革材料主要包括：鞣剂、填充物、染料、油脂、涂饰剂。复杂的结合形式及分布特征，使得毒物的产生、分析变得复杂。

根据皮革制造特征，可以将各种毒物的来源归纳为三种途径：

（1）直接使用或夹带进入皮革后被检出。

（2）皮革受环境条件的影响，鞣革材料出现分解、转变被检出。

（3）皮革纤维自身受内在材料或环境条件的作用出现分解、转变被检出。

1. 直接使用或夹带进入

（1）直接进入的是一些虽然受限但由于材料价廉或工艺习惯，且认为是可以通过后续工序能够洗脱的助剂，如脱脂剂、防腐剂、鞣剂等。

（2）制备材料时未转化的单体或生成的副产物因未分离，当产物使用时被夹带进入皮或坯革内被吸收，如主鞣剂、复鞣剂、加脂剂等。

2. 环境影响后分解、转变

（1）因大分子材料结构不稳定性，在皮革产品受到化学、物理及微生物作用后降解转变为小分子毒性物游离出来，如在湿、热、光及酶的作用下游离出的毒性单体。

（2）因结合不稳定，皮革产品在湿、热、光及酶的作用下游离出的物质，受到热、自由基作用转变，如 Cr(Ⅲ)转变为 Cr(Ⅵ)、小分子醛、苯酚等。

3. 在制过程中物质的分解、转变

制革的酸、碱、盐、酶处理使皮胶原失去了稳定性，后续材料的加入及坯革制品受环境影响老化、转变，产生小分子降解产物，如醛、酸、酚。

4. 皮革商品有毒有害物质的限定

对于制革中可能出现的有毒有害物质，全国皮革工业标准化技术委员会提出了皮革及其制品中受限的有害物质主要有偶氮染料、游离甲醛、六价铬、致癌染料、致敏性分散染料、全氟辛烷磺酸盐（PFOS）、五氯苯酚（PCP）、富马酸二甲酯（DMF）、邻苯二甲酸酯等，不同国家对皮革及其制品有害物质的限制标准不尽相同。表 9-1 为目前不同国家或地区对制革有毒有害物质参照法规和限量要求。

表 9-1　不同国家和地区关于皮革制品中有毒有害物质的限量

有毒有害物质	国别或地区	法规名称或编号	限量要求
禁用偶氮染料	欧盟	REACH	≤30mg/kg
	中国	GB 20400—2006	≤30mg/kg
游离甲醛	日本	第 112 号法令	不直接接触皮肤≤300mg/kg，婴儿用品≤20mg/kg
	中国	GB 20400—2006	直接与皮肤接触≤75mg/kg，不直接接触皮肤≤300mg/kg，婴幼儿用品≤20mg/kg
	德国、奥地利	—	直接与皮肤接触≤10mg/kg，鞋面革≤150mg/kg，超过 1500mg/kg 须标识
	法国	—	直接接触皮肤≤200mg/kg，不直接接触皮肤≤400mg/kg，婴儿用品≤20mg/kg
Cr(Ⅵ)	欧盟	IUC-18 CEN/TS 14495	≤3mg/kg
	德国	食品、饲料和消费品法	≤3mg/kg
致癌染料	欧盟	REACH	不得含有
致敏性分散染料	欧盟	REACH	不得含有
PFOS	欧盟	REACH	带涂层皮革≤1μg/m^2
PCP	德国	“chemikaliengesetz”法令	≤5mg/kg
	法国	97/014/F 公共通告（到目前为止还未生效）	不直接接触皮肤≤5mg/kg，接触皮肤≤0.5mg/kg
	荷兰	18.02.94 法令	≤5mg/kg
DMF	欧盟	欧盟 2009/251/EC	≤0.1mg/kg
邻苯二甲酸酯	欧盟	欧盟 1999/815/EC	0.1%
	德国	消费者商品行动	0.1%
	丹麦	第 1511515.03.1999 法规	0.05%

由表 9-1 中可见，除欧洲市场的 REACH 统一标准外，由于产品特征、使用对象及地区的差别，各生产商对每种有毒有害物标准也不尽相同。就甲醛而言，一些国家自行制定了一些相关材料的限量规则，如汽车工业＜10mg/kg，制鞋业＜150mg/kg，其中，童鞋 30～50mg/kg，Nike 运动鞋＜75mg/kg，而 Adidas 运动鞋＜100mg/kg。

9.2　皮革制品中主要有害物质各论

根据皮革制造特征，在忽略环境、水、人为加入的禁用材料因素下，对来源于三种途径（见 9.1.3 节）中必然产生或最易产生的一些毒性物进行分析。

9.2.1　甲醛

1. 简介

甲醛易溶于水和乙醚，水溶液浓度最高可达 55%，pH = 2.8～4.0，能与水、乙醇、丙酮任意混溶。甲醛液体在较冷时久储易混浊，在低温时则形成三聚甲醛沉淀。在一般甲醛商品中，一般加入 10%～12%的甲醇作为抑制剂，否则会发生聚合。甲醛为强还原剂，在微量碱性时还原性更强，在空气中能缓慢氧化成甲酸，闪点 60℃。

甲醛有刺激性气味，低浓度即可被嗅到，人对甲醛的嗅觉阈通常是 0.06～0.07mg/m³。长期、低浓度接触甲醛会引起头痛、头晕、乏力、感觉障碍、免疫力降低，并可出现瞌睡、记忆力减退或神经衰弱、精神抑郁，可引发呼吸功能障碍和肝中毒性病变，表现为肝细胞损伤、肝辐射能异常等。2006 年，甲醛被确定为 1 类致癌物，即对人类及动物均致癌。

2. 甲醛来源

皮革中甲醛来源主要有以下几个方面：

1）皮革制造中产生的甲醛

直接使用甲醛或含甲醛材料，包括准备工段的防腐剂和杀菌剂；鞣制工段使用含有甲醛的鞣剂，如糖还原铬粉（图 9-1）、噁唑烷、膦盐鞣剂；整理工段的合成单宁（图 9-2）、氨基树脂（图 9-3）、改性材料（淀粉、木素）、改性戊二醛、加脂剂；涂饰用的固定剂或交联剂等。

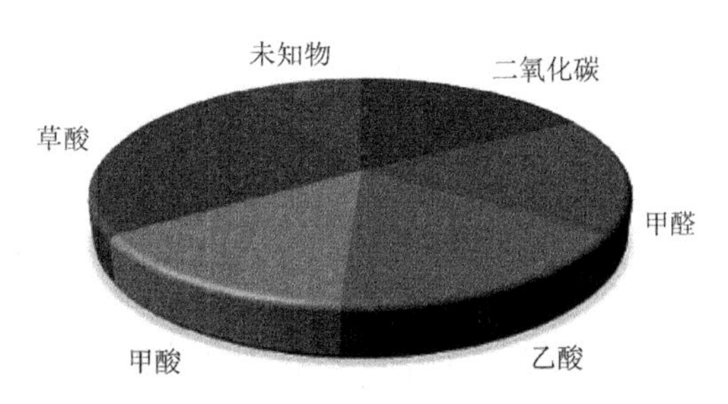

图 9-1　糖还原铬粉基本组成

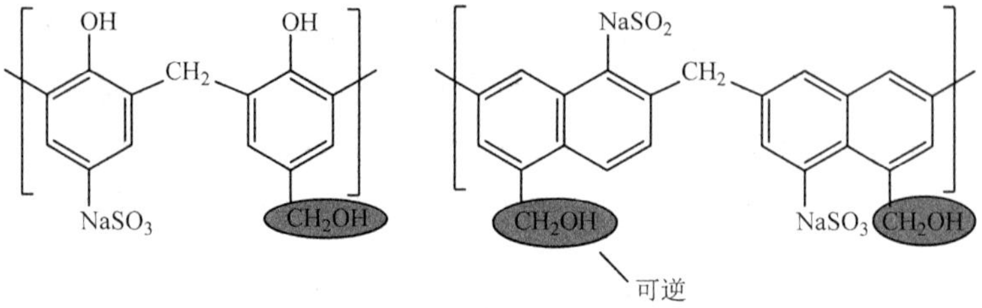

图 9-2　合成单宁中可能游离的甲醛

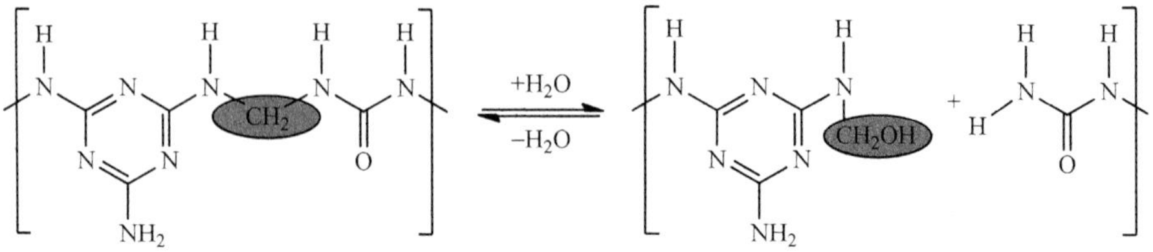

图 9-3　树脂中可能游离的甲醛

除某些合成单宁含非常低的甲醛外，植物栲胶含微量的甲醛，聚合体和一些有机产品所含甲醛也是微量的。制革中常用的防腐剂因为种类不同使得成革甲醛含量处于多变状态。甚至一些染料可能含有不少的甲醛。图 9-4 为不同染料中甲醛含量对比结果。结果表明，不同染料成革中存在不同程度的甲醛含量，因此在实际生产中可以根据具体要求选择性地使用染料。

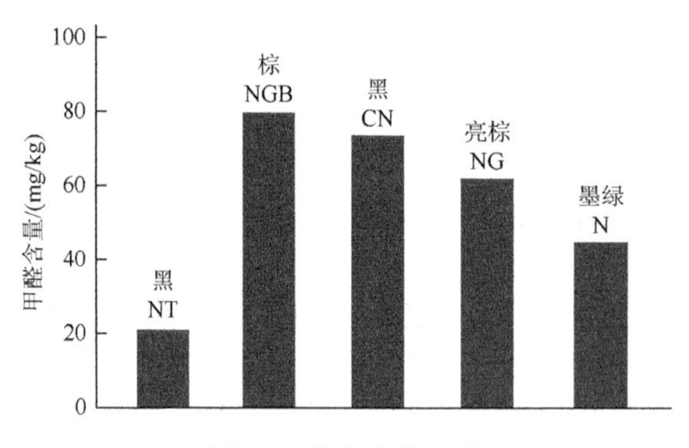

图 9-4　染料中的甲醛

2）皮革制品存放使用过程中产生的甲醛

皮革制品在存放使用过程中，受光、热、氧化还原降解产生甲醛。易发生降解反应的情况有天然及改性产品降解（栲胶、木素）、合成产品降解（氨基树脂鞣剂、合成鞣剂、染料）、生皮原料降解（生皮保存、酸碱酶处理）、变价金属与糖类形成氧化还原反应。

3）来自环境中的甲醛

大气中的甲醛（主要来自汽车、飞机），如海上 0.005mg/kg、陆地 0.012mg/kg、建筑区 0.056mg/kg、烟草的烟雾 57～115mg/kg。

3. 皮革制造中甲醛含量的分析

1）甲醛测定方法

分光光度法是常用的成革中甲醛测定方法。在一定的温度及条件下，成革中结合不牢的甲醛会自由释放出来被水萃取吸收，使用一定的吸收剂，使其与甲醛反应，生成在可见光下产生吸收的物质，根据物质吸光度，对照甲醛标准工作曲线，计算成革中甲醛含量。根据吸收剂的不同，可分为乙酰丙酮法、酚试剂法、AHMT（4-氨基-联氨-5-巯基-1, 2, 4-三氮杂茂）法、品红-亚硫酸法、变色酸法等，常用乙酰丙酮法。

色谱法原理是样品中的甲醛经提取后，以 2, 4-二硝基甲苯肼为衍生化试剂，生成 2, 4-二硝基苯腙，然后用色谱进行定量分析。

随着现代测试技术发展，还衍生了基于传感技术的甲醛测定方法。

国家标准 GB/T 19941—2005 规定的方法为分光光度法和色谱法。国际标准 DIN 53315 用乙酰丙酮显色剂使甲醛的萃取液显色，在 412nm 处测定吸光度。该方法被国际、国内认可，但误差极大，误差来源于颜色的干扰，见图 9-5。

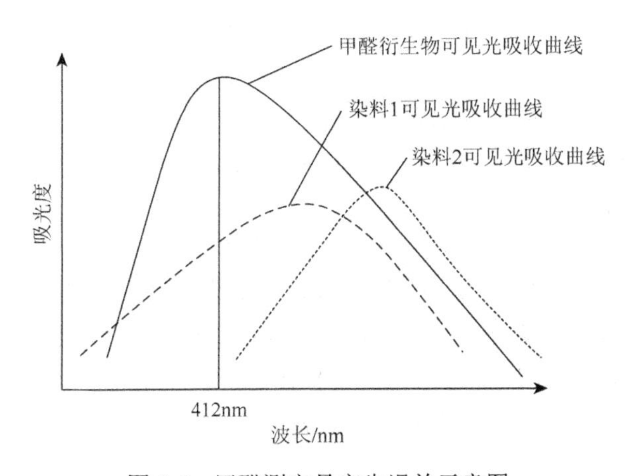

图 9-5　甲醛测定易产生误差示意图

2）样品处理方法

萃取法：0.1%十二烷基磺酸钠的去离子水或二次蒸馏水。

蒸发法：60℃烘箱中加热 3h，使游离甲醛蒸发出来，在水汽及皮革中达成一种平衡。

4. 皮革及制品中甲醛控制

根据皮革及制品中甲醛的来源，控制方法为以下几个方面：

（1）减少皮革制造中材料的甲醛含量。

（2）加入抗氧化剂，防止氧化及自由基导致甲醛生成。

（3）防止皮革及制品的霉变。

9.2.2 Cr(Ⅵ)

1. Cr(Ⅵ)性质及毒理性

在重金属 Cr、Cr(Ⅲ)、Cr(Ⅳ)及 Cr(Ⅵ)中，仅 Cr(Ⅵ)及其所有化合物被欧盟定义了限制范围。Cr(Ⅵ)为吞入性毒物、吸入性毒物，皮肤接触可能导致敏感，更可能造成遗传性基因缺陷，吸入可能致癌，对环境有持久危险性。实验显示，受污染饮用水中的 Cr(Ⅵ)可致癌，超过 10mg/kg Cr(Ⅵ)对水生生物有致死作用。2010 年 4 月 19 日，德国发布 G/TBT/N/DEU/11 号通报，规定与人体接触的皮革制品中，Cr(Ⅵ)检出限为 3mg/kg。2014 年 3 月 26 日，欧盟委员会修订 REACH 中的附件 XⅦ，扩展皮革制品 Cr(Ⅵ)限制标准，要求直接与人体皮肤接触的皮革制品及部分与人体接触的皮革制品部件中，Cr(Ⅵ)含量不得超过 3mg/kg，一旦超过，产品禁止投放市场，该法规于 2015 年 5 月 1 日正式实施。

2. 皮革及制品中 Cr(Ⅵ)的成因

Cr 鞣由于其优良的成革性能，目前仍然是制革过程中应用最为普遍的鞣制方法。成革中 Cr 主要以 Cr(Ⅲ)形式存在。Cr(Ⅵ)的产生原因来自：

1）铬鞣剂带入

通常的粉状 Cr 鞣剂的 Cr(Ⅲ)是由 Cr(Ⅵ)还原而成的，尽管反应趋于完全，但平衡总是存在的，国家标准要求铬粉中 Cr(Ⅵ)≤2mg/kg。

2）革内 Cr(Ⅲ)转化

（1）pH 对转变的影响。不同 pH 条件下 Cr(Ⅲ)向 Cr(Ⅵ)转变的趋势见图 9-6。由图 9-6 可知，Cr(Ⅵ)的氧化性随介质 pH 升高而急剧下降。在酸性条件下，Cr(Ⅲ)不易被氧化成 Cr(Ⅵ)，而在碱性条件下，Cr(Ⅲ)向 Cr(Ⅵ)的转化相当容易。在制革过程中如果 pH＞5 时，就有可能使 Cr(Ⅲ)转化为 Cr(Ⅵ)，如复鞣、中和、加脂等工序。已有研究报告指出，在相同条件下中和，当中和使用更高的 pH 会使成革中 Cr(Ⅵ)含量更高。

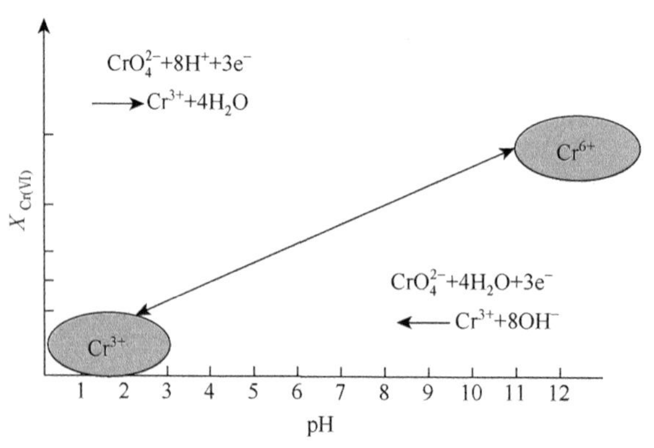

图 9-6 体系 pH 与转化电位的关系

X 表示化学计量分数

（2）加脂剂对 Cr(Ⅵ)的影响。加脂剂分子含有大量不饱和双键，双键在空气中容易自发性地发生氧化反应，产生过氧化物，导致成革中的 Cr(III)转化为 Cr(VI)。加脂剂碘值越高，成革中的加脂剂含量越高，成革中 Cr(III)转化为 Cr(VI)的可能性就越大。图 9-7 为使用不同加脂剂后坯革干燥方法与革中 Cr(VI)含量的关系。

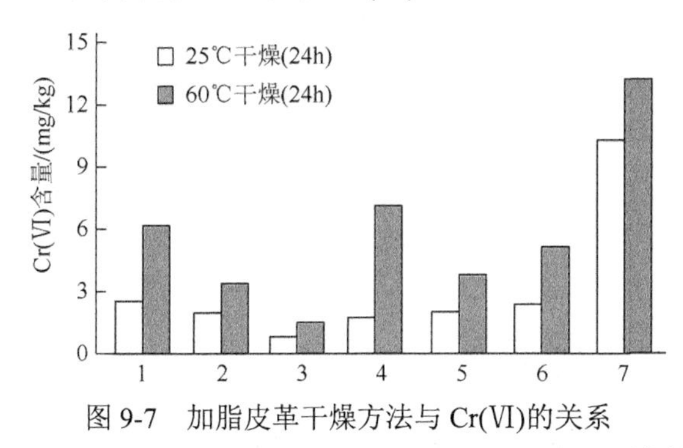

图 9-7　加脂皮革干燥方法与 Cr(VI)的关系

1. 硫酸化脂肪醇磷酸化脂肪醇；2. 硫酸化天然油合成油；3. 磷酸化天然油合成柔软剂；4. 硫酸化天然油；5. 改性羊毛脂牛蹄油；6. 亚硫酸化脂肪醇硫酸化脂肪醇；7. 硫酸合成油

3）皮革及制品储存过程对 Cr(VI)影响

第 8 章中描述了导致皮革及制品中 Cr(VI)产生的外界条件是光、热及空气等因素，这些因素促使皮革及制品中 Cr(III)转变为 Cr(VI)，尤其是在制革过程中大量使用含不饱和键的加脂剂，是产生 Cr(VI)的主要原因。在紫外光照射下，不饱和的加脂剂产生的自由基与氧分子结合，形成具有很强氧化性的过氧化物自由基和超氧化物自由基，使 Cr(III)转变为 Cr(VI)。同时由于储存地点不同，空气的相对湿度也不相同，当空气相对湿度较高时，Cr(VI)含量也较低。这是因为皮革及制品中有机物含量较高，在高湿度情况下相当于溶液体系是酸性，Cr(VI)的转化率较低。

总之，生产过程中产生的 Cr(VI)是游离的 Cr(III)氧化而成的，多数 Cr(III)在工艺中洗去，因此，成革中的 Cr(VI)绝大部分是在储存过程中产生的，这就要求皮革及制品在储存过程中需要保持一定的湿度和避免光照等。

3. 皮革及制品中 Cr(VI)的控制

根据皮革及制品中 Cr(VI)的来源，须控制以下两个方面：

（1）选择还原性或抗氧化性强的材料，如植物单宁、低碘值加脂剂。

（2）加入抗氧化剂，如还原剂、自由基猝灭剂。

4. 成革及制品中 Cr(VI)含量测定方法

测定 Cr(VI)的方法很多，可分为化学分析方法和仪器分析方法。对于成革中 Cr(VI)的测定，也有多种方法，其中包括 DIN 53314 规定的方法，也可由 Cr(VI)、氯化氢配位成甲基异丁基酮萃取测定，有机成分中的 Cr(VI)可由高明度原子吸收分光光度法测定，有色物都会对这些测试方法产生干扰。现在国际上对皮革中 Cr(VI)的测定标准主要是德国的 DIN 53314 标准，另外还有欧盟的 IUC 18 标准。IUC 18 标准基本是源于 DIN 53314，该方法是用磷酸缓冲溶液萃取成革中的Cr(Ⅵ)后，用二苯卡巴肼与Cr(Ⅵ)作用生成紫色配合物，该配合物在540nm下产生特征吸收，最后使用分光光度计进行测定。对于有色的成革，可以先进行脱色反应，参照标准为中华人民共和国国家标准GB/T 22807—2008《皮革和毛皮 化学实验 六价铬含量的测定》。

9.2.3 偶氮染料

1. 简介

染料分子结构中凡含有偶氮基的统称为偶氮染料。偶氮染料包括直接染料、酸性染料、分散染料、活性染料、阳离子染料。一些偶氮染料还原后分解释放出芳香胺类，染料与人体皮肤接触后成为癌变的诱因。

2013年2月14日，欧盟《官方公报》公布了欧洲委员会126/2013号条例。该条例规定了偶氮着色剂/偶氮染料新的检测方法的标准，附件10中所列的检测方法是为了确定纺织品和皮革制品中所用偶氮着色剂/偶氮染色剂是否会释放某些芳香胺，浓度是否超过REACH附录ⅩⅦ规定的30mg/kg（按质量计0.003%）最大浓度限值。如果这些检测方法结果表明纺织品和皮革中芳香胺最大浓度超标，产品将禁止在欧盟上市。

我国强制性标准GB 18401—2010《国家纺织产品基本安全技术规范》明确规定，可分解的致癌芳香胺染料是禁用的，检出量超过20mg/kg的物品为不合格。这些染料不能从外观上进行分辨，只能通过技术方法来进行检测。

2. 革制品中偶氮染料测定方法

成革中偶氮染料常通过间接方法测定，在柠檬酸盐缓冲溶液（pH = 6.0）中，用连二亚硫酸钠还原分解偶氮染料以产生可能存在的禁用芳香胺，再用适当的液-液分配柱色谱提取、浓缩后，选择合适的有机溶剂进行定容，用适当的方法进行定量分析，常用的定量方法是气相色谱法（gas chromatography，GC）和高效液相色谱法（high performance liquid chromatography，HPLC）。由于皮革和纺织品检测方法新标准替代了旧标准，2017年2月欧洲标准化委员会（CEN）更新并出版了用于测定纺织品中偶氮染料限制性芳香胺的新欧洲标准方法EN 14362-1/3，2017取代了2012年发布的标准，并描述了分析程序的改进以及结果解释的指导。表9-2列出了偶氮染料检测方法。

表9-2 2017年欧洲标准化委员会更新的皮革制品中偶氮染料的检测标准

标准号	标准名称	被替代标准
EN ISO 17234-1	2010 皮革——染色皮革中某些偶氮着色剂的化学检测 第1部分：偶氮着色剂衍生某些芳香胺的测定	CEN ISO/TS 17234：2003
EN ISO 17234-2	2011 皮革——染色皮革中某些偶氮着色剂的化学检测 第2部分：4-氨基偶氮苯的测定	CEN ISO/TS 17234：2003
EN 14362-1	2012 纺织品——偶氮着色剂衍生某些芳香胺的测定方法 第1部分：通过萃取或不通过萃取纤维检测某些偶氮着色剂的使用	EN 14362-1：2003
EN 14362-3	2012 纺织品——偶氮着色剂衍生某些芳香胺的测定方法 第3部分：对可释放4-氨基偶氮苯的某些偶氮着色剂使用的检测	EN 14362-2：2003

9.2.4 全氟辛烷磺酸

1. 简介

全氟辛烷磺酸（perfluorooctane sulfonate，PFOS）是全氟辛烷磺酰基化合物的统称。PFOS 是目前世界上发现的最难降解的有机污染物之一，具有很高的生物积累能力，欧盟 2006/122/EC 指令开始限制 PFOS 的销售和使用。PFOS 广泛应用于纺织品、地毯、家具、布料、纸张、皮革、碳粉、清洁剂、地毯护理剂、密封剂、地板蜡及油漆。PFOS 会残留在若干物件上，包括电线绝缘体、专用电路板、衣服的防水膜（如 gore-tex）、外科植入物、牙线和不粘涂层。

2. 检测

目前针对成革中 PFOS 的研究报道相对较少，常用的检测方法主要应用在纺织品中对 PFOS 的检测，包括 GC、气相色谱-质谱联用（gas chromatography-mass spectrometry，GC-MS）和液相色谱-质谱联用（high performance liquid chromatography-mass spectrometry，HPLC-MS）。

9.2.5 氯苯酚

1. 简介

五氯苯酚（pentachlorophenol，PCP）、四氯苯酚（*p*-chlorophenol，TeCP）和三氯苯酚（trichlorophenol，TCP）是为防止纺织品、皮革和木材因霉菌引起霉斑的常用产品。氯苯酚是毒性非常强的物质，并且有致癌性。

PCP 是一种防腐剂，20 世纪 90 年代以前曾被广泛应用。由于残留在皮革内的 PCP 在存放过程中有可能转变为对人体有害的二噁英，因而很多国家禁止使用 PCP。

2. 检测

目前，国内外对皮革制品中氯苯酚测定的主要标准是 ISO/FDIS 17070：2006、DIN 53313、GB/T 22808—2008、SN/T 0193.1 等。常用于检测 PCP 的方法原理是用硫酸溶液将样品中 PCP 钠盐转化为 PCP，通过正己烷提取后用浓硫酸净化，再以四硼酸钠溶液反提取，加入乙酸酐生成乙酸 PCP 酯，再用适当的检测仪器进行测定。

9.2.6 富马酸二甲酯

1. 简介

富马酸二甲酯（dimethyl fumarate，DMF）通常被用作防腐防霉剂用于皮革、鞋类、纺织品等产品的生产、储备、运输中。由于皮革及其制品含有大量的胶原蛋白，是霉菌生长的极好营养源。为了防止皮革及其制品上霉菌的生长，生产过程中常添加防霉剂。常用的新型复配型防霉剂就是 DMF。DMF 也用于与硫酸钠、明矾等复合制备生皮腌制剂，用这种腌制剂腌制带毛生皮，生皮光滑有弹性，能防腐蚀、防虫、耐储存。自 2008 年 10 月起，欧盟陆续报道了多起因消费者接触了含有 DMF 的皮革制品而产生皮肤过敏、急性湿疹及灼伤的案例，使其受到广泛关注。

2. 检测

目前，国内对皮革中 DMF 测定的主要标准有 GB/T 26702—2011、SN/T 2446—2010 等，主要原理是用超声波萃取或索氏抽提的方法在皮革试样中提取 DMF，再用更适当的设备进行测定。目前关于 DMF 测定的主要方法有 GC 和 GC-MS 法。

9.2.7 邻苯二甲酸酯

1. 简介

邻苯二甲酸酯（phthalate，PAEs）常用作聚氯乙烯、聚乙酸乙烯酯、橡胶、纤维素塑料和聚氨酯的增塑剂，最终产品应用包括 PVC 地板和墙饰材料、皮革涂饰剂、PVC 泡沫膜、密封胶和聚氨酯或聚硫化物的黏合剂等。PAEs 类物质可经由食物、空气吸入等途径进入人体，干扰生物体内分泌，损害生物体生殖功能，引发恶性肿瘤，容易造成畸形儿。

2. 检测

目前，国际上对皮革制品中 PAEs 测定的主要标准是 EN 15777、ST 2002：2009、ASTMD 3421、GB/T 22931—2008 等。其中常用的检测方法原理是利用三氯甲烷超声波萃取皮革试样中 PAEs，萃取液经氧化铝层析柱净化、定容后用 GC-MS 联用仪测定。实际上，PAEs 存在广泛，待测样品的基质复杂多样，因此样品提取较为困难。近些年来，开发了其他一些新的前处理技术，如微波辅助提取和加速溶剂提取等。

9.2.8 有机锡化合物

1. 简介

在纺织工业中，三丁基锡（tributyltin，TBT）用于防止因微生物分解汗液使鞋袜、运动服散发出难闻气味。有些有机锡还可用于 PVC 和 PU 的生产。高浓度的有机锡化合物被认为是有毒的，这些物质能透过皮肤被人体吸收，并可能造成生殖系统紊乱。

2. 检测

目前我国主要通过 GB/T 17593.1—2006《纺织品重金属的测定 第 1 部分：原子吸收分光光度法》和 GB/T 20385—2006《纺织品有机锡化合物的测定》分别测试纺织品中可萃取的重金属和有机锡化合物含量。已报道的检测方法中适用于革制品中有机锡的检测方法主要是用乙酸钠缓冲溶液和甲醇作为提取剂，用 GC、GC-MS 或 HPLC-MS、MS 等方法进行定量检测。

9.2.9 烷基酚及其聚氧乙烯醚

1. 简介

烷基酚（alkylphenol，AP）和烷基酚聚氧乙烯醚（alkylphenol ethoxylates，APEO）通常用作纺织品加工过程中的润湿剂。欧盟 REACH 第 1907/2006 号法规限制壬基酚（nonyl phenol，NP）和壬基酚聚氧乙烯醚（nonylphenol polyoxyethylene ether，NPEO）的排放。很多年来，NPEO 一直用作清洁剂、乳化剂、润湿剂和分散剂；NP 则用作合成 NPEO 的介质。NPEO 和 NP 对水生动物具有很强的毒性，被视为水污染物质。它们可以破坏水生动物荷尔蒙调节系统，造成雌化效应。其他普遍受到关注的烷基酚和烷基酚聚氧乙烯醚还有辛基酚（OP）和辛基酚聚氧乙烯醚（OPEO）。

2. 检测

目前用于纺织品中烷基酚聚氧乙烯醚的检测方法主要有 GC-MS、高效液相-二极管阵列检测器法（high performance liquid chromatography diode-array detector，HPLC-DAD）、高效液相-荧光检测器法（high performance liquid chromatography fluorescence detector，HPLC-FLD）、高效液相-核磁共振法（high performance liquid chromatography nuclear magnetic resonance，HPLC-NMR）、HPLC-MS 等。皮革样品的检测常用的方法是 HPLC-MS。

9.2.10 挥发性有机化合物

1. 简介

挥发性有机化合物（volatile organic compound，VOC）是指一系列挥发性有机溶剂，经常用于涂料、油墨配制品、胶水、清洁剂和鞋类等产品的生产中。由于挥发性有机化合物的有机特性，这些化学品具有强烈而且特别的气味。甲醛也是挥发性有机化合物，但甲醛溶于水，与其他挥发性有机化合物有所不同，因此常把甲醛与其他挥发性有机化合物分别阐述。有些挥发性有机化合物，如苯，具有致癌性，有些具有强毒性及强刺激性。

2. 检测

目前国际上测定挥发性有机物的方法有三种：顶空-毛细管气相色谱-质谱联用测定法（headspace capillary gas chromatography mass spectrum，CGC-MS）；容器捕集，用 tenax 柱固相吸附-热脱附，CGC-MS 联用仪测定；固相微萃取法（solid phase microextraction，SPME）。制革常采用 CGC-MS 方法，在恒温的密闭容器中，试样中的挥发性有机化合物在气、固两相间分配，达到平衡。取固相上气相样品进 CGC-MS 联用仪分析。

9.2.11 部分重金属

1. 简介

重金属中毒是指相对原子质量大于 65.0 的金属元素或其化合物引起的中毒。重金属能够使蛋白质的结构发生不可逆的改变，从而影响组织细胞功能，进而影响人体健康。重金属中毒后，体内的酶就不能催化化学反应，细胞膜表面的载体就不能运入营养物质、排出代谢废物，肌球蛋白和肌动蛋白就无法完成肌肉收缩，导致体内细胞无法获得营养、排出废物，无法产生能量，细胞结构崩溃和功能丧失。

重金属氧化物及一些无机、有机盐具有鲜艳、饱满的色调，抗水及氧化能力强，近几个世纪来，由一些重金属构成的色料被长期用于产品调色与防护，如最常见的防锈颜料红丹、黄丹、铅酸钙、碱式硅、铬酸铅等。皮革涂饰使用的颜料膏/浆中含有铅（Pb）、铬（Cr）、镉（Cd）、钡（Ba）、锑（Sb）、硒（Se）、汞（Hg）、砷（As）、铜（Cu）、钴（Co）、镍（Ni）等重金属。常用的无机彩色颜料有铬酸铅颜料（铬黄、铬橙、铝铬红）及锡系颜料（福黄、锡橙、锡红、锡汞橙、福汞红）等。因此，为了防止或减少毒性物影响，相关标准对皮革制品中一些重金属提出限量要求，见表 9-3。

表 9-3　皮革制品部分重金属含量限制　　（单位：mg/kg）

名称	Sb	As	Pb	Cd	Cr	Cr(Ⅵ)
限量	30.0	0.2	30.0	0.1	1.0	3.0
名称	Co	Cu	Ni	Ba	Se	Hg
限量	1.0	25.0	1.0	1000	500	0.02

2. 检测

GB/T 22930—2008《皮革和毛皮 化学实验 重金属含量的测定》表述了皮革和毛皮中重金属含量的测定。该标准采用电感耦合等离子体原子发射光谱法（inductively coupled plasma optical emission spectrometry，ICP-AES），规定了皮革和毛皮中 Pb、Cr、Cd、Sb、Se、Hg、As、Cu、Co、Ni 10 种元素的总量和可萃取量的测定方法。

参 考 文 献

全书编著中除研究教学内容外，录用了多种资料的研究成果。因无法一一编排，仅以刊名及署名进行标引。参考分类如下：

1. 主要参考期刊来源

北京皮革，1990-2016.

皮革科学与工程，第 1-26 卷，1990-2016.

皮革与化工，第 12-33 卷，1995-2016.

西部皮革，第 20-38 卷，1998-2016.

中国皮革，第 18-45 卷，1989-2016.

Leather Goods，1990-2016.

Leather Manufacture，1995-2016.

Journal of the American Leather Chemists Association，第 80-111 卷，1985-2016.

Journal of Society of Leather Technologists and Chemists，第 69-100 卷，1985-2016.

World Leather，2005-2016.

2. 主要参考书籍来源

单志华. 2005. 制革化学与工艺学（下册）[M]. 北京：科学出版社.

魏庆元. 1970. 皮革鞣制化学[M]. 北京：中国轻工业出版社.

Covington T. 2009. Tanning Chemisty[M]. Cambridge：The Royal Society of Chemistry Published.

Eidemann E. 1993. Fundamentals of Leather Manufacturing[M]. Darmstadt：Roetherdruck Published.

Gustavson K H. 1956. The Chemistry and Reaction of Collagen[M]. New York：Academic Books LTD Published.

3. 主要参考文献来源

李干佐，隋卫平，徐桂英，等. 1995. C_{14}BE 与 NaCMC 之间的相互作用[J]. 高等学校化学学报，16（10）：1618-1621.

李干佐，隋卫平，徐桂英，等. 1996. 两性表面活性剂与高分子化合物的相互作用[J].日用化学工业，5：27-31.

任少平，梁利岩，兰延勋. 2007. 化学结构变化对刚棒状环氧树脂相行为和热力学性能的影响[J]. 高等学校化学学报，28（1）：159-163.

孙志娟，张心亚，黄洪，等. 2007. 溶解度参数的发展及应用[J]. 橡胶工业，54（1）：54-58.

阎建忠，梁成浩. 1998. 溶解度参数在研制溶剂型可剥性塑料中的应用[J]. 腐蚀科学与保护技术，10（5）：294-298.

张文熊，角田由美子，冈村浩. 2004a. 铬鞣皮革制品长期保存质量劣化问题研究（1）[J]. 中国皮革，33（1）：120-121.

张文熊，角田由美子，冈村浩. 2004b. 铬鞣皮革制品长期保存质量劣化问题研究（2）[J]. 中国皮革，（4）：

128-131.
祝伟，彭谦. 2003. 超高温菌酶构象的刚性和热稳定性的相互关系[J].生命的化学，23（3）：187-189.
Aksoy M S，Ozer U. 2004. Equilibrium studies on chromium(III) complexes of salicylic acid and salicylic acid derivatives in aqueous solution[J]. Chemical and Pharmaceutical Bulletin，52（11）：1280-1284 .
Anthony D，Covington A D，Graham S，et al. 2001. Extended X-ray absorption fine structure studies of the role of chromium in leather tanning[J]. Polyhedron，20：461-466.
Arakawa T，Bhat R，Timasheff S N. 1990. Preferential interactions determine protein solubility in three-component solutions：the $MgCl_2$ system[J]. Biochemistry，29（7）：1914-1923.
Arakawa T，Timasheff S N. 1984. Mechanism of protein salting in and salting out by divalent cation salts：balance between hydration and salt binding[J]. Biochemistry，23（25）：5912-5923.
Back J F，Oakenfull D，Smith M B. 1979. Increased thermal stability of proteins in the presence of sugars and polyols[J]. Biochemistry，18（23）：5191-5196.
Bear R S. 1952. The structure of collagen fibrils[J]. Advances in Protein Chemistry，7：69.
Bella J，Brodsky B，Berman H M.1995. Hydration structure of acollgen peptide[J]. Structure，3(9)：893-906.
Bella J，Eaton M，Brodsky B. 1995. Crystal and molecular structure of a collagen-like peptide at a resolution[J]. Science，266（5182）：75-81.
Bertanza G，Pedrazzani R. 2004. How to assess chemical oxidation efficiency[J]. Water Science and Technology ，49（4）：1-6.
Bet M R，Goissis G，Lacerda C A. 2001. Characterization of polyanionic collagen prepared by selective hydrolysis of asparagine and glutamine carboxyamide side chains[J]. Biomacromolecules，2(4)：1074-1079.
Bigi A，Cojazzi G，Panzavolta S，et al. 2001. Mechanical and thermal properties of gelatin films at different degrees of glutaraldehyde crosslinking[J]. Biomaterials，22：763-768.
Bjarne J，Rauno F，Hannele H L，et al. 2009. Solubility and interaction parameters as references for solution properties II：precipitation and aggregation of asphaltene in organic solvents[J]. Advances in Colloid and Interface Science，147：132-143.
Blackburn R S. 2004. Natural polysaccharides and their interactions with dye molecules：applications in effluent treatment[J]. Water Science & Technology，38（18）：4905-4909.
Bowden D J，Brimblecombe P. 2003. The rate of metal catalyzed oxidation of sulfur dioxide in collagen surrogates[J]. Journal of Cultural Heritage，4：137-147.
Briggaman R A，Schechter N M，Fraki J，et al. 1984. Degradation of the epidermal-dermal junction by proteolytic enzymes from human skin and human polymorphonuclear leukocytes[J]. Journal of Experimental Medicine，160（4）：1027-1042.
Brown E M，Farrell H M，Wildermuth R J. 2000. Influence of neutral salts on the hydrothermal stability of acid-soluble collagen[J]. Journal of Protein Chemistry，19（2）：85-92.
Bulo R E，Sigge L，Molnar F，et al. 2007. Modeling of bovine type-I collagen fibrils：interaction with pickling and retanning agentsa[J]. Macromolecular Bioscience，7：234-240.
Cantera C S，de Giuste M，Sofia A. 1977. Hydrolysis of chrome shavings：application of collagen hydrolyzate and “acrylci-protein” in post tanning operation[J]. Journal of the Society of Leather Technologists and Chemists，81：183-191.
Carrino D A，Sorrell J M，Caplan A I. 2000. Age-related changes in the proteoglycans of human skin[J]. Archives of Biochemistry and Biophysics，373（1）：91-101.
Chahine C. 2000. Changes in hydrothermal stability of leather and parchment with deterioration：a DSC

study[J]. Thermochimica Acta，365：101-110.

Chan B P，Hui T Y，Chan O C，et al. 2007. Photochemical cross-linking for collagen-based scaffolds：a study on optical properties，mechanical properties，stability，and hematocompatibility[J]. Tissue Engineering，13（1）：73-85.

Charulatha V，Rajaram A. 1997. Crosslinking density and resorption of dimethyl suberimidate-treated collagen[J]. Journal of Biomedical Materials Research Part B Applied Biomaterials，36（4）：478-486.

Charulatha V，Rajaram A. 2003. Influence of different crosslinking treatments on the physical properties of collagen membranes[J]. Biomaterials，24：759-767.

Chen S S，Wright N T，Humphrey J D. 1998. Heat-induced changes in the mechanics of a collagenous tissue：isothermal-isotonic shrinkage[J]. Journal of Biomechanical Engineering-transactions of the Same，120（3）：382-388.

Cheung D T，Nimni M E. 1982. Mechanism of crosslinking of proteins by glutaraldehyde Ⅱ. Reaction with monomeric and polymeric collagen[J]. Connective Tissue Research，10（2）：201-216.

Chiou M S，Li H Y. 2002. Equilibrium and kinetic modeling of adsorption of reactive dye on cross-linked chitosan beads[J]. Journal of Hazardous Materials B，93：233-248.

Choudhury S D，Dasgupta S，Norris G E. 2007. Unravelling the mechanism of the interactions of oxazolidine A and E with collagens in ovine skin[J]. International Journal of Biological Macromolecules，20：351-361.

Christian B，Robert G，Eric D，et al. 1985. Thermodynamics of swelling of polymer latex particles by a water-soluble solvent：theoretical considerations[J]. Journal of Colloid and Interface Science，108（11）：75-82.

Chung K T，Cerniglia C E. 1992. Mutagenicity of azo dyes：structure-activity relationships[J]. Mutation Research/fundamental and Molecular Mechanisms of Mutagenesis，277（3）：201-220.

Clonfero E，Montini R，Venier P，et al.1989. Release of mutagens from finished leather[J]. Mutation Research Letters，226（4）：229-233.

Clonfero E，Venier P，Granella M，et al. 1990. Identification of genotoxic compounds used in leather processing industry[J]，Medicina Del Lavoro，81（3）：212-221.

Cohena N S，Odlyhaa M，Fosterb G M. 2000. Measurement of shrinkage behaviour in leather and parchment by dynamic mechanical thermal analysis[J]. Thermochimica Acta，365（1-2）：111-117.

Cooman K，Gajardo M，Nieto J，et al. 2003. Tannery wastewater characterization and toxicity effects on *Daphnia spp.*[J]. Environ Toxicol，18（1）：45-51.

Cory N J. 1997. A practical discussion session to deal with opportunities for improvement of customer/end user satisfaction[J]. Journal of the American Leather Chemists Association，92：119-125.

Cöster L，Fransson L A. 1981. Isolation and characterization of dermatan sulphate proteoglycans from bovine sclera[J]. Biochemical Journal，193：143-153.

Couchman J R. 1993. Hair follicle proteoglycans[J]. Journal of Investigative Dermatology，101：60-64.

Covington A D，Shi B. 1998. High stability organic tanning usinf plant polyphenols[J]. Journal of the Society of Leather Technologists and Chemists，82（2）：64-71.

Covington A D，Song L，Suparno O. 2007. An explanation of the chemical stabilisation of collagen[J]. Journal of the Society of Leather Technologists and Chemists，92（1）：1-7.

Covington A D. 2000. Theory and mechanism of tanning[J]. Journal of the American Leather Chemists Association，85：24-34.

Coyington A D，Lampard G S，Hancock R A，et al. 1998. Studies on the origin of hydrothermal stability：

a new theory of tanning[J]. Journal of the American Leather Chemists Association，93：107-120.

Dai H，Wu J，Jia W R. 2017. Determination of volatile aldehyde and ketone in leather shoes with static absorption an high performance liquid chromatography[J]. Journal of the Society of Leather Technologists and Chemists，101：179-182.

Damle S P，Cöster L，Gregory J D. 1982. Proteodermatan sulfate isolated from pig skin[J]. Journal of Biological Chemistry，257（1）：5523-5527.

Dawlee S，Sugandhi A，Balakrishnan B，et al. 2005. Oxidized chondroitin sulfate-cross-linked gelatin matrixes：a new class of hydrogels[J]. Biomacromolecules，6（4）：2040-2048.

Dayanandan A，Kanagaraj J，Sounderraj L，et al. 2003. Application of an alkaline protease in leather processing：an ecofriendly approach[J]. Journal of Cleaner Production，11：533-536.

Dixit S，Yadaw A，wivedi P D，et al. 2015. Toxic hazards of leather industry and technologies to combat threat：a review[J]. Journal of Cleaner Production，87：39-49.

Dreisewerd K，Rohlfing A，Spottke B，et al. 2004. Characterization of whole fibril-forming collagen proteins of types Ⅰ，Ⅲ，and Ⅴ from fetal calf skin by infrared matrix-assisted laser desorption[J]. Analytical Chemistry，76：3482-3491.

Elden H R. 1971. Biophysical properties of the skin[J]. Chemical Regulation of Plants，19：138-144.

Engel J，Prockop D J. 1998. Does bound water contribute to the stability of collagen[J]. Matrix Biology，17：670-680.

Fathima N N，Bose M C，Rao J R. 2006. Stabilization of type Ⅰ collagen against collagenases（type Ⅰ）and thermal degradation using iron complex[J]. Journal of Inorganic Biochemistry，100（11）：1774-1780.

Fathima N N，Dhathathreyan A，Ramasami T. 2007. Influence of crosslinking agents on the pore structure of skin[J]. Colloids and Surfaces B：Biointerfaces，57：118-123.

Fathima N N，Madhan B，Rao J R，et al. 2004. Interaction of aldehydes with collagen：effect on thermal，enzymatic and conformational stability[J]. International Journal of Biological Macromolecules，34：241-247.

Fontaine M，Blanc N，Cabbit J C. 2017. Ion chromatography with post column derivatization for the determination of hexavalent chromium in dyed leather[J]. Journal of the American Leather Chemists Association，112：319-326.

Fujii N，Naqai Y. 1981. Isolation and characterization of a proteodermatan sulfate from calf skin[J]. Journal of Biochemistry，90：1249-1258.

Gekko K，Koga S. 1983. Increased thermal stability of collagen in the presence of sugars and polyols1[J]. Journal of Biochemistry，94：199-205.

Gekko K. 1982. Calorimetric study on thermal denaturation of lysozyme in polyol-gelatin films at different degrees of glutaraldehyde crosslinking[J]. Biomaterials，22（8）：763-768.

Gill G E.1986. Oxzolidines[J]. Journal of the Society of Leather Technologists and Chemists，69(2)：99-104.

Granella M，Clonfero E.1991. The mutagenic activity and polycyclic aromatic hydrocarbon content of mineral oils[J]. International Archives of Occupational Environmental Health，63（2）：149-153.

Gross J，Schmit F O.1948.The structure of human collagen as studied with the electron microscope[J]. Journal of Experimental Medicine，88（5）：555.

Hart J，Silcock D，Gunnigle S，et al. 2002. The role of oxidised regenerated cellulose/collagen in wound repair：effects in vitro on fibroblast biology and in vivo in a model of compromised healing[J]. The International Journal of Biochemistry & Cell Biology，34（12）：1557-1570.

Henrickson R L，Ranganayaki M D，Asghar A. 1984. Age，species，breed，sex，and nutrition effect on hide collagen[J]. Critical Reviews in Food Science and Nutrition，20（3）：159-172.

Jayaraman M，Subramanian M V. 2002. Preparation and character ization of two new composites：collagen-brushite and collagen octa-calcium phosphate[J]. Medical Science Monitor，8（11）：481-487.

Junqueira L C，Montes G S. 1983. Biology of collagen-proteoglycan interaction[J].Arch Histol Jpn，46（5）：589-629.

Kageyama M，Takagi M，Parmley R T，et al. 1985. Ultrastructural visualization of elastic fibres with a tannate-metal salt method[J]. Histochemical Journal，17（1）：93-103.

Kallenberger W E，Hermandez J F. 1983. Preliminary experiments the tanning action of vegetable tannins combined with metal complexes[J]. Journal of the American Leather Chemists Association，78（4）：217-222.

Karlotrom G，Carlsson A，lindman B. 1990. Phase diagrams of nonionic polymer-water systems[J]. The Journal of Physical Chemistry，94：5005-5015.

Kemp G D，Tristram G R. 1971. The preparation of an alkali-soluble collagen from demineralized bone[J]. Biochemical Journal，124：915-919.

Kevin L S，Joel C A，John F S，et al. 1988. Precipitation phenomena in mixtures of anionic and cationic surfactants in aqueous solutions[J]. Journal of Colloid and Interface Science，123（5）：186-200.

Knasmuller S，Gottmann E，Steinkellner H，et al. 1998. Detection of genotoxic effects of heavy metal contaminated soils with plant bioassays[J]. Mutation Research，420（1-3）：37-48.

Komsa-Penkova R，Koynova R，Kostov G，et al. 1996. Thermal stability of calf skin collagen type Ⅰ in salt solutions[J]. Biochimica et Biophysica Acta-Molecular and Cell Biology of Lipids，（2）：171-181.

Komsa-Penkova R，Koynova R，Kostov G，et al. 1999. Discrete reduction of type Ⅰ collagen thermal stability upon oxidation[J]. Biophysical Chemistry，83：185-195.

Kuttan R，Donnelly P V，Di Ferrante N. 1981. Collagen treated with（+）-catechin becomes resistant to the action of mammalian collagenase[J]. Experientia. 37（3）：221-223.

Kuznetsova N，Chi S L，Leikin S. 1998. Sugars and polyols inhibit fibrill-ogenesis of type Ⅰ collagen by disrupting hydrogen-bonded water bridges between the helices[J]. Biochemistry，37：11888-11895.

Lee-Own V，Anderson J C. 1975. The isolation of collagen-associated proteoglycan from bovine nasal cartilage and its preferential interaction with α_2 chains of type Ⅰ collagen[J]. Biochemical Journal，149（1）：57-63.

Madhan B，Krishnamoorthy G，Rao J R，et al. 2007. Role of green tea polyphenols in the inhibition of collagenolytic activity by collagenase[J]. International Journal of Biological Macromolecules，41：16-22.

Madhan B，Muralidharan C，Jayakumar R. 2002. Study on the stabilisation of collagen with vegetable tannins in the presence of acrylic polymer[J]. Biomaterials，23：2841-2847.

Madhanb B，Subramanian V，Rao J R，et al. 2005. Stabilization of collagen using plant polyphenol：role of catechin[J]. International Journal of Biological Macromolecules，37：47-53.

Maheshwari R，Sreeram K J，Dhathathreyan A. 2003. Surface energy of aqueous solutions of hofmeister electrolytes at air/liquid and solid/liquid interface[J]. Chemical Physics Letters，375：157-161.

Manich A M，Cuadros S，Font J，et al. 2017. Determination of formaldehyde content in leather：EN ISO 17226 standard. Influence of agitation method used in the initial phase of formaldehyde extraction[J]. Journal of the American Leather Chemists Association，2017（112）：168-179.

Meek K M，Chapman J A. 1985. Glutaraldehyde-induced changes in the axially projected fine structure of collagen fibrils[J]. Journal of Molecular Biology，185：359-370.

Meek K M. 1981. The use of glutaraldehyde and tannic acid to preserve reconstituted collagen for electron microscopy[J]. Histochemistry，73（1）：115-120.

Mertz E L，Leikin S. 2004. Interactions of inorganic phosphate and sulfate anions with collagen[J]. Biochemistry，43：14901-14912.

Miles C A，Avery N C. 2011. Thermal stabilization of collagen molecules in skin decalcified bone [J]. Physical Biology，8（2）：1-13.

Miles C A，Burjanadze T V，Bailey A J. 1995. The kinetics of the thermal denaturation of collagen in unrestrained rat tail tendon determined by differential scanning calorimetry[J]. Journal of Molecular Biology，245（4）：437-446.

Miles C A，Burjanadze T V. 2001. Thermal stability of collagen fibers in ethylene glycol[J]. Biophysical Journal，8：1480-1486.

Miles1 C A，Avery N C，Rodin V V，et al. 2005. The increase in denaturation temperature following cross-linking of collagen is caused by dehydration of the fibres[J]. Journal of Molecular Biology，346（2）：551-556.

Mohanaradhakrishnan V，Muthiah P L，Hadhanyi A. 1975. A few factors contributing to the mechanical strength of collagen fibres[J]. Arzneimittelforschung，25（5）：726-735.

Montanaro F，Ceppi M，Demers P A，et al. 1997. Mortality in a cohort of tannery workers[J]. Occupational and Environmental Medicine，54（8）：588-591.

Morera J M. 1996. Vegetable-zine combination tannage on lambskin[J]. Journal of the Society of Leather Technologists and Chemists，80：4-12.

Nakamura T，Matsunaga E，Shenkai H. 1983. Isolation and some structural analyses of a proteodermatan sulphate from calf skin[J]. Biochemical Journal，213：289-296.

Nezu T，Winnik F M. 2000. Interaction of water-soluble collagen with poly（acrylic acid）[J]. Biomaterials，21：415-419.

Nguyen T，Doan V，Schwartz B J. 1999. Conjugated polymer aggregates in solution: control of interchain interactions[J]. Journal of Chemical Physics，110：4068-4078.

Nishad F N，Balaraman M，Raghava R J，et al. 2003. Effect of zirconium(Ⅳ)complexes on the thermal and enzymatic stability of type I collagen[J]. Journal of Inorganic Biochemistry，95：47-54.

Ofner C M，Bubnis W A. 1996. Chemical and swelling evaluations of amino group crosslinking in gelatin and modified gelatin matrices[J]. Pharmaceutical Research，12：1821-1827.

Orlita A. 2004. Microbial biodeterioration of leather and its control：a review[J]. International Biodeterioration & Biodegradation，53：157-163.

Radhika M，Sehgal P K.1997. Studies on the desamidation of bovine collagen[J]. Journal of Biomedical Materials Research，35：497-503.

Raman S S，Parthasarathi R，Subramanian V，et al. 2006. Role of aspartic acid in collagen structure and stability：a molecular dynamics investigation[J]. Journal of Physical Chemistry B，110：20678-20685.

Rao J R，Gayatri R，Rajaram R，et al. 1999. Chromium(Ⅲ) hydrolytic oligomers：their relevance to protein binding[J]. Biochimica et Biophysica Acta，1472（3）：595-602 .

Rao J R，Nair B U，Ramasami T. 1997. Isolation and characterisation of a low affinity chromium(Ⅲ) complex in chrome tanning solutions[J]. Journal of the Society of Leather Technologists and Chemists，

81：234-238.

Rivela B，Mendez R，Bornhardt C，et al. 2004. Towards a cleaner production in developing countries：a case study in a Chilean tannery[J]. Waste Management & Research，22（3）：131-141.

Rochdi A，Foucat L，Renou J P. 1999. Effect of thermal denaturation on water-collagen interactions：NMR relaxation and differential scanning calorimetry analysis[J]. Biopolymers，50（7）：690-696.

Rose C，Kumar M，Mandal A B. 1988. A study of the hydration and thermodynamics of warm-water and cold-water fish collagens[J]. Biochemical Journal，249（1）：127-133.

Samir D G. 1979. A novel way to improve the hydrothermal stability of chrome tanned leather[J]. Journal of the Society of Leather Technologists and Chemists，63：69-72.

Sanjeevi R，Ramanathan N，Viswanathan B. 1976.Pore size distribution in collagen fiber using water vapor adsorption studies[J]. Journal of Colloid and Interface Science，57（2）：207-211.

Sanjeevi R，Ramanathan N. 1976.Moisture sorption hysteresis on raw and treated collagen fibres[J]. Indian Journal of Biochemistry and Biophysics，13（1）：98-99.

Saravanabhavan S，Thanikaivelan P，Rao J R，et al. 2004. Natural leathers from natural materials：progressing to ward a new arena in leather processing[J]. Environmental Science & Technology，38（3）：871-878.

Saravanabhavan S，Thanikaivelan P，Rao J R，et al. 2005. Silicate enhanced enzymatic dehairing：a new lime-sulfide-free process for cowhides[J]. Environmental Science & Technology，39（10）：3776-3783.

Saravanabhavan S，Thanikaivelan P，Rao J R，et al. 2006. Reversing the conventional leather processing sequence for cleaner leather production[J]. Environmental Science & Technology，40（3）：1069-1075.

Schechter N M. 1989. Structure of the dermal-epidermal junction and potential mechanisms for its degradation：the possible role of inflammatory cells[J]. Immunol Ser，46：477-507.

Schrank S G，Jose H J，Moreira R F，et al. 2004. Comparison of different advanced oxidation process to reduce toxicity and mineralisation of tannery wastewater[J]. Water Science & Technology ，50（5）：329-334.

Scott J E，Haigh M. 1985. Proteoglycan-type Ⅰ collagen fibril interactions in bone and non-calcifying connective tissues[J].Bioscience Reports，5（1）：71-81.

Scott J E，Haigh M. 1988. Identification of specific binding sites for keratan sulphate proteoglycans and chondroitin-dermatan sulphate proteoglycans on collagen fibrils in cornea by the use of cupromeronic blue in ‘critical-electrolyte-concentration’ techniques[J]. Biochemical Journal，253（2）：607-610.

Scott J E. 1986. Proteoglycan-collagen interactions[J]. Ciba Foundation Symposium，124：104-124.

Shenkai H，Nakamura T，Matsunaga E. 1983. Evidence for the presence and structure of asparagine-linked oligosaccharideunits in the core protein of proteoermatan sulphate[J]. Biochemical Journal，213：297-304.

Simionescu A，Simionescu D，Deac R. 1991. Lysine-enhanced glutaraldehyde crosslinking of collagenous biomaterials[J].Journal of Biomedical Materials Research，25（12）：1495-1505.

Sreeram K J，Ramasami T. 2003. Sustaining tanning process through conservation，recovery and better utilization of chromium[J]. Resources，Conservation and Recycling，38：185-212.

Sreeram K J，Shrivastava H Y，Nair B U. 2004. Studies on the nature of interaction of iron(III)with alginates[J]. Biochimica et Biophysica Acta，1670（2）：121-125.

Stern F B，Beaumont J J，Halperin W E，et al. 1987. Mortality of chrome leather tannery workers and chemical exposures in tanneries[J]. Scandinavian Journal of Work Environment & Health，13（2）：108-117.

Sung H W，Chang Y，Chiu C T. 1999. Crosslinking characteristics and mechanical properties of a bovine pericardium fixed with a naturally occurring crosslinking agent[J]. Journal of Biomedical Materials Research Part B Applied Biomaterials，47（2）：116-126.

Suresh V，Kanthimathi M，Thanikaivelan P，et al. 2001. An improved product-process for cleaner chrome tanning in leather processing[J]. Journal of Cleaner Production，9：483-491.

Svendsen K H，Koch M H. 1982. X-ray diffraction evidence of collagen molecular packing and cross-linking in fibrils of rat tendon observed by synchrotron radiation[J]. The EMBO Journal，6（1）：669-674.

Sykes R L. 1980. Tannang with aluminiu salts. Part II，chemical sasis of the reactions with polyphenols[J]. Journal of the Society of Leather Technologists and Chemists，64：32-37.

Tang H R，Covington A D，Hancock R A. 2003a. Use of DSC to detect the heterogeneity of hydrothermal stability in the polyphenol-treated collagen matrix[J]. Journal of Agricultural and Food Chemistry，（51）：6652-6656.

Tang H R，Covington A D，Hancock R A. 2003b. Structure-activity relationships in the hydrophobic interactions of polyphenols with cellulose and collagen[J]. Biopolymers，70（3）：403-413.

Thanikaivelan P，Rao J R，Nair B U，et al. 2002. Zero discharge tanning：a shift from chemical to biocatalytic leather processing[J]. Environmental Science & Technology，36（19）：4187-4194.

Thanikaivelan P，Rao J R，Nair B U，et al. 2003. Biointervention makes leather processing greener：an integrated cleansing and tanning system[J]. Environmental Science & Technology，37（11）：2609-2617.

Thompson J I，Czernuszka J T. 1995. The effect of two types of cross-linking on some mechanical properties of collagen[J]. Bio-medical materials and engineering，5（1）：37-48.

Tzaphlidou M. 1983. The effects of fixation by combination of glutaraldehyde/dimethyl suberimidate use of collagen as a model system[J]. The Journal of Histochemistry and Cytochemistry，31（11）：1274-1278.

Usha R，Maheshwari R，Dhathathreyan A，et al. 2006. Structural influence of mono and polyhydric alcohols on the stabilization of collagen[J]. Colloids and Surfaces B：Biointerfaces，48：101-105.

Usha R，Ramasami T. 1999. Influence of hydrogen bond，hydrophobic and electrovalent salt linkages on the transition temperature，enthalpy and activation energy in rat tail tendon（RTT）collagen fibre[J]. Thermochimica Acta，338：17-25.

Usha R，Ramasami T. 2000. Effect of crosslinking agents（basic chromium sulfate and formaldehyde）on the thermal and thermomechanical stability of rat tail tendon collagen fibre [J].Thermochimica Acta，356：59-66.

Vangsness C T，Mitchell W，Nimni M，et al. 1997. Collagen shortening. an experimental approach with heat[J]. Clinical Orthopaedics and Related Research，337：267-271.

Velicelebi G，Sturtevant J M. 1979. Thermodynamics of the denaturation of lysozyme in alcohol-water mixtures[J]. Biochemistry，18（7）：1180-1186.

Vidal G，Nieto J，Mansilla H D，et al. 2004. Combined oxidative and biological treatment of separated streams of tannery wastewater[J]. Water Science & Technology，49（4）：287-292.

Wang B N，Tan F，Hu R H. 1992. Calorimetric study of thermal denaturation of type I human placenta collagen[J]. Science in China，35（10）：1153-1160.

Wang Y J，Shan Z H. 2012. The influence of solvents on hydrothermal stability and microstructure of combination tannage[J]. Journal of the Society of Leather Technologists and Chemists，96（2）：48-55.

Weadock K S，Miller E J，Bellincampi L D，et al. 1995. Physical crosslinking of collagen fibers:

comparison of ultraviolet irradiation and dehydrothermal teatment[J]. Journal of Biomedical Materials Research Part A，29（11）：1373-1381.

Weadock K S，Miller E J，Keuffel E L，et al. 1996. Effect of physical crosslinking methods on collagen-fiber durability in proteolytic solutions[J]. Journal of Biomedical Materials Research，32(2)：221-226.

Wen X F，Li M Z，Pi P H，et al. 2008. Study of the physicochemical properties of silica powder and the stability of organic-inorganic hybrid emulsion in the presence of ethanol[J]. Colloids and Surfaces A Physicochemical and Engineering Aspects，27（3）：103-110.

Wen Y Y，Ou Y，He M C，et al. 2013. Determination of carcinogenic aromatic amines derived from azo colorants in textiles and leather by ultra high performance liquid chromatography-tandem mass spectrometry[J]. Chinese Journal of Chromatography，31：380-384.

Wess T J，Wess L，Miller A.1994. The in vitro binding of acetaldehyde to collagen studied by neutron diffraction[J]. Alcohol and Alcoholism，29（4）：403-409.

Zanaboni G，Rossi A，Onana A M，et al. 2000. Stability and networks of hydrogen bonds of the collagen triple helical structure：influence of pH and chaotropic nature of three anions[J]. Matrix Biology，19：511-520.

Zettlemoyer A C，Schweitzer E D，Walker W C. 1946. The internal surface area of hide[J]. Jour Amer Leather Chem Assoc，41（6）：253-262.

Zhang S X，Chai X S，Huang B X，et al. 2015. A robust method for determining water-extractable alkylphenol polythoxylates in textile products by reaction-based headspace gas chromatography[J]. Journal of Chromatography A，1406：94-98.